四川建筑职业技术学院
国家示范性高职院校建设项目成果

建筑工程量计算

(工程造价专业)

袁建新　　　　主　编
迟晓明　陶　蓉　副主编
刘德甫　　　　主　审

中国建筑工业出版社

图书在版编目（CIP）数据

建筑工程量计算/袁建新主编．—北京：中国建筑工业出版社，2010
（四川建筑职业技术学院国家示范性高职院校建设项目成果．工程造价专业）
ISBN 978-7-112-11857-1

Ⅰ.建… Ⅱ.袁… Ⅲ.建筑工程-工程造价-高等学校：技术学校-教材 Ⅳ.TU723.3

中国版本图书馆CIP数据核字（2010）第031899号

本教材介绍了建筑工程量计算的主要方法，包括定额工程量计算和清单工程量计算两个方面。主要内容有：建筑面积计算，土石方工程量计算，桩基础工程量计算，脚手架工程量计算，砌筑工程量计算，混凝土与钢筋混凝土工程量计算，门窗及木结构工程量计算，楼地面工程量计算，屋面防水及防腐、保温、隔热工程量计算，装饰工程量计算，工业建筑工程量计算，小平房工程量计算实例，营业用房工程量计算实例，车库工程清单工程量计算实例等。

本教材是高职高专工程造价专业、工程管理类专业教学用书，可以作为工程造价岗位学习用书，也可以作为造价员、造价工程师考试的参考用书。

* * *

责任编辑：朱首明　张　晶
责任设计：董建平
责任校对：陈晶晶

四川建筑职业技术学院
国家示范性高职院校建设项目成果
建筑工程量计算
（工程造价专业）

袁建新　　　　主　编
迟晓明　陶　蓉　副主编
刘德甫　　　　主　审

*

中国建筑工业出版社出版、发行（北京西郊百万庄）
各地新华书店、建筑书店经销
北京红光制版公司制版
北京建筑工业印刷厂印刷

*

开本：787×1092毫米　1/16　印张：30　字数：724千字
2010年9月第一版　2010年9月第一次印刷
定价：**58.00**元
ISBN 978-7-112-11857-1
（19105）

版权所有　翻印必究
如有印装质量问题，可寄本社退换
（邮政编码100037）

序

  2006年以来，高职教育随着"国家示范性高职院校建设计划"的启动进入了一个新的历史发展时期。在示范性高职建设中，教材建设是一个重要的环节。教材是体现教学内容和教学方法的知识载体，既是进行教学的具体工具，也是深化教育教学改革、全面推进素质教育、培养创新人才的重要保证。

  四川建筑职业技术学院2007年被教育部、财政部列为国家示范性高等职业院校立项建设单位，经过两年的建设与发展，根据建筑技术领域和职业岗位（群）的任职要求，参照建筑行业职业资格标准，重构基于施工（工作）过程的课程体系和教学内容，推行"行动导向"教学模式，实现课程体系、教学内容和教学方法的革命性变革，实现课程体系与教学内容改革和人才培养模式的高度匹配。组编了建筑工程技术、工程造价、道路与桥梁工程、建筑装饰工程技术、建筑设备工程技术五个国家示范院校立项建设重点专业系列教材。该系列教材有以下几个特点：

  ——专业教学中有机融入《四川省建筑工程施工工艺标准》，实现教学内容与行业核心技术标准的同步。

  ——完善"双证书"制度，实现教学内容与职业标准的一致性。

  ——吸纳企业专家参与教材编写，将企业培训理念、企业文化、职业情境和"四新"知识直接融入教材，实现教材内容与生产实际的"无缝对接"，形成校企合作、工学结合的教材开发模式。

  ——按照国家精品课程的标准，采用校企合作、工学结合的课程建设模式，建成一批工学结合紧密，教学内容、教学模式、教学手段先进，教学资源丰富的专业核心课程。

  本系列教材凝聚了四川建筑职业技术学院广大教师和许多企业专家的心血，体现了现代高职教育的内涵，是四川建筑职业技术学院国家示范院校建设的重要成果，必将对推进我国建筑类高等职业教育产生深远影响。但加强专业内涵建设、提高教学质量是一个永恒的主题，教学建设和改革是一个与时俱进的过程，教材建设也是一个吐故纳新的过程。衷心希望各用书学校及时反馈教材使用信息，提出宝贵意见，以帮助我们为本套教材的长远建设、修订完善做好充分准备。

  衷心祝愿我国的高职教育事业欣欣向荣，蒸蒸日上。

四川建筑职业技术学院院长：李辉

2009年1月4日

前　言

建筑工程量计算是工程造价专业"行动导向、任务引领"的教改教材。本教材对如何使学生在学习中充分调动自己的学习积极性，通过"主动参与型"的教学方式，更好地掌握基本知识和基本技能，作了有益的尝试。

本书是在"工学结合"理念指导下，认真研究了工程造价员实际工作岗位上具有相对独立性的建筑工程量计算的工作内容后，构建的体系结构，并拟定了教材的内容。

本书的主要内容取自于实际工作中使用的施工图、预算定额、建设工程工程量清单计价规范等真实的资料，紧密地结合了工程造价实际工作。

本书由四川建筑职业技术学院袁建新主编，迟晓明、陶蓉（四川同方建设咨询有限公司造价工程师）副主编，四川建筑职业技术学院刘蕾、侯兰，四川宏碁建筑设计事务所夏一云参加了编写。其中第3章、第4章由迟晓明编写，第5章由侯兰编写，第8章由刘蕾编写，第9章由陶蓉编写，夏一云改编和提供了工业厂房施工图，其余内容由袁建新编写。

四川正益工程造价咨询事务所有限公司刘德甫高级工程师、造价工程师主审了教材，并提出了针对"工学结合"的建议与意见。

本书是工程造价专业"工学结合"教学改革的成果，在编写中使用了实际工作的大量资料，参考了有关教材，在此表示衷心的感谢。

教改教材难免存在不足之处，敬请广大师生和读者提出宝贵的意见与建议。

目录 CONTENTS

1 概述 1
　1.1 工程量是什么 1
　1.2 为什么要计算工程量 1
　1.3 工程量计算的分类 2
　1.4 工程量的计算步骤 7
　1.5 计算工程量的主要依据 7
2 建筑面积计算 10
　2.1 建筑面积的概念 10
　2.2 建筑面积的作用 11
　2.3 建筑面积计算规范概述 11
　2.4 应计算建筑面积的范围 12
　2.5 不计算建筑面积的范围 25
3 土石方工程量计算 28
　3.1 基础构造 28
　3.2 土石方与基础施工基础知识 31
　3.3 土石方工程定额工程量计算 33
　3.4 土石方工程清单工程量计算 47
4 桩基础工程量计算 54
　4.1 桩基础工程施工工艺 54
　4.2 桩基础工程定额工程量计算 57
　4.3 桩基础工程清单工程量计算 58
5 脚手架工程量计算 64
　5.1 脚手架搭设 64

5.2 脚手架工程定额工程量计算 …… 70
5.3 脚手架工程清单工程量计算 …… 73

6 砌筑工程量计算
6.1 建筑砂浆 …… 74
6.2 墙体 …… 76
6.3 砌体工程 …… 88
6.4 砌筑工程定额工程量计算 …… 91
6.5 砌筑工程清单工程量计算 …… 110

7 混凝土与钢筋混凝土工程量计算
7.1 混凝土基本知识 …… 114
7.2 建筑钢材 …… 117
7.3 楼地层的类型、组成 …… 120
7.4 钢筋混凝土楼板层构造 …… 123
7.5 钢筋混凝土楼梯、过梁、圈梁、构造柱 …… 128
7.6 模板工程 …… 132
7.7 钢筋工程 …… 137
7.8 混凝土的搅拌与浇筑 …… 141
7.9 先张法施工 …… 145
7.10 后张法施工 …… 145
7.11 混凝土及钢筋混凝土工程定额工程量计算 …… 147
7.12 钢筋混凝土工程清单工程量计算 …… 165

8 门窗及木结构工程量计算
8.1 门窗的作用和构造要求 …… 172
8.2 其他门窗的构造 …… 183
8.3 门窗及木结构工程定额工程量计算 …… 193
8.4 门窗及木结构工程清单工程量计算 …… 202

9 楼地面工程量计算
9.1 常用楼地面建筑材料 …… 204
9.2 楼地面构造 …… 206
9.3 楼梯的类型和设计要求 …… 208
9.4 阳台与雨篷 …… 212
9.5 明沟与散水 …… 214
9.6 台阶与坡道 …… 215
9.7 楼地面工程定额工程量计算 …… 217
9.8 楼地面工程清单工程量计算 …… 222

10 屋面防水及防腐、保温、隔热工程量计算
10.1 防水材料 …… 224

10.2 吸声与隔热材料 228
10.3 变形缝 230
10.4 地下室的防潮防水构造 233
10.5 屋顶的类型 235
10.6 屋顶防水与排水 236
10.7 屋顶构造 241
10.8 屋顶的保温与隔热 252
10.9 防水层施工 256
10.10 细石混凝土防水屋面 259
10.11 屋面防水及防腐、保温、隔热工程定额工程量计算 261
10.12 屋面及防水工程清单工程量计算 266
10.13 防腐、隔热、保温工程清单工程量计算 267

11 装饰工程量计算 268

11.1 装饰材料 268
11.2 墙面装饰 276
11.3 顶棚的分类 281
11.4 抹灰工程 282
11.5 饰面工程 288
11.6 涂料工程 295
11.7 油漆工程 296
11.8 裱糊工程 298
11.9 吊顶工程 300
11.10 隔墙与隔断工程 301
11.11 装饰工程定额工程量计算 303
11.12 装饰工程清单工程量计算 310

12 工业建筑工程量计算 318

12.1 工业建筑概述 318
12.2 单层厂房的主要结构构件 330
12.3 其他设施 360
12.4 工业厂房构件定额工程量计算 362
12.5 工业厂房构件清单工程量计算 366

13 工程量计算实例一 368

13.1 小平房施工图 368
13.2 小平房工程量计算 374

14 工程量计算实例二 381

14.1 营业用房施工图 381
14.2 营业用房工程量计算 402

15 工程量计算实例三 419
15.1 车库施工图 419
15.2 清单工程量计算 419
15.3 工程量清单编制 419
16 工业厂房施工图 435
参考文献 469

1 概　述

(1) 关键知识点
　　工程量　定额工程量　清单工程量　直接费　间接费　利润　税金　工程量清单构成要素　定额工程量计算步骤　清单工程量计算步骤
(2) 教学建议
　　课件教学　印发资料　讲授为主

1.1 工程量是什么

　　工程量是指房屋建筑工程的实物数量。
　　工程量是用物理计量单位或自然计量单位表示的分项工程的实物数量。
　　物理计量单位系指用国际单位制表示的"m、m^2、m^3、t、kg"等单位。例如，楼梯扶手以米（m）为单位，水泥砂浆抹地面以平方米（m^2）为单位，预应力空心板以立方米（m^3）为单位，钢筋制作安装以吨（t）为单位等等。
　　自然计量单位系指个、组、件、套等具有自然属性的单位。例如，砖砌拖布池以"套"为单位，雨水斗以"个"为单位，洗脸盆以"组"为单位，日光灯安装以"套"为单位等等。

1.2 为什么要计算工程量

　　计算工程量是编制施工图预算的需要。概略地说，施工图预算是确定房屋工程造价的文件。因为工程造价的主要计算过程是先根据图纸计算该工程的实物数量，然后分别乘以各自的工程单价，最后得出工程造价。所以，编制施工图预算必须计算工程量。

1.3 工程量计算的分类

工程量计算有两种类型：①定额工程量计算；②清单工程量计算。
编制施工图预算需要计算定额工程量；编制工程量清单需要计算清单工程量；编制工程量清单报价也需要计算定额工程量。

1.3.1 定额工程量计算

下面通过介绍施工图预算的编制过程来了解定额工程量计算的依据和作用。
（1）施工图预算的概念
施工图预算是确定建筑工程预算造价的技术经济文件。简而言之，施工图预算是在修建房子之前，事先算出房子建成需花多少钱的计价方法。因此，施工图预算的主要作用就是确定建筑工程预算造价。
施工图预算一般在施工图设计阶段、施工招标投标阶段编制，一般由设计单位或施工单位编制。
（2）施工图预算构成要素
1）定额工程量
定额工程量是指依据施工图、预算定额、工程量计算规则计算出来的拟建工程的实物数量。例如，该工程经计算有多少立方米混凝土基础、多少立方米砖墙、多少平方米水泥砂浆抹墙面等工程量。
2）工料机消耗量
人工、材料、机械台班（即工料机）消耗量是指根据分项工程量乘以预算定额子目的定额消耗量汇总而成的数量。例如，一幢办公楼工程需要多少个人工、多少吨水泥、多少吨钢材、多少个塔吊台班才能建成。
3）直接费
直接费是指工程量乘以定额基价后汇总而成的费用。直接费是该工程工料机实物消耗量的货币表现。
4）工程费用
工程费用包括间接费、利润和税金。间接费和利润一般根据工程直接费或工程人工费，分别乘以不同的费率计算；税金根据直接费、间接费、利润之和，乘以税率计算。
直接费、间接费、利润、税金之和构成工程预算造价。
（3）编制施工图预算的步骤
第一步：根据施工图和预算定额确定预算项目并计算工程量；
第二步：根据工程量和预算定额分析工料机消耗量；

第三步：根据工程量和预算定额基价计算直接费；

第四步：根据直接费（或人工费）和间接费率计算间接费；

第五步：根据直接费（或人工费）和利润率计算利润；

第六步：根据直接费、间接费、利润之和及税率计算税金；

第七步：将直接费、间接费、利润、税金汇总为工程预算造价。

（4）施工图预算编制程序示意图

施工图预算编制程序示意图，见图1-1。

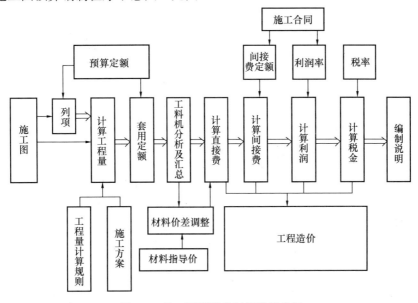

图1-1 施工图预算编制程序示意图

（5）定额工程量计算实例

根据下面给出的某工程基础平面图和剖面图（图1-2），计算其中人工挖地槽土方的定额工程量（工作面300mm，放坡系数0.3）。

1）挖地槽土方定额工程量计算规则

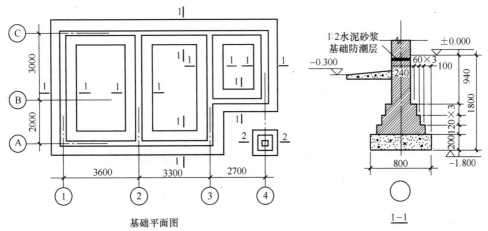

图1-2 某工程基础施工图

挖沟槽土方，以立方米计算。外墙沟槽长度按外墙中心线长度计算，内墙沟槽长度按槽底净长计算。

2) 挖地槽土方定额工程量计算

地槽宽 = 垫层宽 + 2×工作面 = 0.80 + 2×0.30 = 1.40m

地槽深 = 1.80m − 0.30m = 1.50m

外墙地槽长 = (3.60 + 3.30 + 2.70 + 2.00 + 3.00)×2 = 19.20m

内墙地槽长 = (2.00 + 3.00 − 0.80 − 2×0.30) + (3.00 − 0.80 − 2×0.30)

= 5.20m

挖地槽土方定额工程量 = (垫层宽 + 2×工作面宽 + 槽深×放坡系数)×槽深×槽长

= (0.80 + 2×0.30 + 1.50×0.3)×1.50×(19.20 + 5.20)

= 1.85×1.50×24.40

= 67.71m³

1.3.2 工程量清单的编制

下面通过介绍工程量清单编制过程来了解清单工程量计算的依据和作用。

(1) 工程量清单的概念

工程量清单是指表达建设工程的分部分项工程项目、措施项目、其他项目、规费项目、税金项目的名称和相应数量的明细清单。

(2) 工程量清单的构成要素

1) 分部分项工程量清单项目

分部分项工程量清单是工程量清单的主体，是指按照《建设工程工程量清单计价规范》的要求，根据拟建工程施工图计算出来的工程实物数量。

2) 措施项目清单

措施项目清单是指按照《建设工程工程量清单计价规范》的要求和施工方案及承包商的实际情况编制的，为完成工程施工而发生的各项措施费用。例如，脚手架搭设费、临时设施费等。

3) 其他项目清单

其他项目清单是上述两部分清单项目的必要补充，是指按照《建设工程工程量清单计价规范》的要求及招标文件和工程实际情况编制的，具有预见性或者需要单独处理的费用项目。例如，暂列金额等。

4) 规费项目清单

规费项目清单是指根据省级政府或省级有关权力部门规定必须缴纳的，应计入建筑安装工程造价的费用。例如，工程排污费、失业保险费等。

5) 税金项目清单

税金项目清单是根据目前国家税法规定，应计入建筑安装工程造价内的税种。包括营业税等。

(3) 编制工程量清单的步骤

第一步：根据施工图、招标文件和《建设工程工程量清单计价规范》，列出分部分项工程项目名称并计算分部分项清单工程量；

第二步：将计算出的分部分项清单工程量汇总到分部分项工程量清单与计价表中；

第三步：根据招标文件、国家行政主管部门的文件和《建设工程工程量清单计价规范》列出措施项目清单；

第四步：根据招标文件、国家行政主管部门的文件和《建设工程工程量清单计价规范》及拟建工程实际情况，列出其他项目清单、规费项目清单、税金项目清单；

第五步：将上述五种清单内容汇总成单位工程工程量清单。

（4）工程量清单编制程序示意图

工程量清单编制程序示意图，见图1-3。

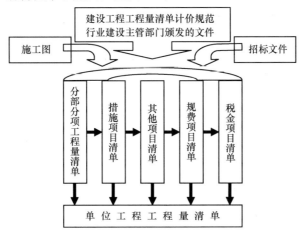

图1-3 工程量清单编制程序示意图

（5）清单工程量计算实例

根据图1-2给出的某工程基础平面图和剖面图，计算其中人工挖地槽土方的清单工程量。

1）人工挖地槽土方清单工程量计算规则

人工挖地槽土方依据设计图示尺寸按基础垫层底面积乘以挖土深度以立方米计算。

2）人工挖地槽土方清单工程量计算

外墙垫层长 = (3.60 + 3.30 + 2.70 + 2.00 + 3.00) × 2 = 19.20m

内墙垫层长 = (2.00 + 3.00 − 0.80) + (3.00 − 0.80) = 6.40m

人工挖地槽土方清单工程量 = 垫层底面积 × 槽深

= (19.20 + 6.40) × 0.80 × 1.50

= 30.72m³

工程量清单报价的分部分项工程量清单费要根据综合单价计算，而在编制综合单价时也要根据选用的定额计算定额工程量。下面通过介绍工程量清单报价编制过程来了解综合单价的编制依据和作用，从而进一步了解在编制工程量清单报价阶段需要计算定额工程量的道理。

1.3.3 工程量清单报价的编制

（1）工程量清单报价的概念

工程量清单报价是指根据工程量清单、计价（预算）定额、施工方案、市场价格、施工图、《建设工程工程量清单计价规范》编制的，满足招标文件各项要求的，建设单位自主确定的拟建工程投标价的工程造价文件。

（2）工程量清单报价的构成要素

1）分部分项工程费

分部分项工程费是指根据招标文件发布的分部分项清单工程量，乘以承包商自己确定的综合单价计算出来的费用。

2）措施项目费

措施项目费是指根据发布的措施项目清单，由承包商根据招标文件的有关规定自主确定的各项措施费用。

3）其他项目费

其他项目费是指根据招标方发布的其他项目清单中招标人的暂列金额及招标文件要求的有关内容，由承包商自主确定的有关费用。

4）规费

规费是指承包商根据国家行政主管部门规定的项目和费率计算的各项费用。例如，工程排污费、失业保险费等。

5）税金

税金是指按国家税法等有关规定，计入工程造价的营业税、城市维护建设税、教育费附加。

（3）编制工程量清单报价的主要步骤

第一步：根据分部分项工程量清单、《建设工程工程量清单计价规范》、施工图、计价定额等，计算定额工程量；

第二步：根据定额工程量、计价（预算）定额、工料机市场价、管理费率、利润率和分部分项工程量清单，计算综合单价；

第三步：根据综合单价及分部分项工程量清单，计算分部分项工程费；

第四步：根据措施项目清单、施工图等，确定措施项目费；

第五步：根据其他项目清单，确定其他项目费；

第六步：根据规费项目清单和有关费率，计算规费项目费；

第七步：根据分部分项工程费、措施项目费、其他项目费、规费项目费和税率，计算税金；

第八步：将上述五项费用汇总，即为拟建工程工程量清单报价。

（4）工程量清单报价编制程序示意图见图1-4。

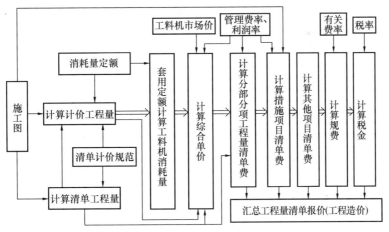

图 1-4 工程量清单报价编制程序示意图

1.4 工程量的计算步骤

1.4.1 定额工程量计算步骤

计算工程量是以分项工程为对象进行的。其步骤是：首先，要根据施工图和预算定额（或其他消耗量定额）列出全部分项工程项目，简称列项；然后，根据施工图和工程量计算规则分别计算分项工程的工程量；最后，再根据预算定额的项目或编制预算的需要对全部工程量进行汇总和整理，为计算直接工程费的后续工作做好准备。见图 1-5。

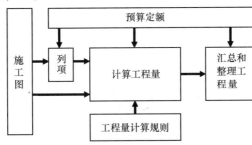

图 1-5 定额工程量计算步骤示意图

1.4.2 清单工程量计算步骤

计算清单工程量主要是指计算分部分项清单工程量。其步骤为：首先，识读施工图；然后，根据《建设工程工程量清单计价规范》中的"建筑工程工程量清单项目及计算规则"的内容与要求列项和计算分部分项清单工程量。

1.5 计算工程量的主要依据

定额工程量计算的主要依据有施工图、工程量计算规则、预算（消耗量）定额等。

清单工程量计算的主要依据有施工图、《建设工程工程量清单计价规范》等。

1.5.1 施工图

(1) 施工图的作用

建筑施工图是房屋工程施工图中具有全局性地位的图纸，反映房屋的平面形状、功能布局、外观特征、各项尺寸和构造做法等（见本书中施工图）。施工图是施工人员建造房屋的重要的不可缺少的依据，也是编制施工图预算的重要的不可缺少的依据。

(2) 施工图与分项工程量的关系

工程技术人员需要依据施工图中表达的各项尺寸和构造做法等来计算分项工程的长度、面积、体积、质量等实物数量。如果图纸表达错了，那么计算结果将是错误的；如果看错了尺寸，那么计算结果也是错误的。

1.5.2 工程量计算规则

(1) 工程量计算规则的作用

众所周知，乒乓球比赛是有统一的比赛规则的，例如，在比赛中，乒乓球擦网落在对方的球桌上有效，擦网后没有过网的球则无效。与乒乓球比赛有统一规则的道理一样，工程量计算也有统一的计算规则。例如，计算内墙抹灰面积，要扣除门窗洞口面积，不扣除 $0.3m^2$ 以内的孔洞面积等。

工程量计算规则统一了计算工程量的方法，是每位计算者在计算工程量时必须遵守的规则。

工程量计算规则是计算分项工程项目工程量时，确定施工图尺寸数据、内容取定、工程量调整系数、工程量计算方法的重要规定；工程量计算规则是具有权威性的规定，是确定工程消耗量的重要依据。其主要作用如下：

1) 确定工程量项目的依据

例如，工程量计算规则规定，建筑场地挖填土方厚度在±30cm 以内及找平，算人工平整场地项目；超过±30cm 就要按挖土方项目计算了。

2) 施工图尺寸数据取定、内容取舍的依据

例如，外墙墙基按外墙中心线长度计算，内墙墙基按内墙净长计算，基础大放脚 T 形接头处的重叠部分，$0.3m^2$ 以内洞口所占面积不予扣除，但靠墙暖气沟的挑檐亦不增加。又如，计算墙体工程量时，应扣除门窗洞口，嵌入墙身的圈梁、过梁体积，不扣除梁头、外墙板头、加固钢筋及每个面积在 $0.3m^2$ 以内孔洞等所占的体积，凸出墙面的窗台虎头砖、压顶线、三皮砖以内的腰线亦不增加。

3) 工程量调整系数

例如，计算规则规定，木百叶门油漆工程量按单面洞口面积乘以系数 1.25 计算。

(2) 工程量计算规则与分项工程量的关系

在计算分项工程工程量时，任何人和任何单位都必须执行工程量计算规则，没有按工程量计算规则算出的工程量将被认为是错误的计算结果。

1.5.3 预算（消耗量）定额

(1) 预算（消耗量）定额的作用

预算定额是确定单位分项工程人工、材料、机械台班的消耗量标准，该标准起到了统一不同建筑物工料机消耗量水平的作用。

虽然不同的建筑工程由不同的分项工程项目和不同的工程量构成，但是有了预算定额后，就可以计算出价格水平基本一致的工程造价。这是因为，预算定额确定的每一单位分项工程的人工、材料、机械台班消耗量起到了统一建筑产品劳动消耗水平的作用，从而使我们能够将千差万别的建筑工程的不同工程数量，由统一的价格水平计算出工程造价。

例如，甲工程砖基础工程量为 68.56m^3，乙工程砖基础工程量为 205.66m^3，虽然工程量不同，但使用统一的预算定额后，它们的人工、材料、机械台班消耗量水平是一致的。

(2) 预算（消耗量）定额与分项工程量的关系

只要能计算出一个建筑物的全部人工、材料、机械台班消耗量，就可以计算出这个建筑物的工程造价。一个建筑物的全部分项工程量分别乘以对应的预算定额项目的工料机消耗量，就可以汇总出这个建筑物的全部工料机消耗量，预算定额起到了确定分项工程工料机消耗量的作用。

1.5.4 建设工程工程量清单计价规范

《建设工程工程量清单计价规范》（以下简称清单计价规范）是编制工程量清单和工程量清单报价的重要依据。

一个建筑物工程量清单的分部分项工程项目是根据清单计价规范中的"建筑工程工程量清单项目及计算规则"确定的，清单计价规范是确定建筑物分部分项工程量清单项目的依据。

2 建筑面积计算

(1) 关键知识点

建筑面积 建筑面积计算规范 单层建筑物建筑面积计算 多层建筑物建筑面积计算 坡屋顶建筑面积计算 走廊建筑面积计算 雨篷建筑面积计算 垃圾道建筑面积计算

(2) 教学建议

演示实物照片 课堂作业 实地参观

2.1 建筑面积的概念

建筑面积亦称建筑展开面积,是建筑物各层面积的总和。
建筑面积包括使用面积、辅助面积和结构面积三部分。

2.1.1 使用面积

使用面积是指建筑物各层平面中直接为生产或生活使用的净面积之和。例如,住宅建筑中的居室、客厅、书房、卫生间、厨房等。

2.1.2 辅助面积

辅助面积是指建筑物各层平面中为辅助生产或辅助生活所占净面积之和。例如,住宅建筑中的楼梯、走道等。使用面积与辅助面积之和称有效面积。

2.1.3 结构面积

结构面积是指建筑各层平面中的墙、柱等结构所占面积之和。

2.2　建筑面积的作用

2.2.1　重要管理指标

建筑面积是建设投资、建设项目可行性研究、建设项目勘察设计、建设项目评估、建设项目招标投标、建筑工程施工和竣工验收、建设工程造价管理、建筑工程造价控制等一系列工作的重要管理指标。

2.2.2　重要技术指标

建筑面积是计算开工面积、竣工面积、优良工程率、建筑装饰规模等的重要技术指标。

2.2.3　重要经济指标

建筑面积是计算建筑、装饰等单位工程或单项工程的单位面积工程造价、人工消耗指标、材料消耗指标、机械台班消耗指标、工程量消耗指标的重要经济指标。

各经济指标的计算公式如下：

$$每平方米工程造价(元/m^2) = \frac{工程造价}{建筑面积}$$

$$每平方米人工消耗(工日/m^2) = \frac{单位工程用工量}{建筑面积}$$

$$每平方米材料消耗(kg/m^2、m^3/m^2 等) = \frac{单位工程某项材料用量}{建筑面积}$$

$$每平方米机械台班消耗(台班/m^2) = \frac{单位工程某机械台班用量}{建筑面积}$$

$$每平方米工程量(m^2/m^2、m/m^2 等) = \frac{单位工程某项工程量}{建筑面积}$$

2.2.4　重要计算依据

建筑面积是计算有关工程量的重要依据。例如，装饰用满堂脚手架工程量等。

综上所述，建筑面积是重要的技术经济指标，在全面控制建筑、装饰工程造价和建设过程中起着重要作用。

2.3　建筑面积计算规范概述

由于建筑面积是计算各种技术指标的重要依据，这些指标又是衡量和评价建设规模、投资效益、工程成本等方面的重要尺度。因此，原中华人民共和国建设部颁发了《建筑工程建筑面积计算规范》GB/T 50353—2005，规定了建筑面积的计算方法。

《建筑工程建筑面积计算规范》主要规定了三个方面的内容：①计算全部建筑面积的范围和规定；②计算部分建筑面积的范围和规定；③不计算建筑面积的范围和规定。这些规定主要基于以下几个方面的考虑：

(1) 尽可能准确地反映建筑物各组成部分的价值量。例如，有永久性顶盖、无围护结构的走廊，按其结构底板水平面积的 1/2 计算建筑面积；有围护结构的走廊（增加了围护结构的工料消耗）则计算全部建筑面积。又如，多层建筑坡屋顶内和场馆看台下，当设计加以利用时，净高在超过 2.10m 的部位应计算建筑面积；净高在 1.20~2.10m 的部位应计算 1/2 面积；净高不足 1.20m 时，不应计算面积。

(2) 通过建筑面积计算的规定，简化了建筑面积计算过程。例如，附墙柱、垛等不应计算建筑面积。

2.4 应计算建筑面积的范围

2.4.1 单层建筑物

(1) 计算规定

单层建筑物的建筑面积，应按其外墙勒脚以上结构外围水平投影面积计算，并应符合下列规定：

1) 单层建筑物高度在 2.20m 及其以上应计算全面积；高度不足 2.20m 者应计算 1/2 面积。

2) 利用坡屋顶内空间时，净高超过 2.10m 的部位应计算全面积；净高在 1.20~2.10m 的部位应计算 1/2 面积；净高不足 1.20m 的部位不应计算面积。

(2) 计算规定解读

1) 单层建筑物可以是民用建筑、公共建筑，也可以是工业厂房。

2) "应按其外墙勒脚以上结构外围水平投影面积计算"的规定，主要强调，勒脚是墙根部很矮的一部分墙体加厚，不能代表整个外墙结构，因此要扣除勒脚墙体加厚部分。另外还强调，建筑面积只包括外墙的结构面积，不包括外墙抹灰厚度、装饰材料厚度所占的面积。如图 2-1 所示，

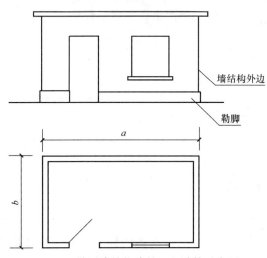

图 2-1 单层建筑物建筑面积计算示意图

其建筑面积（外墙外边尺寸，不含勒脚厚度）为：
$$S = a \times b$$

3）利用坡屋顶空间净高计算建筑面积的部位举例如下，如图 2-2 所示。

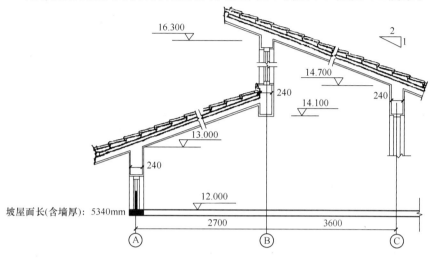

图 2-2 利用坡屋顶空间应计算建筑面积示意图

应计算 1/2 面积：($A_轴 \sim B_轴$)

$$S_1 = (2.70 - 0.40) \times 5.34 \times 0.50 = 6.15 \text{m}^2$$

（符合 1.2m 高的宽）（坡屋面长）

应计算全部面积：($B_轴 \sim C_轴$)

$$S_2 = 3.60 \times 5.34 = 19.22 \text{m}^2$$

小计：

$$S_1 + S_2 = 6.15 + 19.22 = 25.37 \text{m}^2$$

4）单层建筑物应按不同的高度确定面积的计算。其高度指室内地面标高至屋面板板面结构标高之间的垂直距离。遇有以屋面板找坡的平屋顶单层建筑物，其高度指室内标高至屋面板最低处板面结构标高之间的垂直距离。

2.4.2 单层建筑物内设有局部楼层

（1）计算规定

单层建筑物内设有局部楼层者，局部楼层及其以上楼层，有围护结构的应按其围护外围水平面积计算，无围护结构的应按其底板水平面积计算。层高在 2.20m 及其以上者应计算全面积；层高不足 2.20m 者应该计算 1/2 面积。

（2）计算规定解读

1）单层建筑内设有部分楼层的例子见图 2-3。这时，局部楼层的墙厚应包括在楼层面积内。

【例】 根据图 2-3 计算该建筑的建筑面积（墙厚均为 240mm）

【解】 底层建筑面积 = (6.00 + 4.00 + 0.24) × (3.30 + 2.70 + 0.24)
= 10.24 × 6.24

$$=63.90\mathrm{m}^2$$

楼隔层建筑面积 $=(4.00+0.24)\times(3.30+0.24)$

$$=4.24\times3.54$$

$$=15.01\mathrm{m}^2$$

全部建筑面积 $=63.90+15.01=78.91\mathrm{m}^2$

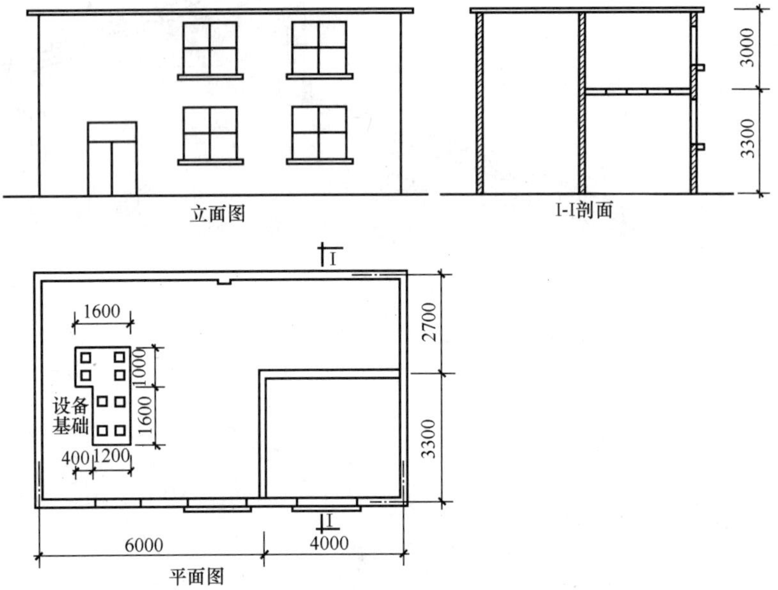

图 2-3 建筑面积计算示意图

2) 本规定没有说不算建筑面积的部位，我们可以理解为局部楼层层高一般不会低于1.20m。

2.4.3 多层建筑物

(1) 计算规定

1) 多层建筑物首层应按其外墙勒脚以上结构外围水平面积计算；二层及以上楼层应按其外墙结构外围水平面积计算。层高在2.20m及以上者应计算全面积；层高不足2.20m者应计算1/2面积。

2) 多层建筑坡屋顶内和场馆看台下，当设计加以利用时，净高超过2.10m的部位应计算全面积；净高在1.20～2.10m的部位应计算1/2面积；当设计不利用或室内净高不足1.20m时不应计算面积。

(2) 计算规定解读

1) 规定明确了外墙上的抹灰厚度或装饰材料厚度不能计入建筑面积。

2) "二层及以上楼层"是指有可能各层的平面布置不同，面积也不同，因此要分层计算。

3) 多层建筑物的建筑面积应按不同的层高分别计算。层高是指上下两层楼面结构标高之间的垂直距离。建筑物最底层的层高指，当有基础底板时按基础底板上表面结构标高至上层楼面的结构标高之间的垂直距离确定；当没有基础底板时按地面标高至上层楼面结构标高之间的垂直距离确定。最上一层的层高是指楼面结构标高至屋面板板面结构标高之间的垂直距离；若遇到以屋面板找坡的屋面，层高指楼面结构标高至屋面板最低处板面结构标高之间的垂直距离。

4) 多层建筑坡屋顶内和场馆看台下的空间应视为坡屋顶内的空间，设计加以利用时，应按其净高确定其面积的计算；设计不利用的空间，不应计算建筑面积，其示意图，如图 2-4 所示。

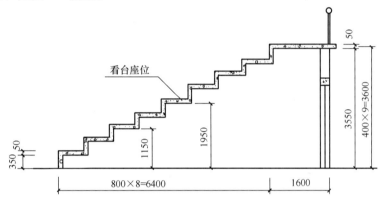

图 2-4 看台下空间（场馆看台剖面图）计算建筑面积示意图

2.4.4 地下室

(1) 计算规定

地下室、半地下室（车间、商店、车站、车库、仓库等），包括相应的有永久性顶盖的出入口，应按其外墙上口（不包括采光井、外墙防潮层及其保护墙）外边线所围水平面积计算。层高在 2.20m 及以上者应计算全面积；层高不足 2.20m 者应计算 1/2 面积。

(2) 计算规定解读

1) 地下室采光井是为了满足地下室的采光和通风要求设置的。一般在地下室围护墙上口开设一个矩形或其他形状的竖井，井的上口一般设有铁栅，井的一个侧面安装采光和通风用的窗子。见图 2-5。

2) 地下室、半地下室应以其外墙上口外边线所围水平面积计算。以前的计算规则规定：按地下室、半地下室上口外墙外围水平面积计算，文字上不甚严密，

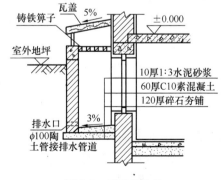

图 2-5 采光井构造

"上口外墙"容易被理解成为地下室、半地下室的上一层建筑的外墙。因为通常情况下，上一层建筑外墙与地下室墙的中心线不一定完全重叠，多数情况是凹进或

凸出地下室外墙中心线。见图2-6。

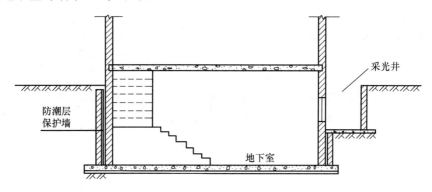

图2-6 地下室建筑面积计算示意图

2.4.5 建筑物吊脚架空层、深基础架空层

(1) 计算规定

坡地的建筑物吊脚架空层、深基础架空层，设计加以利用并有围护结构的，层高在2.20m及以上的部位应计算全面积；层高不足2.20m的部位应该计算1/2面积；设计加以利用的无围护结构的建筑物吊脚架空层，应按其利用部位水平面积的1/2计算；设计不利用的深基础架空层、坡地吊脚架空层不应计算面积。

图2-7 坡地建筑物吊脚架空层示意

(2) 计算规定解读

1) 建于坡地的建筑物吊脚架空层示意，见图2-7。

2) 层高在2.20m及以上的吊脚架空层可以设计为一个房间来使用。

3) 深基础架空层2.20m及以上层高时，可以设计用来作为安装设备或作储藏间使用。

2.4.6 建筑物内门厅、大厅

(1) 计算规定

建筑物的门厅、大厅按一层计算建筑面积。门厅、大厅内设有回廊时，应按其结构底板水平面积计算。层高在2.20m及以上者应计算全面积；层高不足2.20m者应计算1/2面积。

(2) 计算规定解读

1) "门厅、大厅内设有回廊"是指，建筑物大厅、门厅的上部（一般该大厅、门厅占二个或二个以上建筑物层高）四周向大厅、门厅中间挑出的走廊称为回廊。如图2-8所示。

2) 宾馆、大会堂、教学楼等大楼内的门厅或大厅，往往要占建筑物的二层或二层以上的层高，这时也只能计算一层面积。

3) "层高不足2.20m者应计算1/2面积"应该指回廊层高可能出现的情况。

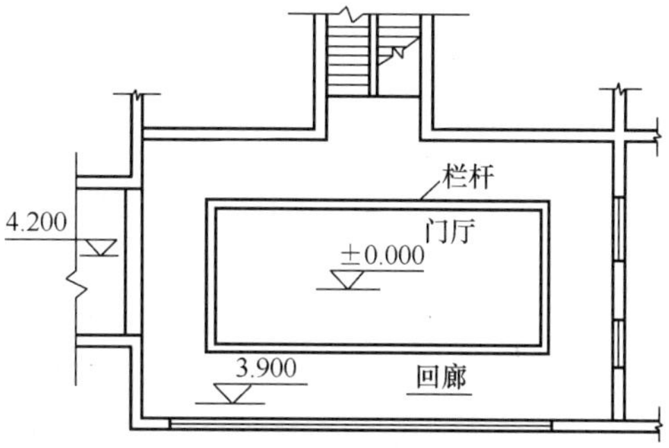

2.4.7 架空走廊

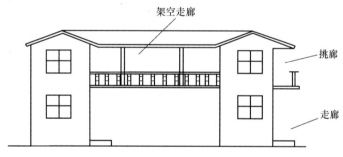

图2-8 大厅、门厅内设有回廊示意图

(1) 计算规定

建筑物间有围护结构的架空走廊，应按其围护结构外围水平面积计算。层高在2.20m及以上者应计算全面积；层高不足2.20m者应计算1/2面积；有永久性顶盖无围护结构的应按其结构底板水平面积的1/2计算。

(2) 计算规定解读

架空走廊是指建筑物与建筑物之间，在二层或二层以上专门为水平交通设置的走廊。见图2-9。

图2-9 有永久性顶盖架空走廊示意图

2.4.8 立体书库、立体仓库、立体车库

(1) 计算规定

立体书库、立体仓库、立体车库，无结构层的应按一层计算；有结构层的应按其结构层面积分别计算。层高在2.20m及以上者应计算全面积；层高不足2.20m者应计算1/2面积，分别计算。

(2) 计算规定解读

1) 计算规范对以前的计算规则进行了修订，增加了立体车库的面积计算。立体车库、立体仓库、立体书库不规定是否有围护结构，均按是否有结构层，应区分不同的层高确定建筑面积计算的范围。改变了以前按书架层和货架层计算面积的规定。

2) 立体书库建筑面积计算（图2-10）如下：

底层建筑面积 = (2.82+4.62)×(2.82+9.12)+3.0×1.20

$$= 7.44 \times 11.94 + 3.60$$
$$= 92.43 \text{m}^2$$
结构层建筑面积 $= (4.62 + 2.82 + 9.12) \times 2.82 \times 0.50$(层高 2m)
$$= 16.56 \times 2.82 \times 0.50$$
$$= 23.35 \text{m}^2$$

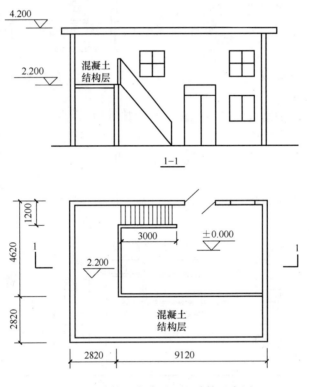

图 2-10 立体书库建筑面积计算示意图

2.4.9 舞台灯光控制室

(1) 计算规定

有围护结构的舞台灯光控制室,应按其围护结构外围水平面积计算。层高在 2.20m 及以上者应计算全面积;层高不足 2.20m 者应计算 1/2 面积。

(2) 计算规定解读

如果舞台灯光控制室有围护结构且只有一层,那么就不能另外计算面积。因为整个舞台的面积计算已经包含了该灯光控制室的面积。

2.4.10 落地橱窗、门斗、挑廊、走廊、檐廊

(1) 计算规定

建筑物外有围护结构的落地橱窗、门斗、挑廊、走廊、檐廊,应按其围护结构外围水平投影面积计算。层高在 2.20m 及以上者应计算全面积;层高不足

2.20m者应计算1/2面积;有永久性顶盖无围护结构的应按其结构底板水平投影面积的1/2计算。

(2) 计算规定解读

1) 落地橱窗是指凸出外墙面,根基落地的橱窗。

2) 门斗是指在建筑物出入口设置的起分隔、挡风、御寒等作用的建筑过渡空间。保温门斗一般有围护结构,见图2-11。

3) 挑廊是指挑出建筑物外墙的水平交通空间,见图2-12;走廊指建筑物底层的水平交通空间,见图2-13;檐廊是指设置在建筑物底层檐下的水平交通空间,见图2-13。

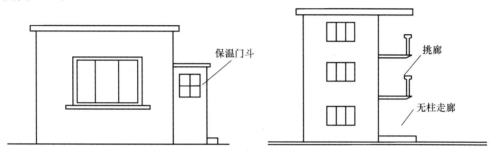

图2-11 有围护结构门斗示意图   图2-12 挑廊、无柱走廊示意图

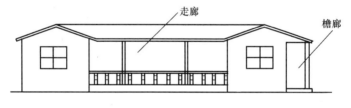

图2-13 走廊、檐廊示意图

2.4.11 场馆看台

(1) 计算规定

有永久性顶盖无围护结构的场馆看台,应按其顶盖水平投影面积的1/2计算。

(2) 计算规定解读

这里所称的"场馆"实际上是指"场"(如:足球场、网球场等)看台上有永久性顶盖部分。"馆"应是有永久性顶盖和围护结构的,应按单层或多层建筑相关规定计算面积。

2.4.12 建筑物顶部楼梯间、水箱间、电梯机房

(1) 计算规定

建筑物顶部有围护结构的楼梯间、水箱间、电梯机房等,层高在2.20m及以上者应计算全面积;层高不足2.20m者应计算1/2面积。

(2) 计算规定解读

1) 如遇建筑物屋顶的楼梯间是坡屋顶时,应按坡屋顶的相关规定计算面积。

2) 单独放在建筑物屋顶上的混凝土水箱或钢板水箱,不计算面积。

3) 建筑物屋顶水箱间、电梯机房见示意图 2-14。

2.4.13 不垂直于水平面而超出底板外沿的建筑物

(1) 计算规定

设有围护结构不垂直于水平面而超出底板外沿的建筑物,应按其底板面的外围水平面积计算。层高在 2.20m 及以上者应计算全面积;层高不足 2.20m 者应计算 1/2 面积。

(2) 计算规定解读

设有围护结构不垂直于水平面而超出底板外沿的建筑物是指向建筑物外倾斜的墙体(图 2-15)。若遇有向建筑物内倾斜的墙体,应视为坡屋面,应按坡屋顶的有关规定计算建筑面积。

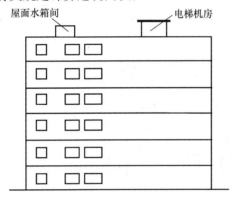

图 2-14 屋面水箱间、电梯机房示意图

图 2-15 不垂直于水平面超出底板外沿的建筑物

2.4.14 室内楼梯间、电梯井、垃圾道等

(1) 计算规定

建筑物内的室内楼梯间、电梯井、观光电梯井、提物井、管道井、通风排气竖井、垃圾道、附墙烟囱应按建筑物的自然层计算建筑面积。

(2) 计算规定解读

1) 室内楼梯间的面积计算,应按楼梯依附的建筑物的自然层数计算,合并在建筑物面积内。若遇跃层建筑,其共用的室内楼梯应按自然层计算面积;上下两错层户室共用的室内楼梯,应选上一层的自然层计算面积,见图 2-16。

2) 电梯井是指安装电梯用的垂直通道,见图 2-17。

【例】 某建筑物共 12 层,电梯井尺寸(含壁厚)如图 2-17 所示,求电梯井建筑面积。

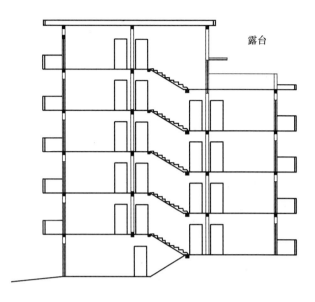

图 2-16 户室错层剖面示意图

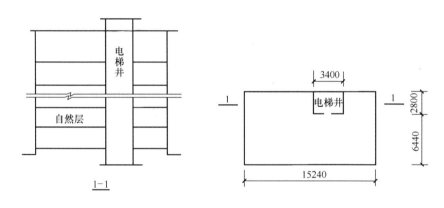

图 2-17 电梯井示意图

【解】 $S=2.80\times3.40\times12$（层）$=114.24\mathrm{m}^2$

3) 提物井是指图书馆提升书籍、酒店提升食物的垂直通道。

4) 垃圾道是指写字楼等大楼内每层设垃圾倾倒口的垂直通道。

5) 管道井是指宾馆或写字楼内集中安装给水排水、供暖、消防、电线管道用的垂直通道。

2.4.15 雨篷

(1) 计算规定

雨篷结构的外边线至外墙结构外边线的宽度超过 2.10m 者，应按雨篷结构板的水平投影面积的 1/2 计算建筑面积。

(2) 计算规定解读

1) 雨篷均以其宽度超过 2.10m 或不超过 2.10m 划分。超过者按雨篷结构板水平投影面积的 1/2 计算；不超过者不计算。上述规定不管雨篷是否有柱，计算应一致。

2）有柱的雨篷、无柱的雨篷、独立柱的雨篷见图 2-18、图 2-19。

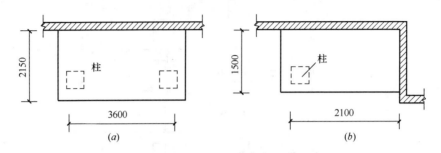

图 2-18　有柱雨篷示意图
(a) 计算 1/2 面积；(b) 不计算面积

2.4.16　室外楼梯

(1) 计算规定

有永久性顶盖的室外楼梯，应按建筑自然层的水平投影面积 1/2 计算。

(2) 计算规定解读

室外楼梯，最上层楼梯无永久性顶盖或不能完全遮盖楼梯的雨篷，上层楼梯不计算面积；上层楼梯可视为下层楼梯的永久性顶盖，下层楼梯应计算面积，见图 2-20。

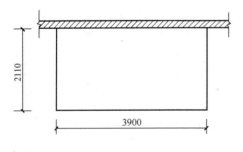

图 2-19　无柱雨篷平面图（计算 1/2 面积）

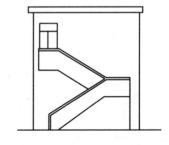

图 2-20　室外楼梯示意图

2.4.17　阳台

(1) 计算规定

建筑物的阳台均应按其水平投影面积的 1/2 计算建筑面积。

(2) 计算规定解读

1）建筑物的阳台，不论是凹阳台、挑阳台、封闭阳台，均按其水平投影面积的 1/2 计算建筑面积。

2）挑阳台、凹阳台示意图，见图 2-21、图 2-22。

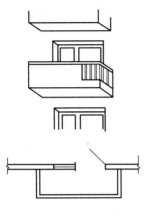
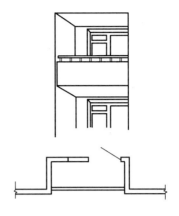

图 2-21 挑阳台示意图　　　　图 2-22 凹阳台示意图

2.4.18 车棚、货棚、站台、加油站、收费站等

（1）计算规定

有永久性顶盖无围护结构的车棚、货棚、站台、加油站、收费站等，应按其顶盖水平投影面积的 1/2 计算建筑面积。

（2）计算规定解读

1）车棚、货棚、站台、加油站、收费站等，由于建筑技术的发展，出现许多新型结构，如柱不再是单纯的直立柱，而出现正 V 形、倒八形等不同类型的柱，给建筑面积计算带来许多争议。为此，我们不以柱来确定面积，而依据顶盖的水平投影面积计算建筑面积。

2）在车棚、货棚、站台、加油站、收费站内设有带围护结构的管理房间、休息室等，应另按有关规定计算建筑面积。

3）建筑面积计算示例。站台示意图，见图 2-23。

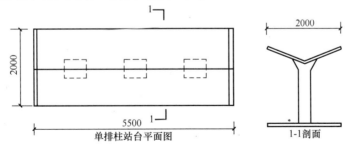

图 2-23 单排柱站台示意图

站台建筑面积为：
$$S = 2.0 \times 5.50 \times 0.5 = 5.50 \text{m}^2$$

2.4.19 高低联跨建筑物

（1）计算规定

高低联跨的建筑物,应以高跨结构外边线为界,分别计算建筑面积;高低跨内部连通时,其变形缝应计算在低跨面积内。

(2) 计算规定解读

1) 高低联跨建筑物示意图,见图 2-24。

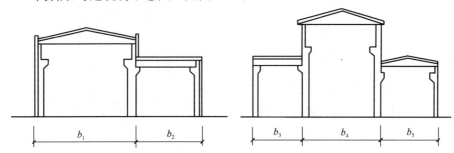

图 2-24　高低联跨单层建筑物建筑面积计算示意图

2) 建筑面积计算示例。

【例】　如图 2-24 所示高低联跨单层建筑物,当建筑物长为 L 时,计算其建筑面积。

【解】
$$S_{高1}=b_1\times L$$
$$S_{高2}=b_4\times L$$
$$S_{低1}=b_2\times L$$
$$S_{低2}=(b_3+b_5)\times L$$

2.4.20　以幕墙作为围护结构的建筑物

(1) 计算规定

以幕墙作为围护结构的建筑物,应按幕墙外边线计算建筑面积。

(2) 计算规定解读

围护性幕墙是指直接作为外墙起围护作用的幕墙。

2.4.21　建筑物外墙外侧有保温隔热层

建筑物外墙外侧有保温隔热层的,应按保温隔热层外边线计算建筑面积。

2.4.22　建筑物内的变形缝

(1) 计算规定

建筑物内的变形缝,应按其自然层合并在建筑面积内计算。

(2) 计算规定解读

1) 本条规定所指建筑物内的变形缝是与建筑物相连通的变形缝,即暴露在建筑物内,可以看得见的变形缝。

2) 室内看得见的变形缝,如图 2-25 所示。

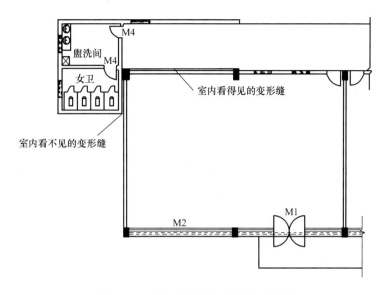

图 2-25 室内看得见的变形缝示意图

2.5 不计算建筑面积的范围

2.5.1 建筑物通道

（1）计算规定

建筑物的通道（骑楼、过街楼的底层），不应计算建筑面积。

（2）计算规定解读

1）骑楼是指楼层部分跨在人行道上的临街楼房，见图 2-26。

2）过街楼是指有道路穿过建筑空间的楼房，见图 2-27。

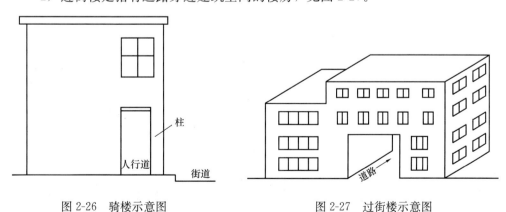

图 2-26 骑楼示意图　　图 2-27 过街楼示意图

2.5.2 设备管道夹层

（1）计算规定

建筑物内的设备管道夹层不应计算建筑面积。

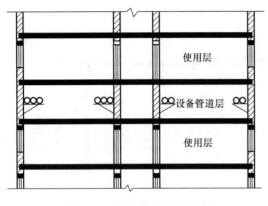

图 2-28 设备管道层示意图

（2）计算规定解读

高层建筑的宾馆、写字楼等，通常在建筑物高度的中间部分设置管道及设备层，主要用于集中放置水、暖、电、通风管道及设备。这一设备管道层不应计算建筑面积，如图 2-28 所示。

2.5.3 建筑物内单层房间、舞台及天桥等

建筑物内分隔的单层房间，舞台及后台悬挂幕布、布景的天桥、挑台等不应计算建筑面积。

2.5.4 屋顶花架、露天游泳池等

屋顶水箱、花架、凉棚、露台、露天游泳池等不应计算建筑面积。

2.5.5 操作、上料平台等

（1）计算规定

建筑物内的操作平台、上料平台、安装箱和罐体的平台不应计算建筑面积。

（2）计算规定解读

建筑物外的操作平台、上料平台等应该按有关规定确定是否应计算建筑面积。操作平台示意图，见图 2-29。

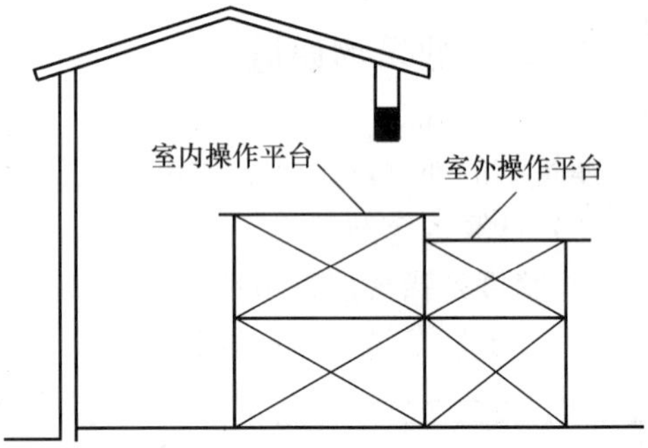

图 2-29 操作平台示意图

2.5.6 勒脚、附墙柱、垛等

（1）计算规定

勒脚、附墙柱、垛、台阶、墙面抹灰、装饰面、镶贴块料面层、装饰性幕墙、空调机外机搁板（箱）、飘窗、构件、配件、宽度在 2.10m 以内的雨篷以及与建筑物内不相连的装饰性阳台、挑廊等不应计算建筑面积。

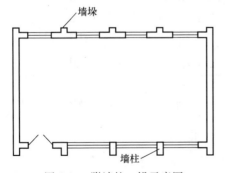

图 2-30 附墙柱、垛示意图

（2）计算规定解读

1）上述内容均不属于建筑结构，所以不应计算建筑面积。

2）附墙柱、垛示意图，见图 2-30。

3）飘窗是指为房间采光和美化造型而

设置的凸出外墙的窗。如图 2-31 所示。

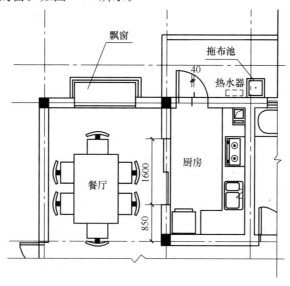

图 2-31　飘窗示意图

4）装饰性阳台、挑廊指人不能在其中间活动的空间。

2.5.7　无顶盖架空走廊和检修梯等

（1）计算规定

无永久性顶盖的架空走廊、室外楼梯和用于检修、消防等的室外钢楼梯、爬梯不应计算建筑面积。

（2）计算规定解读

室外检修钢爬梯，见图 2-32。

2.5.8　自动扶梯等

（1）计算规定

自动扶梯、自动人行道不应计算建筑面积。

（2）计算规定解读

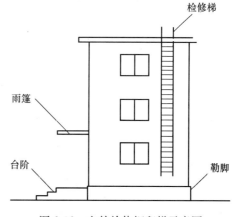

图 2-32　室外检修钢爬梯示意图

自动扶梯（斜步道滚梯），除两端固定在楼层板或梁上面之外，扶梯本身属于设备，为此，扶梯不应计算建筑面积。

自动人行道（水平步道滚梯）属于安装在楼板上的设备，不应单独计算建筑面积。

3 土石方工程量计算

（1）关键知识点

地基　基础　独立基础　条形基础　满堂基础　土方放坡　基础模板　平整场地　地槽　地坑

（2）教学建议

图片教学　现场参观　课题作业

3.1 基础构造

3.1.1 地基与基础的概念

在建筑工程上，把建筑物与土层直接接触的部分称为基础。基础是建筑物的组成部分，它承受着建筑物的上部荷载，并将这些荷载传递给地基，如图 3-1 所示。

支承建筑物全部荷载的土层叫地基，地基不是建筑物的组成部分。地基可分为天然地基和人工地基两类。凡天然土层本身具有足够的强度，能直接承受建筑荷载的地基称为天然地基。凡天然土层本身的承载能力弱，或建筑物上部荷载较大，须预先对土层进行人工加工或加固处理后才能承受建筑物荷载的地基称为人工地基。人工加固地基通常采用压实法、换土法、打桩法等。

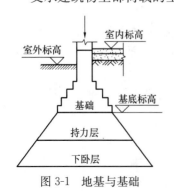

图 3-1　地基与基础

3.1.2 基础的类型与构造

（1）按所用材料及受力特点分类

1) 刚性基础。刚性基础是指由砖石、毛石、素混凝土、灰土等刚性材料制作的基础，这种基础抗压强度高而抗拉、抗剪强度低。为满足地基允许承载力的要求，需要加大基础底面积，基础底面尺寸的放大应根据材料的刚性角来决定。刚性角是指基础放宽的引线与墙体垂直线之间的夹角，用 α 表示。凡受刚性角限制的基础称为刚性基础，如图 3-2 所示。

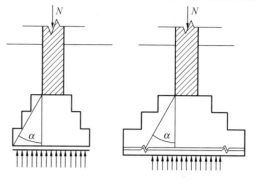

图 3-2 刚性基础的受力、传力特点

为了设计施工的方便，常将刚性角换算成 α 角的正切值 b/h，即宽高比。刚性基础台阶宽高比的允许值，见表 3-1 所列。如砖基础的大放脚宽高比应不大于 1∶1.5，大放脚的做法一般采用每两皮砖挑出 1/4 砖长或每两皮砖挑出 1/4 与一皮砖挑出 1/4 砖长相间砌筑。

刚性基础台阶宽高比允许值　　　　　　　　　　表 3-1

基础材料	质量要求		台阶宽高比的允许值		
			$P \leqslant 100kN$	$100kN < P \leqslant 200kN$	$200kN < P \leqslant 300kN$
混凝土基础	C10 混凝土		1∶1.00	1∶1.00	1∶1.00
	C7.5 混凝土		1∶1.00	1∶1.25	1∶1.50
毛石混凝土基础	C7.5~C10 混凝土		1∶1.00	1∶1.25	1∶1.50
砖基础	砖不低于 MU7.5	M5 砂浆	1∶1.50	1∶1.50	1∶1.50
		M2.5 砂浆	1∶1.50	1∶1.50	
毛石基础	M2.5~M5 砂浆		1∶1.25	1∶1.50	
	M10 砂浆		1∶1.50		
灰土基础	体积比为 3∶7 或 2∶8 的灰土，其最小干密度：粉土：5kg/m³；粉质黏土：15.0kg/m³；黏土：14.5kg/m³		1∶1.25	1∶1.50	
三合土基础	体积比 1∶2∶4~1∶3∶6（石灰∶砂∶骨料），每层约虚铺 220mm，夯至 150mm		1∶1.50	1∶2.00	

注：表中 P 为承载力设计值。

2) 非刚性基础。用钢筋混凝土制作的基础称为非刚性基础，也叫柔性基础。钢筋混凝土的抗弯性能和抗剪性能良好，可在上部结构荷载较大、地基承载力不高以及水平力和力矩等荷载的情况下使用。为了节约材料可将基础做成锥形，但基础最薄处不得小于 200mm 或做成阶梯形，每级步高为 300~500mm，故适宜在基础浅埋的场合下采用。如图 3-3 所示。

（2）按构造形式分类

1) 单独基础。单独基础是独立的块状形式，常见断面形式有踏步形、锥形、

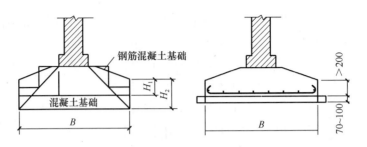

图 3-3 钢筋混凝土基础

杯形等。适用于多层框架结构或厂房排架柱下基础,其材料通常采用钢筋混凝土、素混凝土等。当柱为预制时,则将基础做成杯口形,然后将柱子插入,并嵌固在杯口内,故称杯形基础。

2）带形基础。当建筑物为墙承重结构时,承重墙下一般采用通长的长条形基础,我们称之为带形基础。它具有较好的纵向整体性,对克服纵向不均匀沉降有利,如图 3-4 所示。

3）井格基础。当上部为框架结构或排架结构,荷载较大或荷载分布不均匀,地基承载力偏低时,为了提高建筑物的整体刚度,减少柱子间产生的不均匀沉降,常将独立基础沿纵横方向连接成一体,形成井格基础,故又称十字带形基础,如图 3-5 所示。

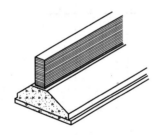

图 3-4 带形基础示意图

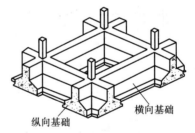

图 3-5 井格基础

4）片筏基础。由整片的钢筋混凝土板组成,直接作用于地基土上的基础,称为片筏基础。它按结构布置分有梁板式（也叫满堂基础）和无梁式,如图 3-6 所示。这种基础的整体性好,可以跨越基础下的局部软弱土。

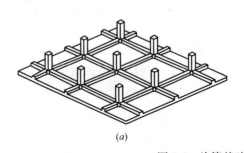

图 3-6 片筏基础
（a）示意图；(b) 平面图

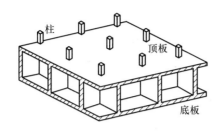
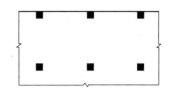

图 3-7 箱形基础

5）箱形基础。当上部建筑物荷载较大、高度较高，而地基承载力又较小，基础需深埋时，为了增加基础的整体刚度，常将地下室的底板、顶板和墙整体浇成箱子状的基础，称为箱形基础。它的刚度较大、抗震性能好、地下空间利用好、承受的弯矩很大，所以可用于特大荷载且需设地下室的建筑，如图 3-7 所示。

6）桩基础。当建筑物对地基承载力和变形要求较高，而地基的软弱土层较厚时，就要考虑以下部坚实土层或岩层作为持力层的深基础，这时桩基础应为首选。

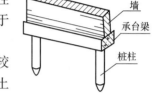

图 3-8 桩基础

桩基础一般由设置于土中的桩身和承接上部结构的承台梁组成，如图 3-8 所示。

3.2 土石方与基础施工基础知识

3.2.1 土方边坡及边坡支护

在建筑物基坑（槽）或管沟土方施工中，为了防止塌方，保证施工安全，当挖方深度超过一定限度时，应设置边坡，或临时支护以保证土壁的稳定。

（1）土方边坡

土方边坡的坡度以其坡高 h 与坡宽 b 之比表示（图 3-9），即

$$土方边坡坡度 = \frac{h}{b} = \frac{1}{b/h} = 1 : m$$

式中，$m = b/h$，称为坡度系数。

边坡可以做成直线边坡、折线边坡和阶梯形边坡（图 3-9）。当挖方深度内土

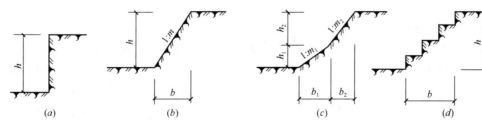

图 3-9 土方边坡

(a) 直壁边坡；(b) 斜直线边坡；(c) 折线边坡；(d) 阶梯形边坡

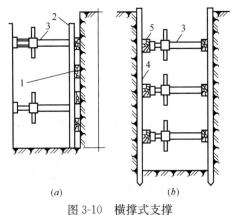

图 3-10 横撑式支撑
（a）断续式水平挡土板支撑；（b）垂直挡土板支撑
1—水平挡土板；2—垂直支撑；3—工具式支撑；
4—垂直挡土板；5—水平支撑

质均匀时，多采用直线边坡；若挖方深度内有不同土层时，为了减小开挖土方工程量，宜采用折线形边坡或阶梯形边坡。

当土的湿度、土质及其他地质条件较好，且地下水位低于基底时，开挖深度在5m之内的基坑（槽）或管沟，可放坡开挖不加支护。

（2）土壁支护

横撑式支撑适合在开挖较窄的沟槽时采用。根据挡土板的不同，分为水平挡土板支撑和垂直挡土板支撑两类，如图 3-10 所示。

3.2.2 钢筋混凝土基础的施工

钢筋混凝土基础是在施工现场，开挖基槽，然后在基础的设计位置架设模板、绑扎钢筋、浇灌混凝土、振捣成型，经过养护，混凝土达到拆模强度时拆除模板，制成基础构件。

钢筋混凝土基础的具体施工过程如下：

（1）放线、开挖基坑及护坡

这是基础工程施工的第一步工序，也是至关重要的一步。它保证了基础的位置、底面大小，承受上部结构荷载，进而保证了上部结构的安全。开挖基坑是否需要护坡、采用何种方法、哪种施工工艺都是由基坑开挖深度及土的性质决定的。

（2）验槽

验槽是对开挖轴线、基坑尺寸和土质是否符合设计规定的检验。是当施工单位将基槽开挖完毕后，由监理、勘察、设计、建设单位和施工单位的技术负责人，共同到现场进行的。有了验槽报告，该工程才能进行后续工程的施工。

（3）垫层施工

钢筋混凝土基础一般都用混凝土做垫层。垫层厚度一般为 100mm，挑出基础边缘 100mm，混凝土强度等级不小于 C10。在基坑验槽后应立即浇灌垫层混凝土，以保护地基，混凝土宜用表面振动器进行振捣，要求表面平整。

（4）模板工程

模板是新浇混凝土成型用的模型，主要由模板和支撑两部分组成。模板作为混凝土构件成型的工具，它本身除了应具有与结构构件相同的形状和尺寸外，还要具有足够的强度、刚度和稳定性，以承受新浇混凝土的荷载及施工荷载。

模板工程是混凝土基础工程的一个重要环节，从经济和工效上都要求模板系统构造简单、装拆方便。

施工现场使用的模板种类很多，钢筋混凝土基础工程多用现场装拆式钢模或木模,如图 3-11 所示。

(5) 钢筋工程

钢筋在施工中的要求如下:

1) 钢筋表面清洁;

2) 钢筋的铺设位置、规格、尺寸、数量、间距、锚固长度、接头位置、形状符合设计和施工规范的要求;

3) 钢筋网片、骨架的绑扎和焊接质量符合施工规范要求;

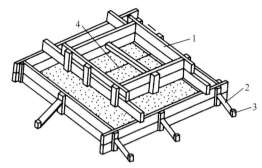

图 3-11 阶梯形基础模板
1—拼板;2—斜撑;3—木桩;4—钢丝

4) 钢筋弯钩朝向正确,绑扎接头位置及搭接长度符合规范要求;

5) 箍筋的数量、间距、弯钩角度和平直长度符合规范要求;

6) 底部钢筋需用与混凝土保护层同厚度的水泥砂浆垫块垫塞,以保证钢筋保护层的厚度。

3.3 土石方工程定额工程量计算

土石方工程量包括平整场地,挖掘沟槽、基坑,挖土,回填土,运土和井点降水等内容。

3.3.1 土石方工程量计算的有关规定

计算土石方工程量前,应确定下列各项资料:

(1) 土壤及岩石类别的确定

土石方工程土壤及岩石类别的划分,依工程勘测资料与《土壤及岩石分类表》对照后确定(该表在建筑工程预算定额中)。

(2) 地下水位标高及排(降)水方法。

(3) 土方、沟槽、基坑挖(填)土起止标高、施工方法及运距。

(4) 岩石开凿、爆破方法、石渣清运方法及运距。

(5) 其他有关资料。

土方体积,均以挖掘前的天然密实体积为准计算。如遇有必须以天然密实体积折算时,可按表 3-2 所列数值换算。

挖土一律以设计室外地坪标高为准计算。

土方体积折算表　　　　表 3-2

虚方体积	天然密实度体积	夯实后体积	松填体积
1.00	0.77	0.67	0.83
1.30	1.00	0.87	1.08
1.50	1.15	1.00	1.25
1.20	0.92	0.80	1.00

【例】 已知挖天然密实 4m³ 土方，求虚方体积 V。

【解】 $V = 4.0 \times 1.30 = 5.20 \text{m}^3$

3.3.2 平整场地工程量计算的有关规定

人工平整场地，是指建筑场地挖、填土方厚度在±30cm 以内及找平（图 3-12）。挖、填土方厚度超过±30cm 时，按场地土方平衡竖向布置图另行计算。

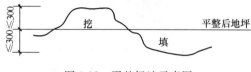

图 3-12 平整场地示意图

说明：

① 人工平整场地示意见图 3-12，超过±30cm 的按挖、填土方计算工程量。

② 场地土方平衡竖向布置，是将原有地形划分成若干个 20m×20m 或 10m×10m 的方格网，将设计标高和自然地形标高分别标注在方格点的右上角和左下角，再根据这些标高数据计算出零线位置，然后确定挖方区和填方区的精度较高的土方工程量计算方法。

平整场地工程量按建筑物外墙外边线（用 $L_{外}$ 表示）每边各加 2m，以平方米计算。

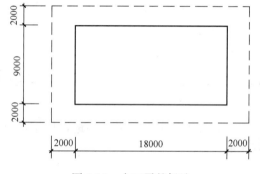

图 3-13 人工平整场地

【例】 根据图 3-13 计算人工平整场地工程量。

【解】 $S_{平} = (9.0 + 2.0 \times 2) \times (18.0 + 2.0 \times 2) = 286 \text{m}^2$

根据上例可以整理出平整场地工程量计算公式，具体过程如下：

$$\begin{aligned} S_{平} &= (9.0 + 2.0 \times 2) \times (18.0 + 2.0 \times 2) \\ &= 9.0 \times 18.0 + 9.0 \times 2.0 \times 2 + 2.0 \times 2 \times 18.0 + 2.0 \times 2 \times 2.0 \times 2 \\ &= 9.0 \times 18.0 + (9.0 \times 2 + 18.0 \times 2) \times 2.0 + 2.0 \times 2.0 \times 4 (\text{个角}) \\ &= 162 + 54 \times 2.0 + 16 \\ &= 286 \text{m}^2 \end{aligned}$$

上式中，9.0×18.0 为底面积，用 $S_{底}$ 表示；54 为外墙外边周长，用 $L_{外}$ 表示。故平整场地工程量计算公式可以归纳为：

$$S_{平} = S_{底} + L_{外} \times 2 + 16$$

上述公式示意图见图 3-14。

【例】 根据图 3-15 计算人工平整场地工程量。

【解】 $S_{底} = (10.0 + 4.0) \times 9.0 + 10.0 \times 7.0 + 18.0 \times 8.0 = 340 \text{m}^2$

$L_{外} = (18.0 + 24.0 + 4.0) \times 2 = 92 \text{m}$

$S_{平} = 340 + 92 \times 2 + 16 = 540 \text{m}^2$

注：上述平整场地工程量计算公式只适合于由矩形组成的建筑物平面的场地平整工程量计算，如遇其他形状，还需按有关方法计算（图3-15）。

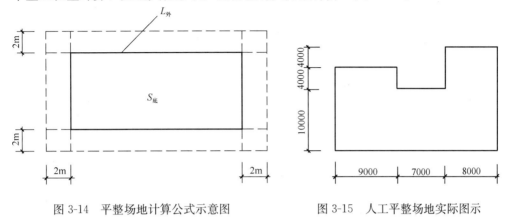

图3-14 平整场地计算公式示意图　　图3-15 人工平整场地实际图示

3.3.3 挖掘沟槽、基坑土方的有关规定

（1）沟槽、基坑划分

1）凡图示沟槽底宽在3m以内，且沟槽长大于槽宽3倍以上的，为沟槽，见图3-16。

2）凡图示基坑底面积在20m²以内为基坑，见图3-17。

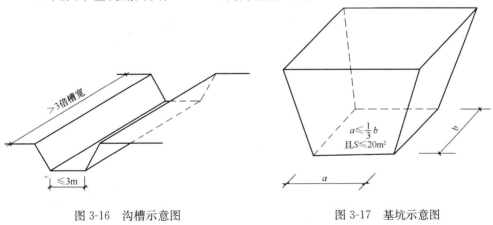

图3-16 沟槽示意图　　图3-17 基坑示意图

3）凡图示沟槽底宽3m以外，坑底面积20m²以外，平整场地挖土方厚度在30cm以外，均按挖土方计算。

说明：

①图示沟槽底宽和基坑底面积的长、宽均不含两边工作面的宽度。

②根据施工图判断沟槽、基坑、挖土方的顺序是：先根据尺寸判断沟槽是否成立，若不成立再判断是否属于基坑，若还不成立，就一定是挖土方项目。

【例】 根据表3-3中各段挖方的长宽尺寸，分别确定挖土项目。

【解】 挖土项目确定结果，见表3-3所列。

各段挖方的长度尺寸 表3-3

位置	长 (m)	宽 (m)	挖土项目	位置	长 (m)	宽 (m)	挖土项目
A段	3.0	0.8	沟槽	D段	20.0	3.05	挖土方
B段	3.0	1.0	基坑	E段	6.1	2.0	沟槽
C段	20.0	3.0	沟槽	F段	6.0	2.0	基坑

(2) 放坡系数

计算挖沟槽、基坑、土方工程量需放坡时，放坡系数按表3-4规定计算。

放 坡 系 数 表 表3-4

土的类别	放坡起点 (m)	人工挖土	机械挖土	
			在坑内作业	在坑上作业
一、二类土	1.20	1:0.5	1:0.33	1:0.75
三类土	1.50	1:0.33	1:0.25	1:0.67
四类土	2.00	1:0.25	1:0.10	1:0.33

注：1. 沟槽、基坑中土的类别不同时，分别按其放坡起点、放坡系数，依不同土层厚度加权平均计算。
 2. 计算放坡时，在交接处的重复工程量不予扣除，原槽、坑做基础垫层时，放坡从垫层上表面开始计算。

说明：

①放坡起点是指，挖土方时，各类土超过表中的放坡起点深时，才能按表中的系数计算放坡工程量。例如，图3-18中若是三类土时，$H>1.50m$ 才能计算放坡。

②表3-4中，人工挖四类土超过2.00m深时，放坡系数为1:0.25，含义是每挖深1.00m，放坡宽度 b 就增加0.25m。

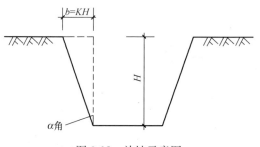

图3-18 放坡示意图

③从图3-18中可以看出，放坡宽度 b 与深度 H 和放坡角度 α 之间的关系是正切函数关系，即 $\tan\alpha=\dfrac{b}{H}$，不同类别的土取不同的 α 角度值。所以不难看出，放坡系数就是根据 $\tan\alpha$ 来确定的。例如，三类土的 $\tan\alpha=\dfrac{b}{H}=0.33$。我们将 $\tan\alpha=\dfrac{b}{H}=K$ 来表示放坡系数，故放坡宽度 $b=KH$。

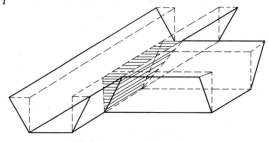

图3-19 沟槽放坡时，交接处重复工程量示意图

④沟槽放坡时，交接处重复工程量不予扣除，示意图见图3-19。

⑤原槽、坑做基础垫层时，放坡自垫层上表面开始，示意图见图3-20。

(3) 支挡土板

挖沟槽、基坑需支挡土板时，其挖土宽度按图 3-21 所示沟槽、基坑底宽，单面加 10cm，双面加 20cm 计算。挡土板面积，按槽、坑垂直支撑面积计算。支挡土板后，不得再计算放坡。

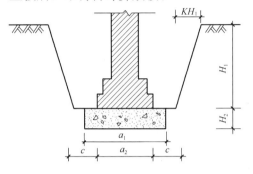

图 3-20　从垫层上表面放坡示意图

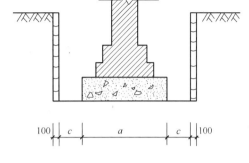

图 3-21　支撑挡土板地槽示意图

（4）基础施工所需工作面

基础施工所需工作面，按表 3-5 规定计算。

基础施工所需工作面宽度计算表　　　　表 3-5

基础材料	每边各增加工作面宽度（mm）	基础材料	每边各增加工作面宽度（mm）
砖基础	200	混凝土基础支模板	300
浆砌毛石、条石基础	150	基础垂直面做防水层	800
混凝土基础垫层支模板	300		

（5）沟槽长度

挖沟槽长度，外墙按图示中心线长度计算；内墙按图示基础底面之间净长线长度计算；内外凸出部分（垛、附墙烟囱等）体积并入沟槽土方工程量内计算。

【例】　根据图 3-22 计算地槽长度。

【解】　外墙地槽长(宽 1.0m)＝(12.0＋6.0＋8.0＋12.0)×2＝76m

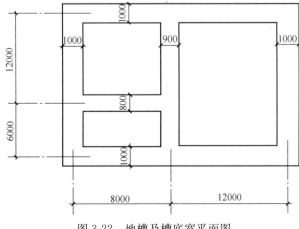

图 3-22　地槽及槽底宽平面图

$$\text{内墙地槽长(宽0.9m)}=6.0+12.0-\frac{1.0}{2}\times2=17\text{m}$$

$$\text{内墙地槽长(宽0.8m)}=8.0-\frac{1.0}{2}-\frac{0.9}{2}=7.05\text{m}$$

(6) 人工挖土方超深

人工挖土方深度超过1.5m时，按表3-6的规定增加工日。

人工挖土方超深增加工日表（100m³）　　表3-6

深2m以内	深4m以内	深6m以内
5.55工日	17.60工日	26.16工日

(7) 挖管道沟槽土方

挖管道沟槽按图示中心线长度计算。沟底宽度，设计有规定的，按设计规定尺寸计算；设计无规定时，可按表3-7规定的宽度计算。

管道地沟沟底宽度计算表（m）　　表3-7

管径（mm）	铸铁管、钢管、石棉水泥管	混凝土、钢筋混凝土、预应力混凝土管	陶土管
50～70	0.60	0.80	0.70
100～200	0.70	0.90	0.80
250～350	0.80	1.00	0.90
400～500	1.00	1.30	1.10
500～600	1.30	1.50	1.40
700～800	1.60	1.80	
900～1000	1.80	2.00	
1100～1200	2.00	2.30	
1300～1400	2.20	2.60	

注：1. 按上表计算管道沟土方工程量时，各种井类及管道（不含铸铁给水排水管）接口等处需加宽，增加的土方量不另行计算，底面积大于20m²的井类，其增加工程量并入管沟土方内计算。
2. 铺设铸铁给水排水管道时，其接口等处土方增加量，可按铸铁给水排水管道地沟土方总量的2.5%计算。

(8) 沟槽、基坑、管道地沟

沟槽、基坑深度，按图示槽、坑底面至室外地坪深度计算；管道地沟按图示沟底至室外地坪深度计算。

3.3.4　土方工程量计算

(1) 地槽（沟）土方

1) 有放坡地槽（图3-23）

$$V=(a+2c+KH)HL$$

式中　a——基础垫层宽度；
　　　c——工作面宽度；
　　　H——地槽深度；

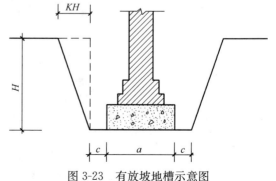

图3-23　有放坡地槽示意图

K——放坡系数；

L——地槽长度。

【例】 某地槽长 15.50m，槽深 1.60m，混凝土基础垫层宽 0.90m，有工作面，三类土，计算人工挖地槽工程量。

【解】 已知：$a = 0.90$m

$c = 0.30$m（查表 3-5）

$H = 1.60$m

$L = 15.50$m

$K = 0.33$（查表 3-4）

故：$V = (a + 2c + KH)HL$

$= (0.90 + 2 \times 0.30 + 0.33 \times 1.60) \times 1.60 \times 15.50$

$= 2.028 \times 1.60 \times 15.50 = 50.29 \text{m}^3$

2) 支撑挡土板地槽

计算公式： $V = (a + 2c + 2 \times 0.10)HL$

式中变量含义同上。

3) 有工作面不放坡地槽（图 3-24）

计算公式：

$$V = (a + 2c)HL$$

4) 无工作面不放坡地槽（图 3-25）

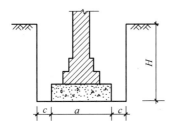

图 3-24　有工作面不放坡地槽示意图

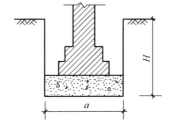

图 3-25　无工作面不放坡地槽示意图

计算公式：

$$V = aHL$$

5) 自垫层上表面放坡地槽（图 3-26）

计算公式：

$$V = [a_1 H_2 + (a_2 + 2c + KH_1)H_1]L$$

【例】 根据图 3-26 中的数据，计算 12.80m 长地槽的土方工程量（三类土人工挖土）。

【解】 已知：$a_1 = 0.90$m

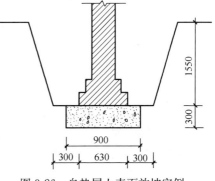

图 3-26　自垫层上表面放坡实例

$a_2 = 0.63\text{m}$

$c = 0.30\text{m}$

$H_1 = 1.55\text{m}$

$H_2 = 0.30\text{m}$

$K = 0.33$（查表 3-4）

故：$V = [0.9 \times 0.30 + (0.63 + 2 \times 0.30 + 0.33 \times 1.55) \times 1.55] \times 12.80$
$= (0.27 + 2.70) \times 12.80 = 2.97 \times 12.80 = 38.02\text{m}^3$

（2）地坑土方

1）矩形不放坡地坑。

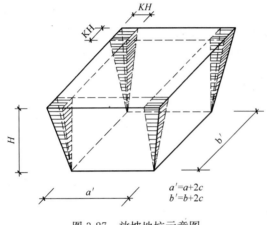

图 3-27 放坡地坑示意图

计算公式：
$$V = abH$$

2）矩形放坡地坑（图 3-27）。

计算公式：
$$V = (a + 2c + KH)(b + 2c + KH)H + \frac{1}{3}K^2H^3$$

式中 a——基础垫层宽度；

b——基础垫层长度；

c——工作面宽度；

H——地坑深度；

K——放坡系数。

【例】 已知某基础土方为四类土，混凝土基础垫层长、宽为 1.50m 和 1.20m，深度 2.20m，有工作面，人工挖土计算该基础工程土方工程量。

【解】 已知：$a = 1.20\text{m}$

$b = 1.50\text{m}$

$H = 2.20\text{m}$

$K = 0.25$（查表 3-4）

$c = 0.30\text{m}$（查表 3-5）

故：$V = (1.20 + 2 \times 0.30 + 0.25 \times 2.20) \times (1.50 + 2 \times 0.30 + 0.25 \times 2.20)$
$\times 2.20 + \frac{1}{3} \times (0.25)^2 \times (2.20)^3$
$= 2.35 \times 2.65 \times 2.20 + 0.22 = 13.92\text{m}^3$

3）圆形不放坡地坑。

计算公式：
$$V = \pi r^2 H$$

4）圆形放坡地坑（图 3-28）。

计算公式：$V = \frac{1}{3}\pi H[r^2 + (r + KH)^2 + r(r + KH)]$

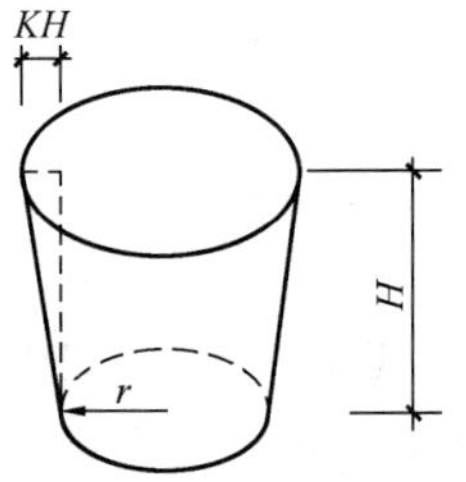

图 3-28 圆形放坡地坑示意图

式中 r——坑底半径（含工作面）；

H——坑深度；

K——放坡系数。

【例】 已知一圆形放坡地坑，混凝土基础垫层半径 0.40m，坑深 1.65m，二类土，有工作面，计算其土方工程量。

【解】 已知：$c=0.30$m（查表 3-5）

$r=0.40+0.30=0.70$m

$H=1.65$m

$K=0.50$（查表 3-4）

故：$V=\dfrac{1}{3}\times 3.1416\times 1.65\times[0.70^2+(0.70+0.50\times 1.65)^2$

$+0.70\times(0.70+0.50\times 1.65)]$

$=1.728\times(0.49+2.326+1.068)=1.728\times 3.884=6.71\text{m}^3$

(3) 挖孔桩土方

人工挖孔桩土方应按图示桩断面积乘以设计桩孔中心线深度计算。

挖孔桩的底部一般是球冠体（图 3-29）。

球冠体的体积计算公式为：

$$V=\pi h^2\left(R-\dfrac{h}{3}\right)$$

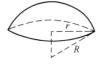

由于施工图中一般只标注 r 的尺寸，无 R 尺寸，所以需变换一下求 R 的公式：

图 3-29 球冠示意图

已知： $r^2=R^2-(R-h)^2$

故： $r^2=2Rh-h^2$

∴ $R=\dfrac{r^2+h^2}{2h}$

【例】 根据图 3-30 中的有关数据和上述计算公式，计算挖孔桩土方工程量。

【解】 ①桩身部分

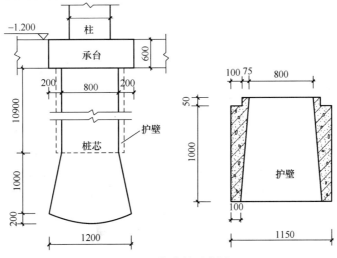

图 3-30 挖孔桩示意图

$$V = 3.1416 \times \left(\frac{1.15}{2}\right)^2 \times 10.90 = 11.32 \text{m}^3$$

②圆台部分

$$V = \frac{1}{3}\pi h(r^2 + R^2 + rR)$$

$$= \frac{1}{3} \times 3.1416 \times 1.0 \times \left[\left(\frac{0.80}{2}\right)^2 + \left(\frac{1.20}{2}\right)^2 + \frac{0.80}{2} \times \frac{1.20}{2}\right]$$

$$= 1.047 \times (0.16 + 0.36 + 0.24)$$

$$= 1.047 \times 0.76 = 0.80 \text{m}^3$$

③球冠部分

$$R = \frac{\left(\frac{1.20}{2}\right)^2 + (0.20)^2}{2 \times 0.20} = \frac{0.40}{0.40} = 1.0 \text{m}$$

$$V = \pi h^2 \left(R - \frac{h}{3}\right) = 3.1416 \times (0.20)^2 \times \left(1.0 - \frac{0.20}{3}\right) = 0.12 \text{m}^3$$

故：挖孔桩体积＝11.32＋0.80＋0.12＝12.24m³

(4) 挖土方

挖土方是指不属于沟槽、基坑和平整场地，厚度超过±30cm，按土方平衡竖向布置图进行的挖方。建筑工程中竖向布置平整场地，常有大规模土方工程。所谓大规模土方工程系指一个单位工程的挖方或填方工程分别在2000m³以上的及无砌筑管道沟的挖土方。其土方量，常用的方法有横截面计算法和方格网计算法两种。

1) 横截面计算法

常用的不同截面及其计算公式见表3-8。

常用不同截面及其计算公式　　　　　　表3-8

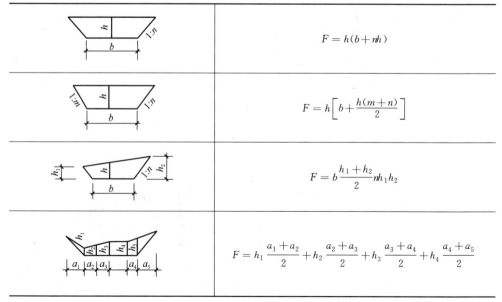

截面图	计算公式
	$F = h(b + nh)$
	$F = h\left[b + \frac{h(m+n)}{2}\right]$
	$F = b\frac{h_1 + h_2}{2} nh_1 h_2$
	$F = h_1 \frac{a_1 + a_2}{2} + h_2 \frac{a_2 + a_3}{2} + h_3 \frac{a_3 + a_4}{2} + h_4 \frac{a_4 + a_5}{2}$

(figure)	$F = \dfrac{a}{2}(h_0 + 2h + h_n)$ $h = h_1 + h_2 + h_3 + h_4 + h_5 + \cdots + h_n$

计算土方量,按照计算的各截面积,根据相邻两截面间距离,计算出土方量,其计算公式如下:

$$V = \dfrac{F_1 + F_2}{2} \times L$$

式中 V——相邻两截面间土方量（m³）;
 F_1、F_2——相邻两截面的填、挖方截面（m²）;
  L——相邻两截面的距离（m）。

2) 方格网计算法

在一个方格网内同时有挖土和填土时（挖土地段冠以"+"号,填土地段冠以"－"号）,应求出零点（即不填不挖点）,零点相连就是划分挖土和填土的零界线（图3-31）。计算零点可采用以下公式:

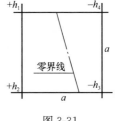

图 3-31

$$x = \dfrac{h_1}{h_1 + h_4} \times a$$

式中 x——施工标高至零界点的距离;
 h_1、h_4——挖土和填土的施工标高;
  a——方格网的每边长度。

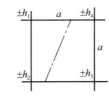 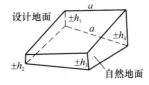

图 3-32

方格网内的土方工程量计算,有下列几个公式:

①四点均为填土或挖土（图3-32）。

公式为: $\pm V = \dfrac{h_1 + h_2 + h_3 + h_4}{4} \times a^2$

式中 $\pm V$——填土或挖土的工程量（m³）;
 h_1、h_2、h_3、h_4——施工标高（m）;
  a——方格网的每边长度（m）。

②二点为挖土和二点为填土（图3-33）。

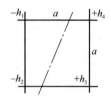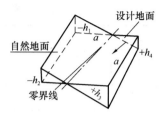

图 3-33

公式为：

$$+V = \frac{(h_1+h_2)^2}{4(h_1+h_2+h_3+h_4)} \times a^2$$

$$-V = \frac{(h_3+h_4)^2}{4(h_1+h_2+h_3+h_4)} \times a^2$$

③三点挖土和一点填土或三点填土一点挖土（图 3-34）。

公式为：
$$+V = \frac{h_2^3}{6(h_1+h_2)(h_2+h_3)} \times a^2$$

$$-V = +V + \frac{a^2}{6}(2h_1+2h_2+h_4-h_3)$$

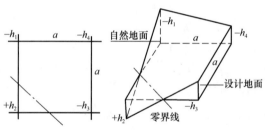

图 3-34

④二点挖土和二点填土成对角形（图 3-35）。

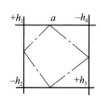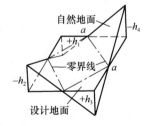

图 3-35

中间一块即四周为零界线，就不挖不填，所以只要计算四个三角锥体，公式为：

$$\pm V = \frac{1}{6} \times 底面积 \times 施工标高$$

以上土方工程量计算公式，是在假设自然地面和设计地面都是平面的条件下得到的公式，但自然地面很少是符合这个假设条件的，因此计算出来的土方工程量会有误差。为了提高计算的精确度，应检查一下计算的精确程度，用 K 值表示：

$$K=\frac{h_2+h_4}{h_1+h_3}$$

K 值即方格网的二对角点的施工标高总和的比例。当 $K=0.75\sim1.35$ 时，计算精确度为 5%；$K=0.80\sim1.20$ 时，计算精确度为 3%。一般土方工程量计算的精确度为 5%。

【例】 根据某建设工程场地大型土方方格网图（图 3-36），$a=30\text{m}$，括号内为设计标高，无括号为地面实测标高，单位均为 m。求该工程土方量。

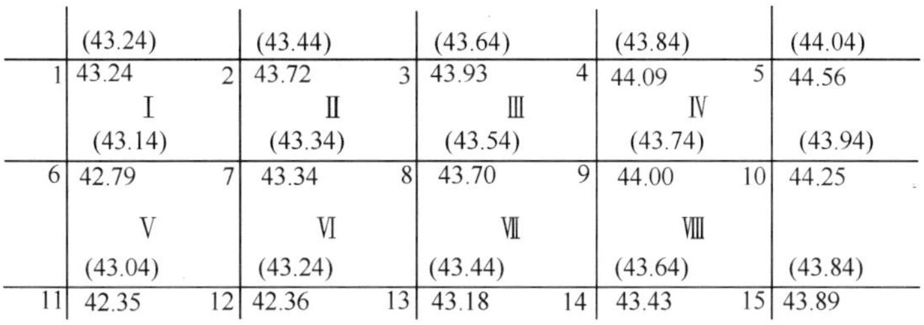

(43.24)
(43.44)
(43.64)
(43.84)
(44.04)
1 43.24
2 43.72
3 43.93
4 44.09
5 44.56
Ⅰ
Ⅱ
Ⅲ
Ⅳ
(43.14)
(43.34)
(43.54)
(43.74)
(43.94)
6 42.79
7 43.34
8 43.70
9 44.00
10 44.25
Ⅴ
Ⅵ
Ⅶ
Ⅷ
(43.04)
(43.24)
(43.44)
(43.64)
(43.84)
11 42.35
12 42.36
13 43.18
14 43.43
15 43.89

图 3-36

【解】 ①求施工标高：

施工标高＝地面实测标高－设计标高（图 3-37）

0
+0.28
+0.29
+0.25
+0.52
1
2
3
4
5
Ⅰ
Ⅱ
Ⅲ
Ⅳ
−0.35
0
+0.16
+0.26
+0.31
6
7
8
9
10
11.4
16.6
Ⅴ
Ⅵ
Ⅶ
Ⅷ
18.6
3.4
−0.69
−0.88
−0.26
−0.21
+0.05
11
12
13
14
15
24.2
5.8

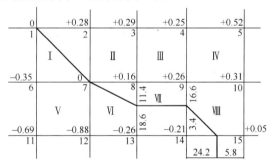

图 3-37

②求零线：

先求零点，图中已知 1 和 7 为零点，尚需求 8～13，9～14，14～15 线上的零点，如 8～13 线上的零点为：

$$x=\frac{ah_1}{h_1+h_2}=\frac{30\times0.16}{0.26+0.16}=11.4$$

另一段为 $a-x=30-11.4=18.6$

求出零点后，连接各零点即为零线，图上折线为零线，以上为挖方区，以下为填方区。

③求土方量：计算见表3-9。

土方工程量计算表　　　　　　　　表3-9

方格编号	挖方（+）	填方（-）
Ⅰ	$\frac{1}{2} \times 30 \times 30 \times \frac{0.28}{3} = 42$	$\frac{1}{2} \times 30 \times 30 \frac{0.35}{3} = 52.5$
Ⅱ	$30 \times 30 \times \frac{0.29 + 0.16 + 0.28}{4} = 164.25$	
Ⅲ	$30 \times 30 \times \frac{0.25 + 0.26 + 0.16 + 0.29}{4} = 216$	
Ⅳ	$30 \times 30 \times \frac{0.52 + 0.31 + 0.26 + 0.25}{4} = 301.5$	
Ⅴ		$30 \times 30 \times \frac{0.88 + 0.69 + 0.35}{4} = 432$
Ⅵ	$\frac{1}{2} \times 30 \times 11.4 \times \frac{0.16}{3} = 9.12$	$\frac{1}{2}(30 + 18.6) \times 30 \times \frac{0.88 + 0.26}{4} = 207.77$
Ⅶ	$\frac{1}{2} \times (11.4 + 16.6) \times 30 \times \frac{0.16 + 0.26}{4} = 44.10$	$\frac{1}{2}(13.4 + 18.6) \times 30 \times \frac{0.21 + 0.26}{4} = 56.40$
Ⅷ	$\left[30 \times 30 - \frac{(30-5.8)(30-16.6)}{2}\right]$ $\times \frac{0.26 + 0.31 + 0.05}{5} = 91.49$	$\frac{1}{2} \times 13.4 \times 24.2 \times \frac{0.21}{3} = 11.35$
合计	868.46	760.02

（5）回填土

回填土分夯填和松填，按图示尺寸和下列规定计算：

1）沟槽、基坑回填土

沟槽、基坑回填土体积以挖方体积减去设计室外地坪以下埋设砌筑物（包括：基础垫层、基础等）体积计算，见图3-38。

计算公式：$V=$挖方体积－设计室外地坪以下埋设砌筑物

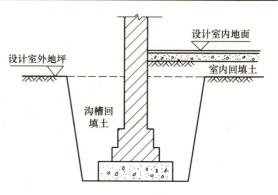

图3-38　沟槽及室内回填土示意图

说明：如图3-38所示，在减去沟槽内砌筑的基础时，不能直接减去砖基础的工程量，因为砖基础与砖墙的分界线在设计室内地面，而回填土的分界线在设计室外地坪，所以要注意调整两个分界线之间相差的工程量。

即：回填土体积＝挖方体积－基础垫层体积－砖基础体积＋高出设计室外地坪砖基础体积

2）房心回填土

房心回填土即室内回填土，按主墙之间的面积乘以回填土厚度计算，见图3-38。

计算公式：V＝室内净面积×（设计室内地坪标高—设计室外地坪标高—地面面层厚—地面垫层厚）

＝室内净面积×回填土厚

3）管道沟槽回填土

管道沟槽回填土，以挖方体积减去管道所占体积计算。管径在 500mm 以下的不扣除管道所占体积；管径超过 500mm 时，按表 3-10 的规定扣除管道所占体积。

管道扣除土方体积表（m³） 表 3-10

管道名称	管道直径（mm）					
	501～600	601～800	801～1000	1001～1200	1201～1400	1401～1600
钢 管	0.21	0.44	0.71			
铸铁管	0.24	0.49	0.77			
混凝土管	0.33	0.60	0.92	1.15	1.35	1.55

（6）运土

运土包括余土外运和取土。当回填土方量小于挖方量时，需余土外运；反之，需取土。各地区的预算定额规定，土方的挖、填、运工程量均按自然密实体积计算，不换算为虚方体积。

计算公式：运土体积＝总挖方量－总回填量

式中计算结果为正值时，为余土外运体积；负值时，为取土体积。

土方运距按下列规定计算：

推土机运距：按挖方区重心至回填区重心之间的直线距离计算。

铲运机运土距离：按挖方区重心至卸土区重心加转向距离 45m 计算。

自卸汽车运距：按挖方区重心至填土区（或堆放地点）重心的最短距离计算。

3.4 土石方工程清单工程量计算

3.4.1 平整场地

（1）基本概念

平整场地项目是指建筑物场地厚度在±300mm 以内的就地挖、填、找平，以及在一定距离内的土方运输。

（2）工程内容

平整场地的工程内容包括土方挖填、场地找平、土方运输等。

（3）项目特征

1）土的类别。按清单计价规范的《土壤及岩石（普氏）分类表》和施工场地的实际情况确定土的类别。

2）弃土运距。按施工现场的实际情况和当地弃土地点确定弃土运距。

3）取土运距。按施工现场的实际情况和当地取土地点确定取土运距。

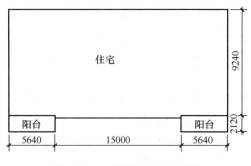

图 3-39 人工平整场地示意图

(4) 计算规则

平整场地按设计图示尺寸以建筑物首层面积计算。

1) 首层面积的概念。首层面积是指首层建筑物所占面积，不一定等于首层建筑面积。

2) 超面积平整场地。如施工方案要求的平整场地面积超出首层面积时，超出部分的面积应包括在报价内。

平整场地工程量(m^2)＝建筑物首层面积

取（弃）土工程量(m^3)＝（±300mm 内挖方量）－（±300mm 内填方量）

注：应标明取（弃）土运距。

(5) 计算实例

某住宅工程首层的外墙外边尺寸如图 3-39 所示，该场地在±300mm 内挖填找平，经计算需取土 7.5m^3 回填，取土距离 2km，试计算人工平整场地清单工程量。

【解】 人工平整场地工程量＝(5.64×2＋15.0)×9.24＋5.64×2.12×2

＝242.83＋23.91

＝266.74m^2

3.4.2 挖土方

(1) 基本概念

挖土方是指室外地坪标高 300mm 以上竖向布置的挖土或山坡切土，包括一定运距的土方运输项目。

(2) 工程内容

挖土方工程内容包括排地表水、土方开挖、支拆挡土板、土方运输等。

(3) 项目特征

挖土方的项目特征包括：

1) 土的类别；

2) 挖土平均厚度；

3) 弃土运距。

(4) 计算规则

挖土方工程量按设计图示尺寸以体积计算。

(5) 计算方法

1) 地形起伏变化不大时，采用平均厚度乘以挖土面积的方法计算土方工程量。

2) 地形起伏变化较大时，采用方格网法或横截面计算法计算挖土方工程量。

3) 需按拟建工程实际情况确定运土方距离。

3.4.3 挖基础土方

(1) 基本概念

挖基础土方是指挖建筑物的带形基础、设备基础、满堂基础、独立基础、人工挖孔桩等土方,包括一定距离内的土方运输。

(2) 工程内容

挖基础土方的工程内容包括排地表水、土方开挖、支拆挡土板、截桩头、基底钎探、土方运输等。

(3) 项目特征

挖基础土方的项目特征包括:

1) 土的类别;
2) 基础类型;
3) 垫层底宽、底面积;
4) 挖土深度;
5) 弃土运距。

(4) 计算规则

挖基础土方按设计图示尺寸以基础垫层底面积乘以挖土深度计算。

(5) 计算方法

$$基础土方工程量 = 基础垫层底面积 \times 挖土深度$$

(6) 有关说明

1) 桩间挖土方不扣除桩所占体积。
2) 不考虑施工方案要求的放坡宽度、操作工作面等因素,只按垫层底面积和挖土深度计算。

(7) 计算实例

某工程基础地槽长 13.40m,混凝土基础垫层宽 0.90m,槽深 1.65m,求人工挖基础土方工程量。

土的类别:三类土
基础类型:带形
垫层底宽:0.90m
挖土深度:1.65m
弃土运距:2km

【解】 基础土方工程量$=0.90 \times 13.40 \times 1.65 = 19.90 m^3$

3.4.4 管沟土方

(1) 基本概念

管沟土方是指各类管沟土方的挖土、回填及一定运距内的土方运输。

(2) 工程内容

管沟土方的工程内容包括排地表水、土方开挖、挡土板支拆、土方运输、土方回填等。

（3）项目特征

管沟土方的项目特征包括：

1）土的类别；

2）管外径；

3）挖沟平均深度；

4）弃土运距；

5）回填要求。

（4）计算规则

管沟土方工程量不论有无管沟设计均按管道中心线长度计算。

（5）有关说明

工程量计算不考虑施工方案规定的放坡、工作面和接头处理加宽工作面的土方。

（6）计算实例

某混凝土排水管中心线长度为 25.66m，其项目特征如下，试计算人工挖管沟土方的工程量。

土的类别：三类土

管外径：ϕ400

挖土平均深度：0.85m

弃土运距：5km

回填要求：分层夯填

【解】 ϕ400 混凝土排水管管沟土方工程量＝25.66m

3.4.5 石方开挖

（1）基本概念

石方开挖是指人工凿石、人工打眼爆破、机械打眼爆破等，以及一定运距范围内的石方清除运输。

（2）工程内容

石方开挖的工程内容包括打眼、装药、放炮、处理渗水、积水、解小、岩石开凿、摊座、清理、运输、安全防护、警卫等。

（3）项目特征

石方开挖的项目特征包括：

1）岩石类别；

2）开凿深度；

3）弃渣运距；

4）光面爆破要求；

5）基底摊座要求；

6）爆破石块直径要求。

（4）计算规则

石方开挖按设计图纸尺寸以体积计算。

3.4.6 土（石）方回填土

（1）基本概念

土（石）方回填是指场地回填、室内回填和基础回填，以及一定运距内的取土运输。

（2）工程内容

土（石）方回填土的工程内容包括挖取土（石）方、装卸、运输、回填、分层碾压、夯实等。

（3）项目特征

土（石）方回填土的项目特征包括：

1) 土质要求；
2) 密实度要求；
3) 粒径要求；
4) 夯填（碾压）；
5) 松填；
6) 运输距离。

（4）计算规则

土（石）方回填按设计图示尺寸以体积计算。

（5）计算方法

场地土（石）方回填工程量＝回填面积×平均回填厚度

室内土（石）方回填工程量＝主墙间净面积×回填厚度

基础土（石）方回填工程量＝挖方体积－设计室外地坪以下埋设的垫层、构筑物和基础体积

（6）计算实例

根据某建筑平面图及以下数据（图3-40），计算室内回填土工程量。

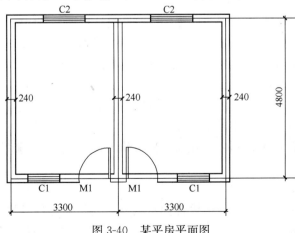

图3-40 某平房平面图

室内外地坪高差 0.30m
C15 混凝土地面垫层 80mm 厚
1:2 水泥砂浆面层 25mm 厚

【解】 ①求回填土厚

$$回填土厚 = 室内外地坪高差 - 垫层厚 - 面层厚$$
$$= 0.30 - 0.08 - 0.025$$
$$= 0.195\text{m}$$

②求主墙间净面积

$$主墙间净面积 = 建筑面积 - 墙结构面积$$
$$= (3.30 \times 2 + 0.24) \times (4.80 + 0.24)$$
$$- [(6.60 + 4.80) \times 2 + (4.80 - 0.24)] \times 0.24$$
$$= 6.84 \times 5.04 - 27.36 \times 0.24$$
$$= 34.47 - 6.57$$
$$= 27.90\text{m}^2$$

③求室内回填土体积

$$室内回填土工程量 = 主墙间净面积 \times 回填土厚$$
$$= 27.90 \times 0.195$$
$$= 5.44\text{m}^3$$

(7) 有关规定

1) 土石方体积应按挖掘前的天然密实体积计算。如需按天然密实体积折算时,应按规定的系数计算。

【例】 从天然密实土层取土回填 46.5m³ 花池土方,求挖土体积。

【解】 挖土体积 = 松填体积 × 天然密度体积系数
$$= 46.50 \times 0.92$$
$$= 42.78\text{m}^3$$

2) 挖土方平均厚度确定。

挖土方平均厚度应按自然地面测量标高至设计地坪标高间的平均厚度确定。

基础土方、石方开挖深度应按基础的垫层底表面标高至交付施工场地标高的高度确定,无交付施工场地标高时,应按自然表面标高确定。

3) 挖基础土方清单项目内容。

项目编码为 010101003 的挖基础土方工程量清单项目包括带形基础、独立基础、满堂基础(包括地下室基础)及设备基础、人工挖孔桩等的土方。带形基础应按不同底宽和深度编码列项,独立基础和满堂基础应按不同底面积和深度分别编码列项。

4) 管沟土(石)方工程量计算。

管沟土(石)方工程量应按设计图示尺寸以管道中心线长度计算。当有管沟设计时,平均深度以沟垫层底表面标高至交付施工场地标高的高度计算;无管沟设计时，直埋管深度应按管底外表面标高至交付施工场地标高的平均高度计算。

5）湿土划分。

湿土划分应按地质资料提供的地下常水位为界，地下常水位以下为湿土。

6）出现流砂、淤泥的处理方法。

挖方出现流砂、淤泥时，可根据实际情况由发包人与承包人双方认证。

4 桩基础工程量计算

(1) 关键知识点
桩基分类　灌注桩　挖孔桩　旋喷桩
(2) 教学建议
图片教学　现场参观

4.1 桩基础工程施工工艺

桩基础是用承台或梁将沉入土层中若干根单桩联系起来,以承受上部结构荷载的一种常用的基础形式。它的作用是将上部结构传至承台或梁上的荷载传递到地基深处承载力较高的土层中去,或将软弱土层挤密以提高地基的承载能力,保证建筑物的稳定和减少其沉降量。

按桩在土中的传力及作用性质不同,可分为端承桩和摩擦桩两种。端承桩就是穿过软弱土层,并将建筑物的荷载直接由桩尖传递给坚硬土层的桩,如图4-1（a）所示。摩擦桩则是完全埋置于软土层中,上部建筑物传给的荷载主要靠桩身表面与土的摩阻力来承担的桩,如图4-1（b）所示。

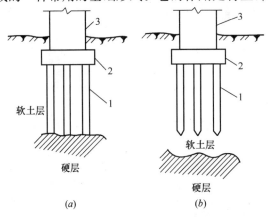

图 4-1　桩的种类
(a) 端承桩；(b) 摩擦桩
1—桩；2—承台；3—上部结构

4.1.1 钢筋混凝土预制桩施工

钢筋混凝土预制桩坚固耐久，不受地下水和潮湿变化的影响，能承受较大的荷载，因而在工程中应用较广。钢筋混凝土预制桩施工工艺过程包括：预制、吊运、堆放、沉桩、接桩和截桩等。

钢筋混凝土预制桩有实心和空心两种，实心桩为便于制作多为方形（图 4-2）。空心桩是在工厂采用离心法生产，故又称管桩。桩的制作长度一般不大于桩截面边长（或外径）的 50 倍，具体制作长度还取决于沉桩设备架高，但在沉桩过程中单桩接头不宜超过 2 个。

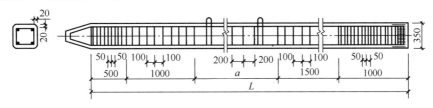

图 4-2 钢筋混凝土预制桩

4.1.2 钻孔灌注桩

钻孔灌注桩是利用钻孔机械设备在设计桩位上成孔，然后在孔内灌注混凝土或放入钢筋笼后再浇筑混凝土而成。成孔设备比较轻便，属于无振动无挤压的成孔工艺，能在各种土层条件下施工，可按钻机行走的方便程度确定成孔顺序。

（1）钻孔灌注桩施工工艺

1）干作业成孔灌注桩施工工艺。

干作业成孔灌注桩施工工艺过程，如图 4-3 所示。钻孔前应根据地下土层情况选择螺旋叶钻杆，以便很快均匀地钻进。

清孔后应及时放入钢筋笼，浇筑混凝土，每次浇筑高度不大于 1.5m，并分层振捣密实。混凝土的浇筑标高应超过设计高度。

2）泥浆护壁成孔灌注桩施工工艺。

泥浆护壁成孔灌注桩施工工艺过程，

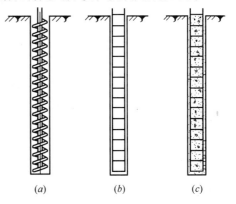

图 4-3 干作业成孔灌注桩工艺过程
(*a*) 钻孔；(*b*) 放钢筋笼；(*c*) 浇筑混凝土

如图 4-4 所示。测定桩位后，必须在桩位上埋设护筒。

护筒具有保护孔口，提高孔内泥浆水头，以防止塌孔和起导向作用。

钻孔的同时注入清水原土造浆或注入泥浆。

清孔后立即放入钢筋笼及时进行水下混凝土的灌注。水下灌注的混凝土强度等级不应低于 C20，骨料粒径不宜大于 30mm，水泥强度等级不低于 32.5R。为了改善混凝土的和易性，可掺入减水剂和粉煤灰等掺合料。

(2) 复打法与反插法

对于混凝土的充盈系数小于 1.3 的桩，或含水量较大的承压土层中的桩以及所用套管外径小于设计桩径的桩，为了提高桩的质量（如承载力），往往采用复打工艺（图 4-4）。

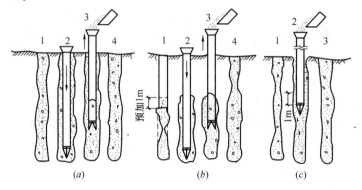

图 4-4 复打法示意图

(a) 全部复打桩；(b)、(c) 局部复打桩

1—单打桩；2—沉管；3—第二次浇筑混凝土；4—复打桩

4.1.3 人工挖孔灌注桩

人工挖孔灌注桩（以下简称挖孔桩）是指用人工在设计桩位挖成直孔，然后再安装钢筋笼，浇筑混凝土而成的桩（图 4-5、图 4-6、图 4-7）。

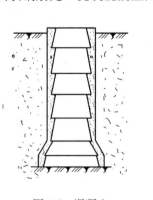 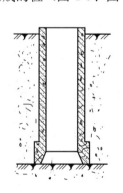 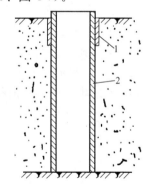

图 4-5 混凝土　　　图 4-6 沉井　　　图 4-7 钢套管护圈挖孔桩
护圈挖孔桩　　　　护圈挖孔桩　　　　1—井圈；2—钢套管

挖孔桩的直径一般为 1~3m，桩深可达 80m，单桩承载力也可达 700kN。

挖孔灌注桩的施工优点是：设备简单；无噪声，无振动，可同时开挖若干根桩；可直接观察孔壁土层变化情况，清除沉渣彻底，质量易于保证；施工成本低等。尤其在施工现场狭窄的市区更显示出其优越性。其缺点是劳动力消耗较大，人工开挖效率低，且不太安全。

4.2 桩基础工程定额工程量计算

4.2.1 预制钢筋混凝土桩

（1）打桩

打预制钢筋混凝土桩的体积，按设计桩长（包括桩尖，不扣除桩尖虚体积）乘以桩截面面积计算。管桩的空心体积应扣除。如管桩的空心部分按设计要求灌注混凝土或其他填充材料时，应另行计算。预制桩、桩靴示意图见图4-8。

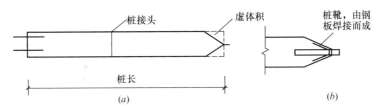

图4-8 预制桩、桩靴示意图
(a) 预制桩示意图；(b) 桩靴示意图

（2）接桩

电焊接桩按设计接头，以个计算（图4-9）；硫磺胶泥接桩按桩断面积以平方米计算（图4-10）。

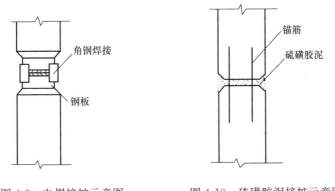

图4-9 电焊接桩示意图　　图4-10 硫磺胶泥接桩示意图

（3）送桩

送桩按桩截面面积乘以送桩长度（即打桩架底至桩顶面高度或自桩顶面至自然地坪另加0.5m）计算。

4.2.2 钢板桩

打拔钢板桩按钢板桩重量以吨计算。

4.2.3 灌注桩

（1）打孔灌注桩

1) 混凝土桩、砂桩、碎石桩的体积，按设计规定的桩长（包括桩尖，不扣除桩尖虚体积）乘以钢管管箍外径截面面积计算。

2) 扩大桩的体积按单桩体积乘以次数计算。

3) 打孔后先埋入预制混凝土桩尖，再灌注混凝土者，桩尖按钢筋混凝土章节规定计算体积，灌注桩按设计长度（自桩尖顶面至桩顶面高度）乘以钢管管箍外径截面面积计算。

(2) 钻孔灌注桩

钻孔灌注桩，按设计桩长（包括桩尖，不扣除桩尖虚体积）增加0.25m乘以设计断面面积计算。

(3) 灌注桩钢筋

灌注混凝土桩的钢筋笼制作依设计规定，按钢筋混凝土章节相应项目以吨计算。

(4) 泥浆运输

灌注桩的泥浆运输工程量按钻孔体积以立方米计算。

4.3 桩基础工程清单工程量计算

4.3.1 预制钢筋混凝土桩

(1) 基本概念

预制钢筋混凝土桩是先在加工厂或施工现场采用钢筋和混凝土预制成各种形状的桩，然后用沉桩设备将其沉入土中以承受上部结构荷载的构件。

(2) 工程内容

预制钢筋混凝土桩主要包括桩制作、运输、打桩、试验桩、斜桩、送桩、管桩填充材料、刷防护材料、清理、运输等。

(3) 项目特征

预制钢筋混凝土桩的项目特征包括：

1) 土的级别；
2) 单桩长度、根数；
3) 桩截面；
4) 板桩面积；
5) 管桩填充材料种类；
6) 桩倾斜度；
7) 混凝土强度等级；
8) 防护材料种类。

(4) 计算规则

预制钢筋混凝土桩工程量按设计图示尺寸以桩长（包括桩尖）或根数计算，计量单位为米或根。

(5) 有关说明

1) 预制钢筋混凝土桩项目适用于预制混凝土方桩、管桩和板桩等；
2) 试桩与打桩之间的间歇时间、机械在现场的停滞，应包括在打试桩报价内；
3) 打钢筋混凝土预制板桩是指留滞原位（即不拔出）的板桩，板桩应在工程量清单中描述其单桩垂直投影面积；
4) 预制桩刷防护材料应包括在报价内。

4.3.2 接桩

（1）基本概念

当钢筋混凝土长桩受到运输条件和打桩架高度限制时，一般分成数节制作，分节打入，这时需要在现场进行接桩。接桩采用的接头方式有焊接、法兰连接和硫磺胶泥锚接等几种。

（2）工程内容

接桩的工程内容包括接桩的制作、运输，接桩，材料运输等。

（3）项目特征

接桩的项目特征包括：

1) 桩截面；
2) 接头长度；
3) 接桩材料。

（4）计算规则

接桩工程量按设计图示规定的尺寸以接头数量（板桩按接头长度）计算，计量单位为个或米。

4.3.3 混凝土灌注桩

（1）基本概念

混凝土灌注桩是利用各种成孔设备在设计桩位上成孔，然后在孔内灌注混凝土或先放入钢筋笼后再灌注混凝土而制成的承受上部荷载的桩。

（2）工程内容

混凝土灌注桩的工程内容包括桩的成孔、固壁，混凝土制作、运输、灌注、振捣、养护，泥浆池及沟槽砌筑、拆除，泥浆制作、运输等。

（3）项目特征

混凝土灌注桩的项目特征包括：

1) 土的级别；
2) 单桩长度、根数；
3) 桩截面；
4) 成孔方法；
5) 混凝土强度等级。

(4) 有关说明

1) 混凝土灌注桩项目适用于人工挖孔灌注桩、钻孔灌注桩、爆扩灌注桩、打管灌注桩、振动灌注桩等。

2) 人工挖孔时采用的护壁，如砖砌护壁、预制混凝土护壁、现浇混凝土护壁、钢模周转护壁、竹笼护壁等，应包括在报价内；

3) 钻孔固壁泥浆的搅拌运输，泥浆池、泥浆沟槽的砌筑、拆除所发生的费用应包括在报价内。

(5) 计算实例

某工程冲击成孔灌注桩资料如下，试编制工程量清单。

土的级别：二级土

单根桩设计长度：7.5m

桩总根数：186 根

桩截面：$\phi 760$

混凝土强度等级：C30

【解】 ①招标人根据灌注桩基础施工图计算灌注桩长度

混凝土灌注桩总长 $=7.5 \times 186 = 1395$m

②投标人根据地质资料和施工方案计算灌注桩体积

灌注桩混凝土净消耗量 $= 3.1416 \times 0.38 \times 0.38 \times 1395 = 632.84$m^3

灌注桩混凝土实际消耗量 $=$ 净消耗量 $\times$ 充盈系数 $\times (1+$损耗率$)$

$= 632.84 \times 1.25 \times (1 + 1.5\%)$

$= 802.92$m^3

③泥浆消耗量

泥浆消耗量 $=$ 每立方米混凝土灌注桩泥浆用量 $\times$ 混凝土灌注桩净消耗量

$= 0.486 \times 632.84$

$= 307.56$m^3

④泥浆池

泥浆池土方 $= 6.0 \times 6.0 \times 1.60 = 57.60$m^3

泥浆池壁砌砖 $= 5.40 \times 4 \times 0.24 \times 1.60 = 8.29$m^3

泥浆池池底砌砖 $=(5.40+0.24) \times (5.40+0.24) \times 0.115 = 3.66$m^3

泥浆池池底抹灰 $=(5.40-0.24) \times (5.40-0.24) = 26.63$m^2

泥浆池池壁抹灰 $=(5.40-0.24) \times 4 \times 1.60 = 33.02$m^2

拆除泥浆池 $= 8.29 + 3.66 = 11.95$m^3

⑤冲击成孔混凝土灌注桩清单项目。

项目编码：010201003001

项目名称：C30 混凝土打孔灌注桩

项目特征：二级土

单根桩长：7.5m

桩总根数：186 根

桩截面：$\phi760$
清单工程量：灌注桩总长 1395m
定额工程量：灌注桩混凝土制作、运输 802.92m³
泥浆制作、运输：307.56m³
泥浆池挖土方：57.60m³
泥浆池砌砖：11.95m³
泥浆池抹灰：59.65m³
拆除泥浆池：11.95m³

4.3.4 砂石灌注桩

（1）基本概念

砂石灌注桩是采用振动成孔机械或锤击成孔机械将带有活瓣桩类的与砂石桩同直径的钢管沉下，往桩管内灌砂石后，边振动边缓慢拔出桩管后形成砂石桩，从而使地基达到密实，增加地基承受力。

（2）工程内容

砂石灌注桩工程内容包括灌注桩成孔、砂石运输、填充、振实。

（3）项目特征

砂石灌注桩的项目特征包括：

1）土的级别；

2）桩长；

3）桩截面；

4）成孔方法；

5）砂石级配。

（4）计算规则

砂石灌注桩工程量按设计图示尺寸以桩长（包括桩尖）计算。

4.3.5 灰土挤密桩

（1）基本概念

灰土挤密桩是利用锤击（冲击、爆破等方法）将钢管打入土中侧向挤密成孔，将钢管拔出后，在桩孔中分层回填 2∶8 或 3∶7 灰土夯实而成的。它是与桩间土共同组成复合地基以承受上部荷载的桩。

（2）工程内容

灰土挤密桩项目的工程内容包括成孔、灰土拌合及运输、填充、夯实。

（3）项目特征

灰土挤密桩的项目特征包括：

1）土的级别；

2）桩长；

3）桩截面；

4）成孔方法；
5）灰土级配。
（4）计算规则
灰土挤密桩工程量按设计图示尺寸以桩长（包括桩尖）计算。

4.3.6 旋喷桩

（1）基本概念
旋喷桩是利用钻机把带有特殊喷嘴的注浆管钻至土层的预留位置后，用高压脉冲泵，将水泥浆液通过钻杆下端的喷射装置向四周以高速水平喷入土体，借助流体的冲击力切削土层，使喷射流程内土体遭受破坏。与此同时，钻杆一面以一定的速度旋转，一面低速徐徐提升，使土体与水泥浆充分搅拌混合，待胶结硬化后即在地基中形成直径比较均匀，具有一定强度的圆柱体桩，从而使地基得到加固。

（2）工程内容
旋喷桩包括桩的成孔、水泥浆制作、运输、水泥浆旋喷等。

（3）项目特征
旋喷桩的项目特征包括：
1）桩长；
2）桩截面；
3）水泥强度等级。

（4）计算规则
旋喷桩工程量按设计图示尺寸以桩长（包括桩尖）计算。

4.3.7 喷粉桩

（1）基本概念
喷粉桩系采用喷粉桩机成孔、采用粉体喷射搅拌法，用压缩空气将粉体（水泥或石灰粉）输送到钻头，并以雾状喷射到加固地基的土层中，并借钻头的叶片旋转，加以搅拌使其充分混合，形成土桩体，与原地基构成复合地基，从而达到加固较弱地基基础的目的。

（2）工程内容
喷粉桩包括成孔、粉体运输、喷粉固化等。

（3）项目特征
喷粉桩的项目特征包括：
1）桩长；
2）桩截面；
3）粉体种类；
4）水泥强度等级；
5）石灰粉要求。

(4)计算规则

喷粉桩工程量按设计图示尺寸以桩长（包括桩尖）计算。

4.3.8 地下连续墙

(1)基本概念

地下连续墙是在地面上采用一种挖槽机械，沿着深开挖工程的周边轴线，在泥浆护壁的措施下，开挖出一条狭长的深槽，深槽内放入钢筋笼，然后用导管法浇筑地下混凝土，筑成一个个单元槽段，以特殊接头方式在地下筑成一道连续的钢筋混凝土墙壁，作为截水、防渗、承重和挡土结构。它适用于高层建筑的深基础、工业建筑的深池、地下铁道等工程的施工。

(2)工程内容

地下连续墙的工程内容包括挖土成槽、余土外运、导墙制作、安装，锁口管吊拔，浇筑混凝土连续墙，材料运输等。

(3)项目特征

地下连续墙的项目特征包括：

1）墙体厚度；
2）成槽深度；
3）混凝土强度等级。

(4)计算规则

地下连续墙工程量计算按设计图示墙中心线长乘以厚度再乘以槽深以体积计算。

4.3.9 地基强夯

(1)基本概念

地基强夯是用起重机械将大吨位（8～25t）夯锤起吊到6～30m高度后，自由落下，给地基土以强大的冲击能量的夯击，使土中出现冲击波和很大的冲击应力，迫使土体孔隙压缩，排除孔隙中的水，使土粒重新排列，迅速固结，从而提高地基承载能力，降低其压缩性的一种地基的加固方法。

(2)工程内容

地基强夯的工程内容包括铺夯填材料、强夯、夯填材料运输等。

(3)项目特征

地基强夯的项目特征包括：

1）夯击能量；
2）夯击遍数；
3）地基承载力要求；
4）夯填材料种类。

(4)计算规则

地基强夯按设计图示尺寸以面积计算。

5 脚手架工程量计算

(1) 关键知识点
脚手架分类　双排脚手架　简易脚手架　综合脚手架
(2) 教学建议
多媒体教学　现场参观　课题作业

5.1 脚手架搭设

脚手架是建筑施工中堆放材料、工人进行操作及进行材料短距离水平运送的一种临时设施。在工程造价中,属于措施费。

当砌筑到一定高度后,不搭设脚手架就无法进行正常的施工操作。为此,考虑到工作效率和施工组织等因素,每层脚手架的搭设高度以1.2m为宜,称为"一步架高",又叫砌体的可砌高度。

5.1.1 脚手架种类

按搭设位置可分为：外脚手架和里脚手架。

按脚手架的设置形式分为：单排脚手架、双排脚手架、满堂脚手架等。

按构造形式可分为：杆件组合式脚手架(也称多立杆式脚手架)、框架组合式脚手架(如门型脚手架)、吊挂式、悬挑式、工具式等多种。

按支固方式可分为：落地式脚手架、悬挑脚手架、附墙悬挂脚手架、悬吊脚手架。

按所用材料可分为：木脚手架、竹脚手架、金属脚手架。

按搭拆和移动方式可分为：人工装拆脚手架、附着升降脚手架、整体提升脚手架、水平移动脚手架和升降桥架。

对脚手架的基本要求：宽度应满足工人操作、材料堆置和运输的需要，脚手架的宽度一般为 1.5m 左右，并保证有足够的强度、刚度和稳定性，构造简单，装拆方便并能多次使用等。

5.1.2 外脚手架

外脚手架是沿外墙外侧沿建筑物周边搭设的一种脚手架。它既可用于砌筑，又可用于外装修。外脚手架所费工料较多。主要形式有：多立杆式脚手架和框式脚手架等。

（1）多立杆式脚手架

多立杆式脚手架常用的有竹、木（杉篙）外脚手架和钢管扣件式外脚手架。多立杆式按搭设方式分单排架和双排架两种（图 5-1）。单排架只搭设一排立杆，小横杆的另一端支撑在砖墙上，可少用一排立杆。但是单排承载能力较小且稳定性较差，另外在墙面上留有脚手眼，因此使用高度受一定限制，建筑物在 15m 以上时，不宜采用单排脚手架。双排脚手架由两排立杆和横杆组成完整的结构体系，承载能力较大且稳定性较好。

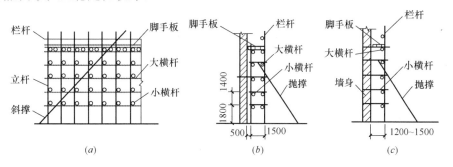

图 5-1 多立杆式脚手架基本构造
(a) 立面；(b) 侧面（双排）；(c) 侧面（单排）

木脚手架和钢管脚手架的构造大体相同，下面主要介绍钢管扣件式脚手架。钢管扣件式脚手架（图 5-2）由钢管和扣件组成。

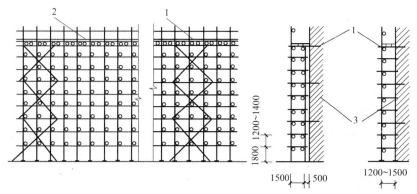

图 5-2 钢管扣件式脚手架
1—连墙杆；2—脚手板；3—墙身

1) 多立杆式钢管扣件脚手架的构造：基本件是钢管和扣件两部分。主要杆件有底座、立杆、大横杆、小横杆和斜杆等。

①底座：支承立杆直接传递下来的荷载并（经垫板）分布到地基上。底座一般由厚 8mm、边长 150～200mm 的钢板制成，上

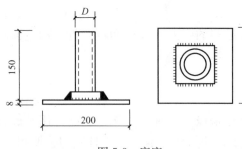

图 5-3 底座

焊 150mm 高的钢管。底座形式有内插式和外套式两种（图 5-3）。

②立杆、大小横杆和斜杆均用外径 48～50mm、壁厚 3.5mm 的焊接或无缝钢管。小横杆长 2.1～2.3m 为宜，立杆、大横杆等长，4～6.5m。

③扣件：扣件是钢管与钢管之间的连接件，用可锻铸铁铸造或用钢板压成。其基本形式有三种，如图 5-4 所示。

直角扣件：又称十字扣件，用于连接两根互相垂直相交的钢管节点。

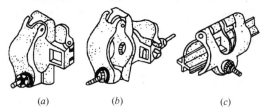

图 5-4 扣件形式
(a) 直角扣；(b) 回转扣；(c) 对接扣

回转扣件：用于连接两根任意相交的钢管。

对接扣件：又称一字扣件，用于钢管对接接长。

2) 多立杆式钢管扣件脚手架的搭设要点。

①搭设前，对底座、钢管、扣件要进行检查，钢管要平直，扣件和螺栓要光洁、灵活，变形和损坏严重者不应使用。

②搭设范围内的地基要夯实整平，做好排水处理。如地基土质不好，则底座下应垫以厚度大于 50mm 的垫板。立杆要竖直，垂直度允许偏差不得大于 1/400。相邻两根立杆接头不宜布置在同一步架内，且应错开 500mm。

③大横杆在每一面脚手架范围内的纵向水平高低差，不宜超过 1 皮砖的厚度。同一步内外两根大横杆的接头，应相互错开，不宜在同一跨间内。在垂直方向相邻两根大横杆的接头也应错开，其水平距离不宜小于 500mm。

④小横杆可紧固于大横杆上，靠近立杆的小横杆可紧固于立杆上，双排脚手架小横杆靠墙的一端应离开墙面 50～150mm。各杆件相交伸出的端头，均应大于 100mm，以防滑脱。

⑤扣件连接杆件时，螺栓的松紧程度必须适度。用测力扳手校核力矩，以 40～50N·m 为宜，最大不得超过 60N·m。

⑥为保证脚手架的整体性，每 7 根立杆设一组剪刀撑，当架高超过 30m 时，采用双杆。两根剪刀撑斜杆分别扣在立杆与大横杆上或小横杆的伸出部分上。斜杆两端扣件与立杆交点的距离不宜大于 200mm，下端斜杆与立杆的连接点离地面

不宜大于 500mm。

⑦为防脚手架向外倾倒，竖向每隔 4m、水平方向每隔 6m 距离，应设置连墙杆，当架高超过 30m 时，水平方向改为 4m。其连接方式，如图 5-5 所示。

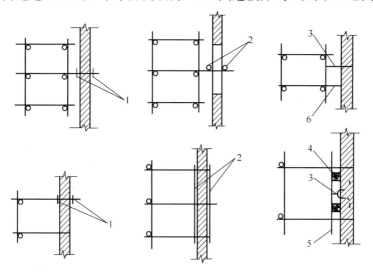

图 5-5 连墙杆的做法
1—两只扣件；2—两根钢管；3—拉结钢丝；4—木楔；5—短管；6—横杆

（2）门型框式脚手架

1）门型框式脚手架的基本件。

①门架：一般由外径 45mm 及 38mm 的钢管焊接而成。两立柱顶端焊有外径 38mm 的短管，用以承插上层的门架。立柱上留有装剪刀撑和水平撑的螺栓孔，一侧立柱焊有短套管，以便装挂三角架（图 5-6a）。

②剪刀撑和水平撑：用钢管制成，用以连接门架，以组成基本稳定结构。靠螺栓与门架的立柱相连（图 5-6b）。

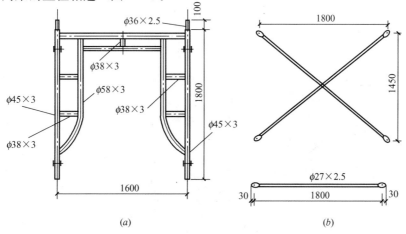

图 5-6 门型框式脚手架基本件
(a) 门架；(b) 剪刀撑与水平撑

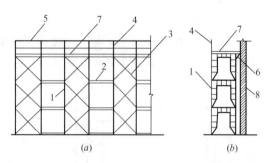

图 5-7 门型框式脚手架搭设示意图
1—门架；2—水平撑；3—剪刀撑；4—栏杆；
5—横杆；6—三角架；7—脚手架；8—墙

此外，还有三角架和底座配件。

2）门型框式脚手架搭设要点。

门架搭设要垂直墙面并沿墙布置，其间距为 1.8m，门架与门架之间，隔跨分别设置剪刀撑和水平撑，门架的内外两侧同时拉设。设置形式如图 5-7 所示。这种脚手架搭设高度应不超过 20m。

为保证脚手架的整体稳定，必须与建筑墙体拉结牢固。连墙点布置原则是：沿脚手架竖向每 3 步架、沿外墙每 6 个门架设拉结一处。

(3) 悬吊式脚手架

悬吊式脚手架是通过特设的支承点，利用吊索悬吊吊架或吊篮进行砌筑或装修工程操作的一种脚手架。其主要组成部分为：吊架（包括桁架式工作台）或吊篮、支承设施（包括支承挑架和挑梁）、吊索（包括钢丝绳、铁链、钢筋）及升降装置等。对于高层建筑的外装修作业和平时的维修保养，都是一种极为方便、经济的脚手架形式，如图 5-8 所示。

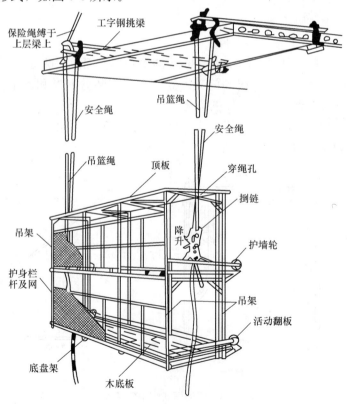

图 5-8 手动提升式吊篮示意图

悬吊脚手架的悬吊结构应根据工程结构情况和脚手架的用途而定。普遍采用的是在屋顶上设置挑梁（架）；用于高大厂房的内部施工时，则可悬吊在屋架或大梁之下；亦可搭设专门的构架来悬挂吊篮。

5.1.3 内脚手架

在砌体结构施工中，更多的是采用内脚手架。内脚手架搭在各层楼板上，每层楼只需搭设两步或三步架。一层的砖墙砌完后，脚手架全部运到上一层楼板上。由于内脚手架装拆频繁，故结构形式和构造应力求简单、轻便和灵活。目前，采用定型装配式和整体式内脚手架比较多。常见的有折叠式、支柱式和门架式多种。与上述支架配套用的脚手板，是主要承载部件，应具备足够的强度和刚度。常以优质木材、竹材和钢材制作。目前定型钢脚手板逐步代替木脚手板，但应恰当解决钢板防滑问题。

（1）折叠式内脚手架

折叠式内脚手架的支架采用了可折叠的形式，它用钢管或折叠式内脚手架搭设，间距最大不超过1.8~2.0m。可搭设两步架。其间距和搭设步数，应根据折叠架用料尺寸和上部负荷情况进行验算确定（图5-9）。

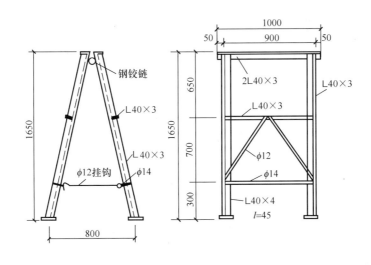

图5-9 角钢折叠式内脚手架

（2）支柱式内脚手架

支柱式内脚手架是由承受竖向力的钢支柱与支承脚手板的横杆（梁）组成。按支柱和横杆的结合方式分为套管式和承插式两种（图5-10）。

支柱式内脚手架的高度调节靠移位插销或改变承插管位置。架设高度约2m。

（3）门架式内脚手架

门架式内脚手架是由A形支架和门架组成（图5-11）。按支架与门架的组装形式不同分为套管式和承插式两种。

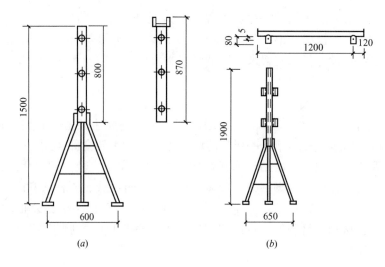

图 5-10 支柱式内脚手架
（a）套管式支柱脚手架；（b）承插式支柱脚手架

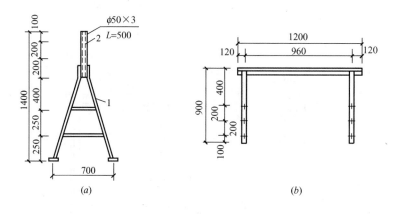

图 5-11 套管门架式内脚手架
（a）A 形支架；（b）门架
1—支腿；2—立管（套管）

5.2 脚手架工程定额工程量计算

建筑工程施工中所需搭设的脚手架，应计算工程量。

目前，脚手架工程量有两种计算方法，即综合脚手架计算和单项脚手架计算。具体采用哪种方法计算，应按本地区预算定额的规定执行。

5.2.1 综合脚手架

为了简化脚手架工程量的计算，一些地区以建筑面积为综合脚手架的工程量。

综合脚手架不管搭设方式，一般综合了砌筑、浇筑、吊装、抹灰等所需脚手架材料的摊销量；综合了木制、竹制、钢管脚手架等，但不包括浇筑满堂基础等脚手架的项目。

综合脚手架一般按单层建筑物或多层建筑物分不同檐口高度来计算工程量，若是高层建筑还须计算高层建筑超高增加费。

5.2.2 单项脚手架

单项脚手架是根据工程具体情况按不同的搭设方式计算脚手架的工程量，一般包括：单排脚手架、双排脚手架、里脚手架、满堂脚手架、悬空脚手架、挑脚手架、防护架、烟囱（水塔）脚手架、电梯井字架、架空运输道等。

单项脚手架的项目应根据批准了的施工组织设计或施工方案确定。如施工方案无规定，应根据预算定额的规定确定。

(1) 单项脚手架工程量计算一般规则

1) 建筑物外墙脚手架：凡设计室外地坪至檐口（或女儿墙上表面）的砌筑高度在15m以下的按单排脚手架计算；砌筑高度在15m以上的或砌筑高度虽不足15m，但外墙门窗及装饰面积超过外墙表面积60%以上时，均按双排脚手架计算。采用竹制脚手架时，按双排计算。

2) 建筑物内墙脚手架：凡设计室内地坪至顶板下表面（或山墙高度的1/2处）的砌筑高度在3.6m以下的（含3.6m），按里脚手架计算；砌筑高度超过3.6m以上时，按单排脚手架计算。

3) 石砌墙体，凡砌筑高度超过1.0m以上时，按外脚手架计算。

4) 计算内、外墙脚手架时，均不扣除门窗洞口、空圈洞口等所占的面积。

5) 同一建筑物高度不同时，应按不同高度分别计算。

【例】 根据图5-12图示尺寸，计算建筑物外墙脚手架工程量。

【解】 单排脚手架(15m高)=(26+12×2+8)×15=870m²

双排脚手架(24m高)=(18×2+32)×24=1632m²

双排脚手架（27m高）=32×27=864m²

双排脚手架（36m高）=(26−8)×36=648m²

双排脚手架（51m高）=(18+24×2+4)×51=3570m²

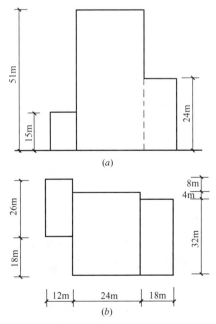

图5-12 计算外墙脚手架工程量示意图
(a) 建筑物立面；(b) 建筑物平面

6) 现浇钢筋混凝土框架柱、梁按双排脚手架计算。

7) 围墙脚手架：凡室外自然地坪至围墙顶面的砌筑高度在3.6m以下的，按里脚手架计算；砌筑高度超过3.6m时，按单排脚手架计算。

8) 室内顶棚装饰面距设计室内地坪在3.6m以上时，应计算满堂脚手架。计算满堂脚手架后，墙面装饰工程则不再计算脚手架。

9) 滑升模板施工的钢筋混凝土烟囱、筒仓，不另计算脚手架。

10) 砌筑贮仓，按双排外脚手架计算。贮水（油）池、大型设备基础，凡距地坪高度超过1.2m以上时，均按双排脚手架计算。整体满堂钢筋混凝土基础，凡其宽度超过3m以上时，按其底板面积计算满堂脚手架。

(2) 砌筑脚手架工程量计算

1) 外脚手架按外墙外边线长度，乘以外墙砌筑高度以平方米计算，凸出墙面宽度在24cm以内的墙垛、附墙烟囱等不计算脚手架；宽度超过24cm以外时，按图示尺寸展开计算，并入外脚手架工程量之内。

2) 里脚手架按墙面垂直投影面积计算。

3) 独立柱按图示柱结构外围周长另加3.6m，乘以砌筑高度以平方米计算，套用相应外脚手架定额。

(3) 现浇钢筋混凝土框架脚手架计算

1) 现浇钢筋混凝土柱，按柱图示周长尺寸另加3.6m，乘以柱高以平方米计算，套用外脚手架定额。

2) 现浇钢筋混凝土梁、墙，按设计室外地坪或楼板上表面至楼板底之间的高度，乘以梁、墙净长以平方米计算，套用相应双排外脚手架定额。

(4) 装饰工程脚手架工程量计算

1) 满堂脚手架，按室内净面积计算，其高度在3.6~5.2m之间时，计算基本层。超过5.2m时，每增加1.2m按增加一层计算，不足0.6m的不计，算式表示如下：

$$满堂脚手架增加层 = \frac{室内净高 - 5.2}{1.2}$$

【例】 某大厅室内净高9.50m，试计算满堂脚手架增加层数。

【解】 满堂脚手架增加层 $= \frac{9.50 - 5.2}{1.2} = 3$ 层余 $0.7m = 4$ 层

2) 挑脚手架，按搭设长度和层数，以延长米计算。

3) 悬空脚手架，按搭设水平投影面积以平方米计算。

4) 高度超过3.6m的墙面装饰不能利用原砌筑脚手架时，可以计算装饰脚手架。装饰脚手架按双排脚手架乘以0.3计算。

(5) 其他脚手架工程量计算

1) 水平防护架，按实际铺板的水平投影面积，以平方米计算。

2) 垂直防护架，按自然地坪至最上一层横杆之间的搭设高度，乘以实际搭设长度，以平方米计算。

3）架空运输脚手架，按搭设长度以延长米计算。

4）烟囱、水塔脚手架，区别不同搭设高度以座计算。

5）电梯井脚手架，按单孔以座计算。

6）斜道，区别不同高度，以座计算。

7）砌筑贮仓脚手架，不分单筒或贮仓组，均按单筒外边线周长乘以设计室外地坪至贮仓上口之间高度，以平方米计算。

8）贮水（油）池脚手架，按外壁周长乘以室外地坪至池壁顶面之间高度，以平方米计算。

9）大型设备基础脚手架，按其外形周长乘以地坪至外形顶面边线之间高度，以平方米计算。

10）建筑物垂直封闭工程量，按封闭面的垂直投影面积计算。

（6）安全网工程量计算

1）立挂式安全网按网架部分的实挂长度乘以实挂高度计算。

2）挑出式安全网，按挑出的水平投影面积计算。

5.3 脚手架工程清单工程量计算

在工程量清单报价中，脚手架是以费用的形式在措施项目中反映的，是措施项目费的组成部分。《建设工程工程量清单计价规范》GB 50500—2008 没有规定脚手架工程量的计算规则。在清单报价时如果需要计算脚手架工程量，可参照前面脚手架计价工程量的计算方法计算。

6 砌筑工程量计算

(1) 关键知识点
砂浆　混凝土　砖墙构造　砌块墙　砖基础工程量　砖墙工程量　砖柱工程量
(2) 教学建议
现场参观　幻灯教学　课题讲授　课题讨论　课题作业

6.1 建筑砂浆

建筑砂浆在建筑工程中是常用的建筑材料,它用途广泛、用量较大。建筑砂浆一般可分为砌筑砂浆和抹灰砂浆两类。在砖石结构中,砌筑砂浆可将单块的黏土砖、石材或砌块胶结起来,构成砌体。砂浆还用于砖墙勾缝和填充大型墙板的接缝;墙面、地面及梁柱的表面都需用砂浆来抹面,起到保护结构以及装饰作用;镶贴大理石、水磨石、贴面砖、瓷砖、陶瓷锦砖等都需用砂浆。此外,还有隔热、吸声、防水、防腐等特殊用途的砂浆,以及专门用于装饰的砂浆。

6.1.1 砂浆的组成材料

(1) 胶凝材料

配制砂浆常用的胶凝材料有水泥、石灰及黏土等,分别可配制成水泥砂浆、石灰砂浆和混合砂浆。

水泥是砂浆中主要的胶凝材料,普通水泥、矿渣水泥、火山灰质水泥等常用品种的水泥都可用来配制砂浆。要根据砂浆的不同,合理地选择水泥品种。确定水泥强度等级要考虑经济原则。通常对建筑砂浆的强度要求并不很高,所以宜尽量选用中低强度等级的水泥，因其已经能满足强度要求。但必须使用符合国家标准的水泥，严禁使用不合格或假冒伪劣产品。对于特殊用途的砂浆，要选用相应的特种水泥，例如接头、接缝、结构加固、修补裂缝等，应采用膨胀水泥。

有时为了改善砂浆的和易性、节约水泥，还常在砂浆中掺入适量的石灰或黏土，制成石灰砂浆、混合砂浆（水泥石灰砂浆、石灰黏土砂浆）等。

（2）砂

配制砂浆用砂应符合国家规定技术性质要求和质量标准，以选用洁净的中砂为宜。由于砂浆层较薄，对砂子的最大粒径应有所限制。用于毛石砌体的砂浆，其砂的最大粒径应小于砂浆层厚度的 1/5～1/4；对砖砌体，砂的粒径不宜大于 2.5mm；对于光滑的抹面及勾缝，则应采用细砂。

（3）塑化剂

当采用高强度等级水泥配制低强度砂浆时，由于水泥强度等级过高，致使水泥用量过少，而砂用量过多，砂浆常产生分层、泌水（表面积水）现象，造成和易性不良。如遇上述情况，为了改善其和易性，可在水泥砂浆中掺入适量的石灰膏、黏土膏、粉煤灰或松香皂（微沫剂）等塑化剂。

（4）水

拌制砂浆要求使用不含有害物质的洁净水，凡可饮用的水，均可拌制砂浆。不得使用污水拌制砂浆。

6.1.2 砂浆的技术性质

（1）和易性

新拌的砂浆主要要求具有良好的和易性。和易性良好的砂浆容易铺抹成均匀的薄层，且能与砖石底面紧密粘结，这样既便于施工操作，又能保证工程质量。砂浆和易性包括流动性和保水性两方面性能。

（2）流动性

砂浆的流动性也称稠度，是指在自重或外力作用下流动的性能。施工时，砂浆要能很好地铺成均匀薄层，以及泵送砂浆，均要求砂浆具有一定的流动性。

（3）保水性

砂浆能够保持水分的能力称为保水性，即新拌砂浆在运输、停放、使用过程中，水分不致分离的性质。

（4）强度

砂浆硬化后应具有足够的强度，根据边长为 7.07cm 的立方体试块，按标准条件养护 28d 的抗压强度值确定其强度等级。砂浆强度等级可分为 M15、M10、M7.5、M5、M2.5 等 5 种。特别重要的砌体要采用 M10 以上的砂浆。

（5）粘结力

砂浆必须有足够的粘结力，才能把砖石材料粘结为坚固的整体。砂浆的抗压强度越高，其粘结力一般也越大。

6.1.3 砌筑砂浆

砌筑砂浆首先要根据工程类别及砌体部位的设计要求来选择强度，然后再确定其配合比，同时还需保证砂浆有良好的和易性。

砂浆配合比一般情况可查阅有关手册或资料来选择。如需计算，应先确定各项材料的用量，再加适量的水搅拌达到施工所需的稠度。

6.2 墙体

6.2.1 墙体的类型

墙体的分类方法很多，根据其在建筑物中的位置、受力特点、材料选用、构造形式、施工方法的不同可分为不同类型。

(1) 按墙体在建筑平面上所处的位置分类

墙体按所处的位置不同分为外墙和内墙。凡位于房屋四周的墙体称为外墙，它作为建筑物的围护构件，起着挡风、遮雨、保温、隔热等作用；凡位于房屋内部的墙体称为内墙，内墙可以分隔室内空间，同时也起一定的隔声、防火等作用。

墙体按布置方向又可以分为纵墙和横墙。沿建筑物纵轴方向布置的墙称为纵墙，它包括外纵墙和内纵墙，其中外纵墙又称为檐墙；沿建筑物横轴方向布置的墙称为横墙，它包括外横墙和内横墙，其中外横墙又称山墙。

按墙体在门窗之间的位置关系可分为窗间墙和窗下墙，窗与窗、窗与门之间的墙称为窗间墙；窗洞下部的墙称为窗下墙，门窗洞口上部的墙称为窗上墙。

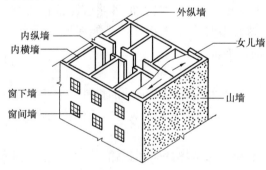

图 6-1 墙体各部分名称

按墙体与屋顶之间的位置关系有女儿墙，即屋顶上部的房屋四周的墙。

墙体各部分名称，如图 6-1 所示。

(2) 按墙体的受力特点分类

根据受力特点不同，墙体可分为承重墙、非承重墙、围护墙、隔墙等。

凡直接承受楼板、屋顶等上部结构传来的竖向荷载和风荷载、地震作用等水平荷载及自重的墙称为承重墙，它有承重内墙和承重外墙之分。

凡不直接承受上述这些外来荷载作用的墙体称为非承重墙。它包括隔墙、填充墙和幕墙。在非承重墙中，不承受外来荷载，仅承受自身重量并将其传至基础的墙称为自承重墙；仅分隔空间，不承受外力的墙称为隔墙；在框架结构中柱子间的墙称为填充墙；悬挂在建筑物外部的轻骨架墙称为幕墙（如金属幕墙、玻璃幕墙等）。

(3) 按墙体的材料分类

按墙体所用材料的不同可分为砖墙、石材墙、混凝土砌块墙、混凝土墙、板材墙、土坯墙、复合材料墙等。

用砖和砂浆砌筑的墙体称为砖墙，所用的砖有普通黏土砖、多孔砖、页岩砖、粉煤灰砖、灰砂砖、焦渣砖等，普通黏土砖又有红砖和青砖之分。其中普通实心黏土砖过去被广泛利用，但自 2000 年 6 月 1 日起，国家开始在住宅中限制使用实心黏土砖，到目前为止大部分城市和地区已基本禁止使用了。

用加气混凝土砌块体砌成的称为混凝土砌块墙，它质量轻、可切割、保温隔声性能良好，多用于非承重的隔墙及框架结构的填充墙。

用石材砌筑的墙体称为石材墙，它包括乱石墙、整石墙和包石墙等做法。主要用于山区或石材产区的低层建筑中。

以钢筋混凝土板材、加气混凝土板材、玻璃等为主要墙体材料做的墙体称为板材墙，玻璃幕墙也属此类。

用承重混凝土空心砌块砌成的墙体称为承重混凝土空心砌块墙，一般适用于 6 层及以下住宅建筑。

(4) 按墙的构造形式分类

按墙的构造形式的不同可分为实体墙、空体墙和复合墙三种。

由普通黏土砖及其他实体砌块砌筑而成的不留空腔的墙称为实体墙，也叫实心墙。

由多孔砖、空心砖或普通黏土砖砌筑而成的具有空腔的墙称为空体墙，如黏土多孔砖墙和空斗墙等。

由两种以上材料组合而成的墙称为复合墙，如加气混凝土复合板材墙。

6.2.2 普通砖墙构造

砖墙是由砖和砂浆按一定的规律和砌筑方式组砌而成的砖砌体。从战国时期开始至今，砖墙的使用在我国有着悠久的历史。它之所以有如此强的生命力，主要是由于取材容易、制造简单，既能承重又具有一定的保温、隔热、防火、防冻、隔声能力，而且施工时不需大型设备。但由于施工速度慢、工人劳动强度大、使用黏土砖消耗了大量的土地资源，因此，砖墙材料还有待进行改革。不过从我国目前的实际情况来看，普通黏土砖砖墙预计在今后一段时期内还将在我国部分城市和地区广泛采用。

(1) 砖墙材料

砖墙主要材料是砖和砂浆。

1) 砖的种类和强度等级。砖按材料不同，有普通黏土砖、页岩砖、粉煤灰砖、灰砂砖、炉渣砖等；按形状分有实心砖、多孔砖和空心砖等。其中，常用的是普通黏土砖，它是以黏土为主要原料，经成型、干燥、焙烧而成。根据生产工艺不同，有红砖和青砖之分，青砖比红砖强度高，耐久性好。

砖的强度是以强度等级表示的，按《砌体结构设计规范》GB 50003—2001 的规定，有 MU30、MU25、MU20、MU15、MU10、MU7.5 等几个级别。如 MU30 表示砖的极限抗压强度平均值为 30MPa，即每平方毫米可承受 30N 的压力。强度等级越高的砖，抗压强度越好，手工轧压成型的砖仅能达到 MU7.5。

2）砂浆的种类和强度等级。砂浆是砌墙体的胶结材料。它将砖块胶结成为整体，并将砖块之间的空隙填平密实，以便于使上层砖块所承受的荷载能连续均匀地逐层传递至下层砖块，保证整个砌体的强度。

砌筑墙体常用的砂浆有水泥砂浆、混合砂浆、石灰砂浆和黏土砂浆。水泥砂浆由水泥、砂和水拌合而成，属水硬性胶结材料。其强度高，但可塑性和保水性较差，适用于砌筑潮湿环境下的砌体。混合砂浆由水泥、石灰膏、砂和水拌合而成，既有较高的强度，也有良好的可塑性和保水性，故在民用建筑地面以上的砌体中被广泛采用。石灰砂浆由石灰膏、砂和水拌合而成，属于气硬性材料。它的可塑性很好，但强度较低，尤其是遇水时强度即降低，所以适宜于砌筑干燥环境下的砌体。黏土砂浆是由黏土、砂和水拌合而成，强度很低，仅适用于乡村民居土坯墙的砌筑。

砂浆强度也是以强度等级来表示的，按《砌体结构设计规范》GB 50003—2001 的规定，主要有 M15、M10、M7.5、M5、M2.5 等几个级别。

(2) 砖墙的组砌方式

组砌是指砖块在砖砌体中排列组合的过程与方法。

1）砖墙的组砌原则。为了保证墙体的强度，满足保温隔热、隔声等要求，砌体的砖缝必须砂浆饱满，厚薄均匀，并且保证砖缝横平竖直、上下错缝、内外搭接，以避免形成竖向通缝，影响砖砌体的强度和稳定性。当外墙面做清水墙时，组砌还应考虑墙面图案的整体美观。

2）砖墙的组砌方式。

①实体砖墙的组砌。在实体砖墙的组砌中，长边平行于墙面砌筑的砖称为顺砖，垂直于墙面砌筑的砖称为丁砖，每排列一层砖称为一皮。实体砖墙通常采用全顺、一顺一丁、多顺一丁、十字式（也称梅花丁）、两平一侧、全丁等砌筑方式，如图 6-2 所示。

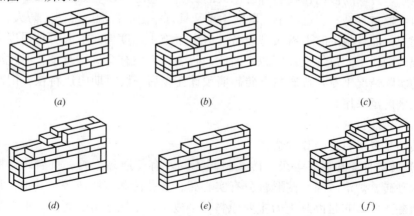

图 6-2 普通砖墙组砌方式

(a) 一顺一丁；(b) 三顺一丁；(c) 十字式；(d) 两平一侧；(e) 全顺；(f) 全丁

②空体砖墙的组砌。空体砖墙的组砌有三种情况：多孔砖墙、空心砖墙、空斗墙。多孔砖墙是用烧结多孔砖与砂浆砌筑而成的。其砌筑方式有全顺、一顺一丁、梅花丁等。

空心砖墙是烧结空心砖与混合砂浆砌筑而成的，一般采用全顺侧砌。

空斗墙是用普通黏土砖砌筑而成的空心墙体，这种砌法在我国民间已流传很久，在民居中采用较多。有无眠空斗、一眠一斗、一眠二斗、一眠三斗等几种砌筑方法，如图 6-3 所示。

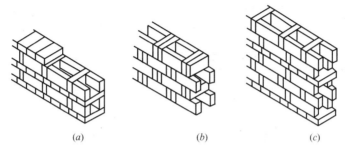

图 6-3 空斗墙砌筑方法
(a) 一眠一斗；(b) 无眠空斗；(c) 一眠三斗

所谓"斗"，是指墙体中由两皮侧砌砖与横向拉结砖所构成的空间；而"眠"，则是指墙体中沿纵向平砌的一皮顶砖。无论哪种砌筑方式，每隔一块斗砖都必须砌筑一块或两块顶砖，同时墙面不应有竖向通缝。

空斗墙的墙厚一般为 240mm，这种墙与同厚度的实体墙相比，可节省砖 25%～35%，同时还可减轻自重，它在 3 层及 3 层以下的民用建筑中采用较多，但有下列情况则不宜采用：

A. 土质软弱可能引起建筑物不均匀沉陷的地区；

B. 门窗洞口的面积占墙面面积 50% 以上；

C. 建筑物有振动荷载；

D. 地震烈度在六度及六度以上地区。

在构造上，空斗墙要求在门窗洞口的侧边以及墙体与承重砖柱连接处，在墙壁转角、勒脚及内、外墙交接处，均应采用眠砖实砌；在楼板、梁、屋架、檩条等构件下的支座处墙体应采用眠砖实砌 3 皮以上，如图 6-4 所示。

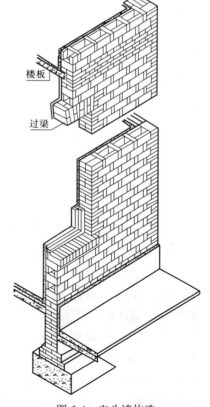

图 6-4 空斗墙构造

(3) 墙厚与局部尺寸的确定

我国标准黏土砖的规格尺寸为240mm×115mm×53mm，每块砖的重量为2.5～2.65kg。长宽厚之比约为4：2：1（包括10mm灰缝），即长：宽：厚＝250：125：63＝4：2：1，亦即4块砖厚＋3个灰缝＝2个砖宽＋1个灰缝＝1个砖长。

用标准砖砌筑墙体时是以砖宽度的倍数（即115＋10＝125mm）为模数，即砖模数。这与我国现行的《建筑模数协调统一标准》中的基本模数$M＝100$mm不协调，因此在使用中，需注意标准砖的这一特征。

1) 砖墙的厚度 砖墙的厚度习惯上以我国标准的普通黏土砖长为基数来称呼，工程上又常以它们的标志尺寸来称呼，见表6-1所列。

砖墙厚度的组成（mm） 表6-1

砖的断面					
尺寸组成	115×1	115×1+53+10	115×2+10	115×3+20	115×4+30
构造尺寸	115	178	240	365	490
标志尺寸	120	180	240	370	490
工程称谓	12墙	18墙	24墙	37墙	49墙
习惯称谓	1/2砖墙	3/4砖墙	1砖墙	1½砖墙	2砖墙

2) 墙段长度和洞口尺寸的确定 门窗洞口与墙段尺寸的确定是建筑扩大初步设计或施工图设计的重要内容。在确定洞口与墙段尺寸时应考虑下列因素：

①门窗洞口尺寸应遵循我国现行的《建筑模数协调统一标准》的规定。即门窗洞口尺寸应符合基本模数1M或扩大模数3M的倍数。这样规定的目的是减少门窗规格，有利于实现建筑工业化。

②墙段尺寸应符合砖模数。由于普通黏土砖墙的砖模数为125mm，所以墙段长度和洞口宽度都应以此为递增基数。即墙段长度为（125n－10）mm的倍数（n为半砖数），洞口宽度为（125n＋10）mm的倍数，如图6-5所示。这样，符合砖模数的墙段长度系列为115mm、240mm、365mm、490mm、615mm、740mm、865mm、990mm等；符合砖模数的洞口宽度系列为135mm、260mm、385mm、510mm、635mm、760mm、885mm等。而我国现行的《建筑模数协调统一标准》中，基本模数为100mm。

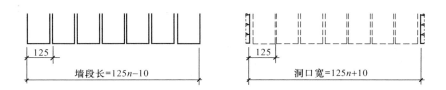

图 6-5 墙段长度和洞口宽度

6.2.3 砖墙的细部构造

砖墙的细部构造包括墙脚（勒脚、踢脚、墙身防潮层、散水、明沟等）、窗台、门窗过梁、墙身加固措施、变形缝等。

(1) 墙脚

墙脚一般是指基础以上、室内地面以下的墙段。由于墙脚所处的位置常受到飘雨、地表水和土层中水的侵蚀，致使墙身受潮，饰面层发霉脱落，影响环境卫生和人体健康。因此，在构造上应采取必要的防护措施，增强墙脚的耐久性。

1) 勒脚。勒脚是外墙身接近室外地面处的表面保护和饰面处理部分，也叫外墙的墙脚。其高度一般指位于室内地坪与室外地面的高差部分，有时为了立面的装饰效果也有将建筑物底层窗台以下的部分视为勒脚的。勒脚的作用是加固墙身，防止外界机械作用力碰撞破坏；保护近地面处的墙体，防止地表水、雨雪、冰冻对墙脚的侵蚀；用不同的饰面材料处理墙面，增强建筑物立面美观。所以要求勒脚坚固耐久、防水防潮和饰面美观。勒脚的构造做法，如图 6-6 所示。

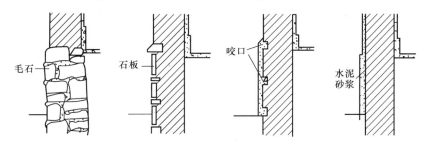

图 6-6 勒脚构造做法

2) 墙身防潮层。在墙身中设置防潮层的目的是防止土层中的水分或潮气沿基础墙中微小毛细管上升而导致墙身受潮，墙面受损。因此，为了提高建筑物的耐久性，保持室内干燥卫生，必须在内外墙脚部位连续设置防潮层。

防潮层在构造形式上有水平防潮层和垂直防潮层两种形式。

①防潮层的位置。水平防潮层一般应在室内地面不透水垫层（如混凝土）范围以内，以隔绝地潮对墙身的影响。通常在 −0.060m 标高处设置，而且至少要高于室外地坪 100~150mm，以防雨水溅湿墙身。墙身防潮层位置，如图 6-7 所示。

②防潮层的做法。

A. 水平防潮层。水平防潮层的做法一般有三种，即油毡防潮层、防水砂浆防潮层和细石混凝土防潮层，如图 6-8 所示。

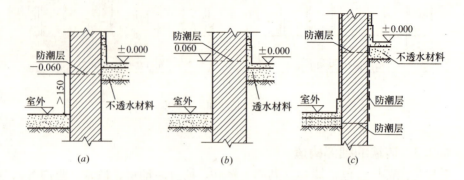

图 6-7 墙身防潮层的位置
(a) 地面垫层为不透水材料；(b) 地面垫层为透水材料；(c) 室内地面有高差

B. 垂直防潮层的做法。在需设垂直防潮层的墙面（靠回填土一侧）先用 1∶2 的水泥砂浆抹面 15～20mm 厚，再刷冷底子油一道，刷热沥青两道；也可以直接采用掺有 3%～5% 防水剂的砂浆抹面 15～20mm 厚的做法，如图 6-7（c）所示。

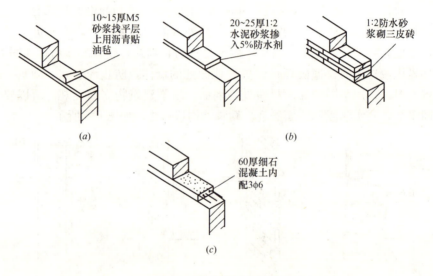

图 6-8 墙身水平防潮层
(a) 油毡防潮；(b) 防水砂浆防潮；(c) 细石混凝土防潮

3）踢脚。踢脚是外墙内侧或内墙两侧的下部室内地面与墙交接处的构造（图 6-9）。其目的是加固并保护内墙脚，遮盖墙面与楼地面的接缝，防止此处渗漏水、掉灰或扫地时污染墙面。踢脚的高度一般在 100～150mm。常用的面层材料是水泥砂浆、水磨石、木材、缸砖、油漆等，但设计施工时应尽量选用与地面材料相一致的面层材料。

（2）窗台

窗洞口下部设置的防水构造称为窗台。其作用是将窗面上流淌下的雨水排除，以防污染墙面。

窗台的构造做法有砖砌窗台和预制混凝土窗台两种，其形式有悬挑窗台和不

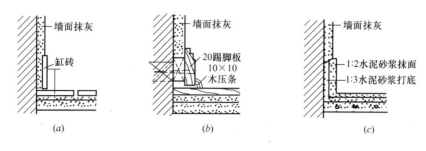

图 6-9 踢脚线
(a) 缸砖踢脚线；(b) 木踢脚线；(c) 水泥砂浆踢脚线

悬挑窗台两种。悬挑窗台常采用顶砌一皮砖出挑 60mm 或将一砖侧砌并出挑 60mm，也可采用钢筋混凝土窗台，如图 6-10 所示。

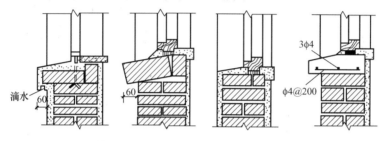

图 6-10 窗台构造

悬挑窗台底部边缘应设滴水线处理，以防雨水对墙面的影响。

（3）门窗过梁

设置在门窗洞口上方的用来支承门窗洞口上部砌体和楼板传来的荷载，并把这些荷载传给门窗洞口两侧墙体的水平承重构件称为过梁。

过梁的构造做法很多，常用的有三种：砖拱过梁、钢筋砖过梁和钢筋混凝土过梁。有时为了丰富建筑的立面，常结合过梁进行立面装饰处理。

1）砖拱过梁。砖拱过梁是我国的传统做法，它有平拱和弧拱两种，如图 6-11 所示。它是将立砖和侧砖相间砌筑而成的，它利用灰缝上大下小，使砖向两边倾斜，相互挤压形成拱的作用来承担荷载。

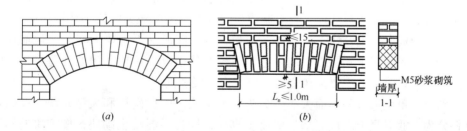

图 6-11 砖拱过梁
(a) 弧拱过梁；(b) 平拱过梁

2）钢筋砖过梁。钢筋砖过梁是配置了钢筋的平砌砖过梁，砌筑形式与墙体一样，一般用一顺一丁或梅花丁。通常将间距小于 120mm 的 Φ6 钢筋埋在梁底部

30mm厚1∶2.5的水泥砂浆层内，钢筋伸入洞口两侧墙内的长度不应小于240mm，并设90°直弯钩，埋在墙体的竖缝内。在洞口上部不小于1/4洞口跨度的高度范围内（且不应小于5皮砖），用不低于M5的水泥砂浆砌筑。

(4) 墙身加固措施

多层砖混结构的承重墙，由于可能受上部集中荷载、开设门窗洞口以及地震等其他因素的影响，导致强度及稳定性有所降低，因此必须考虑对墙身采取适当的加固措施。

增加壁柱和门垛　当墙体中的窗间墙承受集中荷载，墙厚又不能满足承载力的要求，或由于墙体长度和高度超过一定限度而影响墙体稳定性时，常在墙身局部适当位置增设壁柱，使之和墙体共同承担荷载并稳定墙身。壁柱凸出墙面的尺寸，一般为120mm×370mm、240mm×370mm、240mm×490mm等，或根据结构构造计算确定。

当在墙体转角处或在丁字墙交接处开设门窗洞口时，为了保证墙体的承载力及稳定性和便于门窗框的安装，应在墙体转角处或在丁字墙交接处增设门垛。门垛应凸出墙面不少于120mm，宽度同墙厚，如图6-12所示。

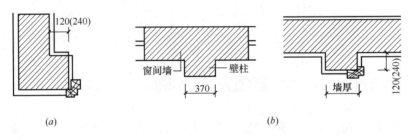

图6-12　门垛与壁柱
(a) 门垛；(b) 壁柱

6.2.4　其他墙体构造

(1) 砌块墙

砌块墙是按一定技术要求采用预制块材砌筑而成的墙体，预制砌块可以采用混凝土或利用工业废料和地方材料制成。它既不占用耕地又解决了环境污染问题，具有生产投资少、见效快、生产工艺简单、节约能源、不需要大型起重运输设备等优点，一般适用于6层以下的住宅、学校办公楼以及单层厂房的建造，是我国目前墙体材料改革的主要途径之一，应大力发展和推广。

砌块按单块重量和幅面大小可分为小型砌块、中型砌块和大型砌块；按砌块材料分为普通混凝土砌块、加气混凝土砌块、轻骨料混凝土砌块；按砌块的构造分为空心砌块和实心砌块，空心砌块的孔有方孔、圆孔、扁孔等几种。

小型砌块高度为115～380mm，单块重不超过20kg，便于人工砌筑；中型砌块高度为380～980mm，单块重在20～350kg；大型砌块高度大于980mm，单块重大于350kg。大中型砌块体积和重量较大，人工搬运不便，一般较少应用。我国目前采用较多的是中小型砌块。

砌块的尺寸比较大，砌筑不够灵活。因此，在设计时应绘出砌块排列组合图，并注明每一砌块的型号和编号，以便施工时按图进料和安装，如图6-13所示。

为了增强墙体的整体性、稳定性、耐久性，应从砌块接缝、过梁与圈梁、构造柱设置等几个方面加强构造处理。

在砌筑时，必须使竖缝填灌密实，水平缝砌筑饱满，使上、下、左、右砌块能更好地连接。在砌筑过程中若出现局部不齐或缺少某些特殊规格砌块时，常以普通黏土砖填砌，砌块接缝处理如图6-13所示。

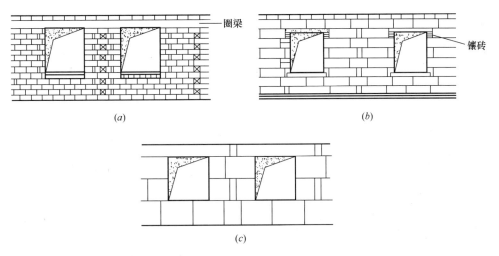

图 6-13 砌块的排列组合图
(a) 小型砌块排列；(b) 中型砌块排列；(c) 大型砌块排列

过梁是砌块墙中的重要构件，它既起着承受门窗洞口上部荷载的作用，又是一种可调节的砌块。当圈梁与过梁位置接近时，可以将过梁与圈梁合并考虑。

圈梁分现浇和预制两种。现浇圈梁整体性好，对墙身加固有利，但现场施工复杂。预制圈梁一般采用U形预制块代替模板，然后在凹槽内配筋，再浇灌混凝土，如图6-14所示。

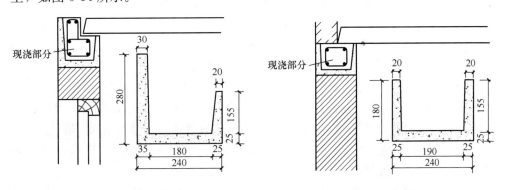

图 6-14 砌块预制圈梁

预制过梁之间一般采用焊接方法连接，以提高其整体性，如图 6-15 所示。

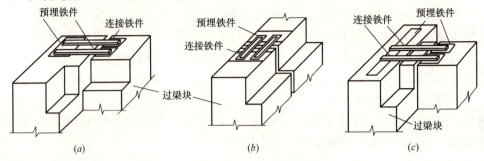

图 6-15 预制过梁的连接
(a) 转角连接；(b) 通长连接；(c) 丁字连接

在外墙转角以及内外墙交接处应增设构造柱，将砌块在垂直方向连成整体，如图 6-16 所示。同时构造柱与圈梁、基础应有较好的连接，以提高其抗震能力。

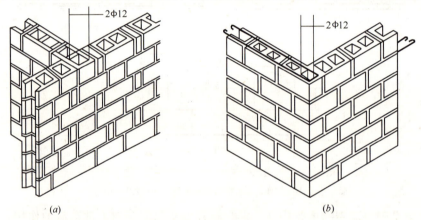

图 6-16 砌块墙构造柱
(a) 内外墙交接处；(b) 外墙转角处

(2) 隔墙构造

由于隔墙布置灵活，能适应建筑使用功能的变化，在现代建筑中应用广泛。因此设计时要求：

1) 隔墙重量轻，厚度薄，便于安装和拆卸。
2) 要保证隔墙的稳定性良好，特别要注意其与承重墙的连接。
3) 要具有一定的隔声、防火防潮和防水能力，以满足建筑的使用功能。

常见的隔墙有块材隔墙、骨架隔墙和板材隔墙。块材隔墙是指用普通砖、空心砖、加气混凝土砌块等块材砌筑的墙。常用的有普通砖隔墙和砌块隔墙。

A. 普通砖隔墙。一般采用半砖或 1/4 砖顺砌或侧砌而成，其标志尺寸为 120mm、60mm，如图 6-17 所示。

对半砖隔墙而言：当砌筑砂浆为 M2.5 时，墙的高度不宜超过 3.6m，长度不宜超过 5m。当采用 M5 砂浆砌筑时，高度不宜超过 4m，长度不宜超过 6m；当高

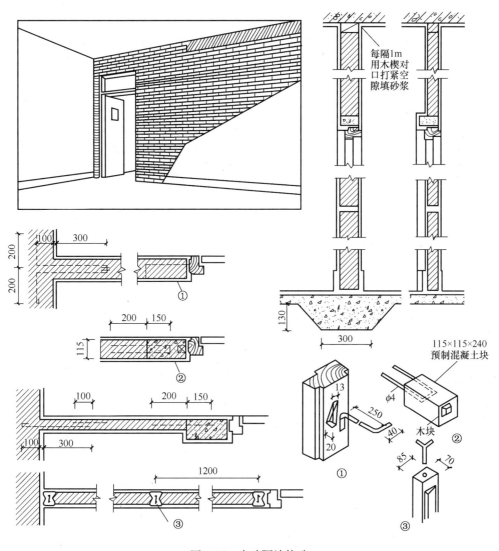

图 6-17 半砖隔墙构造

度超过 4m 时，应在门窗过梁处设通长钢筋混凝土带；当长度超过 6m 时，应设砖壁柱。

为了加强半砖隔墙与承重墙或柱之间的牢固连接，一般沿高度每隔 500mm 砌入 2Φ4 的通长钢筋，还应沿隔墙高度每隔 1200mm 设一道 30mm 厚水泥砂浆层，内放 2Φ6 拉结钢筋予以加固。同时在隔墙顶部与楼板相接处，应将砖斜砌一皮，或留出约 30mm 的空隙，以防上部结构变形时对隔墙产生挤压破坏，并用塞木楔打紧，然后用砂浆填缝。隔墙上有门时，需预埋防腐木砖、铁件，或将带有木楔的混凝土预制块砌入隔墙中，以便固定门框。

这种墙坚固耐久、隔声性能好，布置灵活，但稳定性差、自重大、湿作业量大、不易拆装。

B. 砌块隔墙。目前常采用加气混凝土砌块、粉煤灰硅酸盐砌块以及水泥炉渣空心砖等砌筑隔墙。其墙厚一般为 90~120mm。在砌筑时，应先在墙下部实砌 3~5 皮黏土砖再砌砌块。砌块不够整块时，宜用普通黏土砖填补。同时，还要对其墙身进行加固处理，构造处理的方法同普通砖隔墙，如图 6-18 所示。

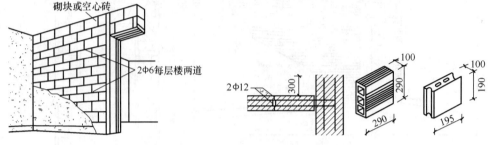

图 6-18 砌块隔墙构造

6.3 砌体工程

砌体施工过程包括材料准备与运输、脚手架搭设和砌体砌筑等环节。

6.3.1 砌筑质量要求

砖砌体是由砖和砂浆组砌而成的，显然原材料质量和砌筑质量是影响砌体质量的主要因素，因而砌体除应采用符合质量要求的原材料外，还必须有良好的砌筑质量。施工中对砖砌体的砌筑主要有下列质量要求：

（1）横平竖直

砌体抗压性能好，而抗剪抗拉性能差，为使砌体均匀受压，不产生剪切及水平推力，要求每一砖在同一水平上，每一皮砖都要砌平，并要求砌体表面棱角垂直。对于拱结构，为使砌体受压而不产生剪切破坏，则灰缝应与作用力方向垂直（图6-19）。施工时，首先应将基础找平，砌筑时，应按皮数杆拉线，将每皮砖砌平。

（2）砂浆饱满、厚薄均匀

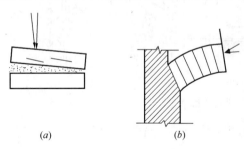

图 6-19 砌块受力情况
(a) 砌体不横平；(b) 拱结构

保证砌体受力均匀和块体连接紧密，要求水平灰缝砂浆饱满、厚薄均匀，以防止砖块受弯曲、剪切破坏。为保证砌体的抗压强度，要求水平灰缝砂浆饱满程度不得小于 80%。灰缝厚度以 10mm 为宜，不宜小于 8mm，也不应大于 12mm，竖向灰缝应饱满。

（3）组砌得当

为保证砌体整体性、稳定性和承载能力，砖块排列应遵守上下错缝、内外搭接的原则，防止出现连续的垂直通缝或通天缝。错缝和搭接长度应不小于 60mm，同时还应考虑砌筑方便、砍砖少等要求。常用的砖砌体组砌方式有一顺一丁、三顺一丁、梅花丁（又称砂包丁）（图6-20）。此外，为保证砌体可靠受力，各层承重墙最上一皮砖应用丁砖砌筑；梁或梁垫下面，砖砌体的阶台水平面及砌体的挑出砖，也应用丁砖砌筑。

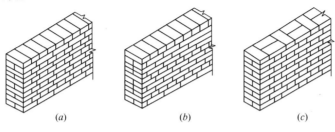

图 6-20　砖墙组砌形式
(a) 一顺一丁；(b) 三顺一丁；(c) 梅花丁

(4) 接槎牢固

接槎指砌体临时间断处的接合方式。为保证砌体的整体性，砖墙转角处和纵横墙交接处一般应同时砌筑，当不能同时砌筑又必须留槎时，宜留斜槎（图6-21a），其高度不宜超过一步架高，长度不小于高度的2/3。斜槎操作简便，接槎砂浆饱满，质量容易得到保证。如留斜槎有困难时，除抗震设防区或转角处外也可留直槎，但必须设阳槎（图6-21b），并加设拉结筋。拉结筋的数量为每120mm厚墙用一根Φ6钢筋，间距沿墙高不超过500mm，其埋入长度从墙的留槎处起，两侧均不得小于500mm，钢筋两端一般均加工成回头弯钩。

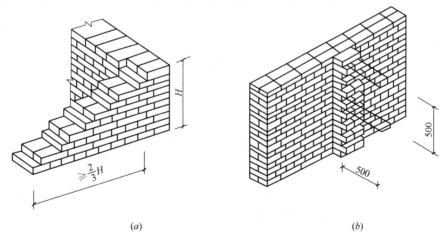

图 6-21　实心砖墙临时间断处留槎方式
(a) 斜槎；(b) 直槎

6.3.2　毛石基础砌筑

毛石基础是用毛石和砂浆砌筑而成。毛石用乱毛石和平毛石，砂浆用水泥砂浆或混合砂浆，一般用铺浆法砌筑。灰缝厚度宜为20～30mm，砂浆应饱满。毛石砌体宜分皮卧砌，并应上下错缝、内外搭接。不得采用外面侧立石块，中间填心的砌筑方法。每日砌筑高度不宜超过1.2m。在转角处及交接处应同时砌筑，当不能同时砌筑时，应留斜槎。

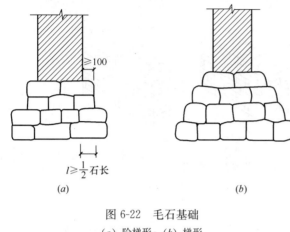

图6-22 毛石基础
(a) 阶梯形；(b) 梯形

毛石基础的断面形式有阶梯形和梯形（图6-22），基础的顶面宽度应比墙厚大200mm，即每边宽出100mm，每阶高度一般为300～400mm，并至少砌两皮毛石，上级阶梯的石块应至少压砌下级阶梯的1/2。相邻阶梯毛石应相互错缝搭砌。砌第一层石块时，基底要坐浆，石块大面向下。基础的最上一层石块，宜选用较大的毛石砌筑。基础的第一层及转角处、交接处和洞口处选用较大的平毛石砌筑。

6.3.3 砖墙砌筑

砖墙砌筑工艺过程是：抄平、弹线、摆砖（摆底）、立皮数杆、盘角、挂线、砌筑、勾缝、楼层轴线标高引测及检查记录等。

(1) 抄平、弹线

砌墙前应先在基础顶面用水泥砂浆或细石混凝土找平，然后根据龙门板上标志的轴线，弹出墙身轴线、边线及门窗洞口位置。

(2) 摆砖（又称摆底）

在弹好线的基面上按选定的组砌方式，先用砖块试摆，以校核所弹出的门窗洞口、附墙垛等处是否符合砖的模数，以尽量减少砍砖。如偏差不大，可以通过灰缝进行调剂。

(3) 立皮数杆

皮数杆是一层楼墙体竖向尺寸的标志杆，其上划有每匹砖和灰缝的厚度、门窗洞口、过梁、楼板、梁底等标高位置。皮数杆一般立于墙体的四大角、内外墙交接处、楼梯间及洞口多的位置，且沿墙每隔10～15m立一根。

(4) 盘角、挂线

墙角是确定墙面的主要依据，所以应根据皮数杆先砌墙角，然后在墙角之间拉准线（称挂线）砌中间墙身。

(5) 砌筑、勾缝

砌筑方法各地不一，常用的是一铲（刀）灰、一块砖、一挤揉的"三一"砌筑法。勾缝是砌清水墙的最后一道工序，可用砌筑砂浆随砌随勾缝，称原浆勾缝；也可在墙体砌筑完后，用1∶1水泥砂浆或加色砂浆勾缝，称加浆勾缝。勾缝要求横平竖直，色泽一致。

（6）楼层轴线引测及标高控制

用经纬仪或线坠将引测在外墙面上的墙身中心线再引测到楼层上去，各层墙轴线应重合。各层标高除用皮数杆控制外，还可用在室内弹出水平线来控制。当底层砌到一定高度后，根据龙门板上的±0.00 标高，用水准仪在室内墙角引测出标高控制点（一般比室内地坪高 300～500mm），然后根据控制点弹出水平线，用以控制底层过梁、圈梁及楼板的标高。以此水平线为基准，根据层高，用钢尺逐层向上引测各层标高控制线。

（7）检查，记录

砌筑过程中应及时进行检查，尤其应注意墙角的检查。检查的内容主要有：轴线位移、标高偏差、墙身垂直度、水平灰缝以及门窗洞口位置和尺寸等，所有偏差均应控制在施工规范及标准允许的偏差范围内，如有超偏，应在灰缝砂浆凝结前予以校正。上述所有检测的结果均应完整、准确地记录，以作为工程质量检查及交工验收的依据。

6.4 砌筑工程定额工程量计算

6.4.1 砖墙的一般规定

（1）计算墙体的规定

1）计算墙体时，应扣除门窗洞口、过人洞、空圈、嵌入墙身的钢筋混凝土柱、梁（包括过梁、圈梁及埋入墙内的挑梁）、砖平碹（图 6-23）、平砌砖过梁和暖气包壁龛（图 6-24）及内墙板头（图 6-25）的体积，不扣除梁头、外墙板头（图 6-26）、檩头、垫木、木楞头、沿椽木、木砖、门窗框走头（图 6-27）、砖墙内的加固钢筋、木筋、铁件、钢管及每个面积在 0.3m² 以下的孔洞等所占的体积，凸出墙面的窗台虎头砖（图 6-28）、压顶线（图 6-29）、烟囱根（图 6-30、图 6-31）、坡屋面砖挑檐（图 6-32）、山墙泛水（图 6-33）、门窗套（图 6-34）及三皮砖以内的腰线和挑檐（图 6-35）等体积亦不增加。

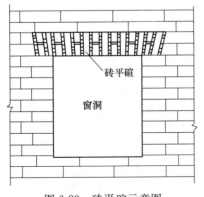

图 6-23 砖平碹示意图

图 6-24 暖气包壁龛示意图

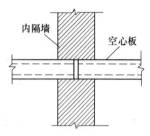
图 6-25 内墙板头示意图

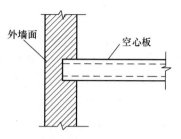
图 6-26 外墙板头示意图

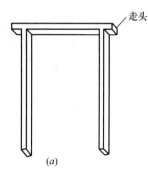
图 6-27 木门窗走头示意图
（a）木门框走头示意图；（b）木窗框走头示意图

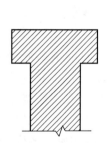
图 6-29 砖压顶线示意图

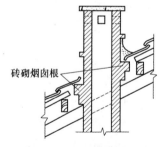
图 6-30 砖烟囱剖面图（平瓦坡屋面）

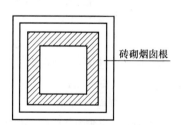
图 6-31 砖烟囱平面图

图 6-28 凸出墙面的窗台虎头砖示意图

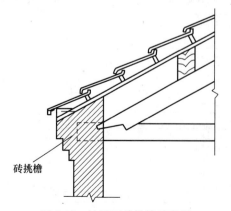
图 6-32 坡屋面砖挑檐示意图

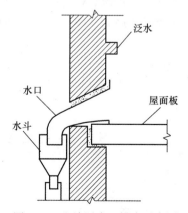
图 6-33 山墙泛水、排水示意图

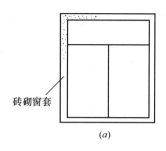
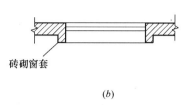

图 6-34 窗套示意图

（a）窗套立面图；（b）窗套剖面图

2）砖垛、三皮砖以上的腰线和挑檐等体积，并入墙身体积内计算（图 6-35）。

3）附墙烟囱（包括附墙通风道、垃圾道）按其外形体积计算，并入所依附的墙体内，不扣除每一个孔洞横截面在 0.1m² 以下的体积，但孔洞内的抹灰工程量亦不增加。

4）女儿墙（图 6-36）高度，自外墙顶面至图示女儿墙顶面高度，不同墙厚分别并入外墙计算。

5）砖平碹、平砌砖过梁按图示尺寸以立方米计算。如设计无规定时，砖平碹按门窗洞口宽度两端共加 100mm，乘以高度计算（门窗洞口宽小于 1500mm 时，高度为 240mm；大于 1500mm 时，高度为 365mm）；平砌砖过梁按门窗洞口宽度两端共加 500mm，高按 440mm 计算。

（2）砌体厚度的规定

1）标准砖尺寸以 240mm×115mm×53mm 为准，其砌体（图 6-37）计算厚度按表 6-2 计算。

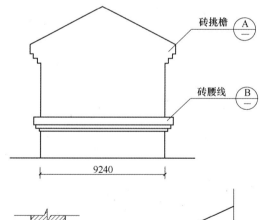

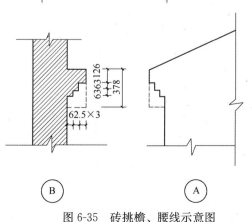

图 6-35 砖挑檐、腰线示意图

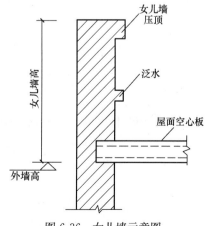

图 6-36 女儿墙示意图

标准砖砌体计算厚度表 表6-2

砖数(厚度)	1/4	1/2	3/4	1	1.5	2	2.5	3
计算厚度(mm)	53	115	180	240	365	490	615	740

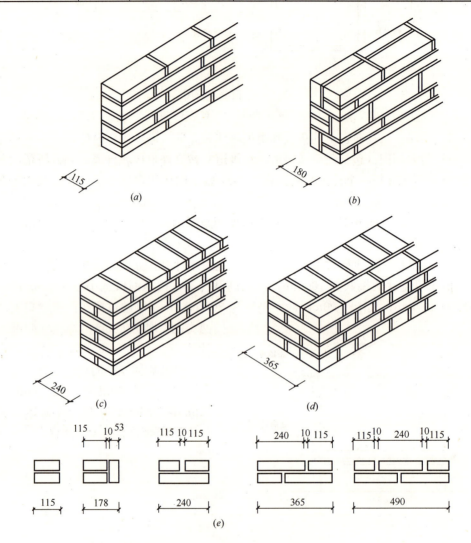

图 6-37 墙厚与标准砖规格的关系
(a) 1/2 砖砖墙示意图；(b) 3/4 砖砖墙示意图；
(c) 1 砖砖墙示意图；(d) 1½ 砖砖墙示意图；(e) 墙厚示意图

2) 使用非标准砖时，其砌体厚度应按砖实际规格和设计厚度计算。

6.4.2 砖基础

(1) 基础与墙身（柱身）的划分

1) 基础与墙（柱）身使用同一种材料时，以设计室内地面为界（图 6-38）；有地下室者，以地下室室内设计地面为界（图 6-39），以下为基础，以上为墙（柱）身。

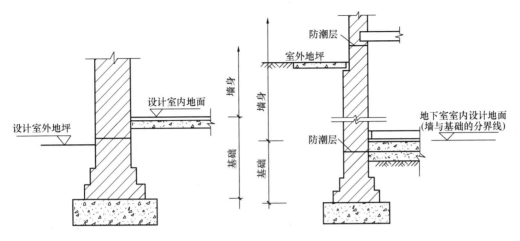

图 6-38 基础与墙身划分示意图   图 6-39 地下室的基础与墙身划分示意图

2）基础与墙身使用不同材料时，位于设计室内地面±300mm 以内时，以不同材料为分界线；超过±300mm 时，以设计室内地面为分界线。

3）砖、石围墙，以设计室外地坪为界线，以下为基础，以上为墙身。

(2) 基础长度

外墙墙基按外墙中心线长度计算；内墙墙基按内墙基净长计算。基础大放脚T形接头处的重叠部分以及嵌入基础的钢筋、铁件、管道、基础防潮层及单个面积在 0.3m² 以内孔洞所占体积不予扣除，但靠墙暖气沟的挑檐亦不增加。附墙垛基础宽出部分体积应并入基础工程量内。

砖砌挖孔桩护壁工程量按实砌体积计算。

【例】 根据图 6-40 基础施工图的尺寸，计算砖基础的长度（基础墙均为 240mm 厚）。

【解】 ①外墙砖基础长（$L_中$）

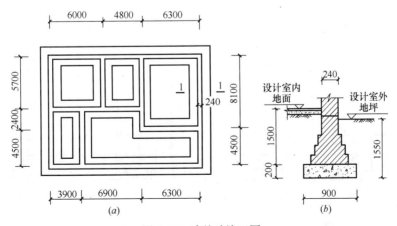

图 6-40 砖基础施工图
(a) 基础平面图；(b) 1-1 剖面图

$$L_{中} = [(4.5+2.4+5.7)+(3.9+6.9+6.3)] \times 2$$
$$= (12.6+17.1) \times 2 = 59.40\text{m}$$

②内墙砖基础净长（$L_{内}$）

$$L_{内} = (5.7-0.24)+(8.1-0.24)+(4.5+2.4-0.24)+(6.0+4.8-0.24)+6.3$$
$$= 5.46+7.86+6.66+10.56+6.30$$
$$= 36.84\text{m}$$

(3) 有放脚砖墙基础

1) 等高式放脚砖基础（图 6-4a）

计算公式：

$$V_{基} = (基础墙厚 \times 基础墙高 + 放脚增加面积) \times 基础长$$
$$= (d \times h + \Delta S) \times L$$
$$= [dh + 0.126 \times 0.0625n(n+1)]L$$
$$= [dh + 0.007875n(n+1)]L$$

式中　0.007875——一个放脚标准块面积；

$0.007875n(n+1)$——全部放脚增加面积；

n——放脚层数；

d——基础墙厚；

h——基础墙高；

L——基础长。

【例】 某工程砌筑的等高式标准砖放脚基础如图 6-41（a）所示，当基础墙高 $h=1.4\text{m}$，基础长 $L=25.65\text{m}$ 时，计算砖基础工程量。

【解】 已知：$d=0.365\text{m}$，$h=1.4\text{m}$，$L=25.65\text{m}$，$n=3$

$$V_{砖基} = (0.365 \times 1.40 + 0.007875 \times 3 \times 4) \times 25.65$$
$$= 0.6055 \times 25.65$$
$$= 15.53\text{m}^3$$

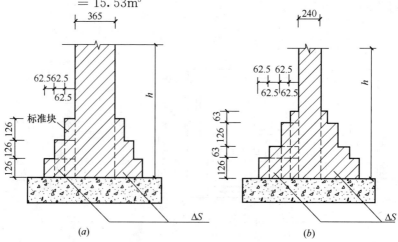

图 6-41　大放脚砖基础示意图

（a）等高式大放脚砖基础；（b）不等高式大放脚砖基础

2) 不等高式放脚砖基础（图 6-41b）

计算公式：

$$V_{基} = \{dh + 0.007875[n(n+1) - \Sigma 半层放脚层数值]\} \times L$$

式中　半层放脚层数值——指半层放脚（0.063m 高）所在放脚层的值。如图 6-41（b）中为 1+3=4。

其余字母含义同上公式。

3) 基础放脚 T 形接头重复部分（图 6-42）

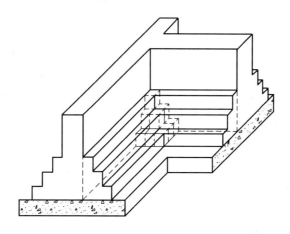

图 6-42　基础放脚 T 形接头重复部分示意图

【例】　某工程大放脚砖基础的尺寸，如图 6-41（b）所示，当 $h=1.56$m，基础长 $L=18.5$m 时，计算砖基础工程量。

【解】　已知：$d=0.24$m，$h=1.56$m，$L=18.5$m，$n=4$

$$\begin{aligned}V_{砖基} &= 0.24 \times 1.56 + 0.007875 \times [4 \times 5 - (1+3)] \times 18.5 \\ &= (0.3744 + 0.007875 \times 16) \times 18.5 \\ &= 0.5004 \times 18.5 \\ &= 9.26 \text{m}^3\end{aligned}$$

标准砖大放脚基础，放脚面积 ΔS 见表 6-3 所列。

砖墙基础大放脚面积增加表　　　　表 6-3

放脚层数 (n)	增加断面积 ΔS (m²)		放脚层数 (n)	增加断面积 ΔS (m²)	
	等　高	不等高（奇数层为半层）		等　高	不等高（奇数层为半层）
一	0.01575	0.0079	六	0.3308	0.2599
二	0.04725	0.0394	七	0.4410	0.3150
三	0.0945	0.0630	八	0.5670	0.4410
四	0.1575	0.1260	九	0.7088	0.5119
五	0.2363	0.1654	十	0.8663	0.6694

续表

放脚层数 (n)	增加断面积 ΔS (m²)		放脚层数 (n)	增加断面积 ΔS (m²)	
	等高	不等高（奇数层为半层）		等高	不等高（奇数层为半层）
十一	1.0395	0.7560	十五	1.8900	1.3860
十二	1.2285	0.9450	十六	2.1420	1.6380
十三	1.4333	1.0474	十七	2.4098	1.7719
十四	1.6538	1.2679	十八	2.6933	2.0554

注：1. 等高式 $\Delta S=0.007875n(n+1)$。

2. 不等高式 $\Delta S=0.007875[n(n+1)-\Sigma$ 半层层数值$]$。

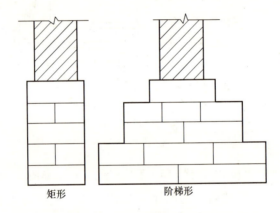

图 6-43 毛条石基础断面形状

4）毛条石、条石基础

毛条石基础断面见图 6-43；毛石基础断面见图 6-44。

5）有放脚砖柱基础

有放脚砖柱基础工程量计算分为两部分，一是将柱的体积算至基础底；二是将柱四周放脚体积算出（图 6-45、图 6-46）。

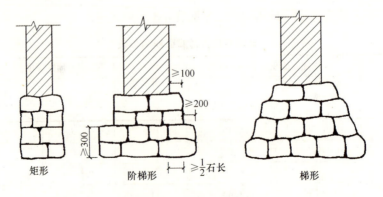

图 6-44 毛石基础断面形状

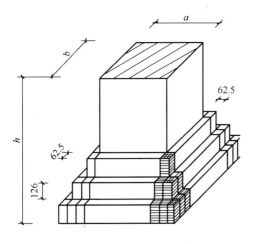

图 6-45 砖柱四周放脚示意图

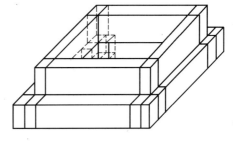

图 6-46 砖柱基四周放脚体积 ΔV 示意图

计算公式：

$$V_{柱基} = abh + \Delta V$$
$$= abh + n(n+1)[0.007875(a+b) + 0.000328125(2n+1)]$$

式中　a——柱断面长；

　　　b——柱断面宽；

　　　h——柱基高；

　　　n——放脚层数；

　　　ΔV——砖柱四周放脚体积。

【例】某工程有 5 个等高式放脚砖柱基础，根据下列条件计算砖基础工程量。

柱断面：0.365m×0.365m

柱基高：1.85m

放脚层数：5 层

【解】已知 $a=0.365$m，$b=0.365$m，$h=1.85$m，$n=5$

$V_{柱基} = 5(根柱基) \times \{0.365 \times 0.365 \times 1.85 + 5 \times 6 \times [0.007875 \times (0.365 + 0.365) + 0.000328125 \times (2 \times 5 + 1)]\}$

$= 5 \times (0.246 + 0.281)$

$= 5 \times 0.527$

$= 2.64\text{m}^3$

砖柱基四周放脚体积，见表 6-4 所列。

砖柱基四周放脚体积表（m³）　　　　表 6-4

$a \times b$ / 放脚层数	0.24× 0.24	0.24× 0.365	0.365× 0.365 0.24× 0.49	0.365× 0.49 0.24× 0.615	0.49× 0.49 0.365× 0.615	0.49× 0.615 0.365× 0.74	0.365× 0.865 0.615× 0.615	0.615× 0.74 0.49× 0.865	0.74× 0.74 0.615× 0.865
一	0.010	0.011	0.013	0.015	0.017	0.019	0.021	0.024	0.025
二	0.033	0.038	0.045	0.050	0.056	0.062	0.068	0.074	0.080

续表

$a \times b$ 放脚层数	0.24× 0.24	0.24× 0.365	0.365× 0.365 0.24× 0.49	0.365× 0.49 0.24× 0.615	0.49× 0.49 0.365× 0.615	0.49× 0.615 0.365× 0.74	0.365× 0.865 0.615× 0.615	0.615× 0.74 0.49× 0.865	0.74× 0.74 0.615× 0.865
三	0.073	0.085	0.097	0.108	0.120	0.132	0.144	0.156	0.167
四	0.135	0.154	0.174	0.194	0.213	0.233	0.253	0.272	0.292
五	0.221	0.251	0.281	0.310	0.340	0.369	0.400	0.428	0.458
六	0.337	0.379	0.421	0.462	0.503	0.545	0.586	0.627	0.669
七	0.487	0.543	0.597	0.653	0.708	0.763	0.818	0.873	0.928
八	0.674	0.745	0.816	0.887	0.957	1.028	1.095	1.170	1.241
九	0.910	0.990	1.078	1.167	1.256	1.344	1.433	1.521	1.61
十	1.173	1.282	1.390	1.498	1.607	1.715	1.823	1.931	2.04

6.4.3 砖墙

（1）墙的长度计算。

外墙长度按外墙中心线长度计算，内墙长度按内墙净长线计算。

墙长计算方法如下：

1）墙长在转角处的计算。

墙体在90°转角时，用中轴线尺寸计算墙长，就能算准墙体的体积。例如，图6-47的 Ⓐ 图中，按箭头方向的尺寸算至两轴线的交点时，墙厚方向的水平断面积重复计算的矩形部分正好等于没有计算到的矩形面积。因而，凡是90°转角的墙，

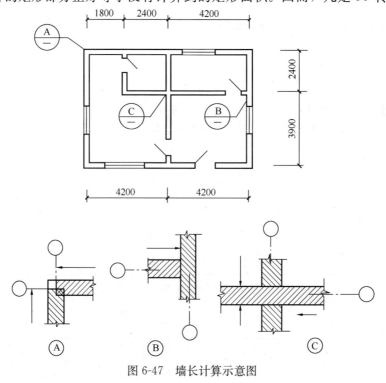

图 6-47 墙长计算示意图

算到中轴线交叉点时，就算够了墙长。

2）T形接头的墙长计算。

当墙体处于T形接头时，T形上部水平墙拉通算完长度后，垂直部分的墙只能从墙内边算净长。例如，图6-47中的Ⓑ图，当③轴上的墙算完长度后，Ⓑ轴墙只能从③轴墙内边起计算Ⓑ轴的墙长，故内墙应按净长计算。

3）十字形接头的墙长计算。

当墙体处于十字形接头状时，计算方法基本同T形接头，见图6-47中ⓒ图的示意。因此，十字形接头处分断的两道墙也应算净长。

【例】 根据图6-47，计算内、外墙长（墙厚均为240mm）。

【解】 ①240mm厚外墙长

$$l_中 = [(4.2+4.2)+(3.9+2.4)] \times 2 = 29.40 \text{m}$$

②240mm厚内墙长

$$l_中 = (3.9+2.4-0.24)+(4.2-0.24)+(2.4-0.12)+(2.4-0.12)$$
$$= 14.58 \text{m}$$

（2）墙身高度的规定。

1）外墙墙身高度。

斜（坡）屋面无檐口顶棚者算至屋面板底；有屋架，且室内外均有顶棚者（图6-48），算至屋架下弦底面另加200mm；无顶棚者算至屋架下弦底面另加300mm（图6-49）；出檐宽度超过600mm时，应按实砌高度计算；平屋面算至钢筋混凝土板底（图6-50）。

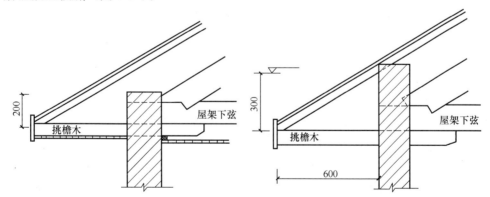

图6-48 室内外均有顶棚时，外墙高度示意图　　图6-49 有屋架，无顶棚时，外墙高度示意图

2）内墙墙身高度。

内墙位于屋架下弦者（图6-51），其高度算至屋架底；无屋架者（图6-52），算至顶棚底另加100mm；有钢筋混凝土楼板隔层者（图6-53），算至板底；有框架梁时（图6-54），算至梁底面。

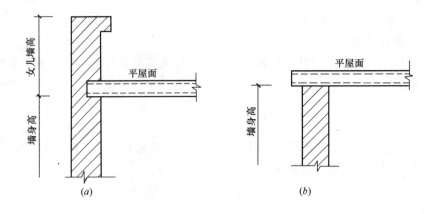

图 6-50 平屋面外墙墙身高度示意图

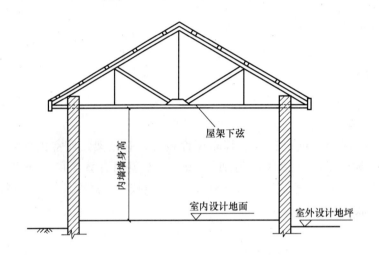

图 6-51 屋架下弦的内墙墙身高度示意图

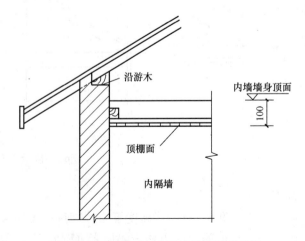

图 6-52 无屋架时，内墙墙身高度示意图

3）内、外山墙墙身高度，按其平均高计算（图6-55、图6-56）。

（3）框架间砌体，分别内外墙以框架间的净空面积（图6-54）乘以墙厚计算。框架外表镶贴砖部分亦并入框架间砌体工程量内计算。

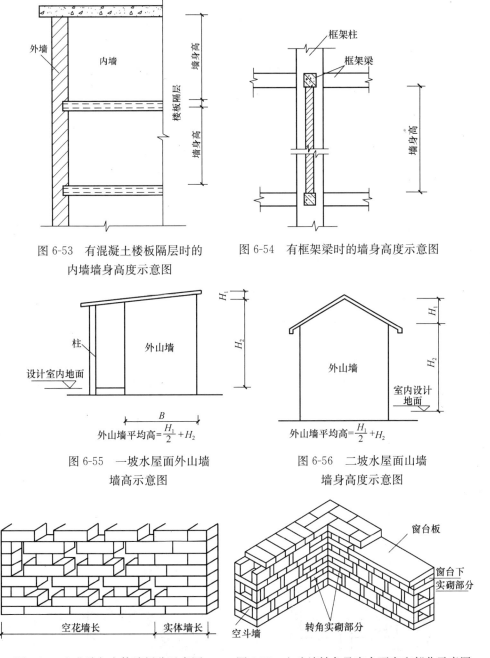

图6-53　有混凝土楼板隔层时的内墙墙身高度示意图

图6-54　有框架梁时的墙身高度示意图

图6-55　一坡水屋面外山墙墙高示意图

图6-56　二坡水屋面山墙墙身高度示意图

图6-57　空花墙与实体墙划分示意图

图6-58　空斗墙转角及窗台下实砌部分示意图

空花墙按空花部分外形体积以立方米计算，空花部分不予扣除，其中实体部分另行计算（图6-57）。

(4) 空斗墙按外形尺寸以立方米计算，墙角、内外墙交接处、门窗洞口立边，窗台砖及屋檐处的实砌部分已包括在定额内，不另行计算，但窗间墙、窗台下、楼板下、梁头下等实砌部分，应另行计算，套零星砌体定额项目（图 6-58）。

(5) 多孔砖、空心砖按图示厚度以立方米计算，不扣除其孔、空心部分体积。

(6) 填充墙按外形尺寸以立方米计算，其中实砌部分已包括在定额内，不另计算。

(7) 加气混凝土墙、硅酸盐砌块墙、小型空心砌块墙，按图示尺寸以立方米计算，按设计规定需要镶嵌砖砌体部分已包括在定额内，不另计算。

6.4.4 其他砌体

(1) 砖砌锅台、炉灶，不分大小，均按图示外形尺寸以立方米计算，不扣除各种孔洞的体积。

说明：

1) 锅台一般指大食堂、餐厅里用的锅灶；
2) 炉灶一般指住宅里每户用的灶台。

(2) 砖砌台阶（不包括梯带）（图 6-59）按水平投影面积以平方米计算。

(3) 厕所蹲位、水池（槽）腿、灯箱、垃圾箱、台阶挡墙或梯带、花台、花池、地垄墙及支撑地楞木的砖墩、房上烟囱、屋面架空隔热层砖墩及毛石墙的门窗立边、窗台虎头砖等实砌体积，以立方米计算，套用零星砌体定额项目（图 6-60～图 6-65）。

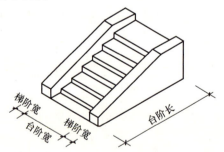

图 6-59 砖砌台阶示意图

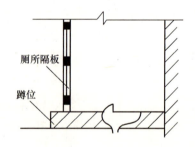

图 6-60 砖砌蹲位示意图

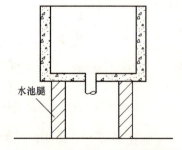

图 6-61 砖砌水池（槽）腿示意图

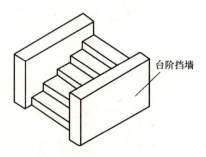

图 6-62 有挡墙台阶示意图

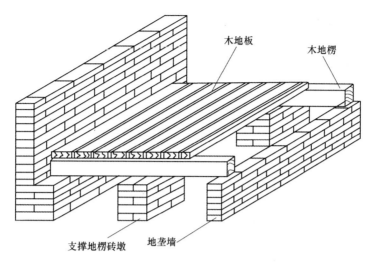

图 6-63 地垄墙及支撑地楞砖墩示意图

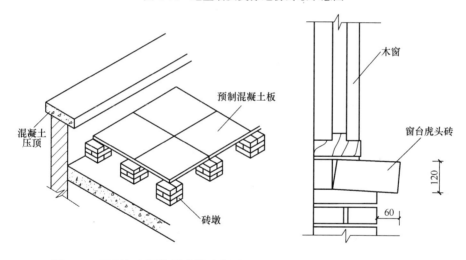

图 6-64 屋面架空隔热层砖墩示意图

图 6-65 窗台虎头砖示意图
注：石墙的窗台虎头砖单独计算工程量。

（4）检查井及化粪池不分壁厚均以立方米计算，洞口上的砖平拱碹等并入砌体体积内计算。

（5）砖砌地沟不分墙基、墙身合并以立方米计算。石砌地沟按其中心线长度以延长米计算。

6.4.5 砖烟囱

（1）筒身：圆形、方形均按图示筒壁平均中心线周长乘以厚度，并扣除筒身各种孔洞、钢筋混凝土圈梁、过梁等体积以立方米计算。其筒壁周长不同时可按下式分段计算：

$$V = \Sigma(H \times C \times \pi D)$$

式中　V——筒身体积；

　　　H——每段筒身垂直高度；

　　　C——每段筒壁厚度；

　　　D——每段筒壁中心线的平均直径。

【例】根据图 6-66 中的有关数据和上述公式计算砖砌烟囱和圈梁工程量。

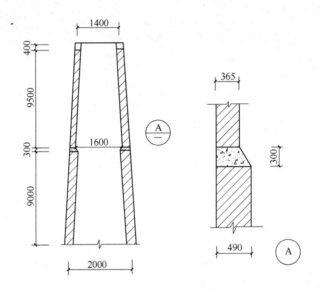

图 6-66　有圈梁砖烟囱示意图

【解】　1）砖砌烟囱工程量

①上段

已知：$H=9.50\text{m}$，$C=0.365\text{m}$

求：$D=(1.40+1.60+0.365)\times\dfrac{1}{2}=1.68\text{m}$

∴　　　　$V_{上}=9.50\times0.365\times3.1416\times1.68=18.30\text{m}^3$

②下段

已知：$H=9.0\text{m}$，$C=0.490\text{m}$

求：$D=(2.0+1.60+0.365\times2-0.49)\times\dfrac{1}{2}=1.92\text{m}$

∴　　　　$V_{下}=9.0\times0.49\times3.1416\times1.92=26.60\text{m}^3$

∴　　　　$V=18.30+26.60=44.90\text{m}^3$

2）混凝土圈梁工程量

①上部圈梁

　　　　$V_{上}=1.40\times3.1416\times0.4\times0.365=0.64\text{m}^3$

②中部圈梁

圈梁中心直径 $=1.60+0.365\times 2-0.49=1.84$m

圈梁断面积 $=(0.365+0.49)\times\dfrac{1}{2}\times 0.30=0.128$m²

$$V_{中}=1.84\times 3.1416\times 0.128=0.74\text{m}^3$$

∴ $\quad V=0.74+0.64=1.38$m³

（2）烟道、烟囱内衬按不同材料，扣除孔洞后，以图示实体积计算。

（3）烟囱内壁表面隔热层，按筒身内壁并扣除各种孔洞后的面积以平方米计算；填料按烟囱内衬与筒身之间的中心线平均周长乘以图示宽度和筒高，并扣除各种孔洞所占体积（但不扣除连接横砖及防沉带的体积）后以立方米计算。

（4）烟道砌砖：烟道与炉体的划分以第一道闸门为界，炉体内的烟道部分列入炉体工程量计算。烟道拱顶（图6-67）按实体积计算，其计算方法有两种：

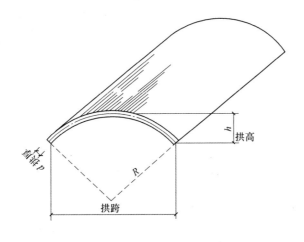

图6-67 烟道拱顶示意图

方法一：按矢跨比公式计算

计算公式：$\quad V=$ 中心线拱跨×弧长系数×拱厚×拱长
$\qquad\qquad\quad =b\times P\times d\times L$

烟道拱顶弧长系数表见表6-5，表中弧长系数 P 的计算公式为（当 $h=1$ 时）：

$$P=\dfrac{1}{90}\left(\dfrac{0.5}{b}+0.125b\right)\pi\arcsin\dfrac{b}{1+0.25b^2}$$

例，当矢跨比 $\dfrac{h}{b}=\dfrac{1}{7}$ 时，弧长系数 P 为：

$$\begin{aligned}P&=\dfrac{1}{90}\left(\dfrac{0.5}{7}+0.125\times 7\right)\times 3.1416\times\arcsin\dfrac{7}{1+0.25\times 7^2}\\&=1.054\end{aligned}$$

烟道拱顶弧长系数表　　　　　　　　表 6-5

矢跨比 $\dfrac{h}{b}$	$\dfrac{1}{2}$	$\dfrac{1}{3}$	$\dfrac{1}{4}$	$\dfrac{1}{5}$	$\dfrac{1}{6}$	$\dfrac{1}{7}$	$\dfrac{1}{8}$	$\dfrac{1}{9}$	$\dfrac{1}{10}$
弧长系数 P	1.57	1.27	1.16	1.10	1.07	1.05	1.04	1.03	1.02

【例】 已知矢高为 1，拱跨为 6，拱厚为 0.15m，拱长 7.8m，求拱顶体积。

【解】 查表 6-5，知弧长系数 P 为 1.07，

故：$V = 6 \times 1.07 \times 0.15 \times 7.8 = 7.51 \mathrm{m}^3$

方法二：按圆弧长公式计算

计算公式：　　　$V = 圆弧长 \times 拱厚 \times 拱长 = l \times d \times L$

式中：
$$l = \frac{\pi}{180} R\theta$$

【例】 某烟道拱顶厚 0.18m，半径 4.8m，θ 角为 180°，拱长 10m，求拱顶体积。

【解】 已知：$d = 0.18\mathrm{m}$，$R = 4.8\mathrm{m}$，$\theta = 180°$，$L = 10\mathrm{m}$

∴ $$V = \frac{3.1416}{180} \times 4.8 \times 180 \times 0.18 \times 10$$

$$= 27.14 \mathrm{m}^3$$

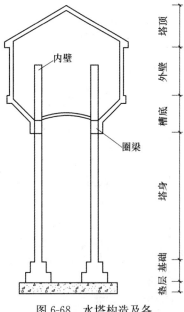

图 6-68　水塔构造及各部分划分示意图

6.4.6　砖砌水塔

水塔构造及各部分划分，如图 6-68 所示。

(1) 水塔基础与塔身划分：以砖基础的扩大部分顶面为界，以上为塔身，以下为基础，分别套用相应基础砌体定额。

(2) 塔身以图示实砌体积计算，并扣除门窗洞口和混凝土构件所占的体积，砖平拱碹及砖出檐等并入塔身体积内计算，套水塔砌筑定额。

(3) 砖水箱内外壁，不分壁厚，均以图示实砌体积计算，套相应的内外砖墙定额。

6.4.7　砌体内钢筋加固

砌体内钢筋加固根据设计规定，以吨计算，套用钢筋混凝土章节相应项目（图 6-69～图 6-71）。

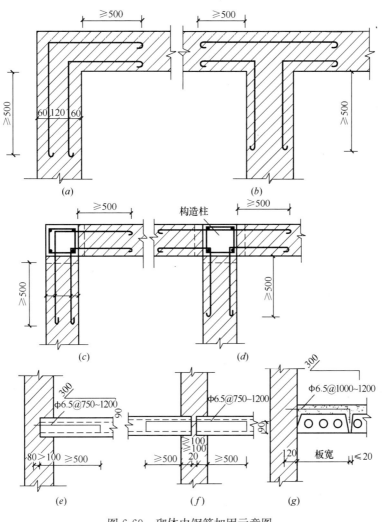

图 6-69 砌体内钢筋加固示意图

(a) 砖墙转角处；(b) 砖墙 T 形接头处；(c) 有构造柱的墙转角处；(d) 有构造柱的
T 形墙接头处；(e) 板端与外墙连接；(f) 板端内墙连接；(g) 板与纵墙连接

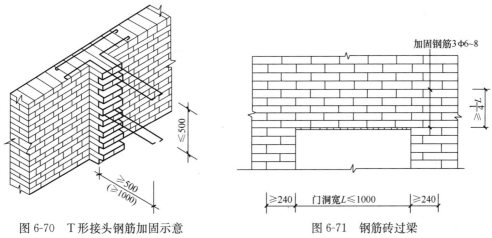

图 6-70 T 形接头钢筋加固示意

图 6-71 钢筋砖过梁

6.5 砌筑工程清单工程量计算

6.5.1 砖基础

(1) 工程内容

砖基础工程内容包括砂浆制作、运输，铺设垫层，砌砖，防潮层铺设，材料运输。

(2) 项目特征

砖基础的项目特征包括：

1) 垫层材料种类、厚度；
2) 砖品种、规格、强度等级；
3) 基础类型；
4) 基础深度；
5) 砂浆强度等级。

(3) 计算规则

砖基础工程量按设计图示尺寸以体积计算，应扣除地梁（圈梁）、构造柱等所占体积，不扣除基础大放脚 T 形接头处重叠部分等所占体积。

基础长度的确定：外墙按中心线，内墙按净长线计算。

(4) 有关说明

砖基础项目适用于各种类型砖基础，包括柱基础、墙基础、烟囱基础、水塔基础、管道基础等。具体是何种类型，应在工程量清单的项目特征中详细描述。

6.5.2 实心砖墙

(1) 工程内容

实心砖墙的工程内容包括砂浆制作、运输，砌砖，勾缝，砖压顶砌筑，材料运输等。

(2) 项目特征

实心砖墙的项目特征包括：

1) 砖品种、规格、强度等级；
2) 墙体类型；
3) 墙体厚度；
4) 墙体高度；
5) 勾缝要求；
6) 砂浆强度等级或配合比。

(3) 计算规则

实心砖墙工程量按设计图示尺寸以体积计算。应扣除门窗洞口、过人洞等所占体积，还应扣除嵌入墙内的钢筋混凝土柱、梁、圈梁、挑梁、过梁及凹进墙内的壁龛、暖气槽、消火栓箱等所占体积。不扣除梁头、板头、门窗走头及墙内加固钢筋等所占体积。凸出墙面的腰线、压顶、窗台线、门窗套的体积亦不增加。

墙长的确定：外墙按中心线长，内墙按净长计算。

墙高的确定：基础与墙身使用同一种材料时，以设计室内地面为界，以下为基础，以上为墙身。当为平屋面时，外墙高度算至钢筋混凝土板底；当有钢筋混凝土楼板隔层者，内墙高度算至楼板顶。

(4) 有关说明

实心砖墙项目适用于各种类型实心砖墙，包括外墙、内墙、围墙、双面混水墙、双面清水墙、单面清水墙、直形墙、弧形墙等。

6.5.3 空斗墙

(1) 基本概念

空斗墙是以普通黏土砖砌筑而成的空心墙体，民居中常采用。墙厚一般为240mm，采取无眠空斗、一眠一斗、一眠三斗等几种砌筑方法。所谓"斗"，是指墙体中由两皮侧砖与横向拉结砖所构成的空间；而"眠"，则是指墙体中沿纵向平砌的一皮顶砖。

一砖厚的空斗墙与同厚度的实体墙相比，可节省砖25％左右，可减轻自重，常在3层及3层以下的民用建筑中采用，但下列情况又不宜采用：

1) 土质软弱可能引起建筑物不均匀沉陷的地区；
2) 建筑物有振动荷载时；
3) 地震烈度在六度及六度以上的地区。

(2) 工程内容

空斗墙的工程内容包括砂浆制作、运输，砌砖，装填充料，勾缝，材料运输等。

(3) 项目特征

空斗墙的项目特征包括：

1) 砖品种、规格、强度等级；
2) 墙体类型；
3) 墙体厚度；
4) 勾缝要求；
5) 砂浆强度等级或配合比。

(4) 计算规则

空斗墙工程量按设计图示尺寸以墙的外形体积计算。墙角、内外墙交接处、门窗洞口立边、窗台砖、屋檐处的实砌部分体积并入空斗墙体积内。

(5) 有关说明

空斗墙项目适用于各种砌法的空斗墙。应注意窗间墙、窗台下、楼板下、梁头下的实砌部分，应按零星砌砖项目另行列项计算。

6.5.4 砖烟囱、水塔

(1) 工程内容

砖烟囱、水塔的工程内容包括砂浆制作、运输，砌砖，涂隔热层，装填充料，砌内衬，勾缝，材料运输等。

(2) 项目特征、

砖烟囱、水塔的项目特征包括：

1) 筒身高度；
2) 砖品种规格、强度等级；
3) 耐火砖品种、规格；
4) 耐火泥品种；
5) 隔热材料种类；
6) 勾缝要求；
7) 砂浆强度等级或配合比。

(3) 计算规则

砖烟囱、水塔工程量按设计图示筒壁平均中心线周长乘以厚度再乘以高度以体积计算。应扣除各种孔洞、钢筋混凝土圈梁、过梁等所占的体积。

(4) 计算公式

砖烟囱、水塔工程量计算公式为：

$$V = \Sigma(H \times C \times \pi \times D)$$

式中 V——筒身体积；

H——每段筒身垂直高度；

C——每段筒壁厚度；

D——每段筒壁中心线的平均直径。

(5) 有关说明

砖烟囱、水塔项目适用于各种类型砖烟囱和砖水塔。烟囱内衬及隔热填充材料可与烟囱外壁分别编码（采用第五级编码）列项。

6.5.5 砖水池、化粪池

(1) 工程内容

砖水池、化粪池工程内容包括土方挖运，砂浆制作、运输，铺设垫层，底板混凝土制作、运输、浇筑、振捣、养护，砌砖、勾缝，池底、壁抹灰，抹防潮层，回填土，材料运输等。

(2) 项目特征

砖水池、化粪池项目特征包括：

1) 池截面；
2) 垫层材料种类、厚度；
3) 底板厚度；

4) 勾缝要求；

5) 混凝土强度等级；

6) 砂浆强度等级或配合比。

(3) 计算规则

砖水池、化粪池按设计图示数量以座计算。

(4) 有关说明

砖水池、化粪池项目适用于各类砖水池、化粪池、沼气池、公厕生化池等。工程量的"座"包括挖土、运输、回填、池底板、池壁、池盖板、池内隔断、隔墙、隔栅小梁、隔板、滤板等全部工程。

7 混凝土与钢筋混凝土工程量计算

(1) 关键知识点

钢筋　型钢　地面构造　楼面构造　屋面构造　柱工程量　梁工程量　板工程量

(2) 教学建议

现场参观　幻灯教学　课题讲授　课题讨论　课题作业

7.1 混凝土基本知识

7.1.1 混凝土的概念

混凝土是由胶凝材料、粗细骨料与水按一定比例，经过搅拌、捣实、养护、硬化而成的一种人造石材。现代的混凝土还掺入新的成分，即化学外加剂，以改善混凝土的性能。建筑工程中使用最广泛的是用水泥为胶凝材料，以砂、石为骨料，加水并掺入适量外加剂和掺合料拌制而成的混凝土，称为普通水泥混凝土，简称普通混凝土。

7.1.2 混凝土的分类

混凝土的品种繁多，其分类方法也各不相同，常见的有以下几种：

(1) 按密度分

重混凝土（$p_0 > 2600 \text{kg/m}^3$）、普通混凝土（p_0 为 $2000 \sim 2500 \text{kg/m}^3$，一般在 2400kg/m^3 左右）、轻混凝土（$p_0 < 1900 \text{kg/m}^3$）。

(2) 按用途分

结构混凝土、装饰混凝土、水工混凝土、道路混凝土、耐热混凝土、耐酸混凝土、大体积混凝土、防辐射混凝土、膨胀混凝土等。

（3）按所用胶凝材料分

水泥混凝土、沥青混凝土、水玻璃混凝土、聚合物混凝土、树脂混凝土等。

（4）按生产和施工工艺分

现场拌制混凝土、预拌（商品）混凝土、泵送混凝土、挤压混凝土、离心混凝土、灌浆混凝土等。

7.1.3 普通混凝土的组成材料

（1）普通混凝土中各组成材料的作用

在混凝土中，砂、石起骨架作用，称为骨料。水泥与水形成水泥浆，水泥浆包裹在骨料表面并填充其空隙。在硬化前，水泥浆起润滑作用，赋予拌合物一定和易性，且便于施工。水泥浆硬化后，则将骨料胶结成一个坚实的整体。混凝土的结构如图7-1所示。

（2）普通混凝土组成材料的技术要求

混凝土的技术性质在很大程度上是由原材料的性质及其相对含量决定的，同时也与施工工艺（搅拌、成型、养护）有关。因此，必须了解其原材料的性质、作用及其质量要求，合理选择原材料，这样才能保证混凝土的质量。

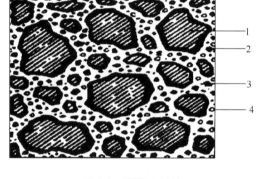

图7-1 混凝土结构
1—石子；2—砂；3—水泥浆；4—气孔

1）水泥。

①水泥品种的选择，配制混凝土一般可采用硅酸盐水泥、普通水泥、矿渣水泥、火山灰水泥、粉煤灰水泥和复合水泥。必要时也可采用快硬水泥或其他水泥。采用何种水泥，应根据混凝土工程特点和所处的环境条件选择。

②水泥强度等级选择，水泥强度等级的选择应与混凝土的设计强度等级相适应。原则上是配制高强度等级的混凝土，选用高强度等级水泥；配制低强度等级的混凝土，选用低强度等级水泥。如必须用高强度等级水泥配制低强度等级混凝土时，会使水泥用量偏少，影响和易性及密实度，所以应掺入一定数量的混合材料。如必须用低强度等级水泥配制高强度等级混凝土时，会使水泥用量过多，不经济，而且要影响混凝土其他性质。

2）细骨料。料径在0.16～5mm的骨料为细骨料（砂）。一般采用天然砂，它是岩石风化后所形成的大小不等、由不同矿物散粒组成的混合物，一般有河砂、海砂及山砂。普通混凝土用砂多为河砂。河砂是由岩石风化后经河水冲刷而成。河砂的特征是颗粒光滑、无棱角。山区所产的砂粒为山砂，是由岩石风化而成，特征是多棱角。沿海地区的砂称为海砂，海砂中含有氯盐，对钢筋有锈蚀作用。

砂子的粗细颗粒要搭配合理，不同颗粒等级的搭配称为级配。因此，混凝土用砂要符合理想的级配。砂子的粗细程度还可以用细度模数来表示。一般细度模数 3.1~3.7 称为粗砂，2.3~3.0 的为中砂，1.6~2.2 的为细砂，0.7~1.5 则为特细砂。

配制混凝土的细骨料要求清洁不含杂质，以保证混凝土的质量。

3）粗骨料。粒径大于 5mm 的骨料称为粗骨料，通常称为石子。石子又有碎石和卵石。天然岩石经人工破碎筛分而成的称为碎石，经河水冲刷而成的称为卵石。碎石的特征是多棱角，表面粗糙，与水泥粘结较好；而卵石则表面圆滑，无棱角，与水泥粘结不太好。在水泥和水用量相同的情况下，用碎石拌制的混凝土强度较高，但流动性差；而卵石拌制的混凝土流动性好，但强度较低。

石子中各种粒径分布的范围称为粒级。粒级又分为连续粒级和单粒级两种。建筑上常用的有 5~10mm、6~15mm、5~20mm、5~30mm、6~40mm 五种连续粒级。单粒级石子主要用于按比例组合成级配良好的骨料。要根据结构的薄厚及钢筋疏密的程度确定粗骨料的粒级。

为了保证混凝土质量，并且不耗用过多的水泥，对粗细骨料要有一定的质量要求。

①级配。为了保证混凝土的密实性，并尽量节约水泥，要求骨料的粗细颗粒比例适当，使骨料间的空隙最小，并且所有颗粒的总表面积不要太大。这就可以减少填充空隙和包裹颗粒所需要的水泥浆，以达到节约水泥的目的。

②含泥量。砂石中如含泥土太多，将严重影响混凝土的强度和耐久性。含泥量对不同强度等级的混凝土的影响程度不同，对高强度等级混凝土的影响大，骨料的含泥量应控制得更严些；而对低强度等级混凝土的控制则可稍许放宽些。

③有害杂质含量。骨料中的有害杂质包括有机质、硫化物、硫酸盐、氯盐及云母等物质。骨料中如含有上述有害杂质，将对混凝土的凝结、硬化、耐久性以及对钢筋等都有不良影响。所以骨料中的有害杂质含量要控制。

④粗骨料中针片状颗粒含量。理想粗骨料（石子）的长、宽、厚三个方向的尺寸应该比较相近，以保证混凝土的各项性能良好。粗骨料中针片状颗粒本身容易折断，可使混凝土拌合物的工作性能变坏，如果含量过多，则影响混凝土的强度及水泥用量。

⑤粗骨料的强度。为了保证混凝土的强度，要求石子的强度高于混凝土强度至少 1.5 倍。石子强度可以用原始石材切割成立方体试件进行抗压试验。以上方法比较麻烦，一般情况多用压碎指标来检验石子的强度。压碎指标是指石子在刚性的标准圆筒内，在规定压力下被压碎颗粒的百分率，被压碎颗粒越多表示石子强度越低。

4）水。混凝土拌合用水要求洁净，不含有害杂质。凡是能饮用的自来水或清洁的天然水都能拌制混凝土。酸性水、含硫酸盐或氯化物以及遭受污染的水和海水都不宜拌合混凝土。

（3）普通混凝土的性质

普通混凝土的性质一般分为新拌混凝土（又称混凝土拌合物）的性质、硬化后混凝土（一般指 28d）的性质和混凝土的长期性质（属于耐久性）。设计和配制混凝土，必须按照工程的要求，满足所需的性质。现将混凝土最主要的性能作如下介绍。

1）和易性。和易性是指混凝土拌合物易于施工操作（拌合、运输、浇筑、捣实），并且质量均匀、成型密实的性能。和易性包括流动性、黏聚性和保水性，其中流动性为主要方面。

2）混凝土立方体抗压强度。混凝土的立方体抗压强度是指边长为 150mm 的立方体试件，在标准条件（温度 20℃±3℃，相对湿度 90% 以上）下，养护到 28d 龄期，测得的试件抗压强度值，简称立方抗压强度，以 f_{cu} 表示。

根据混凝土立方体抗压强度确定的混凝土强度以 MPa 计，分为若干等级，称为强度等级，如 C7.5、C10、C15、C20、C25、C30、C40、C45、C50 等。

3）耐久性。混凝土除应具有所需的强度、能承受设计荷载之外，还应满足在自然环境中，经久耐用的要求。混凝土在长期使用中，经久耐用的性能称为耐久性。

由于混凝土是在自然环境中使用的，因而要求混凝土具有抵抗环境中各种不利因素影响的能力。例如：承受压力水作用的混凝土，需要具有一定的抗渗性能；遭受反复冻融作用的混凝土，需要有一定的抗冻性能；遭受环境水或地下水侵蚀的混凝土，要具有抗侵蚀性能；处于高温环境中的混凝土，则要求具有耐热性等。这诸多性能综合起来，统称为混凝土的耐久性。

7.2 建筑钢材

7.2.1 钢材的概念

建筑钢材是指用于钢结构的各种型材（如圆钢、角钢、工字钢等）、钢板、钢管和用于钢筋混凝土中的各种钢筋、钢丝等。它是最重要的建筑材料之一。钢材具有强度高、有一定塑性和韧性、有承受冲击和振动荷载的能力、可以焊接或铆接、便于装配等特点，因此，在建筑工程中大量使用钢材作为结构材料。用型钢制作钢结构，安全性大，自重较轻，适用于大跨度及多层结构。用钢筋制作的钢筋混凝土结构，虽自重较大，但用钢量较少，还克服了钢结构因易锈蚀而维护费用大的缺点，因而钢筋混凝土结构在建筑工程中的使用尤为广泛。

7.2.2 钢材的分类

钢材的分类方法很多，但最主要的是按化学成分、质量、用途和冶炼方法分类。

钢材按化学成分可分为碳素钢和合金钢两大类。

根据钢中有害杂质的多少，工业用钢可分为普通钢、优质钢和高级优质钢。

根据钢的用途不同，工业用钢常分为结构钢、工具钢和特殊性能钢。建筑上所用的主要是属碳素结构钢的低碳钢和属普通钢的低合金结构钢。

常用的炼钢方法有空气转炉法、氧气转炉法、平炉法和电炉法等。建筑钢材主要为空气转炉法、氧气转炉法、平炉法冶炼的钢。

根据脱氧程度的不同，钢可分沸腾钢、镇静钢和介于二者之间的半镇静钢。与镇静钢相比，沸腾钢的致密程度较差，故冲击韧性和焊接性较差，但成品率较高，成本较低。

建筑钢材主要是经热轧制成并按热轧状态供应的。热轧可使钢坯中大部分气孔焊合，晶粒破碎细化，故钢材质量提高。

7.2.3 常用建筑钢材

（1）钢筋混凝土用热轧钢筋

经热轧成型并自然冷却的钢筋，称为热轧钢筋。热轧钢筋主要有用 Q235 碳素结构钢轧制的光圆钢筋和用合金钢轧制的带肋钢筋两类。光圆钢筋的横截面通常为圆形，且表面光滑。带肋钢筋的横截面为圆形，表面通常有两条纵肋和沿长度方向均匀分布的横肋。

根据相关规定，热轧直条光圆钢筋的牌号为 HPB235。热轧带肋钢筋的牌号由 HRB 和屈服点最小值表示，H、R、B 分别为热轧（Hot rolled）、带肋（Ribbed）、钢筋（Bars）三个词的英文首位字母。热轧带肋钢筋有 HRB335、HRB400、HRB500 三个牌号。

热轧光圆钢筋的强度较低，但塑性及焊接性能很好，便于各种冷加工，因而广泛用作普通钢筋混凝土构件的受力筋及各种钢筋混凝土结构的构造筋。HRB335 和 HRB400 钢筋强度较高，塑性和焊接性能也较好，故广泛用作大、中型钢筋混凝土结构的受力钢筋。HRB500 钢筋强度高，但塑性和焊接性能较差，可用作预应力钢筋。

（2）冷轧带肋钢筋

冷轧带肋钢筋是低碳钢热轧圆盘条经冷轧后，在其表面带有沿长度方向均匀分布的三面或两面横肋的钢筋。

根据《冷轧带肋钢筋》GB 13788 的规定，冷轧带肋钢筋的牌号由 CRB 和抗拉强度最小值表示，有 CRB550、CRB650、CRB800、CRB970、CRB1170 五个牌号，C、R、B 分别为冷轧（Cold rolled）、带肋（Ribbed）、钢筋（Bars）三个词的英文首位字母。

冷轧带肋钢筋 CRB550 宜用于普通钢筋混凝土结构，其他牌号的钢筋宜用于预应力混凝土结构。

（3）低碳钢热轧圆盘条

低碳钢热轧圆盘条是由屈服强度较低的碳素结构钢热轧制成的盘条，大多通过卷线机成盘卷供应，也称为盘圆或线材，是目前用量最大、使用最广的线材。按用途分为：供拉丝用盘条（代号 L）、供建筑和其他一般用盘条（代号 J）两种。

根据《低碳钢热轧圆盘条》GB/T 701 的规定，低碳钢热轧圆盘条的牌号由屈服点符号、屈服点数值、质量等级符号、脱氧方法、用途类别等五部分内容按顺序组成。其中以"Q"代表屈服点；屈服点数值分为 195MPa、215MPa 和 235MPa 三种；质量等级由 A、B、C 表示；脱氧方法以 F 表示沸腾钢，B 表示半镇静钢，Z 表示镇静钢；用途类别以 L 表示供拉丝用，J 表示供建筑和其他用途用。例如：Q235AF-J 表示屈服点不小于 235MPa，质量等级为 A 级的沸腾钢，是供建筑和其他用途用的低碳钢热轧圆盘条。

(4) 预应力混凝土用钢丝

根据《预应力混凝土用钢丝》GB/T 5223—2002 的规定，预应力混凝土用钢丝按加工状态分为冷拉钢丝（代号为 WCD）和消除应力钢丝两类。消除应力钢丝按松弛性能又分为低松弛级钢丝（代号为 WLR）和普通松弛级钢丝（代号为 WNR）。冷拉钢丝是用盘条通过拔丝模或轧辊经冷加工而成产品，以盘卷供货的钢丝。冷加工后的钢丝进行消除应力处理，即得到消除应力钢丝。若钢丝在塑性变形下（轴应变）进行短时热处理，得到的就是低松弛钢丝；若钢丝通过矫直工序后在适当温度下进行短时热处理，得到的就是普通松弛钢丝。消除应力钢丝的塑性比冷拉钢丝好。

预应力混凝土用钢丝按外形分为光面钢丝（代号为 P）、螺旋肋钢丝（代号为 H）和刻痕钢丝（代号为 I）三种。螺旋肋钢丝表面沿着长度方向上有规则间隔的肋条。刻痕钢丝表面沿着长度方向上有规则间隔的压痕。刻痕钢丝和螺旋肋钢丝与混凝土的粘结力好。

(5) 型钢

钢结构构件一般应直接选用各种型钢。构件之间可直接连接或附以连接钢板进行连接。连接方式可铆接、螺栓连接或焊接。所以钢结构所用钢材主要是型钢和钢板。

常用的热轧型钢有角钢（等边和不等边）、工字钢、槽钢、T 型钢、H 型钢、Z 型钢等。热轧型钢的标记方式为在一组符号中需标出型钢名称、横断面主要尺寸、型钢标准号及钢号与钢种标准。

钢结构用钢的钢种和钢号，主要根据结构与构件的重要性、荷载性质（静载或动载）、连接方法（焊接、铆接或螺栓连接）、工作条件（环境温度及介质）等因素予以选择。对于承受动荷载的结构、处于低温环境的结构、焊接的结构及结构中的关键构件，应选用质量较好的钢材。我国建筑用热轧型钢主要采用碳素结构钢 Q235-A，其强度适中，塑性和焊接性较好，而且冶炼容易、成本低廉，适合建筑工程使用。在钢结构设计规范中推荐使用的低合金钢主要有 Q345（16Mn）及 Q390（15MnV）2 种，可用于大跨度、承受动载的钢结构中。

(6) 彩色涂层钢板

彩色涂层钢板，又称"彩色有机涂层钢板"，是在冷轧钢板或镀锌薄钢板表面喷涂烘烤了不同色彩或花纹的涂层。这种板材表面色彩新颖、附着力强、抗锈蚀性和装饰性好，并且加工性能好，可进行剪切、弯曲、钻孔、铆接、卷边等。

彩色涂层钢板有一涂一烘、二涂二烘两种类型成品。上表面涂料有聚酯硅改性树脂、聚偏二氟乙烯等，下表面涂料有环氧树脂、聚酯树脂、丙烯酸酯、透明清漆等。

彩色涂层钢板耐热、耐低温性能好，耐污染、易清洗，防水性、耐久性强。可用作建筑外墙板、屋面板、护壁板、拱复系统等；也可加工成瓦楞板用作候车厅、货仓的屋面；与泡沫塑料夹层制成的复合板具有保温隔热、防水、自重轻、安装方便的特点，可用作轻型钢结构建筑的屋面、墙壁；此外还可用作防水气渗透板、通风管道、电气设备罩等。

(7) 彩色压型钢板

彩色压型钢板是以镀锌钢板为基材，经成型机轧制成波形、V形等形状，表面再涂敷各种耐腐蚀性涂料，或喷涂彩色烤漆而制成的轻型围护结构材料。

彩色压型钢板的特点是自重轻、色彩鲜艳、耐久性强、波纹平直坚挺、安装施工方便、进度快、效率高。适用于工业与民用建筑的屋面、墙面等围护结构或用于表面装饰。

7.3 楼地层的类型、组成

7.3.1 楼板层的类型

楼板按所用材料不同可分为木楼板、砖拱楼板、钢筋混凝土楼板、压型钢板组合楼板等几种类型，如图 7-2 所示。

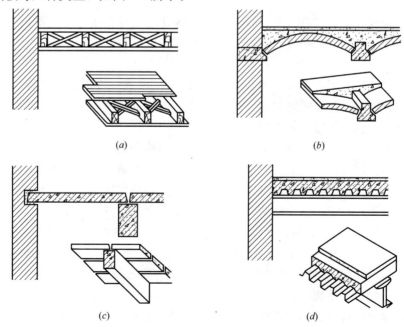

图 7-2 楼板的类型
(a) 木楼板；(b) 砖拱楼板；(c) 钢筋混凝土楼板；(d) 压型钢板组合楼板

木楼板是我国传统做法，它具有构造简单、表面温暖、施工方便、自重轻等优点，但隔声、防火及耐久性差，木材消耗量大，因此，目前已极少采用。

砖拱楼板可节约木材、钢筋和水泥，但自重大，承载能力和抗震能力差，施工较复杂，曾在钢材、水泥缺乏地区采用过，现已趋于不用。

钢筋混凝土楼板具有强度高、刚度好、耐火、耐久、可塑性好的特点，便于工业化生产和机械化施工，是目前房屋建造中广泛运用的一种楼板形式。

压型钢板组合楼板强度高，整体刚度好，施工速度快，是目前大力推广应用的一种新型楼板。

7.3.2 楼板层的组成

楼板层主要由面层、结构层和顶棚层等组成，此外还可根据需要设附加层，如图 7-3 所示。

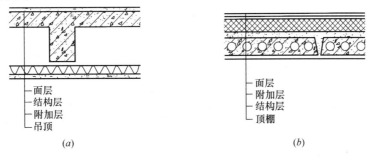

图 7-3 楼板层的基本组成
（a）现浇钢筋混凝土楼板层；（b）预制钢筋混凝土楼板层

（1）面层是楼板层的上表面部分，起着保护楼板、承受并传递荷载的作用，同时对室内装饰和清洁起着重要作用。

（2）结构层是楼板层的承重部分，包括板和梁。它承受楼层上的全部荷载及自重并将其传递给墙或柱，同时对墙身起水平支撑作用，以加强建筑物的整体刚度。

（3）顶棚层是楼层的装饰层，起着保护楼板、方便管线敷设、改善室内光照条件和装饰美化室内环境的作用。

（4）附加层是为满足隔声、防水、隔热、保温等使用功能要求而设置的功能层。

7.3.3 地坪层的类型、组成

（1）地坪层的类型

地坪层按面层所用材料和施工方式的不同，可分为以下几类地面：

1）整体地面。如水泥砂浆地面、细石混凝土地面、沥青砂浆地面、菱苦土地面、水磨石地面等。

2）块材地面。如砖铺地面、墙地砖地面、石板地面、木地面等。

3) 卷材地面。如塑料地板、橡胶地毯、化纤地毯、手工编织地毯等。

4) 涂料地面。如多种水溶性、水乳性、溶剂性涂布地面等。

(2) 地坪的组成

地坪的基本组成部分有面层、垫层、基层等三部分，对有特殊要求的地坪，可在面层和垫层之间按需增设附加层，如图7-4所示。

地坪的面层、附加层与楼板层类似，这里就不再赘述。

1) 基层为地坪层的承重层，也叫地基。当其土质较好、上部荷载不大时，一般采用原土夯实或填土分层夯实；否则应对其进行换土或夯入碎砖、砾石等处理。

2) 垫层是地坪中起承重和传递荷载作用的主要构造层次，按其所处位置及功能要求的不同，通常有三合土、素混凝土、毛石混凝土等几种做法。

7.3.4 楼地层设计要求

(1) 具有足够的强度和刚度。强度要求：楼地层应保证在自重和荷载作用下平整光洁、安全可靠、不发生破坏；刚度要求：楼地层应在一定荷载作用下不发生过大的变形，耐磨，做到不起尘、易清洁，以保证正常使用和美观。

(2) 具有一定的隔声能力，以保证上下楼层使用时相互影响较小。通常提高隔声能力的措施有：采用空心楼板、板面铺设柔性地毯、做弹性垫层和在板底做吊顶棚等，如图7-5所示。

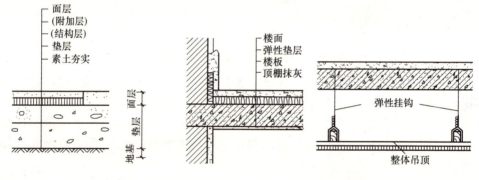

图 7-4 地坪的组成　　　　图 7-5 隔声措施

(3) 具有一定的热工及防火能力。楼地层一般应有一定的蓄热性，以保证人们使用时的舒适感，同时还应有一定的防火能力，以保证火灾时人们逃生的需要。

(4) 具有一定的防潮、防水能力。对于卫生间、厨房和化学实验室等地面潮湿易积水的房间应做好防潮、防水、防渗漏和耐腐蚀处理。

(5) 满足各种管线的敷设，以保证室内平面布置更加灵活，空间使用更加完整。

(6) 满足经济要求，适应建筑工业化。在结构选型、结构布置和构造方案确定时，应按建筑质量标准和使用要求，尽量减少材料消耗，降低成本，满足建筑工业化的需要。

7.4 钢筋混凝土楼板层构造

钢筋混凝土楼板按施工方法的不同可分为现浇整体式、预制装配式和装配整体式三种。

(1) 现浇整体式钢筋混凝土楼板

这种楼板是在施工现场经支立模板、绑扎钢筋、浇灌混凝土、养护等施工程序而成型的。它整体刚度好，但模板消耗大、工序繁多、湿作业量大、工期长。它适合于抗震设防及整体性要求较高的建筑。

根据受力情况的不同，它有板式楼板、梁板式楼板、无梁楼板和压型钢板组合楼板等几种。

1) 板式楼板。这种楼板是直接搁置在墙上的，它有单向板和双向板之分。当板的长边与短边之比大于 2 时，板基本上沿短边传递荷载，这种板称为单向板，板内受力筋沿短边配置。当板的长边与短边之比不大于 2 时，板内荷载双向传递，但短边方向内力较大，这种板称为双向板，板内受力主筋平行于短边配置，如图 7-6 所示。

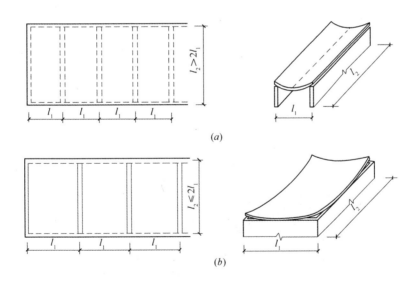

图 7-6 楼板的受力、传力方式
(a) 单向板；(b) 双向板

这种楼板的板底平整美观、施工方便。适宜于厕所、厨房和走道等小跨度房间。

2) 梁板式楼板。当房间的跨度较大，为使楼板结构的受力与传力更加合理，常在楼板下设梁，以减小板的跨度，使楼板上的荷载先由板传给梁，然后由梁再传给墙或柱。这样的楼板结构称梁板式楼板。其梁有主梁与次梁之分，板有单向板和双向板之分，如图 7-7 所示。

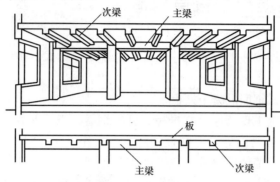

图 7-7 梁板式楼板

梁板式楼板常用的经济尺寸，见表 7-1 所列。

梁板式楼板的经济跨度（m） 表 7-1

构件名称	经济尺寸		
	跨度（L）	梁高、板厚（h）	梁宽（b）
主梁	5～8	$(1/14～1/8)L$	$(1/3～1/2)h$
次梁	4～6	$(1/18～1/12)L$	$(1/3～1/2)h$
板	1.5～3	简支板$(1/35)L$ 连续板$(1/40)L$(60～80mm)	

3）井式楼板。当房间尺寸较大，并接近正方形时，常沿两个方向布置等距离、等截面高度的梁（不分主、次梁），板为双向板，形成井格形的梁板结构，称为井式楼板。其梁跨常为 10～24m，板跨一般为 3m 左右。这种结构的梁构成了美丽的图案，在室内能形成一种自然的顶棚装饰，如图 7-8 所示。

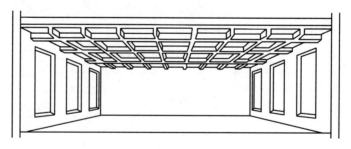

图 7-8 井式楼板

4）无梁楼板。无梁楼板是框架结构中将楼板直接支承在柱子上的楼板，如图 7-9 所示。为了增大柱的支承面积和减小板的跨度，需在柱的顶部设柱帽和托板。无梁楼板的柱应尽量按方形网格布置，间距 7～9m 较为经济。由于板跨较大，一般板厚应不小于 150mm。

无梁楼板与梁板式楼板比较,具有顶棚平整,室内净空大,采光、通风好,施工较简单等优点。它多用于楼板上荷载较大的商店、仓库、展览馆等建筑中。

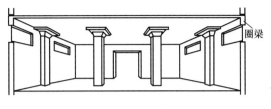

图 7-9 无梁楼板

5) 压型钢板组合楼板。压型钢板组合楼板实质上是一种钢与混凝土组合的楼板。系利用压型钢板作衬板与现浇混凝土浇筑在一起,搁置在钢梁上,构成整体型的楼板支承结构。适用于需有较大空间的高、多层民用建筑中。

压型钢板组合楼板主要由楼面层、组合板与钢梁几部分构成,在使用压型钢板组合楼板时应注意几个问题:

① 在有腐蚀的环境中应避免使用。

② 应避免压型钢板长期暴露,以防钢板梁生锈,破坏结构的连接性能。

③ 在动荷载的作用下,应仔细考虑其细部设计,并注意保持结构组合作用的完整性和防止共振问题。

(2) 预制装配式钢筋混凝土楼板

是指在构件预制厂或施工现场预先制作,然后运到工地进行安装的楼板。它提高了机械化施工水平,缩短了工期,促进了建筑工业化,因此应用广泛,但楼板整体性较差。

预制楼板又可分为预应力和非预应力两种。采用预应力楼板可延缓构件裂缝的出现和限制裂缝的开展,从而提高构件的抗裂能力和刚度。与非预应力构件相比,还可节省钢材 30%～50%,节省混凝土 10%～30%。

1) 预制楼板的类型,根据其截面形式可分为实心平板、槽形板和空心板三种。

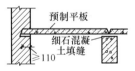

图 7-10 预制钢筋混凝土平板

① 实心平板。这种板跨度小,制作简单,适用于过道及小开间房间的楼板,也可作架空隔板或沟盖板等,如图 7-10 所示。

预制实心平板的经济跨度一般在 2.5m 以内,板厚为跨度的 1/10～1/25,一般为 50～80mm,板宽为 500～600mm。

② 槽形板。槽形板是一种梁板结合的构件,即在实心平板的两侧设有纵向肋,构成槽形截面。当采用非预应力板时,板跨一般在 4m 以内,而预应力板则可达 6m 以上。板宽为 600～1500mm,板厚为 25～35mm,肋高为 150～300mm。

为了提高板的刚度和便于搁置,应在板的两端用端肋封闭,当板的跨度较大时,还应在板的中部每隔 500～700mm 增设横肋一道,如图 7-11 所示。

③ 空心板。空心板根据板内抽孔方式的不同,有方孔、椭圆孔和圆孔板之分,

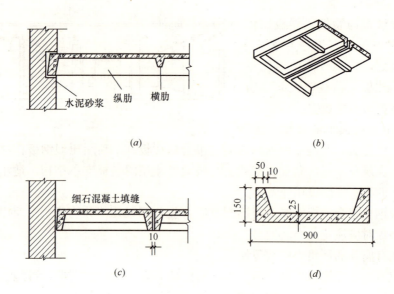

图 7-11 预制钢筋混凝土槽形板

(a) 纵剖面；(b) 槽形板底面；(c) 横剖面；(d) 倒置槽形板横剖面

方孔板比较经济，但脱模困难、板面易出现裂缝。圆孔板抽芯脱模方便省事，目前应用较广泛，如图 7-12 所示。

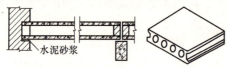

图 7-12 预制空心板

空心板有中型与大型之分，中型空心板跨度多在 4m 以下，板宽 500mm、600mm、900mm、1200mm，板厚 90～150mm，孔径为 40～70mm，上表面板厚为 20～30mm，下表面板厚为 15～20mm；大型空心板跨度为 4～7.2m，板宽多为 1.5～4.5m，板厚 110～250mm。

空心板的板面不能随意开洞。同时，在安装时板两端孔内常以砖块或混凝土块填塞，以免灌缝时漏浆并保证板端不致被压坏。

2) 预制板的结构布置与细部处理。

①结构布置。在进行楼板结构布置时，先应根据房间开间、进深的尺寸确定构件的支承方式，然后根据现有板的规格进行合理布置。但在结构布置时，应遵循以下原则：

A. 尽量减少板的规格、类型，以方便施工，避免出差错；

B. 为减少板缝的现浇混凝土量，应优先选用宽板，窄板作调剂用；

C. 板的布置应避免出现三边支承情况，否则，在荷载作用下，板会产生裂缝，如图 7-13 所示；

D. 按支承楼板的墙或梁的净尺寸计

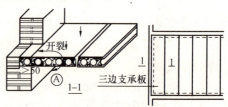

图 7-13 三边支承板

算楼板的块数，不够的可通过调整板缝或增加局部现浇板等办法来解决，如图 7-14（a）所示；

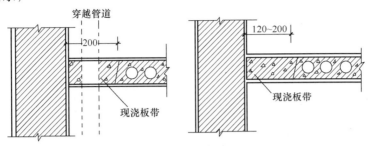

图 7-14　现浇板带处理
(a) 调整局部现浇板带；(b) 穿越管道处应采用现浇板

E. 遇有管线、烟道、通风道穿过楼板时，应尽量将该处楼板现浇，如图 7-14（b）。

②板缝处理。安装预制板时，为使板缝灌浆密实，要求板块之间有一定距离，以便填入细石混凝土。对整体性要求较高的建筑，可在板缝内配筋或用短钢筋与预制板吊钩焊接。

板侧缝下口宽一般要求不大于 20mm；缝宽在 20～50mm 时，可用 C20 细石混凝土现浇；当下口缝宽为 50～200mm 时，用 C20 细石混凝土现浇并在缝中配纵向钢筋；当大于 200mm 时，则需调整板的规格。

A. 板与墙、梁的连接构造。预制板搁置在墙或梁上时，均应有足够的支承长度。支承于梁上时应不小于 80mm，支承于墙上时应不小于 110mm，并在梁或墙上坐 20mm 厚 M5 水泥砂浆，以保证板平稳均匀传力。另外，为增加建筑物的整体刚度，板与墙、梁之间或板与板之间应有一定的拉结锚固措施，如图 7-15 所示。

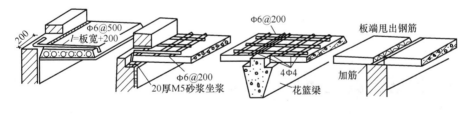

图 7-15　锚固筋的配置

B. 楼板上隔墙的处理。预制楼板上设立隔墙时，宜采用轻质隔墙。如采用砖隔墙、砌块隔墙时，则应避免将隔墙搁置在一块板上，而应将隔墙设置在两块板的接缝处。当采用槽形板或小梁搁板时，隔墙可直接搁置在板的纵肋或小梁上；当采用空心板时，须在隔墙下的板缝处设现浇板带或梁来支承隔墙，如图 7-16 所示。

(3) 装配整体式钢筋混凝土楼板

这是一种预制装配和现浇相结合的楼板，它包括叠合楼板、密肋空心砖楼板和预制现浇板等，如图 7-17 所示。

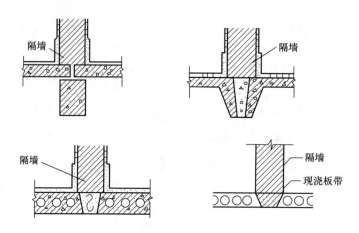

图 7-16 板上隔墙的处理

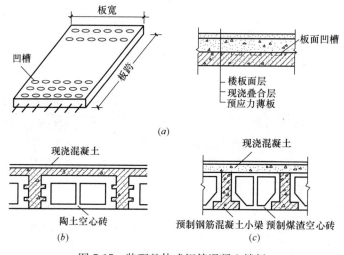

图 7-17 装配整体式钢筋混凝土楼板
(a) 叠合楼板;(b) 密肋空心砖楼板;(c) 预制小梁现浇板

7.5 钢筋混凝土楼梯、过梁、圈梁、构造柱

钢筋混凝土楼梯广泛应用于民用建筑中,根据施工方式的不同可分为现浇和预制装配两种,尤以现浇楼梯应用较多。

7.5.1 现浇钢筋混凝土楼梯

现浇钢筋混凝土楼梯是采用在施工现场支模、绑钢筋、再浇筑混凝土的方法而制成的。这种楼梯的整体性强,但施工工序多,施工工期较长。现浇钢筋混凝土楼梯有两种做法:一种是板式楼梯,如图 7-18(a)所示,一种是斜梁楼梯,如图 7-18(b)所示。

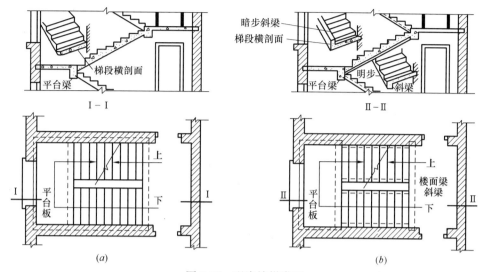

图 7-18 现浇楼梯类型
(a) 板式楼梯；(b) 斜梁楼梯

7.5.2 预制装配式钢筋混凝土楼梯

预制装配式钢筋混凝土楼梯有多种不同的构造形式。按楼梯构件的合并程度，一般可分为小型、中型和大型预制构件装配式楼梯。

(1) 小型构件装配式楼梯

小型构件装配式楼梯是将楼梯按组成分解为若干小构件，如将一梁板式楼梯分解成预制踏步板、预制斜梁、预制平台梁和预制平台板。每一构件体积小、重量轻，易于制作，便于运输和安装。但安装次数多、安装节点多、安装速度慢、安装湿作业多，需要较多的人力且工人劳动强度也较大。这种小型构件装配式楼梯，适合施工现场机械化程度低的工地采用，如图 7-19 所示。

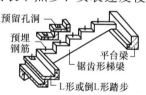

图 7-19 预制楼梯的构造形式

(2) 中型构件装配式楼梯

中型构件装配式楼梯，一般由楼梯段和带平台梁的平台板两个构件组成。带梁平台板把平台板和平台梁合并成一个构件。当起重能力有限时，可将平台梁和平台板分开。这种构造做法的平台板，可以和小型构件装配式楼梯的平台板一样，采用预制钢筋混凝土槽形板或空心板两端直接支承在楼梯间的横墙上；或采用小型预制钢筋混凝土平板，直接支承在平台梁和楼梯间的纵墙上。

(3) 大型构件装配式楼梯

大型构件装配式楼梯，是把整个梯段和平台预制成一个构件。按结构形式不同，有板式楼梯和梁板式楼梯两种。为减轻构件的重量，可以采用空心楼梯段。楼梯段和平台这一整体构件支承在钢支托或钢筋混凝土支托上。大型构件装配式楼梯，构件数量少，装配化程度高，施工速度快，但施工时需要大型的起重运输设备,主要用于大型装配式建筑中。

7.5.3 钢筋混凝土过梁

当门窗洞口较大或洞口上部有集中荷载时,常采用钢筋混凝土过梁,它承载力强,一般不受跨度的限制,预制装配施工速度快,是最常用的一种过梁,现浇的也可以。一般过梁宽度同墙厚,高度及配筋应由计算确定,并符合60mm的整数倍,如120mm、180mm、240mm等。过梁在洞口两侧伸入墙内的长度,应不小于240mm,以保证过梁有足够的支承长度和承压面积。对于外墙中的门窗过梁,为了防止飘落到墙面的雨水沿门窗过梁向外墙内侧流淌,在过梁底部抹灰时要注意做好滴水处理。

过梁的断面形式有一字形和L形,一字形多用于内墙和混水墙,L形多用于外墙和清水墙。在寒冷地区,为防止钢筋混凝土过梁产生冷桥问题,也可将外墙洞口的过梁断面做成L形或组合式过梁,如图7-20所示。

有时为配合立面装饰,简化构造,节约材料,常将过梁与圈梁、悬挑雨篷、窗楣板或遮阳板等结合起来设计。它既保护窗户不受雨淋,又可遮挡部分直射的太阳光。如图7-20(e)所示。

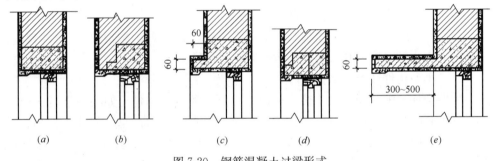

图 7-20 钢筋混凝土过梁形式
(a) 一字式;(b) L式;(c) 窗套式;(d) 组合式;(e) 窗楣式

7.5.4 圈梁

沿建筑物外墙四周及部分内墙的水平方向设置的连续闭合的梁称为圈梁,又称腰箍。圈梁配合楼板共同作用,可提高建筑物的空间刚度及整体性,增加墙体的稳定性,减少因地基不均匀沉降而引起的墙身开裂。在抗震设防地区,圈梁与构造柱组合在一起形成骨架,可提高抗震能力,对抗震有利。

圈梁有钢筋砖圈梁和钢筋混凝土圈梁两种。钢筋砖圈梁多用于非抗震设防地区,它是将前述钢筋砖过梁沿外墙和部分内墙连续闭合而成的。钢筋混凝土圈梁的宽度同墙厚,在寒冷地区,为了防止"冷桥"现象,其宽度可略小于墙厚,但不应小于180mm,高度一般不小于120mm。

钢筋混凝土圈梁在墙身上的位置应根据结构构造确定。当只设一道圈梁时,应设在屋面檐口下面;当设几道时,可分别设在屋面檐口下面、楼板底面或基础顶面;有时为了节约材料可以将门窗过梁与其合并处理。

钢筋混凝土圈梁在墙身上的数量应根据房屋的层高、层数、墙厚、地基条件、地震等因素来综合考虑。对于单层建筑来讲：当墙厚不大于240mm，檐口高度在5~8m时，应在檐口下面设一道圈梁；当檐口高度大于8m时应再增设一道圈梁，并保持圈梁间距不大于4m。对于多层建筑来讲：当墙厚不大于240mm，层数不多于4层时，可以只设一道，超过4层时应适当增设；当地基为软弱土时，应在基础顶面再增设一道。

按构造要求，圈梁必须是连续闭合的梁，但在特殊情况下，当遇有门窗洞口致使圈梁局部截断时，应在洞口上部增设配筋和混凝土强度、截面尺寸均不变的附加圈梁。附加圈梁与圈梁搭接长度不应小于其垂直间距的2倍，且不得小于1m，如图7-21所示。但对有抗震要求的建筑物，圈梁不宜被洞口截断。

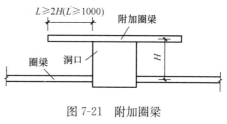

图7-21 附加圈梁

7.5.5 构造柱

按《建筑抗震设计规范》的规定，对多层砖混结构建筑应视其总高度、横墙间距、圈梁的设置、墙体的局部尺寸等情况增设钢筋混凝土构造柱，以提高建筑物的抗震能力。

钢筋混凝土构造柱一般设在外墙转角、内外墙交接处、较大洞口两侧、较长墙段的中部及楼梯、电梯四角等部位。设置构造柱时必须使其与圈梁紧密连接，形成空间骨架，以增强房屋的整体刚度，提高墙体抵抗变形的能力，做到即使墙体受震开裂，也能裂而不倒。

构造柱的最小截面尺寸应为240mm×180mm；构造柱的最小配筋量应为纵向钢筋4Φ12，箍筋Φ6@200~250。构造柱下端应锚固在钢筋混凝土基础或基础梁内，无基础梁时应伸入底层地坪下500mm处，上端应锚固在顶层圈梁或女儿墙压顶内，以增强其稳定性，如图7-22所示。

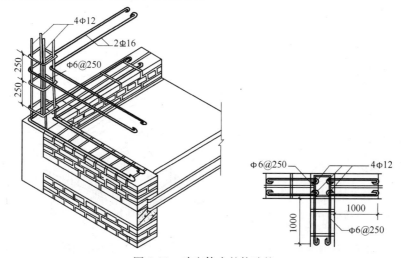

图7-22 砖砌体中的构造柱

7.6 模板工程

7.6.1 模板工程概述

模板是浇筑混凝土用的模型。模板系统由模板、支架和紧固件三个部分组成。在钢筋混凝土工程施工中,要求模板及其支架能保证结构和构件的形状、尺寸和相互间位置正确;有足够的强度、刚度和稳定性,能可靠地承受新浇筑混凝土的自重和侧压力,以及施工中所产生的荷载;构造要简单,装拆尽量方便,能多次周转使用;模板的接缝要严密、不漏浆;所用材料受潮后不易变形。

模板工程的施工工艺包括选材、选型、设计、备料、制作、安装、涂隔离剂、拆除和周转等过程。模板工程约占钢筋混凝土总造价的 25%、劳动量占 35%、工期占 50%~60%,因此,正确选择模板材料、形式及施工方法对加速钢筋混凝土工程施工和降低造价有重要作用。

模板的种类繁多,按其所用材料分:有木模板、钢模板、塑料模板、铝合金模板、胶合板模板、玻璃钢模板、钢筋混凝土和预应力混凝土模板等。按构造形式和施工方法分:有固定式模板、装拆式模板、移动式模板、永久性模板等。

柱子木模板见图7-23。条形基础木模板见图7-24。独立基础木模板见图7-25。有梁板木模板见图7-26。

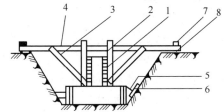

图 7-24 条形基础模板

1—上阶侧板;2—上阶吊木;3—上阶斜撑;4—轿杠;
5—下阶斜撑;6—水平撑;7—垫板;8—木桩

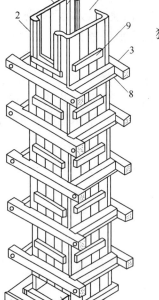

图 7-23 柱子的模板

1—内拼板;2—外拼板;3—柱箍;4—梁缺口;5—清理孔;6—木框;7—盖板;8—拉紧螺栓;9—拼条;10—三角木条

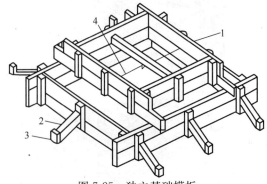

图 7-25 独立基础模板

1—侧模;2—斜撑;3—木桩;4—钢丝

楼梯木模板见图 7-27。

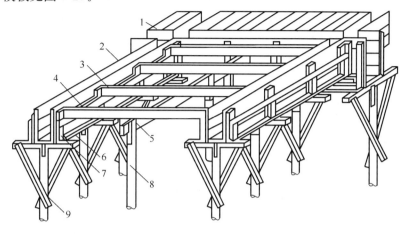

图 7-26 有梁楼板一般支撑法
1—楼板模板；2—梁侧模板；3—格栅；4—横档；
5—牵杠；6—夹条；7—短撑木；8—牵杠撑；9—支柱（琵琶撑）

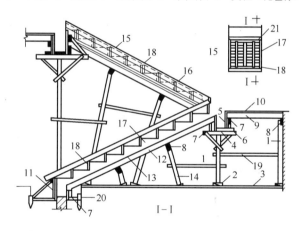

图 7-27 楼梯模板
1—支柱；2—木楔；3—垫板；4—平台梁底板；5—侧板；6—夹杠；7—托木；8—杠木；9—木楞；10—平台底板；11—梯基侧板；12—斜木楞；13—楼梯底板；14—斜向顶撑；15—外帮板；16—横挡木；17—反三角板；18—踏步侧板；19—拉杆；20—木桩；21—平台侧木

7.6.2 组合钢模板

组合钢模板由钢模板、连接件和支承件三部分组成。钢模板通过连接件和支承件可以组拼出多种尺寸和几何形状，以适应多种类型建筑物的基础、梁、柱、板、墙施工的需要。也可用其拼成大模板、滑模、隧道模、台模等。施工时，可以在现场直接采用散装散拆的方法，也可预拼成各种大型的模板整体吊装就位。

组合钢模板的安装工效较高，组装灵活、通用性强，拆装方便、周转次数多，加工精度高，成型后的混凝土尺寸准确、棱角整齐、表面光滑，可节省装修用工，是目前使用较广泛的一种工具式定型组合模板。

(1) 钢模板

钢模板包括平面模板（标准板块）、阳角模板、阴角模板和连接角模（图 7-28）。除此之外还有一些异形模板。

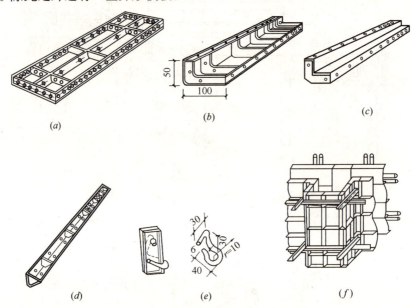

图 7-28 钢模板类型

(a) 平面模板；(b) 阳角模板；(c) 阴角模板；(d) 连接角模；(e) 扣键 U 形卡；(f) 钢模组合

(2) 连接件及其作用

组合钢模板的连接件包括：U 形卡、L 形插销、钩头螺栓、对拉螺栓、紧固螺栓和扣件等（图 7-29）。

1) U 形卡。

用于相邻模板的连接。安装间距一般不大于 300mm，即每隔一孔卡插一个。

2) L 形插销。

插入钢模板端部横肋的插销孔内，以增强两相邻模板接头处的拼接刚度和保证接头处板面平整。

3) 钩头螺栓。

用于钢模板与内外钢楞的连接固定。安装间距一般不大于 600 mm，长度应与采用的钢楞尺寸相适应。

4) 对拉螺栓。

用于连接固定两组侧向模板，承受混凝土侧压力及水平荷载，并保持模板与模板之间的设计厚度。

5) 紧固螺栓。

用于紧固内外钢楞，其长度应与采用的钢楞尺寸相适应。

6) 扣件。

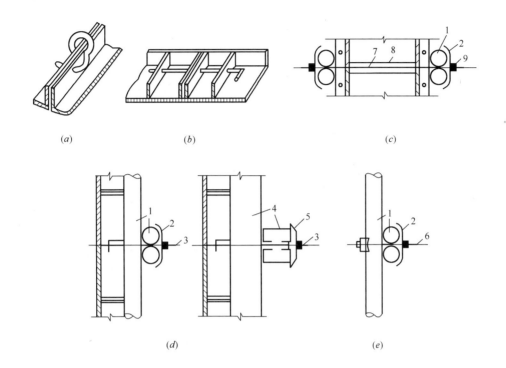

图 7-29 钢模板连接件
(a) U 形卡连接；(b) L 形插销连接；(c) 对拉螺栓连接；
(d) 紧固螺栓连接；(e) 钩头螺栓
1—圆钢管钢楞；2—3 形扣件；3—钩头螺栓；4—内卷边槽钢钢楞；
5—碟形扣件；6—紧固螺栓；7—对拉螺栓；8—塑料套管；9—螺母

用于钢楞与钢楞或与钢模板之间的扣紧。按钢楞的不同形状，分别采用 U 形卡和 L 形插销连接。

(3) 支承件及其作用

支承件包括钢楞、立柱、斜撑、柱箍、桁架和梁卡具等（图 7-30）。

1) 钢楞。

钢楞即模板的横挡和竖挡，分内钢楞和外钢楞，用于支承钢模板和加强其整体刚度。钢楞可用圆钢管、矩形钢管、槽钢或内卷边槽钢等做成，以钢管用得较多。

内钢楞配置方向一般应与钢模板垂直，直接承受钢模板传来的荷载，其间距一般为 700～900mm。外钢楞承受内钢楞传来的荷载，或用来加强模板结构的整体刚度和调整平直度。

2) 立柱。

又称钢支架。用以承受竖向荷载。常用的有管式、四柱式（图 7-30a），还可用扣件式钢管脚手架、门型脚手架作支架。

3) 斜撑。

用以承受单侧模板的侧向荷载和调整竖向支模时的垂直度（图 7-30b）。

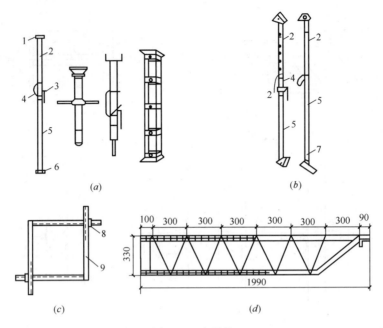

图 7-30 支承件

(a) 立柱；(b) 斜撑；(c) 柱箍；(d) 平面组合桁架
1—顶板；2—插管；3—插销；4—转盘；5—套管；
6—底板；7—螺杆；8—定位器；9—夹板（角钢）

4）柱箍。

用以承受新浇混凝土的侧压力等水平荷载。柱箍可用槽钢、角钢制作（图 7-30c），也可用钢管及扣件组成。

5）钢桁架。

用以支承梁或板的底模板，有整体式和组合式两种。组合式桁架的使用由两片组合而成，其跨度可根据需要灵活调节（图 7-30d）。

6）梁卡具。

又称梁托架。用以支托梁底模和夹固梁侧模，也可用于侧模板上口的卡固定位。梁卡具可用角钢或钢管制作（图 7-31）。

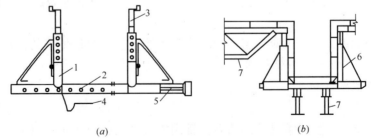

图 7-31 梁模卡具及支梁模方法

(a) U形卡连接；(b) L形插销连接
1—三角架；2—底座；3—调节杆；4—插销；5—调节螺栓；6—梁模卡具；7—桁架

7.7 钢筋工程

钢筋工程，主要包括钢筋的进场检验、加工、成型及绑扎安装以及钢筋的冷加工和钢筋接头连接等施工过程。

钢筋接头连接方法有：绑扎连接、焊接和机械连接。绑扎连接由于需较长的搭接长度，浪费钢筋，且连接不可靠，故宜限制使用。焊接方法较多，成本较低，质量可靠，宜优先选用。机械连接无明火作业，设备简单，节约能源，不受气候条件影响，可全天候施工，连接可靠，技术易于掌握，适用范围广，尤其适用于现场焊接有困难的场合。

(1) 绑扎连接

钢筋绑扎连接时，在钢筋搭接处中心及两端，用钢丝扎牢。受拉钢筋绑扎连接。

(2) 焊接

以焊接代替绑扎，可节约钢材，改善结构受力性能，提高工效，降低成本。钢筋的对接焊接，可采用闪光对焊（图7-32）、电弧焊、电渣压力焊或气压焊；钢筋骨架和钢筋网片的交叉点焊接宜采用电阻点焊；钢筋与钢板的 T 形连接，宜采用埋弧压力焊或电弧焊。

1) 闪光对焊。

闪光对焊广泛用于钢筋接长及预应力筋与螺丝端杆的焊接。闪光对焊的原

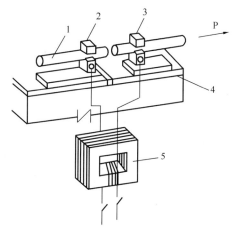

图 7-32 钢筋对焊原理图
1—钢筋；2—固定电极；3—可动电极；
4—机座；5—焊接变压器

理如图 7-32 所示，它是利用对焊机使电极间的钢筋两端接触，通过低电压的强电流，使钢筋加热至可焊温度后，加压焊合成对焊接头。

2) 电弧焊。

电弧焊是利用弧焊机送出低压的高电流，使焊条与电弧燃烧范围内的焊件熔化，待其凝固便形成焊缝或接头。电弧焊广泛用于钢筋接头、钢筋骨架焊接、装配式结构接头的焊接、钢筋与钢板的焊接及各种钢结构焊接等。钢筋电弧焊接头的主要形式有下列几种：

① 搭接焊(搭接接头)。搭接焊只适用于 HPB235、HRB335 钢筋，其接头形式如图 7-33 所示。焊接时，宜尽可能双面施焊，不能进行双面焊时，也可采用单面焊。

② 帮条焊（帮条接头）。帮条焊适用于 HPB235、HRB335、HRB400 钢筋。其接头形式如图 7-34 所示，亦分单面施焊和双面施焊两种，一般宜优先采用双面焊缝。帮条宜采用与主筋同级别、同直径的钢筋制作，如帮条级别与主筋相同时，

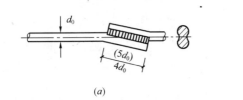 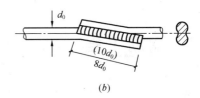

图 7-33 搭接接头
(a) 双面焊缝；(b) 单面焊缝
d_0—钢筋直径（图中括号内的数值用于 HPB235 钢筋）

帮条的直径可以比主筋直径小一个规格；如帮条直径与主筋相同时，帮条钢筋的级别可比主筋低一个级别。

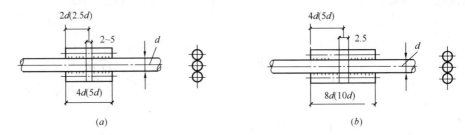

图 7-34 帮条接头
(a) 双面焊缝；(b) 单面焊缝
d—钢筋直径（图中括号内的数值用于 HPB235 钢筋）

③ 坡口焊（坡口接头）。坡口焊多用于装配式结构中直径 18～40mm 的 HPB235、HRB335、HRB400 钢筋对接焊。坡口焊分为平焊和立焊两种。坡口平焊时，V 形坡口角度为 55°～65°；坡口立焊时，坡口角度为 40°～55°，其中下钢筋为 0°～10°，上钢筋为 35°～45°（图 7-35）。

坡口加工时不得用电弧切割，宜用氧乙炔焰切割或锯割。

钢筋电弧焊接时，为了防止烧伤主筋，焊接地线应与主筋接触良好，并不应在主筋上引弧。焊接过程中应及时清渣。帮条焊或搭接焊，其焊缝厚度不应小于钢筋直径的 0.3，焊缝宽度不小于钢筋直径的 0.7。

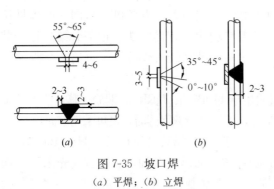

图 7-35 坡口焊
(a) 平焊；(b) 立焊

电弧焊接头的焊缝表面应平整，不得有较大的凹陷、焊瘤；接头处不得有裂纹；咬边深度、气孔、夹渣的数量和大小以及接头尺寸偏差不得超过规范规定。接头抗拉强度不得低于该级别钢筋的规定抗拉强度值，且三个试件中至少有两个呈塑性断裂。

3) 电渣压力焊。

电渣压力焊是利用电流通过渣池产生的电阻热将钢筋端部熔化，然后施加压力使钢筋焊接。这种方法适用于现场竖向钢筋的接长（HPB235、HRB335 钢筋），比电弧焊工效高、钢材省、成本低，多用于现浇钢筋混凝土结构竖向钢筋接长。

电渣压力焊所用焊接电源，宜采用 BX$_2$-1000 型焊接变压器，焊接大直径钢筋时，可将同型号焊接变压器并联使用。焊接时用上钳口（活动电极）、下钳口（固定电极）分别将上下钢筋夹紧，在两根钢筋间放一铁丝小球（钢筋端面较平整时）或导电剂（钢筋直径较大时），再装上药盒并装满焊药（图 7-36）。接通电路，使小球（或导电剂）、钢筋端部及焊药相继熔化，形成渣池；稳定数秒后，用手柄使上部钢筋缓缓下降，熔化量达到规定数值（用标尺控制）后，断电同时用手柄迅速加压顶锻，挤出夹渣和气泡，形成焊接接头。待冷却 1～3min 后，打开药盒，卸下夹具。

4）电阻点焊。

电阻点焊主要用于钢筋的交叉连接，焊接钢筋网片、钢筋骨架等。它生产效率高，节约材料，应用广泛。

电阻点焊的工作原理（图 7-37）是：当钢筋交叉点焊时，接触点只有一点，接触处接触电阻较大，在接触的瞬间，电流产生的全部热量都集中在一点上，因而使金属受热而熔化，同时在电极加压下使焊点金属得到焊合。

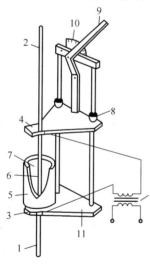

图 7-36 电渣压力焊示意图
1、2—钢筋；3—固定电极；4—活动电极；
5—药盒；6—导电剂；7—焊药；8—滑动架；
9—手柄；10—支架；11—固定架

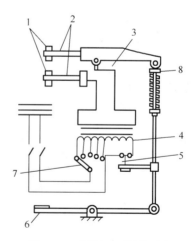

图 7-37 点焊机工作原理图
1—电极；2—电极臂；3—变压器的次级线圈；4—变压器的初级线圈；5—断路器；6—踏板；7—变压器的调节开关；8—压紧机构

（3）机械连接

钢筋接头机械连接的种类很多，但大多是利用钢筋表面轧制（或特制）的螺纹（或横肋）和连接套筒之间的机械咬合作用来传递钢筋拉力或压力。

1) 钢筋套筒挤压连接。

钢筋套筒挤压连接是将需连接的带肋钢筋插入特制钢套筒内,利用挤压机(专用液压压接钳)挤压钢套筒,使之产生塑性变形,其内壁变形而嵌入钢筋螺纹,从而紧紧咬住带肋钢筋以实现连接。它适用于竖向、横向及其他方向的较大直径($\phi 20 \sim \phi 40$mm)带肋钢筋的连接。与焊接相比,挤压连接具有节省电能、不受钢筋可焊性影响、不受季节影响、无明火、施工简便、接头可靠度高等特点。

钢筋套筒挤压连接有径向挤压和轴向挤压两种(图7-38)。

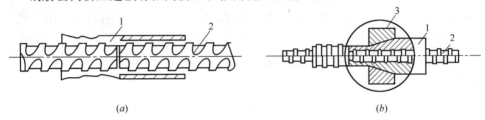

图 7-38 钢筋挤压连接
(a)径向挤压;(b)轴向挤压
1—钢套筒;2—带肋钢筋;3—压模

① 径向挤压连接。钢筋径向挤压连接是利用挤压机径向挤压钢套筒,使套筒产生塑性变形,套筒内壁变形嵌入钢筋变形处,由此产生抗剪力来传递钢筋连接处的轴向力(图7-38a)。

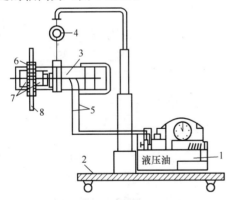

图 7-39 钢筋径向挤压设备示意图
1—超高压泵;2—吊挂小车;3—挤压机;4—平衡器;5—超高压水管;6—钢套管;7—模具;8—被连接的钢筋

径向挤压连接施工主要设备包括挤压机、超高压油泵、平衡器、吊挂小车等(图7-39)。挤压机有YJ型和CY型,YJ650型挤压机(额定压力为650kN)用于直径32mm以下钢筋的连接;YJ800型(额定压力800kN)用于直径32mm以上钢筋。CY型手持式挤压机有CY16~CY40共七种型号,分别适用于不同直径的钢筋。钢筋径向挤压连接的工艺过程为:钢筋、套筒验收、钢筋断料、划套筒套入长度标记→套筒按规定长度套入钢筋、安装压接模具→开动液压泵径向挤压套筒至接头成型→卸下压接模具→接头外观检查。

压接有两种方式:一种是两根连接钢筋的全部压接都在施工现场进行;另一种是预先压接一半钢筋接头,运至工地就位后再压接另一半钢筋接头。后者可减少现场作业,加快连接速度。

钢筋挤压连接的工艺参数主要包括压接顺序、压接力和压接道数。正确的压接顺序是从中间向两侧压接。压接力以套筒与钢筋紧密咬合为好,压接力过大,套筒过度变形,受拉时套筒易破坏;压接力过小,接头强度不足。压接道数直接影响接头质量和施工速度。压接力和压接道数取决于钢筋直径、套筒型号和挤压机型号。

② 轴向挤压连接。轴向挤压连接,是用挤压机和压模对钢套筒和插入的两根钢筋沿其轴线方向进行挤压,使钢套筒产生塑性变形与带肋钢筋咬合而进行连接(图 7-38b)。其施工主要设备包括:超高压泵站、半挤压机、挤压机、压模、压模座等。压模采用合金钢,有半挤压压模和挤压压模。

2) 锥螺纹套管连接。

钢筋锥螺纹套管连接(图 7-40)是利用锥螺纹能承受轴向力和水平力,密封自锁性较好的原理,靠规定的机械力把钢筋连接在一起。其工艺是:用于连接的钢套管内壁在工厂专用机床上加工出锥螺纹;钢筋的对接端头亦在钢筋套丝机上加工成与套管匹配的锥螺纹(图 7-41)。钢筋连接时,经对螺纹检查无油污和损伤后,先用手旋入钢筋,然后用扭矩扳手紧固至规定的扭矩后即完成。

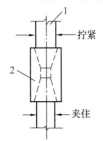

图 7-40 钢筋锥螺纹套管连接
1—连接钢筋;2—钢套管

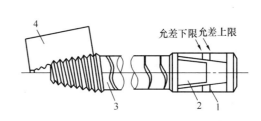

图 7-41 锥螺纹牙形与牙形规
1—卡规;2—锥螺纹;3—钢筋;4—牙形规

7.8 混凝土的搅拌与浇筑

混凝土的搅拌,就是将水、水泥、粗细骨料及外加剂进行均匀拌合及混合的过程。混凝土搅拌的均匀性与搅拌方法(或搅拌机的类型)、投料顺序和搅拌时间长短有关。

7.8.1 混凝土搅拌机选择

混凝土搅拌机按其工作原理,可分为自落式和强制式两大类。根据其构造的不同,又可分为若干种。

自落式搅拌机搅拌筒内壁装有叶片,搅拌筒旋转,叶片将物料提升一定高度后自由下落而获得动能,各物料颗粒分散拌合均匀,是重力拌合原理,宜用于搅拌塑性混凝土。锥形反转出料和双锥形倾翻出料搅拌机则不仅能拌合,而且在搅拌时还能使物料自两边向中间滚动,故还可用于搅拌低流动性混凝土。

强制式搅拌机分立轴式和卧轴式两类。强制式搅拌机是在轴上装有叶片,通过叶片强制搅拌装在搅拌筒内的物料,使物料沿环向、径向和竖向运动,拌合成均匀的物料,是剪切拌合原理。强制式搅拌机的拌合作用强烈,多用于搅拌干硬性混凝土、低流动性混凝土和轻骨料混凝土。立轴式强制搅拌机是通过底部的卸料口卸料,卸料迅速,但如卸料口密封不好,水泥浆易漏掉,故不宜用于搅拌流动性大的混凝土。

混凝土搅拌机以其出料容量(m^3)×1000 标定规格。常用的有 150L、250L、350L 等多种。

搅拌机型号的选择应根据工程量大小、混凝土坍落度、骨料种类(普通骨料、轻骨料)及粒径等而定,既要满足技术要求,又要考虑经济效果和节约能源。

7.8.2 混凝土的浇筑

混凝土浇筑包括浇灌和振捣两个过程。混凝土浇灌前,应对模板、支架、钢筋和预埋件进行检查,符合设计要求后方能浇灌混凝土。浇筑时不仅要保证混凝土外形的正确,还应保证混凝土的均匀性、密实性及结构的整体性,同时还要保持钢筋及预埋件位置正确。

(1) 混凝土的浇灌

1) 混凝土浇灌时的坍落度。

混凝土运至现场后,开始浇灌前的坍落度应符合表 7-2 的要求。

混凝土浇筑时的坍落度　　　　　表 7-2

结 构 种 类	坍落度(mm)
基础或地面等的垫层、无配筋的大体积结构(挡土墙、基础等)或配筋稀疏的结构	10~30
板、梁和大型及中型截面的柱子等	30~50
配筋密列的结构(薄壁、斗仓、筒仓、细柱等)	50~70
配筋特密的结构	70~90

注:1. 本表系指采用机械振捣的坍落度,采用人工捣实时可适当增大。
　　2. 需要配制大坍落度混凝土时,应掺用外加剂。
　　3. 曲面或斜面结构混凝土,其坍落度值,应根据实际需要另行选定。
　　4. 轻骨料混凝土的坍落度,宜比表中数值减少 10~20mm。

2) 墙、柱混凝土的浇灌。

墙、柱混凝土一般投料高度较大,又有钢筋阻挡,所以混凝土拌合物容易分层离析,石子易于集中在墙、柱的底部。因此,浇灌混凝土前,应先在底部填筑 50~100 mm 厚与混凝土内砂浆成分相同的水泥砂浆,然后再浇灌混凝土。这样既使新旧混凝土结合良好,又可避免蜂窝麻面现象。混凝土的水灰比和坍落度,宜随浇筑高度的上升,酌予递减。

3) 梁、板混凝土的浇灌。

一般情况下,梁、板混凝土应同时浇筑,以利于梁板的整体性。但当梁高大于1m时，也可以单独先行浇筑。

在浇筑同柱或墙连为整体的梁和板时，应在柱或墙的混凝土浇筑完毕后1~1.5h，待其初步沉实，再继续浇筑梁和板的混凝土。否则，会在梁与柱连接处产生裂缝。梁与柱的整体连接应从梁的一端开始浇筑，快到另一端时，反过来先浇筑另一端，然后两段在凝结前合拢。

4）施工缝的留设与处理。

施工缝是新浇筑混凝土与已凝结或已硬化混凝土的结合面。由于新旧混凝土的结合力较差，故施工缝处是构件中的薄弱环节。为保证结构的整体性，混凝土的浇筑应连续进行，尽量缩短间歇时间。如因施工组织或技术上的原因不能连续浇筑，混凝土运输、浇筑及中间的间歇时间超过混凝土的凝结时间（表7-3），则应留置施工缝。

混凝土浇筑中的最大间歇时间（min） 表7-3

混凝土强度等级	气 温	
	低于25℃	不低于25℃
不高于C30	210	180
高于C30	180	150

注：1. 本表数值包括混凝土的运输和浇筑时间。
    2. 当混凝土中掺有促凝或缓凝型外加剂时，浇筑中的最大间歇时间，应根据试验结果确定。

留置施工缝的位置应事先确定，施工缝应留在结构受剪力较小且便于施工的部位。一般应留水平缝，梁、板和墙应留垂直缝。施工缝留设具体位置如下：

柱施工缝留在基础顶面、梁的下面、吊车梁牛腿的下面或吊车梁的上面、无梁楼盖柱帽的下面。框架结构中，如果梁端的负筋向下弯入柱内，施工缝也可设置在这些钢筋的下端，以便于绑扎；与板连接为一体的大截面（截面高度大于1m）梁，其水平施工缝应留在楼板底面以下20~30mm处；单向板的施工缝，可留在平行于板的短边的任何位置；墙的施工缝留在门窗洞口过梁跨中1/3范围内，也可留在纵横墙交接处；有主次梁的楼板结构，宜顺着次梁方向浇筑，施工缝留在次梁跨度的中间1/3范围内，如图7-42所示。

施工缝的处理：在施工缝处继续浇筑混凝土时，应待浇筑的混凝土抗压强度不小于12MPa方可进行，以抵抗继续浇筑混凝土时的扰动。浇筑前应除去施工缝处表面的水泥薄膜、松动的石子和软弱的混凝土层，洒水充分湿润和冲洗干净，但不得积水。浇筑时，施工缝处宜先铺水泥浆（水泥：水=1:0.4）或与混凝土成分相同的水泥砂浆一层，厚度为10~15mm，以保证接缝质量。浇筑混凝土时，施工缝处应细致捣实，使其结合紧密。

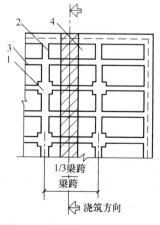

图7-42 有梁板的施工缝位置
1—柱；2—主梁；3—次梁；4—板

（2）混凝土的振捣

混凝土的强度、抗渗性、抗冻性、耐久性等一系列性质，均与其密实度有关。新拌混凝土混合物注入模板后，由于骨料和砂浆之间摩阻力与粘结力作用，混凝土流动性很低，不能自动充满模板内各个角落。在疏松的混凝土内部存在较多空隙和空气（约占混凝土体积的5%～20%），达不到混凝土密实度要求，必须进行适当的振捣，促使混合物克服阻力和粘结力，逸出气泡消除空隙。

混凝土的振捣方法分人工振捣和机械振捣两种，以机械振捣的效果最佳。人工振捣作为辅助。机械振捣常用内部振动器、表面振动器、外部振动器和振动台等（图7-43）。

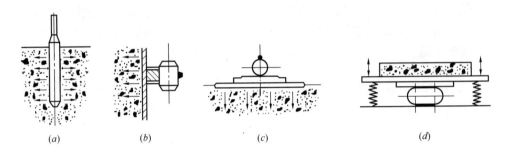

图7-43 振动机械示意图
(a) 内部振动器；(b) 外部振动器；(c) 表面振动器；(d) 振动台

内部振动器又称为插入式振动器，其工作部分是一棒状空心圆柱体，内部有偏心振子，在电动机带动下高速转动而产生高频微幅的振动，常用于振实梁、柱、墙等构件和大体积混凝土。

外部振动器又称附着式振动器，它通过螺栓等固定在模板外侧，是通过模板将振动传给混凝土拌合物的，因而模板应有足够的刚度。它仅用于钢筋密集、断面尺寸小的构件。

表面振动器又称平板式振动器，它由带偏心块的电动机和平板（木板或钢板）等组成。在混凝土表面进行振捣，适用于振实楼板、地面及其他面积大而厚度小的结构。

振动台一般是混凝土制品厂中的固定生产设备，用于振捣预制构件。

7.8.3 混凝土的养护与拆模

(1) 混凝土的自然养护

混凝土浇筑后，应提供良好的温度和湿度环境，以保证混凝土能正常凝结和硬化。混凝土浇筑后，如气候炎热、空气干燥，不及时进行养护，混凝土中水分蒸发过快，出现脱水现象，使已形成凝胶体的水泥颗粒不能充分水化，不能转化为稳定的结晶，缺乏足够的粘结力，从而会在混凝土表面出现片状或粉状剥落，产生干缩裂纹，影响其强度、耐久性和整体性，故混凝土早期养护非常重要。

混凝土的自然养护是指在常温（平均气温不低于5℃）条件下于一定时间内使

混凝土保持湿润状态。自然养护又可分为洒水养护和喷洒塑料薄膜养生液（保水）养护等。

（2）混凝土拆模

模板拆除的时间，受新浇混凝土达到拆模强度要求的养护期限制。在强度满足后应尽快拆模，加速模板的周转使用。一般工程结构设计对拆模时混凝土的强度有具体规定。

7.9 先张法施工

先张法是在台座或钢模上先张拉预应力筋，用夹具临时固定，然后浇筑混凝土，待混凝土达到设计规定的强度后，放张或切断预应力筋，使预应力筋弹性回缩，借助于预应力筋与混凝土间的粘结传递预应力，使混凝土获得预压应力。

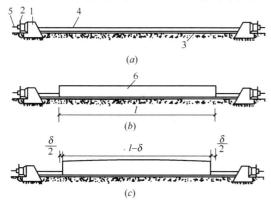

图 7-44 先张法施工示意图
（a）预应力筋张拉阶段；（b）混凝土浇筑和养护阶段；（c）预应力筋放松阶段
1—台座；2—横梁；3—台面；4—预应力筋；
5—锚固夹具；6—混凝土构件

先张法的主要优点是：生产工艺简单，工序少，效率高，不需要永久性锚具，因而成本较低，适用于工厂化大批量生产中小型预应力混凝土预制构件，如楼板、屋面板及中小型吊车梁等。

先张法采用短线钢模生产构件时，预应力筋张拉力由钢模承受，构件连同钢模按流水方式，通过预应力筋张拉、浇筑混凝土、养护等固定机组完成每一生产过程（图 7-44）。其缺点是需大量钢模和较高的机械化程度，且需池内蒸汽养护方可加速钢模周转，此法只适用于生产定型构件。

7.10 后张法施工

在后张法预应力混凝土施工中，预应力筋分为有粘结和无粘结两种。

无粘结预应力混凝土工艺是在预应力筋表面刷涂料并包裹塑料布（管）后，如同普通混凝土钢筋一样铺设在支好的模板内，再浇筑混凝土，待混凝土达到设计规定的强度后，进行预应力筋的张拉锚固。

制作单根无粘结筋时，宜优先选用防腐油脂作涂料层，外包层应用塑料注塑机注塑成型。制作成束无粘结筋可用防腐油脂或防腐沥青作涂料层；使用沥青涂料时，应用密缠塑料带作外包层，塑料带各圈之间的搭接宽度不应小于带宽的 1/2，缠绕不应小于 4 层；沥青涂料的配合比为 3 号沥青∶20 号柴油∶石棉粉＝1∶0.2～0.3∶0.5～0.6，经搅拌均匀而成。

无粘结预应力混凝土主要是借助构件两端的锚具传递预应力，无需留孔灌浆，施工简单，摩阻损失小，预应力筋可做成多跨曲线形状，但预应力筋的强度不能充分发挥，对锚具的锚固能力要求也高，当前主要用于大柱网整体现浇楼盖结构、双向连续平板和密肋板中。

有粘结预应力混凝土工艺是在钢筋混凝土构件制作时，先在设计规定的预应力筋位置上预留孔道，待混凝土达到设计规定强度后，将预应力筋穿入孔道中，进行张拉，并用锚具将预应力筋锚固在构件端部，然后进行孔道灌浆。图 7-45 为有粘结预应力混凝土后张法生产工艺示意图，预应力筋承受的张拉力通过锚具传给混凝土，使混凝土获得预压应力。有粘结预应力混凝土后张法生产工艺流程，如图 7-46 所示。

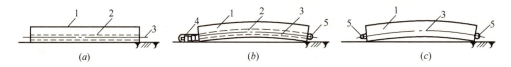

图 7-45 有粘结预应力混凝土后张法生产示意图
(a) 制作混凝土构件；(b) 张拉钢筋；(c) 锚固和孔道灌浆
1—混凝土构件；2—预留孔道；3—预应力筋；4—千斤顶；5—锚具

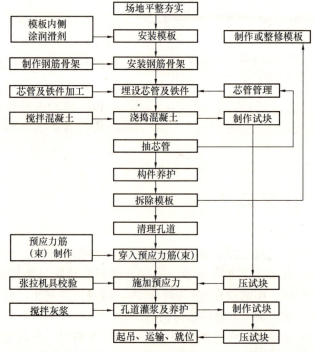

图 7-46 有粘结预应力混凝土后张法生产工艺流程示意图

后张法施工的主要优点是直接在构件上进行预应力筋的张拉，不需要专门的台座，不受地点限制，适用于在施工现场生产大型预应力混凝土构件。采用有粘结预应力后张法施工时，还可将长大的构件在预制厂分段生产，而后运到现场组装穿筋张拉锚固成整体。缺点是施工工序较多，需在预应力筋两端设永久性锚具，且锚具加工要求精密，故费用较高。

7.11 混凝土及钢筋混凝土工程定额工程量计算

7.11.1 现浇混凝土及钢筋混凝土模板工程量

（1）现浇混凝土及钢筋混凝土模板工程量，除另有规定者外，均应区别模板的不同材质，按混凝土与模板接触面积，以平方米计算。

说明：除了底面有垫层、构件（侧面有构件）及上表面不需支撑模板外，其余各个方向的面均应计算模板接触面积。

（2）现浇钢筋混凝土柱、梁、板、墙的支模高度（即室外地坪至板底或板面至板底之间的高度）以 3.6m 以内为准，超过 3.6m 以上部分，另按超过部分计算增加支撑工程量（图 7-47）。

（3）现浇钢筋混凝土墙、板上单孔面积在 0.3m² 以内的孔洞，不予扣除，洞侧壁模板亦不增加，单孔面积在 0.3m² 以外时，应予扣除，洞侧壁模板面积并入墙、板模板工程量内计算。

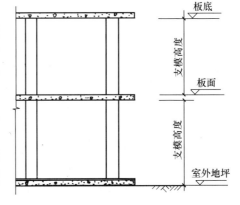

图 7-47 支模高度示意图

（4）现浇钢筋混凝土框架的模板，分别按梁、板、柱、墙有关规定计算；附墙柱，并入墙内工程量计算。

（5）柱与梁、柱与墙、梁与梁等连接的重叠部分以及伸入墙内的梁头、板头部分，均不计算模板面积。

（6）构造柱外露面均应按图示外露部分计算模板面积。构造柱与墙接触部分不计算模板面积（图 7-48）。

（7）现浇钢筋混凝土悬挑板（雨篷、阳台）按图示外挑部分尺寸的水平投影面积计算。挑出的牛腿梁及板边模板不另计算。

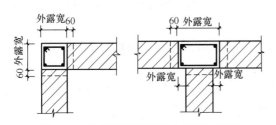

图 7-48 构造柱外露宽需支模板示意图

说明："挑出墙外的牛腿梁及板边模板"在实际施工时需支模板，为了简化工程量计算，在编制该项定额时已经将该因素考虑在定额消耗内，所以工程量就不单独计算了。

(8) 现浇钢筋混凝土楼梯，以图示露明面尺寸的水平投影面积计算，不扣除宽度小于 500mm 的楼梯井所占面积。楼梯的踏步、踏步板、平台梁等侧面模板，不另计算。

(9) 混凝土台阶不包括梯带，按图示台阶尺寸的水平投影面积计算，台阶端头两侧不另计算模板面积。

(10) 现浇混凝土小型池槽按构件外围体积计算，池槽内、外侧及底部的模板不应另计算。

7.11.2 预制钢筋混凝土构件模板工程量

(1) 预制钢筋混凝土模板工程量，除另有规定者外，均按混凝土实体体积以立方米计算。

(2) 小型池槽按外形体积以立方米计算。

(3) 预制桩尖按虚体积（不扣除桩尖虚体积部分）计算。

7.11.3 构筑物钢筋混凝土模板工程量

(1) 构筑物工程的模板工程量，除另有规定者外，区别现浇、预制和构件类别，分别按上面的有关规定计算。

(2) 大型池槽等分别按基础、墙、板、梁、柱等有关规定计算并套相应定额项目。

(3) 液压滑升钢模板施工的烟囱、水塔、筒身、贮仓等，均按混凝土体积，以立方米计算。

(4) 预制倒圆锥形水塔罐壳模板按混凝土体积，以立方米计算。

(5) 预制倒圆锥形水塔罐壳组装、提升、就位，按不同容积以座计算。

7.11.4 钢筋工程量

(1) 钢筋工程量有关规定

1) 钢筋工程，应区别现浇、预制构件、不同钢种和规格，分别按设计长度乘以单位重量，以吨计算。

2) 计算钢筋工程量时，设计已规定钢筋搭接长度的，按规定搭接长度计算；设计未规定搭接长度的，已包括在钢筋的损耗率内，不另计算搭接长度。

(2) 钢筋长度的确定

钢筋长＝构件长－保护层厚度×2＋弯钩长×2＋弯起钢筋增加值（ΔL）×2

1) 钢筋的混凝土保护层

受力钢筋的混凝土保护层，应符合设计要求；当设计无具体要求时，不应小于受力钢筋直径，并应符合表 7-4 的要求。

2) 钢筋的弯钩长度。

纵向受力钢筋的混凝土保护层的最小厚度（mm）　　　表 7-4

环境类别		板、墙、壳			梁			柱		
		≤C20	C25～C45	≥C50	≤C20	C25～C45	≥C50	≤C20	C25～C45	≥C50
一		20	15	15	30	25	25	30	30	30
二	a	—	20	20	—	30	30	—	30	30
	b	—	25	20	—	35	30	—	35	30
三		—	30	25	—	40	35	—	40	35

注：1. 基础中纵向受力钢筋的混凝土保护层厚度不应小于 40mm；当无垫层时不应小于 70mm。
　　2. 处于一类环境且由工厂生产的预制构件，当混凝土强度等级不低于 C20 时，其保护层厚度可按表 7-4 中规定减少 5mm，但预应力钢筋的保护层厚度不应小于 15mm；处于二类环境且由工厂生产的预制构件，当表面采取有效保护措施时，保护层厚度可按表 7-4 中一类环境数值取用。
　　预制钢筋混凝土受弯构件钢筋端头的保护层厚度不应小于 10mm，预制肋形板主肋钢筋的保护层厚度应按梁的数值取用。
　　3. 板、墙、壳中分布钢筋的保护层厚度不应小于表 7-4 中相应数值减 10mm，且不应小于 10mm；梁、柱中箍筋和构造钢筋的保护层厚度不应小于 15mm。
　　4. 当梁、柱中纵向受力钢筋的混凝土保护层厚度大于 40mm 时，应对保护层采取有效的防裂构造措施。
　　5. 有防火要求的建筑物，其保护层厚度尚应符合国家现行有关防火规范的规定。
　　对于四、五类环境中的建筑物，其混凝土保护层厚度尚应符合国家现行有关标准的要求。

HPB235 级钢筋末端需要做 180°、135°、90° 弯钩时，其圆弧弯曲直径 D 不应小于钢筋直径 d 的 2.5 倍，平直部分长度不宜小于钢筋直径的 3 倍（图 7-49）；HRB335 级、HRB400 级钢筋的弯弧内直径不应小于钢筋直径的 4 倍，弯钩的弯后平直部分应符合设计要求。

由图 7-49 可见：

180° 弯钩每个长 = 6.25d

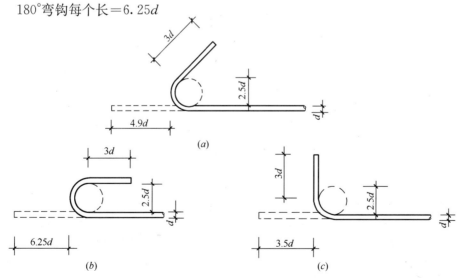

图 7-49　钢筋弯钩示意图
(a) 135°斜弯钩；(b) 180°半圆弯钩；(c) 90°直弯钩

135°弯钩每个长=4.9d
90°弯钩每个长=3.5d
d 为以毫米为单位的钢筋直径。

图 7-50 弯起钢筋增加长度示意图

3) 弯起钢筋的增加长度。

弯起钢筋的弯起角度，一般有30°、45°、60°三种，其弯起增加值是指斜长与水平投影长度之间的差值，如图 7-50 所示。

弯起钢筋斜长及增加长度计算方法，见表 7-5 所列。

弯起钢筋斜长及增加长度计算表　　表 7-5

形 状		30°	45°	60°
计算方法	斜边长 S	2h	1.414h	1.155h
	增加长度 S−L=Δl	0.268h	0.414h	0.577h

4) 箍筋长度。

箍筋的末端应做弯钩，弯钩形式应符合设计要求。当设计无具体要求时，用 HPB235 级钢筋或冷拔低碳钢丝制作的箍筋，其弯钩的弯曲直径应大于受力钢筋直径，且不小于箍筋直径的 2.5 倍；弯钩平直部分的长度，对一般结构，不宜小于箍筋直径的 5 倍；对有抗震要求的结构，不应小于箍筋直径的 10 倍（图 7-51）。

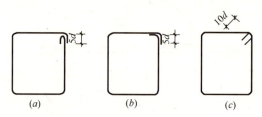

图 7-51 箍筋弯钩长度示意图
(a) 90°/180°一般结构；(b) 90°/90°一般结构；(c) 135°/135°抗震结构

箍筋长度，可按构件断面外边周长减 8 个混凝土保护层厚度再加弯钩长计算，也可按构件断面外边周长加上增减值计算，公式为：

箍筋长度=构件断面外边周长+箍筋增减值

箍筋增减值见表 7-6。

箍筋长度调整表（mm） 表 7-6

形 状	直径 d						备 注
	4	6	6.5	8	10	12	
	Δl						
抗震结构	−88	−33	−20	22	78	133	Δl=200−27.8d
一般结构	−133	−100	−90	−66	−33	0	Δl=200−16.75d
	−140	−110	−103	−80	−50	−20	Δl=200−15d

注：本表根据《混凝土结构工程施工质量验收规范》GB 50204—2002 第 5.3.2 条编制。保护层按 25mm 考虑。

5) 钢筋的绑扎接头。

按《混凝土结构工程施工质量验收规范》GB 50204—2002 规定：

当纵向受拉钢筋的绑扎搭接接头面积百分率不大于 25% 时，其最小搭接长度应符合表 7-7 规定（纵向受拉钢筋的绑扎搭接接头面积百分率，梁、板、墙类构件，不宜大于 25%；柱类构件不宜大于 50%），在任何情况下，受拉钢筋的搭接长度不应小于 300mm。

纵向受拉钢筋最小搭接长度表 表 7-7

钢 筋 类 型		混凝土强度等级			
		C15	C20~C25	C30~C35	≥C40
光圆钢筋	HPB235 级	45d	35d	30d	25d
带肋钢筋	HRB335 级	55d	45d	35d	30d
	HRB400 级　RRB400 级	—	55d	40d	35d

注：1. 当纵向受拉钢筋的绑扎搭接接头面积百分率大于 25% 时，但不大于 50%，其最小搭接长度应按表 7-7 中的数值乘以系数 1.2 取用；当接头面积百分率大于 50% 时，应按表 7-7 中的数值乘以系数 1.35 取用。
2. 当符合下列条件时，纵向受拉钢筋的最小搭接长度应根据表 7-7 及"注释"中第一条确定后，按下列规定进行修正：
  1) 当带肋钢筋的直径大于 25mm 时，其最小搭接长度应按相应数值乘以系数 1.1 取用；
  2) 当环氧树脂涂层的带肋钢筋，其最小搭接长度应按相应数值乘以系数 1.25 取用；
  3) 当在混凝土凝固过程中受力钢筋易受扰动时（如滑模施工时），其最小搭接长度应按相应数值乘以系数 1.1 取用；
  4) 对末端采用机械锚固措施的带肋钢筋，其最小搭接长度可按相应数值乘以系数 0.7 取用；
  5) 当带肋钢筋的保护层厚度大于搭接钢筋直径的 3 倍且配有箍筋时，其最小搭接长度可按相应数值乘以系数 0.8 取用；
  6) 对有抗震设防要求的结构构件，其受力钢筋的最小搭接长度应按相应数值乘以系数 1.15 采用；对三级抗震等级应按相应数值乘以系数 1.05 采用。

纵向受压钢筋搭接时，其最小搭接长度按表 7-7 及"注释"规定确定后，乘以系数 0.7 取用，在任何情况下，受压钢筋的搭接长度不应小于 200mm。

当设计要求的钢筋长度大于条圆钢筋的实际长度时，就要按要求搭接。为了简化计算过程，可以采用接头系数的方法计算。有搭接要求的钢筋长度，计算公式如下：

$$钢筋接头系数 = \frac{钢筋单根长}{钢筋单根长 - 接头长}$$

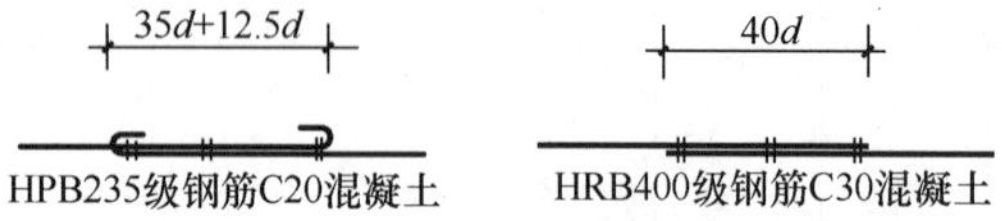

图 7-52 绑扎钢筋搭接长度示意图

例如，某地区规定直径 25mm 以内的条圆钢筋每 8m 长算一个接头，直径 25mm 以上的条圆钢筋每 6m 长算一个接头，有关条件符合图 7-52 所示要求，则其钢筋接头系数见表 7-8 所列。

钢筋接头系数表 表 7-8

钢筋直径(mm)	绑扎接头 有弯钩	绑扎接头 无弯钩	钢筋直径(mm)	绑扎接头 有弯钩	绑扎接头 无弯钩	钢筋直径(mm)	绑扎接头 有弯钩	绑扎接头 无弯钩
10	1.063	1.053	18	1.120	1.099	25	1.174	1.143
12	1.077	1.064	20	1.135	1.111	26	1.259	1.242
14	1.091	1.075	22	1.150	1.124	28	1.285	1.266
16	1.105	1.087	24	1.166	1.136	30	1.311	1.290

注：1. 根据上述条件，直径 25mm 以内有弯钩钢筋的搭接长度系数：

$$K_d = \frac{8}{8 - 47.5d} \quad (d 以 m 为单位)$$

直径 25mm 以上有弯钩钢筋的搭接长度系数：

$$K_d = \frac{6}{6 - 47.5d}$$

2. 直径 25mm 以内无弯钩钢筋的搭接长度系数：

$$K_d = \frac{8}{8 - 40d}$$

直径 25mm 以上无弯钩钢筋的搭接长度系数：

$$K_d = \frac{6}{6 - 45d}$$

3. 上述是受拉钢筋绑扎的搭接长度，受压钢筋绑扎的搭接长度为受拉钢筋搭接长度乘以 0.7。

4. 有弯钩钢筋接头系数按 HPB235 级钢筋 C20 混凝土计算；无弯钩钢筋接头系数按 HRB 400 级钢筋 C30 混凝土计算。

6）钢筋焊接接头。

当采用电渣压力焊时，其接头按个计算，采用其他焊接形式，不计算搭接长度。

7）钢筋机械连接接头。

机械连接的接头常用有套筒挤压接头和锥螺纹接头，其接头按个计算。

(3) 钢筋接头系数的应用

Φ10 以内的盘圆钢筋可以按设计要求的长度下料，但 Φ10 以上的条圆钢筋超过一定的长度后就需要接头，绑扎的接头形式，如图 7-52 所示，接头增加长度，见表 7-8 的规定。

【例】 某工程圈梁钢筋按施工图计算的长度为：

Φ 16 184m

Φ 12 184m

按表7-8的规定计算含搭接长度的钢筋总长度。

【解】 Φ16属无弯钩钢筋：$l=184\times1.087=200\mathrm{m}$

Φ12属有弯钩钢筋：$l=184\times1.077=198.17\mathrm{m}$

（4）钢筋的锚固

钢筋的锚固长，是指不同构件交接处，彼此的钢筋应相互锚入的长度。如图7-53所示。

设计图上对钢筋的锚固长度有明确规定，应按图计算。如表示不明确的，按《混凝土结构设计规范》GB 50010—2002规定执行。

1）受拉钢筋锚固长度

受拉钢筋的锚固长度应按下列公式计算：

普通钢筋 $l_a=\alpha(f_y/f_t)d$

预应力钢筋 $l_a=\alpha(f_{py}/f_t)d$

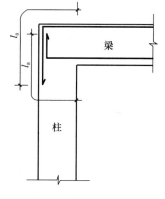

图 7-53 锚固筋示意图

式中 f_y、f_{py}——普通钢筋、预应力钢筋的抗拉强度设计值，按表7-9采用；

f_t——混凝土轴心抗拉强度设计值，按表7-10采用；当混凝土强度等级高于C40时，按C40取值；

d——钢筋的直径；

α——钢筋的外形系数（光圆钢筋α取0.16，带肋钢筋α取0.14）。

普通钢筋强度设计值（N/mm²） 表7-9

种类		符号	f_y
热轧钢筋	HPB 235（Q235）	Φ	210
	HRB 335（20MnSi）	Φ	300
	HRB 400（20MnSiV、20MnSiNb、20MnTi）	Φ	360
	RRB 400（K20MnSi）	Φ^R	360

注：HPB235系指光圆钢筋，HRB 335级、HRB 400级钢筋及RRB 400级余热处理钢筋系指带肋钢筋。

混凝土强度设计值（N/mm²） 表7-10

强度种类	混凝土强度等级													
	C15	C20	C25	C30	C35	C40	C45	C50	C55	C60	C65	C70	C75	C80
f_t	0.91	1.10	1.27	1.43	1.57	1.71	1.80	1.89	1.96	2.04	2.09	2.14	2.18	2.22

注：当符合下列条件时，计算的锚固长度应进行修正：

1. 当HRB335、HRB400、RRB400级钢筋的直径大于25mm时，其锚固长度应乘以修正系数1.1；
2. 当HRB335、HRB400、RRB400级的环氧树脂涂层钢筋，其锚固长度应乘以修正系数1.25；
3. 当HRB335、HRB400、RRB400级钢筋在锚固区的混凝土保护层厚度大于钢筋直径的3倍且配有箍筋时，其锚固长度可乘以修正系数0.8；
4. 经上述修正后的锚固长度不应小于按公式计算箍筋长度的0.7倍，且不应小于250mm；
5. 纵向受压钢筋的锚固长度不应小于受拉钢筋锚固长度的0.7倍。

纵向受拉钢筋的抗震锚固长度 l_{aE} 应按下列公式计算：

一、二级抗震等级　　　　$l_{aE}=1.15l_a$

三级抗震等级　　　　　　$l_{aE}=1.05l_a$

四级抗震等级　　　　　　$l_{aE}=l_a$

2) 圈梁、构造柱钢筋锚固长度

对于钢筋混凝土圈梁、构造柱等，图纸上一般不表示其锚固长度，应按《建筑抗震结构详图》97G329（三）（四）有关规定执行，如图7-54所示。l_a 的规定，见表7-11所列。

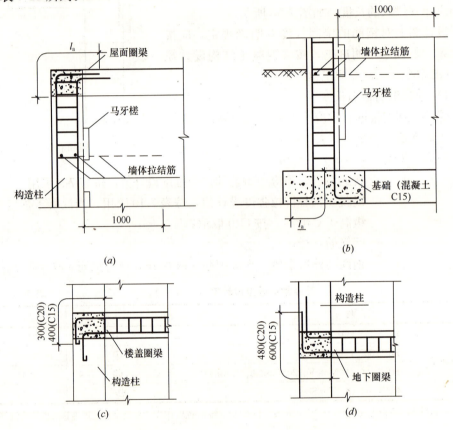

图 7-54　构造柱竖筋和圈梁纵筋的锚固

（a）柱内纵筋在柱顶的锚固；（b）柱内纵筋在基础内的锚固；
（c）屋盖、楼盖处圈梁纵筋在构造柱内的锚固；（d）地下圈梁纵筋在构造柱内的锚固

关于图 7-54 中 l_a 的规定　　　　表 7-11

竖向钢筋	$\phi 12$		$\phi 14$	
混凝土强度等级	C15	C20	C15	C20
l_a	600	480	700	560

(5) 钢筋其他计算问题

在计算钢筋用量时，除了要准确计算出图纸所表示的钢筋外，还要注意设计

图纸未画出以及未明确表示的钢筋,如楼板上负弯矩筋的分布筋、满堂基础底板的双层钢筋在施工时支撑所用的马凳及混凝土墙施工时所用的拉筋等。这些钢筋在设计图纸上,有时只有文字说明,或有时没有文字说明,但这些钢筋在构造上及施工上是必要的,则应按施工验收规范、抗震构造规范等要求补齐,并入钢筋用量中。

(6) 钢筋重量计算

1) 钢筋理论重量。

$$钢筋理论重量=钢筋长度\times每米重量$$
$$每米重量=0.006165d^2$$

式中 d——以毫米为单位的钢筋直径。

2) 钢筋工程量。

$$钢筋工程量=钢筋分规格长\times分规格每米重量$$

3) 钢筋工程量计算实例。

根据图 7-55 计算 8 根现浇 C20 钢筋混凝土矩形梁的钢筋工程量,混凝土保护层厚度为 25mm。

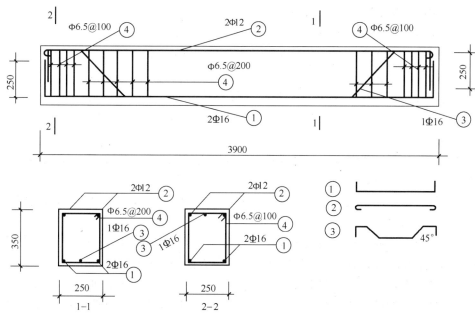

图 7-55 现浇 C20 钢筋混凝土矩形梁

【解】 1) 计算一根矩形梁钢筋长度

①号筋(Φ16 2根)

$$l=(3.90-0.025\times2+0.25\times2)\times2(根)$$
$$=4.35\times2=8.70\text{m}$$

②号筋(Φ12 2根)

$$l=(3.90-0.025\times2+0.012\times6.25\times2)\times2(根)$$

$$= 4.0 \times 2 = 8.0 \text{m}$$

③号筋（Φ16 1根）

弯起增加值计算，见表7-5（下同）

$$l = 3.90 - 0.025 \times 2 + 0.25 \times 2 + (0.35 - 0.025 \times 2 - 0.016) \times 0.414^* \times 2$$
$$= 4.35 + 0.284 \times 0.414^* \times 2 = 4.35 + 0.24 = 4.59 \text{m}$$

④号筋（Φ6.5）

箍筋根数 = (3.90 - 0.025 × 2) ÷ 0.20 + 1(根) + 4(根)(两端加密筋)
= 24 根

调整值见表7-6（下同）

$$\text{箍筋长} = (0.35 + 0.25) \times 2 - 0.02 = 1.18 \text{m}$$
$$l = \text{箍筋长} \times \text{根数} = 1.18 \times 24 = 28.32 \text{m}$$

2) 计算8根矩形梁的钢筋重

Φ16：(8.7 + 4.59) × 8(根梁) × 1.58(kg/m) = 167.99kg ⎫
Φ12：8.0 × 8 × 0.888(kg/m) = 56.83kg   ⎬ 284kg
Φ6.5：28.32 × 8 × 0.26(kg/m) = 58.91kg   ⎭

注：Φ16 钢筋每米重 = $0.006165 \times 16^2 = 1.58$ kg/m

　　Φ12 钢筋每米重 = $0.006165 \times 12^2 = 0.888$ kg/m

　　Φ6.5 钢筋每米重 = $0.006165 \times 6.5^2 = 0.26$ kg/m

(7) 预应力钢筋

先张法预应力钢筋，按构件外形尺寸计算长度，后张法预应力钢筋按设计图纸规定的预应力钢筋预留孔道长度，并区别不同的锚具类型，分别按下列规定计算：

1) 低合金钢筋两端采用螺杆锚具时，预应力的钢筋按预留孔道长度减 0.35m 计算，螺杆另行计算。

2) 低合金钢筋一端采用镦头插片，另一端螺杆锚具时，预应力锚筋长度按预留孔长度计算，螺杆另行计算。

3) 低合金钢筋一端采用镦头插片，另一端采用帮条锚具时，预应力钢筋按增加 0.15m 计算，两端均采用帮条锚具时，预应力钢筋按共增加 0.3m 计算。

4) 低合金钢筋采用后张混凝土自锚时，预应力钢筋长度按增加 0.35m 计算。

5) 低合金钢筋或钢绞线采用 JM、XM、QM 型锚具，孔道长度在 20m 以内时，预应力钢筋长度按增加 1m 计算；孔道长度 20m 以上时，预应力钢筋长度按增加 1.8m 计算。

6) 碳素钢丝采用锥形锚具，孔道长在 20m 以内时，预应力钢丝长度增加 1m；孔道长度在 20m 以上时，预应力钢丝长度增加 1.8m。

7) 碳素钢丝两端采用镦粗头时，预应力钢丝长度按增加 0.35m 计算。

7.11.5 现浇混凝土工程量

(1) 计算规定

混凝土工程量除另有规定者外,均按图示尺寸实体体积以立方米计算。不扣除构件内钢筋、预埋铁件及墙、板中 $0.3m^2$ 内的孔洞所占体积。

(2) 基础(图 7-56~图 7-59)

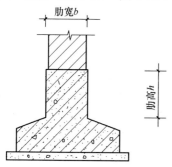

图 7-56 有肋带形基础示意图
$h/b>4$ 时,肋按墙计算

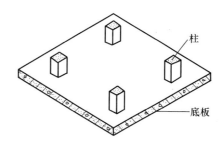

图 7-57 板式(筏形)满堂基础示意图

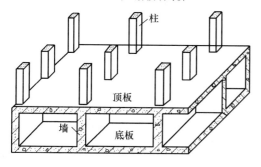

图 7-58 箱式满堂基础示意图

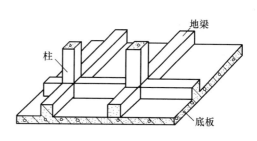

图 7-59 梁板式满堂基础

1) 有肋带形混凝土基础(图 7-56),其肋高与肋宽之比在 4∶1 以内的按有肋带形基础计算。超过 4∶1 时,其基础底板按板式基础计算,以上部分按墙计算。

2) 箱式满堂基础应分别按无梁式满堂基础、柱、墙、梁、板有关规定计算,套相应定额项目(图 7-58)。

3) 设备基础除块体外,其他类型设备基础分别按基础、梁、柱、板、墙等有关规定计算,套相应的定额项目。

4) 独立基础。钢筋混凝土独立基础与柱在基础上表面分界,如图 7-60 所示。

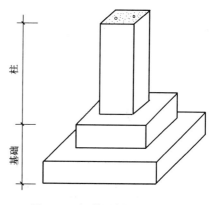

图 7-60 钢筋混凝土独立基础

【例】 根据图 7-61 计算 3 个钢筋混凝土独立柱基工程量。

【解】 $V=[1.30\times1.25\times0.30+(0.2+0.4+0.2)\times(0.2+0.45+0.2)\times$
$0.25]\times3(个)$
$=(0.488+0.170)\times3=1.97m^3$

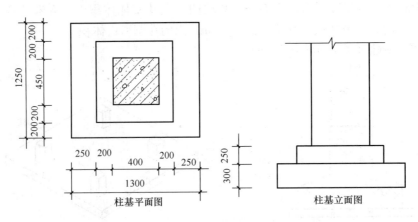

图 7-61 柱基示意图

(3) 柱

柱按图示断面尺寸乘以柱高以立方米计算。柱高按下列规定确定：

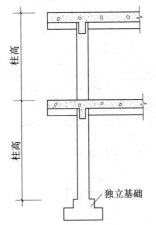

图 7-62 有梁板柱高示意图

1) 有梁板的柱高（图 7-62），应自柱基上表面（或楼板上表面）至柱顶高度计算。

2) 无梁板的柱高（图 7-63），应自柱基上表面（或楼板上表面）至柱帽下表面之间的高度计算。

3) 框架柱的柱高（图 7-64），应自柱基上表面至柱顶高度计算。

4) 构造柱按全高计算，与砖墙嵌接部分的体积并入柱身体积内计算。

5) 依附柱上的牛腿，并入柱身体积计算。

构造柱的形状、尺寸示意图，如图 7-65～图 7-67 所示。

构造柱体积计算公式：

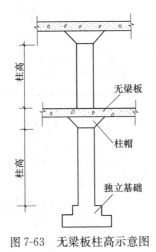

图 7-63 无梁板柱高示意图

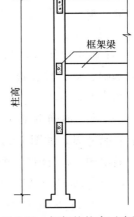

图 7-64 框架柱柱高示意图

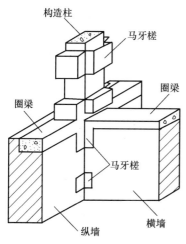

图 7-65 构造柱与砖墙嵌接部分
体积（马牙槎）示意图

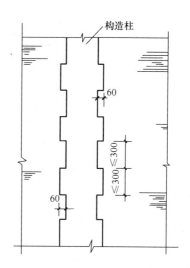

图 7-66 构造柱立面示意图

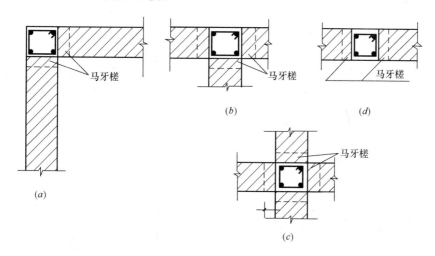

图 7-67 不同平面形状构造柱示意图
(a) 90°转角；(b) T形接头；(c) 十字形接头；(d) 一字形

当墙厚为240mm时：

$V=$ 构造柱高 $\times (0.24\times 0.24+0.03\times 0.24\times$ 马牙槎边数)

【例】 根据下列数据计算构造柱体积。

90°转角型：墙厚240mm，柱高12.0m

T形接头：墙厚240mm，柱高15.0m

十字形接头：墙厚365mm，柱高18.0m

一字形：墙厚240mm，柱高9.5m

【解】 ① 90°转角

$$V=12.0\times[0.24\times 0.24+0.03\times 0.24\times 2(边)]$$

$$=0.864\text{m}^3$$

②T形
$$V=15.0\times[0.24\times0.24+0.03\times0.24\times3(边)]$$
$$=1.188\text{m}^3$$

③十字形
$$V=18.0\times[0.365\times0.365+0.03\times0.365\times4(边)]$$
$$=3.186\text{m}^3$$

④一字形
$$V=9.5\times[0.24\times0.24+0.03\times0.24\times2(边)]$$
$$=0.684\text{m}^3$$

小计：$0.864+1.188+3.186+0.684=5.92\text{m}^3$

(4) 梁（图7-68～图7-70）

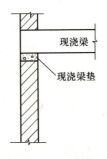

图7-68 现浇梁垫并入现浇梁体积内计算示意图

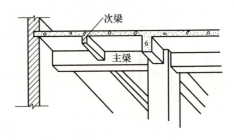

图7-69 主梁、次梁示意图

梁按图示断面尺寸乘以梁长以立方米计算，梁长按下列规定确定：

1) 梁与柱连接时，梁长算至柱侧面；

2) 主梁与次梁连接时，次梁长算至主梁侧面；

3) 伸入墙内梁头、梁垫体积并入梁体积内计算。

(5) 板

现浇板按图示面积乘以板厚以立方米计算。

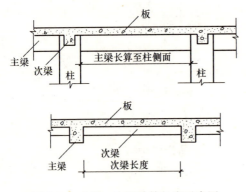

图7-70 主梁、次梁计算长度示意图

1) 有梁板包括主、次梁与板，按梁板体积之和计算。

2) 无梁板按板和柱帽体积之和计算。

3) 平板按板实体积计算。

4) 现浇挑檐、天沟与板（包括屋面板、楼板）连接时，以外墙为分界线，与圈梁（包括其他梁）连接时，以梁外边线为分界线。外墙边线以外或梁外边线以外为挑檐、天沟（图 7-71）。

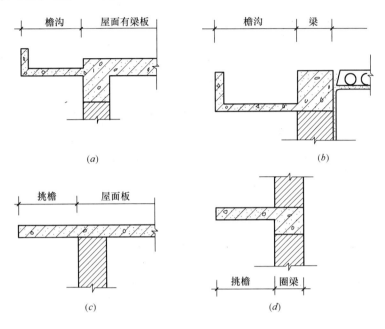

图 7-71 现浇挑檐天沟与板、梁划分
(a) 屋面檐沟；(b) 屋面檐沟；(c) 屋面挑檐；(d) 挑檐

5）各类板伸入墙内的板头并入板体积内计算。

（6）墙

现浇钢筋混凝土墙按图示中心线长度乘以墙高及厚度，以立方米计算。应扣除门窗洞口及 0.3m² 以外孔洞的体积，墙垛及凸出部分并入墙体积内计算。

（7）整体楼梯

现浇钢筋混凝土整体楼梯，包括休息平台、平台梁、斜梁及楼梯的连接梁，按水平投影面积计算，不扣除宽度小于 500mm 的楼梯井，伸入墙内部分不另增加。

说明：平台梁、斜梁比楼梯板厚，好像少算了；不扣除宽度小于 500mm 楼梯井，好像多算了；伸入墙内部分不另增加等等。这些因素在编制定额时已经作了综合考虑。

【例】 某工程现浇钢筋混凝土楼梯（图 7-72）包括休息平台至平台梁，试计算该楼梯工程量（建筑物 4 层，共 3 层楼梯）。

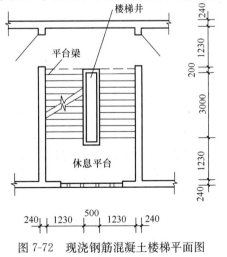

图 7-72 现浇钢筋混凝土楼梯平面图

【解】 $S = (1.23+0.50+1.23) \times (1.23+3.00+0.20) \times 3$
$= 2.96 \times 4.43 \times 3 = 13.113 \times 3 = 39.34 \text{m}^2$

(8) 阳台、雨篷（悬挑板）

按伸出外墙的水平投影面积计算，伸出外墙的牛腿不另计算。带反挑檐的雨篷按展开面积并入雨篷内计算。如图 7-73、图 7-74 所示。

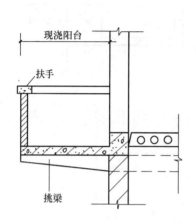
图 7-73 有现浇挑梁的现浇阳台

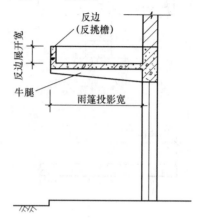
图 7-74 带反边雨篷示意图

(9) 栏杆按净长度以延长米计算。伸入墙内的长度已综合在定额内。栏板以立方米计算，伸入墙内的栏板，合并计算。

(10) 预制板补现浇板缝时，按平板计算。

(11) 预制钢筋混凝土框架柱现浇接头（包括梁接头）按设计规定断面和长度以立方米计算。

7.11.6 预制混凝土工程量

(1) 预制混凝土工程量均按图示尺寸实体体积以立方米计算，不扣除构件内钢筋、铁件及小于 300mm×300mm 以内孔洞面积。

【例】 根据图 7-75 计算 20 块 YKB-3364 预应力空心板的工程量。

【解】 $V = $ 空心板净断面积 $\times$ 板长 $\times$ 块数

$= [0.12 \times (0.57+0.59) \times \frac{1}{2} - 0.7854 \times (0.076)^2 \times 6]$

$\times 3.28 \times 20 = (0.0696 - 0.0272) \times 3.28 \times 20$

$= 0.0424 \times 3.28 \times 20 = 2.78 \text{m}^3$

【例】 根据图 7-76 计算 18 块预制天沟板的工程量。

【解】 $V = $ 断面积 $\times$ 长度 $\times$ 块数

$= \Big[(0.05+0.07) \times \frac{1}{2} \times (0.25-0.04) + 0.60 \times 0.04 + (0.05+0.07)$

$\times \frac{1}{2} \times (0.13-0.04) \Big] \times 3.58 \times 18 (块)$

$= 0.150 \times 18 = 2.70 \text{m}^3$

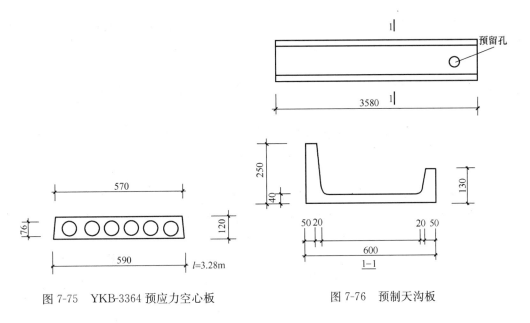

图 7-75　YKB-3364 预应力空心板　　图 7-76　预制天沟板

(2) 预制桩按桩全长（包括桩尖）乘以桩断面（空心桩应扣除孔洞体积）以立方米计算。

(3) 混凝土与钢杆件组合的构件，混凝土部分按构件实体积以立方米计算，钢构件部分按吨计算，分别套相应的定额项目。

7.11.7　固定用支架等

固定预埋螺栓、铁件的支架、固定双层钢筋的铁马凳、垫铁件，按审定的施工组织设计规定计算，套用相应定额项目。

7.11.8　构筑物钢筋混凝土工程量

(1) 一般规定

构筑物混凝土除另有规定者外，均按图示尺寸扣除门窗洞口及 $0.3m^2$ 以外孔洞所占体积以实体体积计算。

(2) 水塔

1) 筒身与槽底以与槽底连接的圈梁底为界，以上为槽底，以下为筒身。

2) 筒式塔身及依附于筒身的过梁、雨篷、挑檐等，并入筒身体积内计算；柱式塔身，柱、梁合并计算。

3) 塔顶包括顶板和圈梁，槽底包括底板挑出的斜壁板和圈梁等合并计算。

(3) 贮水池不分平底、锥底、坡底，均按池底计算；壁基梁、池壁不分圆形壁和矩形壁，均按池壁计算；其他项目均按现浇混凝土部分相应项目计算。

7.11.9　钢筋混凝土构件接头灌缝

(1) 一般规定

钢筋混凝土构件接头灌缝，包括构件坐浆、灌缝、堵板孔、塞板梁缝等，均按预制钢筋混凝土构件实体积以立方米计算。

(2) 柱的灌缝

柱与柱基的灌缝，按首层柱体积计算，首层以上柱灌缝，按各层柱体积计算。

(3) 空心板堵孔

空心板堵孔的人工、材料，已包括在定额内。如不堵孔时，每 $10m^3$ 空心板体积应扣除 $0.23m^3$ 预制混凝土块和 2.2 个工日。

7.11.10 构件制作、运输及安装工程

(1) 预制混凝土构件运输及安装，均按构件图示尺寸，以实体积计算。

(2) 构件制作、运输、安装损耗率

预制混凝土构件制作、运输、安装损耗率，按表 7-12 规定计算后并入构件工程量内。其中预制混凝土屋架、桁架、托架及长度在 9m 以上的梁、板、柱不计算损耗率。

预制钢筋混凝土构件制作、运输、安装损耗率表　　　　表 7-12

名　　称	制作废品率	运输堆放损耗率	安装（打桩）损耗率
各类预制构件	0.2%	0.8%	0.5%
预制钢筋混凝土柱	0.1%	0.4%	1.5%

根据上述第（2）条和表 7-12 的规定，预制构件含各种损耗的工程量计算方法如下：

预制构件制作工程量＝图示尺寸实体积×(1＋1.5%)

预制构件运输工程量＝图示尺寸实体积×(1＋1.3%)

预制构件安装工程量＝图示尺寸实体积×(1＋0.5%)

【例】 根据施工图计算出的预应力空心板体积为 $2.78m^3$，计算空心板的制、运、安工程量。

【解】 空心板制作工程量＝2.78×(1＋1.5%)＝$2.82m^3$

空心板运输工程量＝2.78×(1＋1.3%)＝$2.82m^3$

空心板安装工程量＝2.78×(1＋0.5%)＝$2.79m^3$

(3) 构件运输

1) 预制混凝土构件运输的最大运输距离取 50km 以内；钢构件和木门窗的最大运输距离按 20km 以内；超过时另行补充。

2) 加气混凝土板（块）、硅酸盐块运输，每立方米折合钢筋混凝土构件体积 $0.4m^3$，按一类构件运输计算。预制构件分类，见表 7-13。

金属结构构件分类，见表 7-14。

预制混凝土构件分类　　　　表 7-13

类　别	项　　目
1	4m 以内空心板、实心板

续表

类别	项目
2	6m以内的桩、屋面板、工业楼板、进深梁、基础梁、吊车梁、楼梯休息板、楼梯段、阳台板
3	6m以上至14m的梁、板、柱、桩、各类屋架、桁梁、托架（14m以上另行处理）
4	天窗架、挡风架、侧板、端壁板、天窗上下挡、门框及单件体积在0.1m³以内小构件
5	装配式内、外墙板、大楼板、厕所板
6	隔墙板（高层用）

金属结构构件分类　　　　　　　　　　　表7-14

类别	项目
1	钢柱、屋架、托架梁、防风桁架
2	吊车梁、制动梁、型钢檩条、钢支撑、上下挡、钢拉杆、栏杆、盖板、垃圾出灰门、倒灰门、箅子、爬梯、零星构件、平台、操作台、走道休息台、扶梯、钢吊车梯台、烟囱紧固箍
3	墙架、挡风架、天窗架、组合檩条、轻型屋架、滚动支架、悬挂支架、管道支架

（4）预制混凝土构件安装

1）焊接形成的预制钢筋混凝土框架结构，其柱安装按框架柱计算，梁安装按框架梁计算；节点浇筑成型的框架，按连体框架梁、柱计算。

2）预制钢筋混凝土工字形柱、矩形柱、空腹柱、双肢柱、空心柱、管道支架等安装，均按柱安装计算。

3）组合屋架安装，以混凝土部分实体体积计算，钢杆件部分不另计算。

4）预制钢筋混凝土多层柱安装，首层柱按柱安装计算，二层及二层以上柱按柱接柱计算。

（5）钢构件安装

1）钢构件安装按图示构件钢材重量以吨计算。

2）依附于钢柱上的牛腿及悬臂梁等，并入柱身主材重量计算。

3）金属结构中所用钢板，设计为多边形者，按矩形计算，矩形的边长以设计尺寸中互相垂直的最大尺寸为准。

7.12 钢筋混凝土工程清单工程量计算

7.12.1 带形基础

（1）基本概念

当建筑物上部结构采用墙承重时，基础沿墙设置，多做成长条形，这时称为带形基础。

（2）工程内容

带形混凝土基础的工程内容包括铺设垫层、混凝土制作、运输、浇筑、振捣、养护等。

（3）项目特征

带形混凝土基础的项目特征包括：
1) 垫层材料种类、厚度；
2) 混凝土强度等级；
3) 混凝土拌合料要求；
4) 砂浆强度等级。

(4) 计算规则

带形混凝土基础按设计图示尺寸以体积计算，不扣除构件内钢筋、预埋铁件和伸入承台基础的桩头所占体积。

7.12.2 独立基础

(1) 基本概念

当建筑物上部结构采用框架结构或单层排架结构承重时，基础常采用矩形的单独基础，这类基础称为独立基础。常见的独立基础有阶梯形、锥形、杯口形等。

(2) 工程内容

独立基础的工程内容同带形基础。

(3) 项目特征

独立基础的项目特征同带形基础。

(4) 计算规则

独立基础的计算规则同带形基础。

7.12.3 桩承台基础

桩承台基础项目适用于浇筑在组桩上（如梅花桩）的承台。计算工程量时，不扣除浇入承台体积内的桩头所占体积。

桩承台基础的工程内容、项目特征、计算规则同带形混凝土基础。

7.12.4 满堂基础

满堂基础项目适用于地下室的箱式、筏式基础等。

满堂基础的工程内容、项目特征、计算规则同带形混凝土基础。

7.12.5 现浇矩形柱、异形柱

(1) 工程内容

现浇矩形柱、异形柱的工程内容包括混凝土制作、运输、浇筑、振捣、养护等。

(2) 项目特征

现浇矩形柱、异形柱的项目特征包括：
1) 柱高；
2) 柱截面尺寸；
3) 混凝土强度等级；

4）混凝土拌合料要求。

(3) 计算规则

现浇矩形柱、异形柱工程量按设计图示尺寸以体积计算。不扣除构件内钢筋、预埋铁件所占体积。

确定柱高的规定如下：

1）有梁板的柱高，应自柱基上表面（或楼板上表面）至上一层楼板上表面之间的高度计算；

2）无梁板的柱高，应自柱基上表面（或楼板上表面）至柱帽下表面之间的高度计算；

3）框架柱的柱高，应自柱基上表面至柱顶高度计算；

4）构造柱按全高计算，嵌接墙体部分并入柱身体积；

5）依附柱上的牛腿和升板的柱帽，并入柱身体积计算。

7.12.6 现浇矩形梁

(1) 工程内容

现浇混凝土矩形梁工程内容包括混凝土制作、运输、浇筑、振捣、养护等。

(2) 项目特征

现浇混凝土矩形梁的项目特征包括：

1）梁底标高；

2）梁截面；

3）混凝土强度等级；

4）混凝土拌合料要求。

(3) 计算规则

现浇混凝土矩形梁工程量按设计图示尺寸以体积计算。不扣除构件内钢筋、预埋铁件所占体积，伸入墙内的梁头、梁垫并入梁体积内。

梁长计算的规定是：梁与柱连接时，梁长算至柱侧面；主梁与次梁连接时，次梁长算至主梁侧面。

7.12.7 现浇直形墙

(1) 工程内容

现浇直形墙工程内容包括混凝土制作、运输、浇筑、振捣、养护等。

(2) 项目特征

现浇直形墙项目特征包括：

1）墙类型；

2）墙厚度；

3）混凝土强度等级；

4）混凝土拌合料要求。

(3) 计算规则

现浇直形墙工程量计算按设计图示尺寸以体积计算。不扣除构件内钢筋、预埋铁件所占体积，扣除门窗洞口及单个面积在 0.3m² 以上的孔洞所占体积，墙垛及凸出墙面部分并入墙体体积内计算。

（4）有关说明

直形墙项目也适用于电梯井。

7.12.8　现浇有梁板

（1）基本概念

现浇有梁板是指在同一平面内相互正交式的密肋板，或者由主梁、次梁相交的井字梁板。

（2）工程内容

现浇有梁板的工程内容包括混凝土制作、运输、浇筑、振捣、养护等。

（3）项目特征

现浇有梁板的项目特征包括：.

1）板底标高；

2）板厚度；

3）混凝土强度等级；

4）混凝土拌合料要求。

（4）计算规则

现浇有梁板工程量按设计图示尺寸以体积计算。不扣除构件内钢筋、预埋铁件及单个面积在 0.3m² 以内的孔洞所占体积。有梁板（包括主梁、次梁与板）按梁、板体积之和计算，无梁板按板和柱帽体积之和计算，各类板伸入墙内的板头并入板体积内计算，薄壳板的肋、基梁并入薄壳体积内计算。

（5）有关说明

项目特征内的梁底标高、板底标高，不需要每个构件都标注，而是要求选择关键部件的梁、板构件，以便投标人在投标时选择吊装机械和垂直运输机械。

7.12.9　现浇直形楼梯

（1）工程内容

现浇直形楼梯工程内容包括混凝土制作、运输、浇筑、振捣、养护等。

（2）项目特征

现浇直形楼梯的项目特征包括：

1）混凝土强度等级；

2）混凝土拌合料要求。

（3）计算规则

现浇直形楼梯按设计图示尺寸以水平投影面积计算。不扣除宽度小于 500mm 的楼梯井，伸入墙内部分不计算。

（4）有关说明

1) 整体楼梯水平投影面积包括休息平台、平台梁、斜梁及与楼梯连接的梁。当整体楼梯与现浇板无梯梁连接时，以楼梯的最后一个踏步边缘加 300mm 计算。

2) 单跑楼梯如果无休息平台的，应在工程量清单项目中进行描述。

7.12.10 散水、坡道

（1）工程内容

散水、坡道的工程内容包括地基夯实，铺设垫层，混凝土制作、运输、浇筑、振捣、养护，变形缝填塞等。

（2）项目特征

散水、坡道项目特征包括：

1) 垫层材料种类、厚度；
2) 面层厚度；
3) 混凝土强度等级；
4) 混凝土拌合料要求；
5) 填塞材料种类。

（3）计算规则

散水、坡道工程量按设计图示尺寸以面积计算。不扣除单个面积在 $0.3m^2$ 以内的孔洞所占面积。

（4）有关问题

如果散水、坡道需抹灰时，应在项目特征中表达清楚。

7.12.11 后浇带

（1）基本概念

后浇带是为在现浇钢筋混凝土施工过程中，克服由于温度、收缩而可能产生有害裂缝所设置的临时施工缝。该缝需根据设计要求保留一段时间后再浇筑，将整个结构连成整体。

（2）工程内容

后浇带的工程内容包括混凝土制作、运输、浇筑、振捣、养护等。

（3）项目特征

后浇带的项目特征包括：

1) 部位；
2) 混凝土强度等级；
3) 混凝土拌合料要求。

（4）计算规则

后浇带工程量按设计图示尺寸以体积计算。

（5）有关说明

后浇带项目适用于梁、墙、板。

7.12.12 预制矩形柱、异形柱

(1) 工程内容

预制矩形柱、异形柱工程内容包括混凝土制作、运输、浇筑、振捣、养护,构件制作、运输,构件安装,砂浆制作、运输,接头灌浆、养护等。

(2) 项目特征

预制矩形柱、异形柱的项目特征包括:

1) 柱类型;
2) 单件体积;
3) 安装高度;
4) 混凝土强度等级;
5) 砂浆强度等级。

(3) 计算规则

预制矩形柱、异形柱工程量计算有以下两种表达方式:

1) 按设计图示尺寸以体积计算,不扣除构件内钢筋、预埋铁件所占体积;
2) 按设计图示尺寸以根计算。

(4) 有关说明

有相同截面、长度的预制混凝土柱的工程量可按根数计算。

7.12.13 预制折线型屋架

(1) 工程内容

预制折线型屋架的工程内容包括混凝土制作、运输、浇筑、振捣、养护,构件制作、运输,构件安装,砂浆制作、运输,接头灌浆、养护等。

(2) 项目特征

预制折线型屋架的项目特征包括:

1) 屋架的类型、跨度;
2) 单件体积;
3) 安装高度;
4) 混凝土强度等级;
5) 砂浆强度等级。

(3) 计算规则

预制折线型屋架的工程量计算按以下两种方式表达:

1) 按设计图示尺寸以体积计算,不扣除构件内钢筋、预埋铁件所占体积;
2) 按设计图示尺寸以榀计算。

(4) 有关说明

同类型、相同跨度的预制混凝土屋架工程量可按榀数计算。

7.12.14 预制混凝土楼梯

（1）工程内容

预制混凝土楼梯工程内容包括混凝土制作、运输、浇筑、振捣、养护，构件制作、运输，构件安装，砂浆制作、运输，接头灌浆、养护等。

（2）项目特征

预制混凝土楼梯的项目特征包括：

1）楼梯类型；

2）单件体积；

3）混凝土强度等级；

4）砂浆强度等级。

（3）计算规则

预制混凝土楼梯工程量按设计图示尺寸以体积计算，不扣除构件内钢筋、预埋铁件所占体积，应扣除空心踏步板的空洞体积。

7.12.15 混凝土水塔

（1）工程内容

混凝土水塔工程内容包括混凝土制作、运输、浇筑、振捣、养护，预制倒圆锥形罐壳、组装、提升、就位，砂浆制作、运输，接头灌缝、养护等。

（2）项目特征

混凝土水塔的项目特征包括：

1）类型；

2）支筒高度、水箱容积；

3）倒圆锥形罐壳厚度、直径；

4）混凝土强度等级；

5）混凝土拌合料要求；

6）砂浆强度等级。

（3）计算规则

混凝土水塔工程量按设计图示尺寸以体积计算。不扣除构件内钢筋、预埋铁件及单个面积在 $0.3m^2$ 以内孔洞所占体积。

（4）有关说明

混凝土水塔基础、塔身、水箱应分别采用第五级编码列项。筒式塔身应以筒座上表面或基础底板上表面为界；柱式（框架式）塔身应以柱脚与基础底板或梁顶为界，与基础板连接的梁应并入基础体积内。塔身与水箱应以箱底相连接的圈梁下表面为界，以上为水箱，以下为塔身。依附于塔身的过梁、雨篷、挑檐等，应并入塔身体积内；柱式塔身应不分柱、梁合并计算。依附于水箱壁的柱、梁，应并入水箱壁体积内。

8 门窗及木结构工程量计算

(1) 关键知识点

门构造　窗构造　木门窗工程量　钢门窗工程量　铝合金门窗工程量　卷闸门工程量

(2) 教学建议

现场参观　多媒体教学　课题讲授　课题作业

8.1 门窗的作用和构造要求

8.1.1 门窗的作用

门窗是建筑中的重要围护构件。门的作用主要是通行和疏散，兼起采光、通风、分隔与联系建筑空间的作用；窗的作用主要是采光、通风及眺望。在不同情况下，门和窗还有分隔、保温、隔热、隔声、防水、防火、防尘、防辐射及防盗等作用。此外，门和窗的大小、数量、位置、形状、材料及排列组合方式等，都对建筑立面造型和装饰效果有较大影响。

8.1.2 门窗的分类

（1）按材料分类

根据门窗使用的材料不同，门窗可分为木门窗、钢门窗、铝合金门窗、塑钢门窗等。

（2）按开启方式分类

1）门。门的开启方式主要是由使用要求决定的，通常有平开门、弹簧门、推拉门、折叠门、转门、卷帘门等几种方式，如图 8-1 所示。

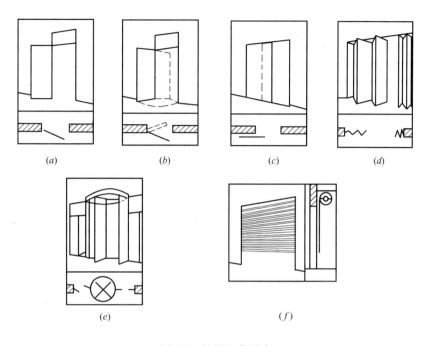

图 8-1 门的开启形式

(a) 平开门；(b) 弹簧门；(c) 推拉门；(d) 折叠门；(e) 转门；(f) 卷帘门

此外，还有上翻门、升降门等形式，一般适用于门洞口较大、有特殊要求的门。在功能方面有特殊要求的门有保温门、隔声门、防火门、防盗门等。

2）窗。窗的开启方式主要取决于窗扇合页安装的位置和转动方式，依据开启方式不同，常见的窗有固定窗、平开窗、悬窗、立转窗、推拉窗、百叶窗等几种，如图 8-2 所示。

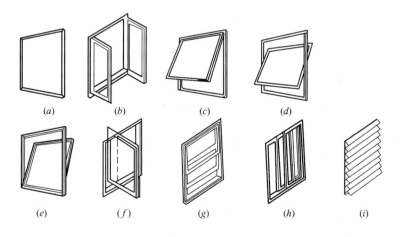

图 8-2 窗的开启方式

(a) 固定窗；(b) 平开窗；(c) 上悬窗；(d) 中悬窗；(e) 下悬窗；
(f) 立转窗；(g) 垂直推拉窗；(h) 水平推拉窗；(i) 百叶窗

8.1.3 门窗的构造要求

门窗在使用中要求开启灵活、关闭紧密，便于清洁和维修，并且坚固、耐用。同时门窗的设计尺度应符合《建筑模数协调统一标准》的要求。

门的尺度指门洞的高度和宽度尺寸，主要取决于人的通行要求、家具和器械的搬运及与建筑物的比例关系等。一般门洞口宽度不应小于700mm，高度不应小于2000mm。通常单扇门的洞口宽度为700~1000mm，双扇门为1200~1800mm，当洞口宽度不小于3000mm时，应设4扇门。门的洞口高度一般为2000~2100mm，当洞口不小于2400mm时，应设亮子窗，亮子窗的高度一般为300~900mm。

窗的尺度主要取决于房间的采光、通风、构造做法和建筑造型等要求。窗洞口的高度与宽度通常采用扩大模数3M数列作为标志尺寸，一般洞口高度为600~3600mm，洞口高度为1500~2100mm时，设亮子窗，亮子窗的高度一般为300~600mm。洞口高度不小于2400mm时，可将窗组合成上下扇窗。窗洞口宽度一般为600~3600mm，根据建筑立面造型需要可达6000mm，甚至更宽。

各地均有门窗通用图集，设计时可按所需类型及尺度大小直接选用。

(1) 平开木门的构造

门一般由门框、门扇、亮子、五金零件及其附件组成，如图8-3所示。

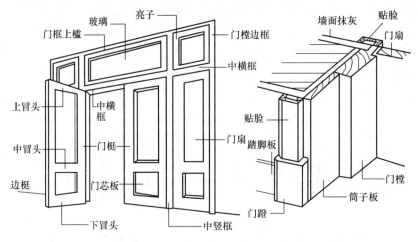

图 8-3 木门的组成

门扇按其构造方式不同，有镶板门、夹板门、拼板门、玻璃门和纱门等类型。亮子又称腰头窗，在门上方，为辅助采光和通风之用，有平开、固定及上、中、下悬几种。

门框是门扇、亮子与墙的联系构件。

五金零件一般有铰链、插销、门锁、拉手、门碰头等。

附件有贴脸板、筒子板等。

1) 门框。门框又称门樘，一般由2根竖直的边框和上框组成。当门带有亮子时，还有中横框，多扇门则还有中竖框。

①门框断面。门框的断面形式与门的类型、层数有关，同时应利于门的安装，并应具有一定的密闭性，如图8-4所示。门框的断面尺寸主要考虑接榫牢固与门的类型，还要考虑制作时刨光损耗。故门框的毛料尺寸：双裁口的木门（门框上安装两层门扇时）厚度×宽度为(60～70)mm×(130～150)mm，单裁口的木门（只安装一层门扇时）为(50～60)mm×(100～120)mm。

为便于门扇密闭，门框上要有裁口（或铲口），见图8-4。根据门扇数与开启方式的不同，裁口的形式可分为单裁口与双裁口两种。单裁口用于单层门，双裁口用于双层门或弹簧门。裁口宽度要比门扇宽度大1～2mm，以利于安装和门扇开启。裁口深度一般为8～10mm。

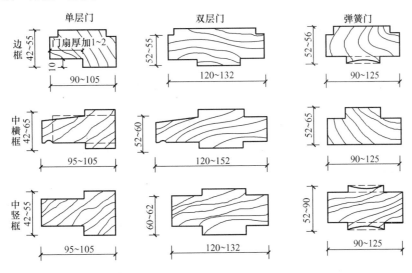

图8-4 门框的断面形式与尺寸

由于门框靠墙一面易受潮变形，故常在该面开1～2道背槽，以免产生翘曲变形，同时也利于门框的嵌固。背槽的形状可为矩形或三角形，深度约8～10mm，宽约12～20mm。

②门框安装。门框的安装根据施工方式分后塞口和先立口两种，如图8-5所示。

A. 塞口（又称塞樘子），是在墙砌好后再安装门框。采用此法，洞口的宽度应比门框大20～30mm，高度比门框大10～20mm。门洞两侧砖墙上每隔500～600mm预埋木砖或预留缺口，以便用圆钉或水泥砂浆将门框固定。框与墙间的缝隙需用沥青麻丝嵌填，如图8-6所示。

B. 立口（又称立樘子），是在砌墙前即用支撑先立门框然后砌墙。框与墙结合紧密，但是立樘与砌墙工序交叉，施工不便。

③门框在墙中的位置。门框在墙中的位置有外平、立中、内平和内外平等，如图8-7所示。

2) 门扇。常用的木门门扇有镶板门（包括玻璃门、纱门）、夹板门和拼板

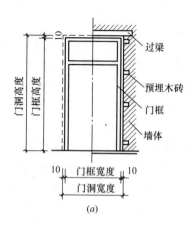 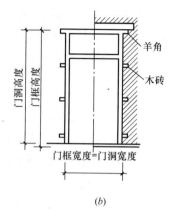

图 8-5 门框的安装方式

(a) 塞口；(b) 立口

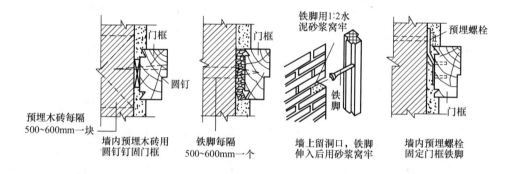

图 8-6 塞口门框在墙上的安装

门等。

①镶板门。镶板门是广泛使用的一种门，门扇由边梃、上冒头、中冒头（可做数根）和下冒头组成骨架，内装门芯板而构成，如图 8-8 所示。构造简单，加工制作方便，适于一般民用建筑作内门和外门。

门扇的边梃与上、中冒头的断面尺寸一般相同，厚度为 40～45mm，宽度为 100～120mm。为了减少门扇的变形，下冒头的宽度一般为 160～250mm，并与边梃采用双榫结合。

门芯板一般采用 10～12mm 厚的木板拼成，也可采用胶合板、硬质纤维板、塑料板、玻璃和塑料纱等。当采用玻璃时，即为玻璃门，可以是半玻门或全玻门。若门芯板换成塑料纱（或铁纱），即为纱门。

②夹板门。夹板门是用断面较小的方木做成骨架，两面粘贴面板而成，如图 8-9 所示。门扇面板可用胶合板、塑料面板和硬质纤维板，面板不再是骨架的负担，而是和骨架形成一个整体，共同抵抗变形。夹板门的形式可以是全夹板门、带玻璃或带百叶夹板门。

夹板门的骨架一般用厚约 30mm、宽 30～60mm 的木料做边框，中间的肋条用厚约 30mm、宽 10～25mm 的木条，可以是单向排列、双向排列或密肋形式，

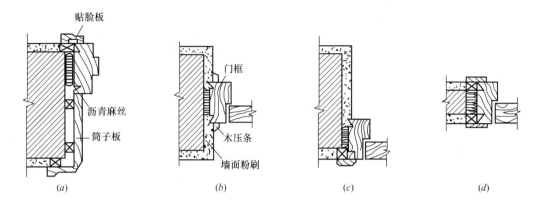

图 8-7 门框在墙体中的位置
(a) 外平；(b) 立中；(c) 内平；(d) 内外平

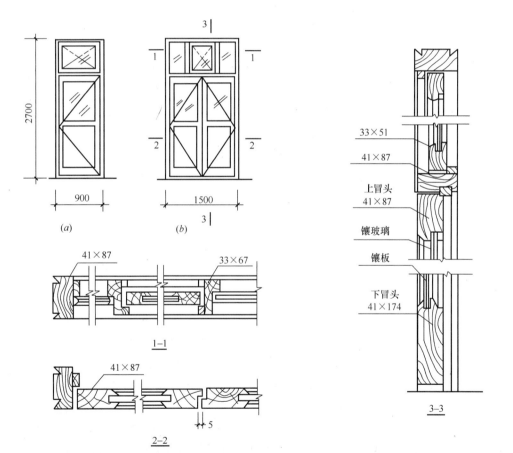

图 8-8 镶板门构造

间距一般为 200~400mm，安门锁处需另加上锁木。为使门扇内通风干燥，避免因内外温湿度差产生变形，在骨架上需设通气孔。为节约木材，也有用蜂窝形浸塑纸来代替肋条的。

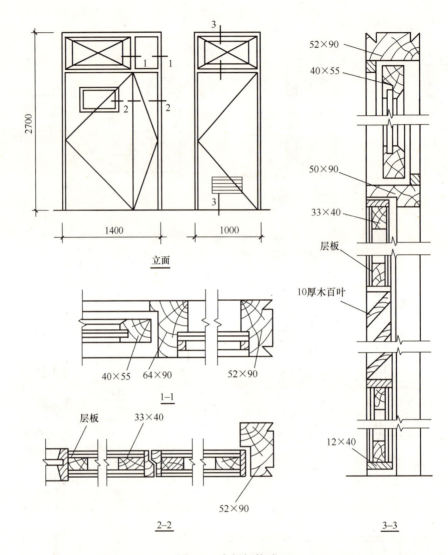

图 8-9 夹板门构造

由于夹板门构造简单，可利用小料、短料，自重轻，外形简洁，便于工业化生产，故在一般民用建筑中广泛用作建筑的内门。

③拼板门。拼板门的门扇由骨架和条板组成。有骨架的拼板门称为拼板门，而无骨架的拼板门称为实拼门。有骨架的拼板门又分为单面直拼门、单面横拼门和双面保温拼板门三种，如图 8-10 所示。拼板厚 12～15mm，其骨架断面尺寸为 (40～50)mm×(95～105)mm。无骨架拼板门（实拼门）的板厚为 45mm 左右。拼板与骨架结合主要是单面槽结合。实拼门拼板的结合方式有斜缝、错缝和企口缝三种，如图 8-11 所示。

若双扇拼板门的门扇尺寸较大时，其骨架的材料宜采用型钢，这种钢骨架的门称为平开钢木门。它的门框不是木门框，而是混凝土门框，或局部采用混凝土块，将其砌于墙体内，混凝土块中应预埋铁件用来安装铰链，如图 8-12 所示。平

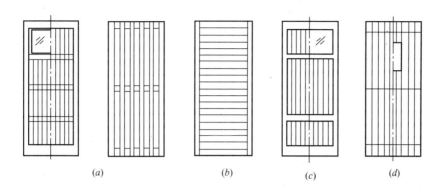

图 8-10 拼板门立面形式
(a) 单面直拼门；(b) 单面横拼门；(c) 双面保温；(d) 实拼板

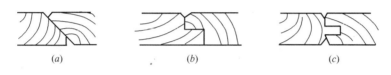

图 8-11 实拼门拼板结合方式
(a) 斜缝；(b) 错缝；(c) 企口缝

开钢木门的尺寸较大，常用于通行汽车的单层厂房或仓库建筑中，如图 8-13 所示。

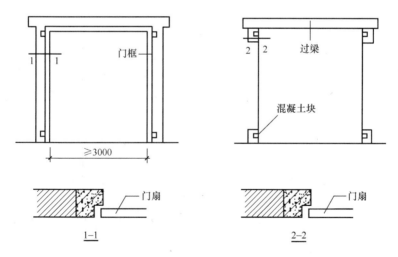

图 8-12 平开钢木门门框

(2) 平开木窗的构造

窗是由窗框、窗扇（玻璃扇、纱窗扇）、五金（铰链、风钩、插销）及附件（窗帘盒、窗台板、贴脸等）组成，如图 8-14 所示。

1) 窗框。最简单的窗框是由边框及上下框所组成。当窗尺度较大时，应增加中横框或中竖框；通常在垂直方向有2个以上窗扇时应增加中横框，在水平方向

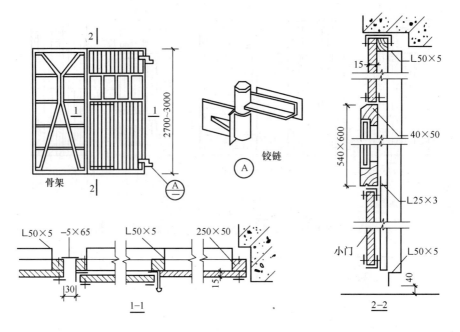

图 8-13 平开钢木门

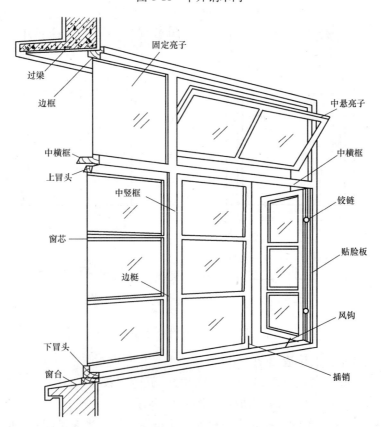

图 8-14 木窗的组成

有 3 个以上的窗扇时，应增加中竖框。窗框与门框一样，在构造上应有裁口及背槽处理，裁口亦有单裁口与双裁口之分，如图 8-15 所示。

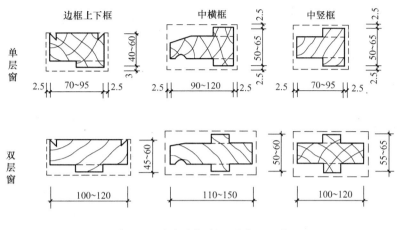

图 8-15 木窗窗框断面形式及尺寸

①窗框断面。窗框断面尺寸应考虑接榫牢固，一般单层窗的窗框断面厚 40~60mm，宽 70~95mm（净尺寸），中横框和中竖框因两面有裁口，并且横框常有披水，断面尺寸应相应增大。双层窗窗框的断面宽度应比单层窗宽 20~30mm。

②窗框安装。窗框的安装与门框一样，分后塞口与先立口两种。塞口时洞口的高、宽尺寸应比窗框尺寸大 10~20mm。

③窗框在墙中的位置。窗框在墙中的位置，一般是与墙内表面平，安装时窗框凸出砖面 20mm，以便墙面粉刷后与抹灰面平。框与抹灰面交接处，应用贴脸板搭盖，以阻止由于抹灰干缩形成缝隙后风透入室内，同时可增加美观。贴脸板的形状及尺寸与门的贴脸板相同。

当窗框立于墙中时，应内设窗台板，外设窗台。窗框外平时，靠室内一面设窗台板。窗台板可用木板，亦可用预制水磨石板，如图 8-16 所示。

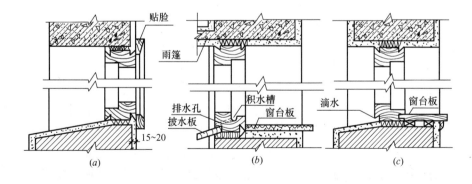

图 8-16 木窗框在墙洞中的位置及窗框与墙缝的处理

2) 窗扇。常见的木窗扇有玻璃扇和纱窗扇。窗扇是由上、下冒头和边梃榫接而成，有的还用窗芯（又叫窗棂）分格，如图 8-17 所示。

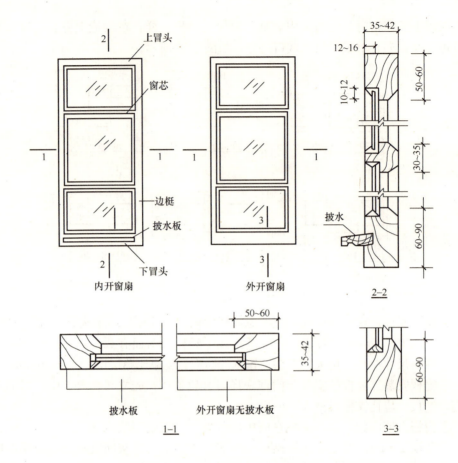

图 8-17 玻璃窗扇构造

①断面形状与尺寸。窗扇的上下冒头、边梃和窗芯均设有裁口,以便安装玻璃或窗纱。裁口深度约 10mm,一般设在外侧。用于玻璃窗的边梃及上冒头,断面厚×宽度为(35～42)mm×(50～60)mm,下冒头由于要承受窗扇重量,可适当加大。

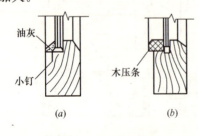

图 8-18 窗扇玻璃镶嵌

②玻璃的选择与安装。建筑用玻璃按其性能有:普通平板玻璃、磨砂玻璃、压花玻璃(装饰玻璃)、吸热玻璃、反射玻璃、中空玻璃、钢化玻璃、夹层玻璃等。平板玻璃制作工艺简单,价格最便宜,在大量民用建筑中用得最广。为了满足遮挡视线的需要,也选用磨砂玻璃或压花玻璃。其他几种玻璃,则多用于有特殊要求的建筑中。

玻璃的安装一般用油灰(桐油灰)或木压条嵌固。为使玻璃牢固地装于窗扇上,应先用小钉将玻璃卡住,再用油灰嵌固。对于不会受雨水侵蚀的窗扇玻璃嵌固,也可用小木压条镶嵌,如图 8-18 所示。

8.2 其他门窗的构造

8.2.1 钢门窗

钢门窗是用型钢或薄壁空腹型钢在工厂制作而成的。它符合工业化、定型化与标准化的要求，在强度、刚度、防火、密闭、透光等性能方面，均优于木门窗，同时节约了木材，但在潮湿环境下易锈蚀，耐久性差。

(1) 钢门窗料

1) 实腹式。实腹式钢门窗料是最常用的一种，有各种断面形状和规格。实腹式钢门窗料用的热轧型钢有25mm、32mm、40mm三种系列，肋厚2.5~4.5mm，适用于风荷载不超过0.7kN/m²的地区。民用建筑中窗料多用25mm和32mm两种系列。部分实腹钢窗料的料型与规格，如图8-19所示。

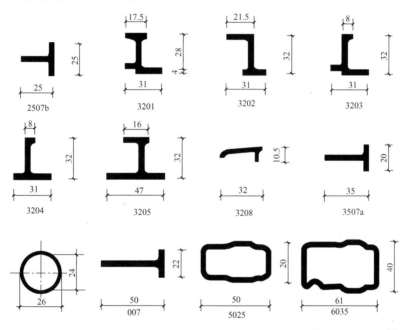

图8-19 实腹钢窗料型与规格举例

2) 空腹式。空腹式钢门窗料在我国分沪式和京式两种类型，如图8-20所示。它采用低碳钢经冷轧、焊接而成的异形管状薄壁钢材制成，壁厚为1.2~1.5 mm。它与实腹式窗料比较，具有刚度更大，外形美观，自重轻，可节约钢材40%等优点。

为了适应不同尺寸门窗洞口的需要，便于门窗的组合和运输，钢门窗都以标准化的系列门窗规格作为基本单元，其高度和宽度为300mm的倍数，大型钢窗都是这些基本窗的组合。

3) 实腹式基本钢门窗。为不使基本钢门窗产生过大变形而影响使用，每扇窗的高宽不宜过大。一般高度不大于1200mm，宽度为400~600mm。为运输方便起

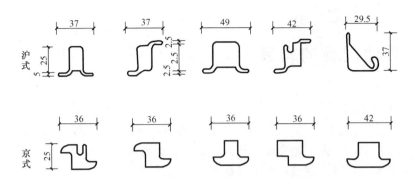

图 8-20 空腹式钢窗料型与规格举例

见,每一基本窗单元的总高度不宜过大,通常总高度不大于 2100mm,总宽度不大于 1800mm。基本钢门的高度一般不超过 2400mm。具体设计时应根据面积的大小、风荷载情况及允许挠度值等因素来选择窗料规格。钢窗的立面划分应尽量减少规格,立面式样要统一。基本窗的形式多为平开式,还有上悬式、固定式、中悬式和百叶窗几种。门主要为平开门。

钢门窗的构造,如图 8-21 所示。平开钢窗与木窗在构造上的不同之处是在两

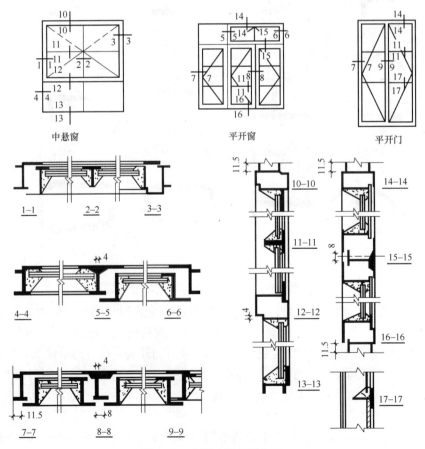

图 8-21 实腹式钢门窗构造

窗扇闭合处设有中竖框，用作窗扇关闭时固定执手。

中悬钢窗的构造特点是框与扇以中转轴为界，上下两部分用料不同，在转轴处焊接而成，如图8-21中1-1、3-3节点。

钢门一般分单扇门和双扇门。单扇门900mm宽，双扇门1500mm或1800mm宽，高度一般为2100mm或2400mm。钢门扇可以按需要做成半截玻璃门，下部为钢板，上部为玻璃；也可以全部为钢板。钢板厚度为1～2mm。

钢门窗的安装方法采用塞口法，门窗框与洞口四周通过预埋铁件用螺钉牢固连接。固定点的间距为500～700mm。在砖墙上安装时多预留孔洞，将燕尾形铁脚插入洞口，并用砂浆嵌牢。在钢筋混凝土梁或墙柱上则先预埋铁件，将钢窗的"Z"形铁脚焊接在预埋铁件上，如图8-22所示。

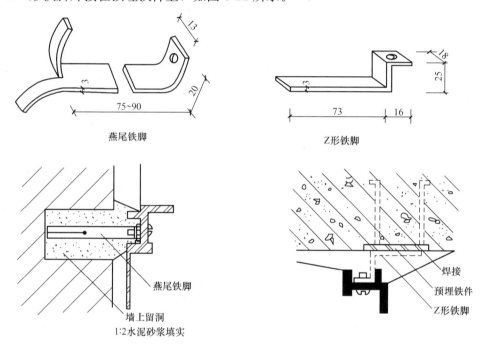

图 8-22 钢门窗框与洞口连接方法

窗玻璃的安装方法与木门窗不同，一般先用油灰打底，然后用弹簧夹子或钢皮夹子将玻璃嵌固在钢门窗上，然后再用油灰封闭，如图8-23所示。

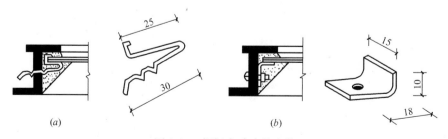

图 8-23 钢门窗玻璃的安装
（a）弹簧夹子；（b）钢皮夹子

4) 空腹式基本钢门窗。空腹式钢门窗的形式及构造原理与实腹式钢门窗一样,只是空腹式窗料的刚度更大,因此窗扇尺寸可以适当加大。

(2) 组合钢门窗构造

当钢门窗的高、宽超过基本钢门窗尺寸时,就要用拼料将门窗进行组合。拼料起横梁与立柱的作用,承受门窗的水平荷载。

拼料与基本门窗之间一般用螺栓或焊接相连,如图 8-24 所示。当钢门窗很大

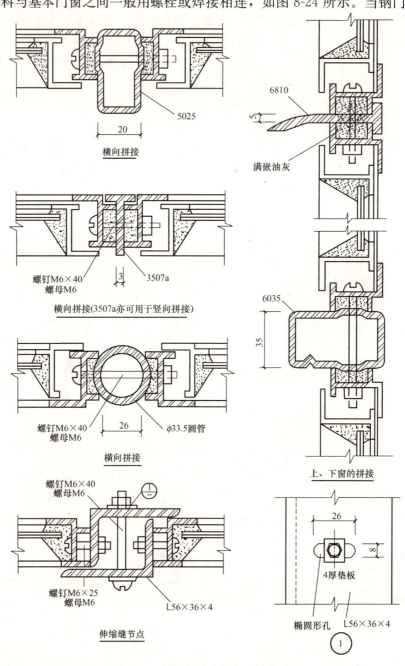

图 8-24 拼料与基本门窗连接构造

时，特别是水平方向很长时，为避免大的伸缩变形引起门窗损坏，必须预留伸缩缝，一般是用2根L56×36×4的角钢用螺栓组成拼件，角钢上穿螺栓的孔为椭圆形，使螺栓有伸缩余地。

拼料与墙洞口的连接一定要牢固。当与砖墙连接时，采用预留孔洞，用细石混凝土锚固。与钢筋混凝土柱和梁的连接，采用预埋铁件焊接，如图8-25所示。

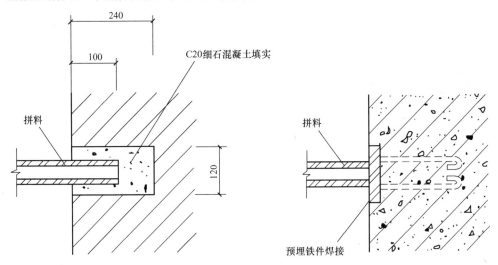

图 8-25 拼料与墙体连接

普通钢门窗，特别是空腹式钢门窗易锈蚀，需经常进行表面油漆维护。

8.2.2 彩板门窗

彩板门窗是用0.7～0.9mm厚的冷轧热镀锌板或合金化热镀锌板作基材，经滚涂环氧底漆、外涂聚酯漆轧制成型的门窗型材。这种门窗有较高的防腐蚀性能、色泽鲜艳、表面光洁，隔声、保温、密封性能好，且耐久性、耐火性能优于其他材质的门窗，是一种新型的钢门窗。

彩板门窗断面形式复杂，种类较多，通常在出厂前就已将玻璃以及五金零件装好，在现场进行成品安装。

彩板平开窗目前有两种类型，即带副框和不带副框。当外墙面为花岗石、大理石等贴面材料时，常采用带副框的门窗。先安装副框，待室内外粉刷工程完成后，再用自攻螺钉将连接件固定在副框上，并用密封胶将洞口与副框及副框与窗樘之间的缝隙进行密封，如图8-26所示。当外墙装修为普通粉刷时，常用不带副框的做法，即直接用膨胀螺钉将门窗樘子固定在墙上，如图8-27所示。

8.2.3 铝合金门窗

铝合金门窗是表面处理过的铝材经下料、打孔、铣槽、攻丝等加工，制作成门窗框料的构件，然后与连接件、密封件、开闭五金件一起组合装配成的门窗。

（1）铝合金门窗的设计要求

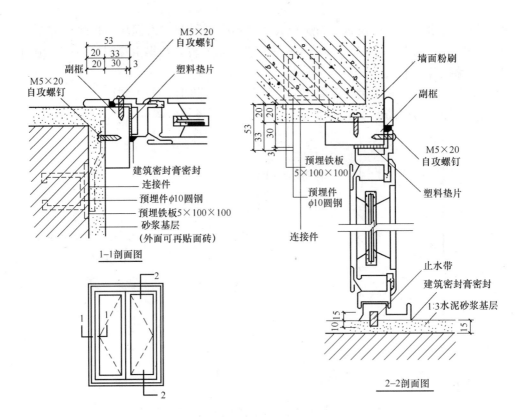

图 8-26 带副框彩板门窗安装构造

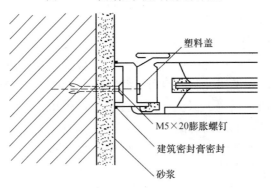

图 8-27 不带副框彩板门窗安装构造

1) 应根据使用和安全要求确定铝合金门窗的风压强度性能、雨水渗漏性能、空气渗透性能等综合指标。

2) 组合门窗设计宜采用定型产品门窗作为组合单元。非定型产品的设计应考虑洞口最大尺寸和开启扇最大尺寸的选择和控制。

3) 外墙门窗的安装高度应有限制。广东地区规定，外墙铝合金门窗安装高度不大于 60m（不包括玻璃幕墙），层数不大于 20 层；若高度大于 60m 或层数大于 20 层，则应进行更细致的设计。必要时，还应进行风洞模型试验。

(2) 铝合金门窗框料系列

铝合金门窗不同系列名称是以铝合金门窗框厚度的构造尺寸来区别的。如：平开门门框厚度构造尺寸为 50mm 宽，即称为 50 系列铝合金平开门，推拉窗窗框厚度构造尺寸 70mm 宽，即称为 70 系列铝合金推拉窗等。实际工程中，通常根据不同地区、不同性质的建筑物的使用要求选用与之相适应的门窗框。

（3）铝合金门窗安装

门窗安装时，将门、窗框在抹灰前立于门窗洞处，与墙内预埋件对正，然后用木楔将三边固定。经检验确定门、窗框水平、垂直、无翘曲后，用连接件将铝合金框固定在墙（柱、梁）上，连接件固定可采用焊接、膨胀螺栓或射钉等方法。

门窗框固定好后与门窗洞四周的缝隙，一般采用软质保温材料填塞，如泡沫塑料条、泡沫聚氨酯条、矿棉毡条和玻璃丝毡条等，分层填实，外表留 5～8mm 深的槽口用密封膏密封。这种做法主要是为了防止门、窗框四周形成冷热交换区产生结露，影响防寒、防风的正常功能和墙体的寿命，也影响了建筑物的隔声、保温等功能。同时，避免了门窗框直接与混凝土、水泥砂浆接触，消除了碱对门窗框的腐蚀。

铝合金门窗装入洞口应横平竖直，外框与洞口应弹性连接牢固，不得将门窗外框直接埋入墙体，防止碱对门窗框的腐蚀。如图 8-28 所示。

门窗框与墙体等的连接固定点，每边不得少于 2 点，且间距不得大于 0.7m。在基本风压不小于 0.7kPa 的地区，不得大于 0.5m；边框端部的第一固定点距端部的距离不得大于 0.2m。

（4）常用铝合金门窗构造

铝合金推拉窗有沿水平方向左右推拉和沿垂直方向上下推拉两种形式，后一种实际使用较少。铝合金推拉窗外形美观、采光面积大、开启不占空间、防水及隔声效果均佳，并具有很好的气密性和水密性，广泛用于宾馆、住宅、办公、医疗等建筑。推拉窗可用拼樘料（杆件）组合其他形式的窗或门联窗。推拉窗可装配各种形式的内外纱窗，纱窗可拆卸，也可固定（外装）。推拉窗在下框或中横框两端铣切 100mm，或在中间开设其他形式的排水孔，使雨水及时排除。

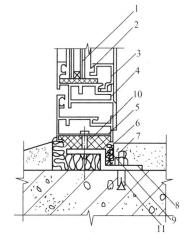

图 8-28 铝合金门窗安装节点
1—玻璃；2—橡胶条；3—压条；4—内扇；
5—外框；6—密封膏；7—砂浆；8—地脚；
9—软填料；10—塑料垫；11—膨胀螺栓

推拉窗常用的有 90，70，60，55 等系列。其中 90 系列是目前广泛采用的品种，其特点是框四周外露部分均等，造型较好，边框内设内套，断面呈"已"字形。

70 带纱系列，其主要构造与 90 系列相仿，不过将框厚由 90mm 改为 70mm，并加上纱扇滑轨，如图 8-29 所示。

铝合金门窗玻璃的厚度和类别主要根据面积大小，热功要求来确定。一般多选用 3～8mm 厚度的平板玻璃、镀膜玻璃、钢化玻璃或中空玻璃等。在玻璃与铝型材接触的位置设垫块,周边用橡皮条密封固定。安装橡胶密封条时应留有伸缩余量,一般比窗的装配边长 20～30mm,并在转角处斜边断开,然后用胶粘剂粘贴牢以免出现缝隙。

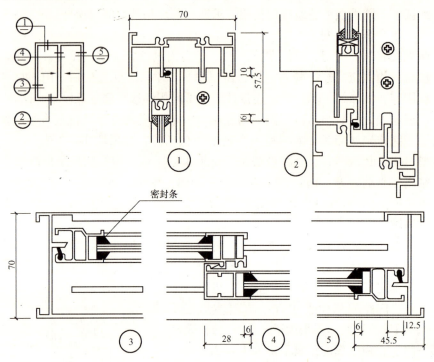

图 8-29 70 系列推拉窗

铝合金窗的组合主要有横向组合和竖向组合两种。组合时,应采用套插、搭接形成曲面组合,搭接长度宜为 10mm,并用密封膏密封,组合的节点详图,如图 8-30 所示。

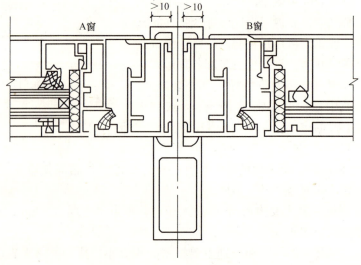

图 8-30 铝合金门窗组合方法示意图

8.2.4 塑钢门窗

塑料门窗是以聚氯乙烯、改性聚氯乙烯或其他树脂材料为主要原料，轻质碳酸钙为填料，添加适量助剂和改性剂，经挤压机挤压成各种截面的空腹门窗异型材，再根据不同的品种规格选用不同截面异形材料组装而成。但是塑料的变形大、刚度差。

塑钢门窗是以改性硬质聚氯乙烯（简称UPVC）为主要原料，加上一定比例的稳定剂、着色剂、填充剂、紫外线吸收剂等辅助剂，经挤压机挤压成型为各种断面的中空异型材。经切割后，在其内腔衬以型钢加强筋，以增强型材抗弯曲变形能力，如图 8-31 所示。再用热熔焊接机焊接成型为门窗框扇，配装上橡胶密封条、压条、五金件等附件而制成的门窗即所谓的塑钢门窗。它较之全塑门窗刚度更好，自重更轻。

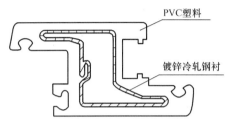

图 8-31 塑钢共挤型材断面

（1）塑钢门窗的组装与构造

塑钢门窗的组装多用组角与榫接工艺。考虑到 PVC 塑料与钢衬的收缩率不同，钢衬的长度应比塑料型材长度短 1~2mm，且能使钢衬较宽松地插入塑料型材的空腔中，以适应温度变形。组角和榫接时，在钢衬型材的内腔插入金属连接件，用自攻螺钉直接锁紧形成闭合钢衬结构，使整窗的强度和整体刚度大大提高，如图 8-32 所示。

（2）塑钢门窗的安装

塑钢门窗应采用塞口安装，不得采用立口安装。门窗框与墙体固定时，应先固定上框，而后固定边框。门窗框每边的固定点不得少于 3 个，且间距不得大于 600mm。

门窗框与混凝土墙多采用射钉、塑料膨胀螺栓或预埋铁件焊接固定；与砖墙多采用塑料膨胀螺栓或水泥钉固定，注意不得固定在砖缝处；与加气混凝土墙多采用木螺钉将固定片固定在已预埋的胶粘木块上。

门窗框与洞口的缝隙内应采用闭孔泡沫塑料、发泡聚苯乙烯或毛毡等弹性材料分层填塞，填塞不宜过紧，以适应塑钢门窗的自由胀缩。对于保温、隔声要求较高的工程，应采用相应的隔热、隔声材料填塞。墙体面层与门窗框之间的接缝用密封胶进行密封处理。

8.2.5 塑料门窗

生产塑料门窗的能耗只有钢窗的 26%，1t 聚氯乙烯树脂所制成的门窗相当于 10m³ 杉原木所制成的木门窗，并且塑料门窗的外观平整，色泽鲜艳，经久不褪，装饰性好。其保温、隔声、耐潮湿、耐腐蚀等性能均优于木门窗、金属门窗，外

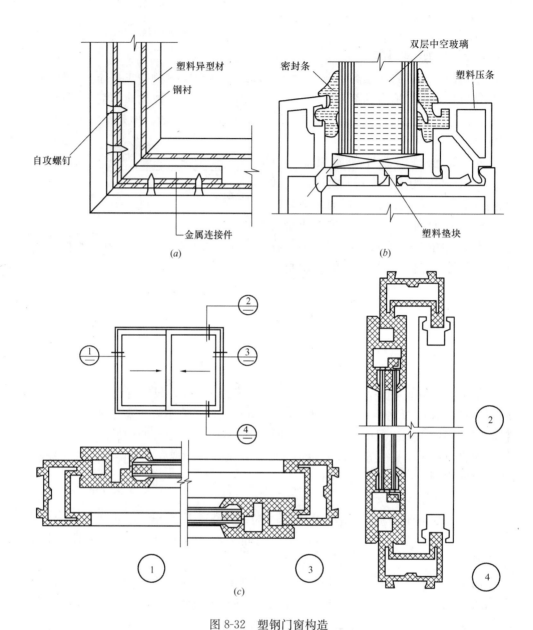

图 8-32 塑钢门窗构造
(a) 塑钢门窗角部连接；(b) 塑钢门窗玻璃的安装；(c) 塑钢推拉窗构造

表面不需涂装，能在-40~70℃的环境温度下使用30年以上。所以塑料门窗是理想的代钢、代木材料，也是国家积极推广发展的新型建筑材料。

目前塑料门窗主要采用改性聚氯乙烯，并加入适量的各种添加剂，经混炼、挤出等工序制成塑料门窗异型材，再将异型材经机械加工成不同规格的门窗构件，组合拼装成相应的门窗制品。

塑料门窗分为全塑门窗和复合塑料门窗。复合塑料门窗是在门窗框内部嵌入金属型材以增强塑料门窗的刚性，提高门窗的抗风压能力。增强用的金属型材主要为铝合金型材和钢型材（又称塑钢门窗）。塑料具有容易加工成型和拼装的优点，因而其门窗结构形式的设计有更大的灵活性。塑料门按其结构形式分为镶嵌门、框板门和折叠门；塑料窗按其结构形式分为平开窗、上悬窗、下悬窗、垂直滑动窗、垂直旋转窗、垂直推拉窗、水平推拉窗和百叶窗等。

8.3 门窗及木结构工程定额工程量计算

8.3.1 一般规定

各类门窗制作、安装工程量均按门窗洞口面积计算。

（1）门窗盖口条、贴脸、披水条，按图示尺寸以延长米计算，执行木装修项目（图8-33）。

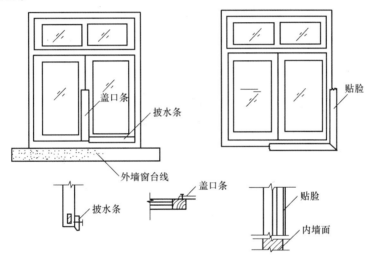

图8-33 门窗盖口条、贴脸、披水条示意图

（2）普通窗上部带有半圆窗（图8-34）的工程量，应分别按半圆窗和普通窗计算。其分界线以普通窗和半圆窗之间的横框上裁口线为分界线。

（3）镀锌薄钢板，钉橡皮条、钉毛毡按图示门窗洞口尺寸以延长米计算。

各种门窗示意，如图8-35所示。

8.3.2 套用定额的规定

（1）木材木种分类

全国统一建筑工程基础定额将木材分为以下四类：

一类：红松、水桐木、樟子松。

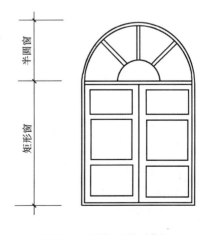

图8-34 带半圆窗示意图

图 8-35 各种门窗示意图

(a) 门联窗；(b) 固定百叶窗；(c) 半截百叶门；(d) 带亮子镶板门；
(e) 带观察窗胶合板门；(f) 拼板门；(g) 半玻门；(h) 全玻门

二类：白松（方杉、冷杉）、杉木、杨木、柳木、椴木。

三类：青松、黄花松、秋子木、马尾松、东北榆木、柏木、苦楝木、梓木、黄菠萝、椿木、楠木、柚木、樟木。

四类：栎木（柞木）、檀木、色木、槐木、荔木、麻栗木（麻栎、青杠）、桦木、荷木、水曲柳、华北榆木。

(2) 板、枋材规格分类（表 8-1）

板、枋材规格分类表　　　　　　　　　　表 8-1

项目	按宽厚尺寸比例分类	按板材厚度、枋材宽与厚乘积分类				
		名称	薄板	中板	厚板	特厚板
板材	宽≥3×厚	厚度（mm）	<18	19～35	36～65	≥66

续表

项目	按宽厚尺寸比例分类	按板材厚度、枋材宽与厚乘积分类				
枋材	宽<3×厚	名称	小枋	中枋	大枋	特大枋
		宽×厚（cm²）	<54	55～100	101～225	≥226

(3) 门窗框扇断面的确定及换算

1) 框扇断面的确定。

定额中所注明的木材断面或厚度均以毛料为准。如设计图纸注明的断面或厚度为净料时，应增加刨光损耗：板、枋材一面刨光增加 3mm；两面刨光增加 5mm；圆木每立方米材积增加 $0.5m^3$。

【例】根据图 8-36 中门框断面的净尺寸计算含刨光损耗的毛断面。

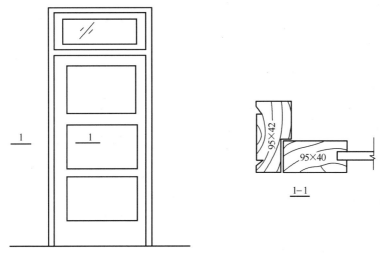

图 8-36 木门框扇断面示意图

【解】门框毛断面 $=(9.5+0.5)\times(4.2+0.3)=45cm^2$

门扇毛断面 $=(9.5+0.5)\times(4.0+0.5)=45cm^2$

2) 框扇断面的换算。

当图纸设计的木门窗框扇断面与定额规定不同时，应按比例换算。框断面以边框断面为准（框裁口如为钉条者加贴条的断面）；扇断面以主梃断面为准。

框扇断面不同时的定额材积换算公式：

$$换算后材积 = \frac{设计断面(加刨光损耗)}{定额断面}\times 定额材积$$

【例】某工程的单层镶板门框的设计断面为 60mm×115mm（净尺寸），查定额框断面 60mm×100mm（毛料），定额枋材耗用量 $2.037m^3/100m^2$，试计算按图纸设计的门框枋材耗用量。

【解】换算后体积 $=\dfrac{设计断面}{定额断面}\times 定额材积$

$$=\frac{63\times120}{60\times100}\times2.037$$
$$=2.567\text{m}^3/100\text{m}^2$$

8.3.3 铝合金门窗等

铝合金门窗制作、安装，铝合金、不锈钢门窗、彩板组角钢门窗、塑料门窗、钢门窗安装，均按设计门窗洞口面积计算。

8.3.4 卷闸门

卷闸门安装按洞口高度增加600mm乘以门实际宽度以平方米计算。电动装置安装以套计算，小门安装以个计算（图8-37）。

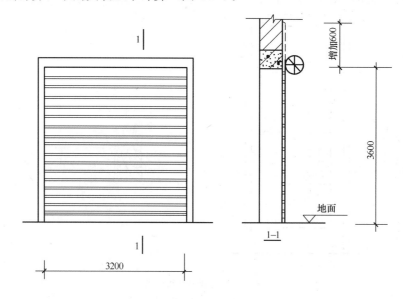

图 8-37 卷闸门示意图

【例】 根据图8-37所示尺寸计算卷闸门工程量。

【解】 $S=3.20\times(3.60+0.60)$
$\qquad\quad=3.20\times4.20$
$\qquad\quad=13.44\text{m}^2$

8.3.5 包门框、安附框

不锈钢片包门框，按框外表面面积以平方米计算。彩板组角钢门窗附框安装，按延长米计算。

8.3.6 木屋架

(1) 木屋架制作安装均按设计断面竣工木料以立方米计算，其后备长度及配制损耗均不另行计算。

(2) 方木屋架一面刨光时增加 3mm，两面刨光时增加 5mm，圆木屋架按屋架刨光时木材体积每立方米增加 0.05m³ 计算。附属于屋架的夹板、垫木等已并入相应的屋架制作项目中，不另计算；与屋架连接的挑檐木（附木）、支撑等，其工程量并入屋架竣工木料体积内计算。

(3) 屋架的制作安装应区别不同跨度，其跨度应以屋架上下弦杆的中心线交点之间的长度为准。带气楼的屋架并入所依附屋架的体积内计算。

(4) 屋架的马尾、折角和正交部分半屋架（图 8-38），应并入相连接屋架的体积内计算。

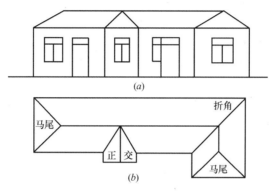

图 8-38 屋架的马尾、折角和正交示意图
(a) 立面图；(b) 平面图

(5) 钢木屋架区分圆、方木，按竣工木料以立方米计算。

(6) 圆木屋架连接的挑檐木、支撑等如为方木时，其方木部分应乘以系数 1.7 折合成圆木并入屋架竣工木料内。单独的方木挑檐，按矩形檩木计算。

(7) 屋架杆件长度系数。木屋架各杆件长度可用屋架跨度乘以杆件长度系数计算。杆件长度系数见表 8-2 所列。

(8) 圆木材积是根据尾径计算的，国家标准《原木材积表》GB 4814—84 规定了原木材积的计算方法和计算公式。在实际工作中，一般都采取查表的方式来确定圆木屋架的材积，见表 8-3、表 8-4 所列。

标准规定，检尺径自 4～12cm 的小径原木材积公式为：

$$V = 0.7854 L(D + 0.45L + 0.2)^2 \div 10000$$

检尺径自 14cm 以上原木材积公式为：

$$V = 0.7854 L [D + 0.5L + 0.005L^2 + 0.000125L(14-L)^2(D-10)]^2 \div 10000$$

式中 V——材积（m³）；
L——检尺长（m）；
D——检尺径（cm）。

屋架杆件长度系数表

表 8-2

屋架形式	角度	杆件编号										
		1	2	3	4	5	6	7	8	9	10	11
▲	26°34′	1	0.559	0.250	0.280	0.125						
	30°	1	0.577	0.289	0.289	0.144						
▲	26°34′	1	0.559	0.250	0.236	0.167	0.186	0.083				
	30°	1	0.577	0.289	0.254	0.192	0.192	0.096				
▲	26°34′	1	0.559	0.250	0.225	0.188	0.177	0.125	0.140	0.063		
	30°	1	0.577	0.289	0.250	0.217	0.191	0.144	0.144	0.072		
▲	26°34′	1	0.559	0.250	0.224	0.200	0.180	0.150	0.141	0.100	0.112	0.050
	30°	1	0.577	0.289	0.252	0.231	0.200	0.173	0.153	0.116	0.115	0.057

原木材积表（一） 表8-3

检尺径(cm)	检尺长 (m)													
	2.0	2.2	2.4	2.5	2.6	2.8	3.0	3.2	3.4	3.6	3.8	4.0	4.2	4.4	4.6
	材 积 (m³)													
8	0.013	0.015	0.016	0.017	0.018	0.020	0.021	0.023	0.025	0.027	0.029	0.031	0.034	0.036	0.038
10	0.019	0.022	0.024	0.025	0.026	0.029	0.031	0.034	0.037	0.040	0.042	0.045	0.048	0.051	0.054
12	0.027	0.030	0.033	0.035	0.037	0.040	0.043	0.047	0.050	0.054	0.058	0.062	0.065	0.069	0.074
14	0.036	0.040	0.045	0.047	0.049	0.054	0.058	0.063	0.068	0.073	0.078	0.083	0.089	0.094	0.100
16	0.047	0.052	0.058	0.060	0.063	0.069	0.075	0.081	0.087	0.093	0.100	0.106	0.113	0.120	0.126
18	0.059	0.065	0.072	0.076	0.079	0.086	0.093	0.101	0.108	0.116	0.124	0.132	0.140	0.148	0.156
20	0.072	0.080	0.088	0.092	0.097	0.105	0.114	0.123	0.132	0.141	0.151	0.160	0.170	0.180	0.190
22	0.086	0.096	0.106	0.111	0.116	0.126	0.137	0.147	0.158	0.169	0.180	0.191	0.203	0.214	0.226
24	0.102	0.114	0.125	0.131	0.137	0.149	0.161	0.174	0.186	0.199	0.212	0.225	0.239	0.252	0.266
26	0.120	0.133	0.146	0.153	0.160	0.174	0.188	0.203	0.217	0.232	0.247	0.262	0.277	0.293	0.308
28	0.138	0.154	0.169	0.177	0.185	0.201	0.217	0.234	0.250	0.267	0.284	0.302	0.319	0.337	0.354
30	0.158	0.176	0.193	0.202	0.211	0.230	0.248	0.267	0.286	0.305	0.324	0.344	0.364	0.383	0.404
32	0.180	0.199	0.219	0.230	0.240	0.260	0.281	0.302	0.324	0.345	0.367	0.389	0.411	0.433	0.456
34	0.202	0.224	0.247	0.258	0.270	0.293	0.316	0.340	0.364	0.388	0.412	0.437	0.461	0.486	0.511

原木材积表（二） 表8-4

检尺径(mm)	检尺长 (m)													
	4.8	5.0	5.2	5.4	5.6	5.8	6.0	6.2	6.4	6.6	6.8	7.0	7.2	7.4	7.6
	材 积 (m³)													
8	0.040	0.043	0.045	0.048	0.051	0.053	0.056	0.059	0.062	0.065	0.068	0.071	0.074	0.077	0.081
10	0.058	0.061	0.064	0.068	0.071	0.075	0.078	0.082	0.086	0.090	0.094	0.098	0.102	0.106	0.111
12	0.078	0.082	0.086	0.091	0.095	0.100	0.105	0.109	0.114	0.119	0.124	0.130	0.135	0.140	0.146
14	0.105	0.111	0.117	0.123	0.129	0.136	0.142	0.149	0.156	0.162	0.169	0.176	0.184	0.191	0.199
16	0.134	0.141	0.148	0.155	0.163	0.171	0.179	0.187	0.195	0.203	0.211	0.220	0.229	0.238	0.247
18	0.165	0.174	0.182	0.191	0.201	0.210	0.219	0.229	0.238	0.248	0.258	0.268	0.278	0.289	0.300
20	0.200	0.210	0.221	0.231	0.242	0.253	0.264	0.275	0.286	0.298	0.309	0.321	0.333	0.345	0.358
22	0.238	0.250	0.262	0.275	0.287	0.300	0.313	0.326	0.339	0.352	0.365	0.379	0.393	0.407	0.421
24	0.279	0.293	0.308	0.322	0.336	0.351	0.366	0.380	0.396	0.411	0.426	0.442	0.457	0.473	0.489
26	0.324	0.340	0.356	0.373	0.389	0.406	0.423	0.440	0.457	0.474	0.491	0.509	0.527	0.545	0.563
28	0.372	0.391	0.409	0.427	0.446	0.465	0.484	0.503	0.522	0.542	0.561	0.581	0.601	0.621	0.642
30	0.424	0.444	0.465	0.486	0.507	0.528	0.549	0.571	0.592	0.614	0.636	0.658	0.681	0.703	0.726
32	0.479	0.502	0.525	0.548	0.571	0.595	0.619	0.643	0.667	0.691	0.715	0.740	0.765	0.790	0.815
34	0.537	0.562	0.588	0.614	0.640	0.666	0.692	0.719	0.746	0.772	0.799	0.827	0.854	0.881	0.909

注：长度以20cm为增进单位，不足20cm时，满10cm进位，不足10cm舍去；径级以2cm为增进单位，不足2cm时，满1cm的进位，不足1cm舍去。

【例】根据图 8-39 中的尺寸，计算跨度 $L=12m$ 的圆木屋架工程量。

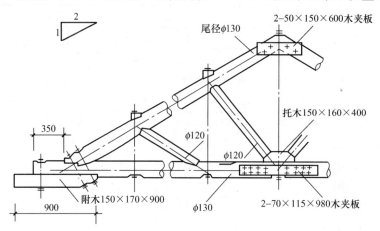

图 8-39 圆木屋架

【解】屋架圆木材积计算见表 8-5 所列。

屋架圆木材积计算表　　　　　表 8-5

名 称	尾径（cm）	数量	长度（m）	单根材积（m³）	材积（m³）
上 弦	φ13	2	12×0.559*=6.708	0.169	0.338
下 弦	φ13	2	6+0.35=6.35	0.156	0.312
斜杠 1	φ12	2	12×0.236*=2.832	0.040	0.080
斜杠 2	φ12	2	12×0.186*=2.232	0.030	0.060
托木		1	0.15×0.16×0.40×1.70*		0.016
挑檐木		2	0.15×0.17×0.90×2×1.70*		0.078
小 计					0.884

注：* 表示选用表 8-2 的系数。

【例】根据图 8-40 中尺寸，计算跨度 $L=9.0m$ 的方木屋架工程量。

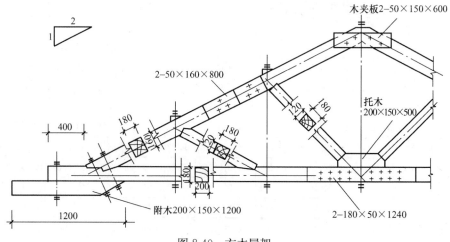

图 8-40 方木屋架

【解】

上弦：9.0×0.559×0.18×0.16×2(根)＝0.290m³

下弦：(9.0＋0.4×2)×0.18×0.20＝0.353m³

斜杆1：9.0×0.236×0.12×0.18×2(根)＝0.092m³

斜杆2：9.0×0.186×0.12×0.18×2(根)＝0.072m³

托木：0.2×0.15×0.5＝0.015m³

挑檐木：1.20×0.20×0.15×2(根)＝0.072m³

小计：0.894m³

注：木夹板、钢拉杆等已包括在定额中。

8.3.7 檩木

(1) 檩木按竣工木料以立方米计算。简支檩条长度按设计规定计算，如设计无规定者，按屋架或山墙中距增加200mm计算，如两端出山，檩条算至博风板。

(2) 连续檩条的长度按设计长度计算，其接头长度按全部连续檩木总体积的5％计算。檩条托木已计入相应的檩木制作安装项目中，不另计算。

(3) 简支檩条增加长度和连续檩条接头，如图8-41、图8-42所示。

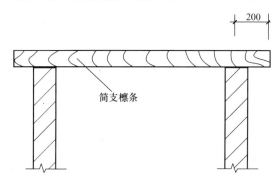

图8-41 简支檩条增加长度示意图

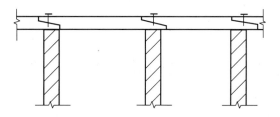

图8-42 连续檩条接头示意图

8.3.8 屋面木基层

屋面木基层（图8-43），按屋面的斜面积计算。天窗挑檐重叠部分按设计规定计算，屋面烟囱及斜沟部分所占面积不扣除。

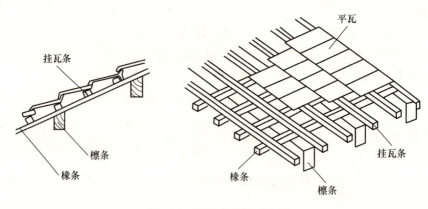

图 8-43 屋面木基层示意图

8.3.9 封檐板

封檐板按图示檐口外围长度计算，博风板按斜长计算，每个大刀头增加长度 500mm。挑檐木、封檐板、博风板、大刀头示意见图 8-44、图 8-45。

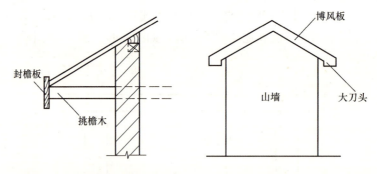

图 8-44 挑檐木、封檐板示意图　　图 8-45 博风板、大刀头示意图

8.3.10 木楼梯

木楼梯按水平投影面积计算，不扣除宽度小于 300mm 的楼梯井，其踢脚板、平台和伸入墙内部分，不另计算。

8.4 门窗及木结构工程清单工程量计算

8.4.1 钢木大门

(1) 基本概念

钢木大门的门框一般由混凝土制成，门扇由骨架和面板构成。门扇的骨架常用型钢制成，门芯板一般用 15mm 厚的木板，用螺栓与钢骨架相连接。

(2) 工程内容

钢木大门的工程内容包括门（骨架）制作、运输，门、五金配件安装，刷防护材料、油漆等。

（3）项目特征

钢木大门的项目特征包括：

1) 开启方式；
2) 有框、无框；
3) 含门扇数；
4) 材料品种规格；
5) 五金种类、规格；
6) 防护材料种类；
7) 油漆品种、刷漆遍数。

（4）计算规则

钢木大门工程量按设计图示数量以樘或平方米计算。

8.4.2 木楼梯

（1）工程内容

木楼梯工程内容包括木楼梯的制作、运输、安装、刷防护材料、油漆等。

（2）项目特征

木楼梯的项目特征包括：

1) 木材种类；
2) 刨光要求；
3) 防护材料种类；
4) 油漆品种、刷漆遍数。

（3）计算规则

木楼梯工程量按设计图示尺寸以水平投影面积计算。不扣除宽度小于300mm的楼梯井，伸入墙内部分不计算。

9 楼地面工程量计算

(1) 关键知识点
楼地面材料　楼地面构造　楼面工程量　楼梯工程量　扶手工程量
(2) 教学建议
现场参观　多媒体教学　课题讲授　课题作业

9.1 常用楼地面建筑材料

9.1.1 地砖
地砖生产工艺类似于釉面砖，或不施釉一次烧成无釉地砖。
地砖具有强度高、耐磨、化学性能稳定、吸水率低、易清洁、经久不裂等特点。地砖主要用于室内地面，规格有：150mm×75mm、200mm×100mm、300mm×300mm、500mm×500mm 等。

9.1.2 陶瓷锦砖
陶瓷锦砖也称马赛克，是以优质瓷土为主要原料，经压制烧成的片状小瓷砖，表面一般不上釉。通常是将不同颜色和图案的小块瓷片正面铺贴在牛皮纸上，形成色彩丰富、图案繁多的装饰砖成联使用。
陶瓷锦砖具有耐磨、耐火、吸水率小、抗压强度高、易清洗以及色泽稳定等特点。它广泛用于建筑物门厅、走廊、卫生间、厨房、化验室等地面。施工时，可以将不同花纹、色彩和形状的小瓷片拼成多种美丽的图案。

9.1.3 塑料地板
塑料地板可以粘贴在如水泥混凝土或木材等基层上，构成饰面层。塑料地板的色彩及图案不受限制，能满足各种用途的需要，也可以仿制天然材料，十分逼真。地板施工铺设方便，耐磨性好，使用寿命长，便于清扫，脚感舒适，且有多种功能，如隔声、隔热和隔潮等。

塑料地板品种较多，有聚氯乙烯塑料地板、氯乙烯—醋酸乙烯塑料地板、聚乙烯塑料地板、聚丙烯塑料地板等。其中聚氯乙烯塑料地板产量最大。塑料地板按材质不同，有硬质、半硬质和弹性地板；按外形有块状地板和卷材地板。

9.1.4 大理石板材

建筑上所说的大理石是指具有装饰功能，并可磨光、抛光的各种沉积岩和变质岩，大致包括各种大理岩、石英岩、蛇纹岩（以上均属变质岩），以及致密石灰岩、砂岩、白云岩（以上均属沉积岩）等。

大理石结构紧密、细腻，构造致密，表观密度为 $2700kg/m^3$，抗压强度较高（一般可达 100～150MPa），莫氏硬度 3～4，吸水率小，装饰性好，耐磨性好。但硬度不大，抗风化性差，易被酸类侵蚀。大理石较易进行锯解、雕琢和磨光等加工。纯净的大理石为白色，在我国常被称为汉白玉。

大理石中一般常含有氧化铁、二氧化铁、云母、石墨、蛇纹石等杂质，使大理石呈现红、黄、棕、黑、绿等各色斑斓纹理，磨光后极为美丽典雅，常根据其纹理特征赋予高雅的名称，如晚霞、残霞、秋香、秋景、雪野等。经研磨、抛光的大理石板材光洁细腻。白色大理石（汉白玉）洁白如玉，晶莹纯净；纯黑大理石庄重典雅，秀丽大方；彩花大理石色彩绚丽，花纹奇异。对大理石选择使用恰当，可获得极佳的装饰效果。

9.1.5 花岗石建筑板材

建筑上所说的花岗石是指具有装饰功能，并可磨光、抛光的各类岩浆岩及少量其他类岩石，主要是岩浆岩中的深成岩和部分喷出岩及变质岩，大致包括各种花岗岩、闪长岩、正长岩、辉长岩（以上均属深成岩），以及辉绿岩、玄武岩、安山岩（以上均属喷出岩）和片麻岩（属变质岩）等。这类岩石的组成构造非常致密，矿物全部结晶且晶粒粗大，呈块状构造或粗晶嵌入玻璃质结构中的斑状构造。它们经研磨、抛光后形成的镜面，呈现出斑点状花纹。

花岗石的物理力学特性优于大理石，表观密度为 $2600～2800kg/m^3$，抗压强度可达 120～250MPa，具有优异的耐磨性、耐久性、耐酸性很强，材质坚硬，不易风化变质。但是多数花岗石不抗火，因为它的成分中含有较多的石英（20%～40%），石英在 573℃ 及 870℃ 时发生晶态转变，产生体积膨胀，故火灾时此类花岗石会因产生严重开裂而破坏。

磨光花岗石板材表面平整光滑，色彩斑斓，质感坚实，华丽庄重，主要用作建筑物内外饰面材料。另外，花岗石材也可用作重大的大型建筑物基础、踏步、栏杆、堤坝、桥梁、路面、街边石等。

9.2 楼地面构造

9.2.1 楼地面的设计要求

(1) 具有足够的坚固性。即要求在各种外力作用下不易被磨损、破坏，且要求表面平整、光洁、易清洁和不起灰。

(2) 保温性能好。作为人们经常接触的地面，应给人们以温暖舒适的感觉，保证寒冷季节脚部舒适。

(3) 具有一定的弹性。当人们行走时，不致有过硬的感觉，同时有弹性的地面对减弱撞击声亦有利。

(4) 满足隔声要求。隔声要求主要在楼地面，可通过选择楼地面垫层的厚度与材料类型来达到。

(5) 其他要求。对有水作用的房间，地面应防潮防水；对有火灾隐患的房间，应防火耐燃烧；对有酸碱作用的房间，则要求具有耐腐蚀的能力等。

9.2.2 地面的构造

地面的构造做法很多，下面仅介绍几种常见地面的构造。

(1) 水泥砂浆地面

水泥砂浆地面简称水泥地面，它坚固耐磨、防潮防水、构造简单、施工方便、造价低廉，但吸湿能力差、容易返潮、易起灰、不易清洁，是目前使用最普遍的一种低档地面。如图9-1所示。

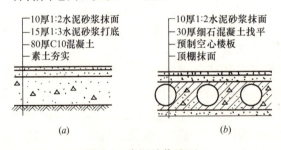

图9-1 水泥砂浆地面
(a) 底层地面；(b) 楼层地面

(2) 水磨石地面

水磨石地面又称磨石面。其性能与水泥砂浆地面相似，但耐磨性更好，表面光洁，不易起灰，耐水性较好。但造价却较水泥地面高1~2倍。常用于卫生间、公共建筑门厅、走廊、楼梯间以及标准较高的房间。

水磨石地面的常见做法是：在底层用10~15mm厚1:3水泥砂浆打底找平；再在找平层上用1:1水泥砂浆按设计的图案嵌固玻璃分格条（也可嵌铜条或铝条）；在面层用1:2~1:1.5水泥石屑浆抹面，并高出分格条2mm，经浇水养护后用磨石机磨光、用草酸清洗、打蜡保护。石屑多采用粒径为3~20mm的白云石或彩色大理石，并要求颜色美观，中等硬度，易磨光。水磨石地面分格的作用是将地面划分成面积较小的区格，减少开裂的可能，分格条形成的图案增加了地面的美观，同时也方便了维修，如图9-2所示。

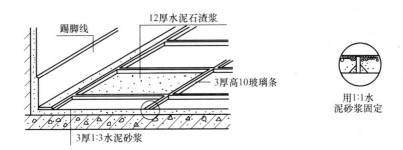

图 9-2 水磨石地面

(3) 块材地面

凡利用各种人造的或天然的预制块材、板材镶铺在基层上的地面称块材地面。包括：普通黏土砖、大阶砖、水泥花砖、缸砖、陶瓷地砖、陶瓷锦砖、人造石板、天然石板以及木地面等。它们用胶结料铺砌或粘贴在结构层或垫层上。胶结料既起胶粘作用，又起找平作用。常用的胶结材料有水泥砂浆、沥青胶以及各种聚合物改性胶粘剂等，如图 9-3 所示。

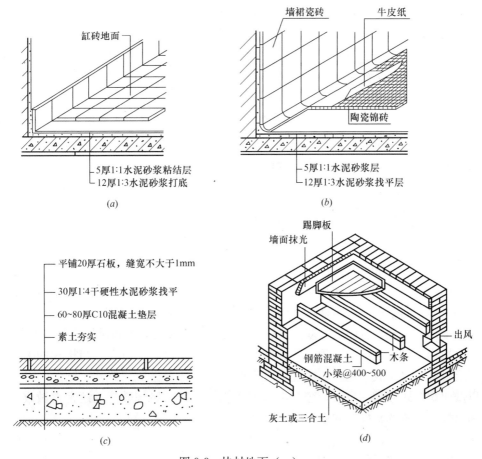

图 9-3 块材地面（一）

(a) 缸砖地面；(b) 陶瓷锦砖地面；(c) 石板地面；(d) 空铺木地面

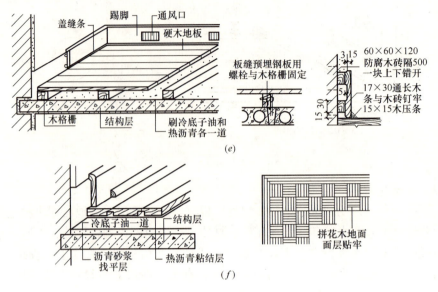

图 9-3 块材地面（二）
(e) 实铺木地面；(f) 粘贴地面

（4）卷材地面

卷材地面主要是用各种卷材、半硬质块材粘贴的地面。常见的有塑料地面、橡胶毡地面以及无纺织地毯地面等。

（5）涂料地面

常见的涂料包括水乳型、水溶型和溶剂型涂料。涂料地面要求基层坚实平整，涂料与基层粘结牢固，不允许有掉粉、脱皮及开裂等现象。同时，涂层色彩要均匀，表面要光滑、清洁，给人以舒适、明净、美观的感觉。

9.3 楼梯的类型和设计要求

9.3.1 楼梯的类型

楼梯按主要承重结构部分所用材料的不同，有钢筋混凝土楼梯、木楼梯、钢楼梯之分。因钢筋混凝土楼梯坚固、耐久、防火，故应用比较普遍。

楼梯可以分为直跑式、双跑式、三跑式、多跑式及弧形和螺旋式等多种形式。双跑楼梯是最常采用的一种。楼梯的平面类型与建筑平面有关。当楼梯的平面为矩形时，可以做成双跑式；接近正方形的平面，适合做成三跑式；圆形的平面可以做成螺旋式楼梯。有时，综合考虑到建筑物内部的装饰效果，还常常做成双分和双合等形式的楼梯，如图 9-4 所示。

9.3.2 楼梯的设计要求

楼梯是房屋中重要的垂直交通设施，对保证房屋的正常使用和安全有着极其

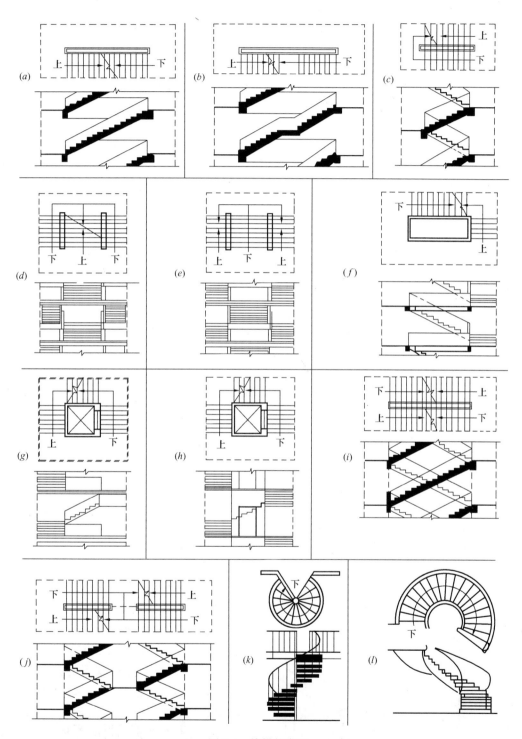

图 9-4 楼梯的类型

（a）直行单跑楼梯；（b）直行多跑楼梯；（c）平行双跑楼梯；（d）平行双分楼梯；
（e）平行双合楼梯；（f）折行双跑楼梯；（g）折行三跑楼梯；（h）设电梯折行三跑
楼梯；（i）、（j）交叉跑（剪刀）楼梯；（k）螺旋形楼梯；（l）弧形楼梯

重要的作用，因此，我们必须高度重视楼梯的设计。我国《高层民用建筑设计防火规范》GB 50045—1995 等对楼梯设计的问题作出了比较明确而严格的规定。

(1) 楼梯的基本要求

1) 使用功能方面的要求：主要是指楼梯数量、宽度尺寸、平面式样、细部做法等均应满足相关要求。

2) 结构、构造方面的要求：楼梯一般应有足够的承载能力（住宅按 1.5 kN/m²，公共建筑按 3.5kN/m² 考虑）、足够的采光能力（采光系数应该大于 1/12）、较小的变形（允许挠度值一般为 $1/400l$）等。

3) 防火、安全方面的要求：楼梯间距、楼梯数量均应注意符合有关规定。此外，楼梯四周最少有 1 面墙体为耐火墙体，以保证疏散安全。

4) 施工、经济要求：在选择装配式做法时，应该力求构件重量适当，一般不应过大。

(2) 楼梯的数量要求

公共建筑和廊式住宅通常应设 2 部楼梯，但单元式住宅可以例外。

2~3 层的建筑（医院、幼儿园除外）符合下列要求时，也可以只设一个疏散楼梯，见表 9-1。

设置一个楼梯的条件　　　　　　　　　　表 9-1

耐火等级	层　数	每层最大建筑面积（m²）	人　数
一、二级	2、3层	500	第2层与第3层人数之和不超过100人
三级	2、3层	200	第2层与第3层人数之和不超过50人
四级	2层	200	第2层人数不超过30人

9 层和 9 层以下，每层建筑面积不超过 300m²，且人数不超过 30 人的单元式住宅可以只设一个楼梯。

(3) 楼梯的位置要求

1) 主楼梯应放在明显和易于找到的部位。

2) 楼梯一般不宜放在建筑物的角部和边部，以便于荷载的传递。

3) 楼梯间一般应有直接采光。

4) 4 层以上建筑物的楼梯间，底层应该设出入口。4 层及以下的建筑物，楼梯间可以放在距出入口不大于 15m 处。

(4) 楼梯的组成与尺度要求

楼梯一般由楼梯段（跑）、休息板（平台）和栏杆扶手（栏板）等部分组成，如图 9-5 所示。

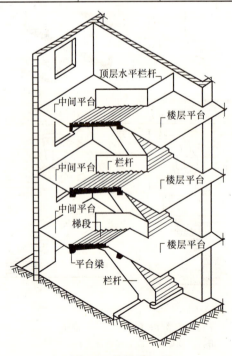

图 9-5　楼梯的组成

1）踏步。踏步是人们上下楼梯时脚踏的地方。其水平面叫踏面，垂直面叫踢面。踏步的尺寸应该根据人体的尺度来决定其数值。踏步宽常采用 b 表示，踏步高常采用 h 表示。

b 和 h 的取值应该符合如下关系之一：$b+h=450mm$ 或 $b+2h=600\sim620mm$。

踏步尺寸应该根据使用要求决定，建筑的类型不同，其要求也不相同。

2）梯井。2 个楼梯段之间的空隙叫梯井，公共建筑梯井的宽度以不小于 150mm 较为妥当（根据消防要求而定）。

3）楼梯段。楼梯段又叫楼梯跑，它是楼梯最基本的组成部分。楼梯段的宽度取决于通行人数和消防要求。按通行人数考虑时，每股人流所需梯段宽度为人的平均肩宽（550mm）再加少许提物尺寸($0\sim150mm$)，即 $550+(0\sim150)mm$。当按消防要求考虑时，每个梯段必须保证两人同时上下，即最小宽度一般为 $1100\sim1400mm$。室外疏散楼梯最小宽度一般为 900mm。多层住宅楼梯段最小宽度一般为 1000mm。

楼梯段的最少踏步数为 3 步，最多为 18 步。公共建筑中的装饰性弧形楼梯可以略超过 18 步。楼梯段的投影长度一般为踏步数减 1 再乘以踏步宽度。

4）楼梯栏杆和扶手。楼梯在靠近梯井处应该加栏杆或栏板，顶部做扶手。扶手表面的高度与楼梯坡度有关，其计算点应该从踏步前沿起算。

① 楼梯的坡度为 $15°\sim30°$，取 900mm。

② 楼梯的坡度为 $30°\sim45°$，取 850mm。

③ 楼梯的坡度为 $45°\sim60°$，取 800mm。

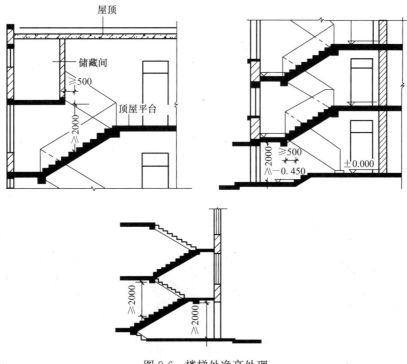

图 9-6 楼梯处净高处理

④ 楼梯的坡度为 60°～75°，取 750mm。

水平的护身栏杆应该不小于 1050mm。

楼梯段的宽度大于 1650mm 时，应该增设靠墙扶手。楼梯段宽度超过 2200m 时，还应该增设中间扶手。

5）休息平台（休息板）。为了减少人们上下楼时的疲劳感，建筑物层高在 3m 以上，且踏步数超过一定数量时，常分为两个梯段，中间增设休息板，又称休息平台。休息平台的宽度必须不小于梯段的宽度。当踏步数为单数时，休息平台的计算点应该在梯段较长的一边。为方便扶手转弯，休息平台宽度应该取楼梯段宽度再加 1/2 踏步宽。

6）净高尺寸。楼梯间休息平台上表面与上部通道最低处的净高尺寸应该大于 2000mm。楼梯段之间的净高应该大于 2200mm，如图 9-6 所示。

9.4 阳台与雨篷

9.4.1 阳台

阳台是建筑中房间与室外接触的平台，人们可以利用阳台休息、乘凉、晾晒衣物、眺望或从事其他活动。它是多层尤其是高层住宅建筑中不可缺少的构件。

（1）阳台的类型

按阳台与外墙所处位置的不同可分为挑阳台、凹阳台、半挑半凹阳台以及转角阳台等几种形式，如图 9-7 所示。

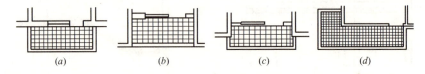

图 9-7 阳台形式

(a) 挑阳台；(b) 凹阳台；(c) 半挑半凹阳台；(d) 转角阳台

按阳台结构布置形式的不同可分为挑板式、压梁式和挑梁式三种，如图 9-8 所示。

（2）阳台的细部构造

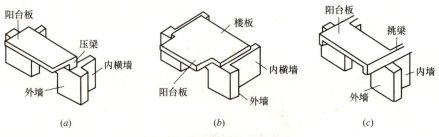

图 9-8 阳台的结构布置形式

(a) 压梁式；(b) 挑板式；(c) 挑梁式

1) 栏杆的形式。阳台栏杆是在阳台周边设置的垂直构件,其作用一是承担人们倚扶的侧向推力,以保人身安全;二是对整个建筑物起一定装饰作用。因此,作为栏杆既要考虑坚固,又要考虑美观。栏杆竖向净高一般不小于1.05m,高层建筑不小于1.1m,但不宜超过1.2m,栏杆离地面100mm高度内不应留空。从外形上看,栏杆有实体与空花之分,实体栏杆又称栏板。从材料上看,栏杆有砖砌、钢筋混凝土和金属栏杆之分,如图9-9所示。

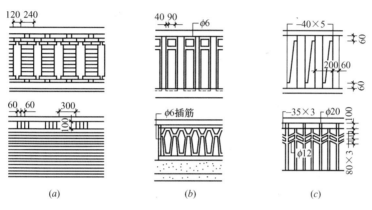

图9-9 栏杆(板)形式
(a)砖栏杆;(b)混凝土栏杆;(c)金属栏杆

2) 阳台排水。由于阳台外露,为防止雨水从阳台流入室内,阳台面标高应低于室内地面20~30mm,并在阳台一侧栏杆下设水舌,阳台地面用防水砂浆做出1%的排水坡,将水导向水舌。对高层建筑则宜用水落管排水,如图9-10所示。

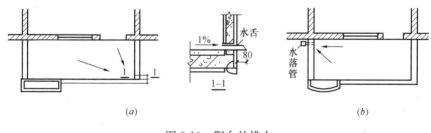

图9-10 阳台的排水
(a)水舌排水;(b)雨水管排水

9.4.2 雨篷

雨篷是建筑物入口处外门上部用以遮挡雨水、保护外门免受雨水侵害的水平构件。多采用钢筋混凝土悬臂板,其悬挑长度一般为1~1.5m。雨篷有板式和梁板式两种,如图9-11所示。

雨篷在构造上需解决好两个问题:一是防倾覆,以保证雨篷梁上有足够的压力;二是板面上要做好防排水。通常沿板四周用砖砌或现浇混凝土做凸檐挡水,板面用防水砂浆抹面,并向排水口做出1%的坡度,防水砂浆应顺墙上卷至少300mm。

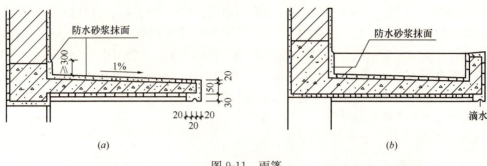

图 9-11 雨篷
（a）板式雨篷；（b）梁板式雨篷

9.5 明沟与散水

为了防止屋顶落水或地表水侵入勒脚而危害基础，必须沿建筑物外墙四周设置明沟或散水，以便将积聚在勒脚附近的积水及时排离墙脚。

9.5.1 明沟

明沟是设置在外墙四周的排水沟，其作用是将积水有组织地导向集水井，然后流入排水系统，以保护外墙基础。明沟一般用素混凝土现浇或用砖石铺砌成180mm 宽、150mm 深的矩形、梯形或半圆形沟槽，然后用水泥砂浆抹面。同时沟底应设有不小于1%的坡度，以保证排水通畅。明沟一般设置在墙边，当屋面为自由落水时，明沟必须外移，使其沟底中心线与屋面檐口对齐，如图 9-12 所示。

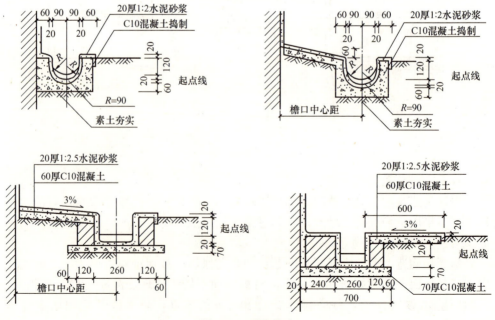

图 9-12 明沟构造

9.5.2 散水

为了将积水及时排离建筑物，在建筑物外墙四周地面做成3‰～5‰的倾斜坡面，以便将雨水散至远处的构造即为散水，又称散水坡或护坡。散水的做法很多，一般可用水泥砂浆、混凝土、砖块、石块等材料做面层，其宽度一般为600～1000mm，当屋面为自由落水时，其宽度应比屋檐宽出200mm。

由于建筑物的沉降、勒脚与散水施工时间的差异，在勒脚与散水交接处应留有缝隙，在缝内填粗砂或米石子，并上嵌沥青胶盖缝，以防渗水和保证沉降的需要。同时，散水整体面层纵向距离每隔6～12m应做一道伸缩缝，缝内处理同勒脚与散水相交处的处理，如图9-13所示。

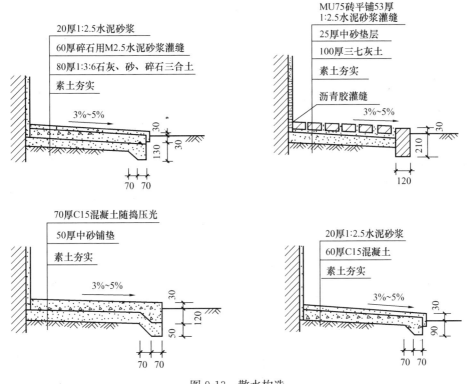

图9-13 散水构造

散水单做适用于降雨量较小的北方地区。单做明沟或将明沟与散水合做适用于降雨量较大的南方地区。如果是季节性冰冻地区的散水，还需在垫层下加设300mm厚的防冻胀层，防冻胀层应选用砂石、炉渣、石灰土等非冻胀材料。

9.6 台阶与坡道

9.6.1 台阶

台阶是联系室内外地坪或楼层平面标高变化部位的一种做法。底层台阶还要综合考虑防水、防冻等问题。楼层台阶要注意与楼层结构的连接。室内台阶，踏步宽度应大于300mm，踏步高度一般不应大于150mm，踏步数一般不应少于2级。室外台阶，应该注意室内外高差。在踏步尺寸确定方面，可以略宽于楼梯踏步尺寸。踏步的高度经常取100~150mm，踏步的宽度常取300~400mm。高宽比一般不应大于1∶2.5。

台阶的长度应该大于门的宽度，而且可以做成多种形式。图9-14表示了一些常用做法。

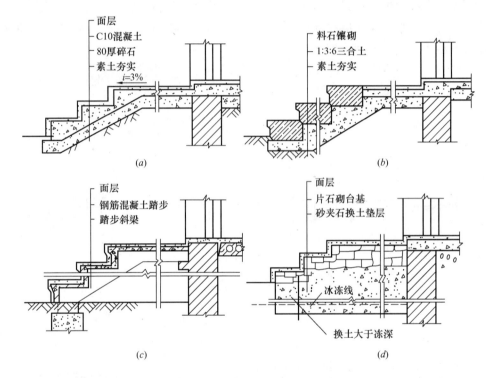

图 9-14 台阶做法
（a）混凝土台阶；（b）石砌台阶；（c）钢筋混凝土架空台阶；
（d）换土地基台阶

9.6.2 坡道

在车辆经常出入或不适宜做台阶的部位，可以使用坡道来进行室内外或楼层面之间的联系。例如，一般安全疏散口（如剧场太平门）的外面必须做坡道，而不允许做台阶。室内坡道的坡度一般不应大于1∶8，室外坡道坡度一般不应大于1∶10，无障碍坡道坡度一般为1∶12。为了防滑，坡道面层可以做成锯齿形。

在人员和车辆同时出入的地方，可以同时设置台阶与坡道，使人员和车辆各行其道，如图9-15所示。

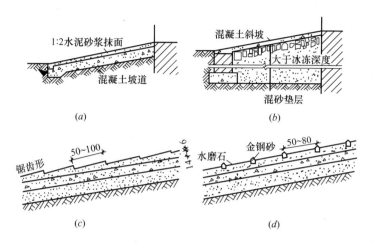

图 9-15 坡道做法
(a) 混凝土坡道；(b) 换土地基坡道；(c) 锯齿形坡道；(d) 防滑条坡道

9.7 楼地面工程定额工程量计算

楼地面构造层示意见图 9-16。实铺木地板的示意见图 9-17。

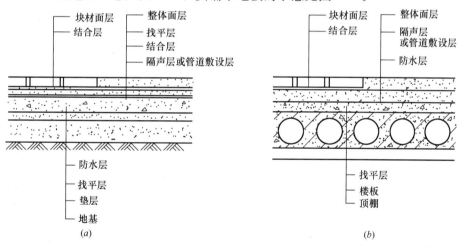

图 9-16 楼地面构造层示意
(a) 地面各构造层；(b) 楼面各构造层

9.7.1 垫层

地面垫层按室内主墙间净空面积乘以设计厚度以立方米计算。应扣除凸出地面的构筑物、设备基础、室内铁道、地沟等所占体积，不扣除柱、垛、间壁墙、附墙烟囱及面积在 0.3m² 以内孔洞所占体积。

说明：

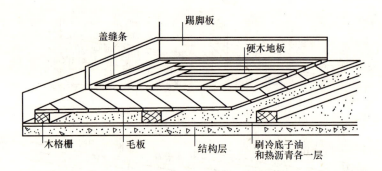

图 9-17　底层上实铺式木地面的构造示意

（1）不扣除间壁墙是因为间壁墙是在地面完成后再做，所以不扣除；不扣除柱、垛及不增加门洞开口部分面积，是一种综合计算方法。

（2）凸出地面的构筑物、设备基础等，是先做好后再做室内地面垫层，所以要扣除所占体积。

9.7.2　整体面层、找平层

整体面层、找平层均按主墙间净空面积以平方米计算。应扣除凸出地面构筑物、设备基础、室内管道、地沟等所占面积，不扣除柱、垛、间壁墙、附墙烟囱及面积在 $0.3m^2$ 以内的孔洞所占面积，但门洞、空圈、暖气包槽、壁龛的开口部分亦不增加。

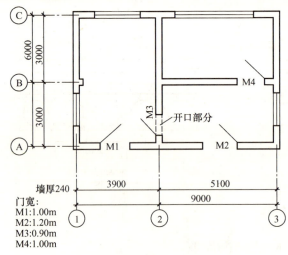

图 9-18　某建筑平面图

说明：

（1）整体面层包括，水泥砂浆、水磨石、水泥豆石等。

（2）找平层包括，水泥砂浆、细石混凝土等。

（3）不扣除柱、垛、间壁墙等所占面积，不增加门洞、空圈、暖气包槽、壁龛的开口部分，各种面积经过正负抵消后就能确定定额用量，这是编制定额时采用的综合计算方法。

【例】　根据图 9-18 计算该建筑物的室内地面面层工程量。

【解】　室内地面面积＝建筑面积－墙结构面积

$$= 9.24 \times 6.24 - [(9+6) \times 2 + 6 - 0.24 + 5.1 - 0.24] \times 0.24$$
$$= 57.66 - 40.62 \times 0.24$$
$$= 57.66 - 9.75 = 47.91 m^2$$

9.7.3 块料面层

块料面层，按图示尺寸实铺面积以平方米计算，门洞、空圈、暖气包槽和壁龛的开口部分的工程量并入相应的面层内计算。

说明：块料面层包括大理石、花岗石、彩釉砖、缸砖、陶瓷锦砖、木地板等。

【例】根据图 9-18 和上例的数据，计算该建筑物室内花岗石地面工程量。

【解】花岗石地面面积＝室内地面面积＋门洞开口部分面积
$$=47.91+(1.0+1.2+0.9+1.0)\times 0.24$$
$$=47.91+0.98=48.89m^2$$

楼梯面层（包括踏步、平台以及小于 500mm 宽的楼梯井）按水平投影面积计算。

【例】根据图 7-72 的尺寸计算水泥豆石浆楼梯间面层（只算一层）工程量。

【解】水泥豆石浆楼梯间面层＝$(1.23\times 2+0.50)\times(0.200+1.23\times 2+3.0)$
$$=2.96\times 5.66=16.75m^2$$

9.7.4 台阶面层

台阶面层（包括踏步及最上一层踏步边沿加 300mm）按水平投影面积计算。

说明：台阶的整体面层和块料面层均按水平投影面积计算。这是因为定额已将台阶踢脚立面的工料综合到水平投影面积中了。

【例】根据图 9-19 计算花岗石台阶面层工程量。

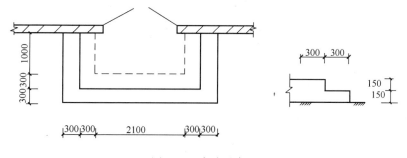

图 9-19 台阶示意图

【解】花岗石台阶面层工程量＝台阶中心线长×台阶宽
$$=[(0.30\times 2+2.1)+(0.30+1.0)\times 2]$$
$$\times(0.30\times 2)$$
$$=5.30\times 0.6=3.18m^2$$

9.7.5 其他

(1) 踢脚板（线）按延长米计算，洞口、空圈长度不予扣除，洞口、空圈、垛、附墙烟囱等侧壁长度亦不增加。

【例】 根据图9-18计算各房间150mm高瓷砖踢脚线工程量。

【解】 瓷砖踢脚线

$L = \Sigma$房间净空周长
$= (6.0-0.24+3.9-0.24) \times 2 + (5.1-0.24+3.0-0.24) \times 2$
$+ (5.1-0.24+3.0-0.24) \times 2$
$= 18.84 + 15.24 \times 2 = 49.32\text{m}$

(2) 散水、防滑坡道按图示尺寸以平方米计算。

散水面积计算公式：

$S_{散水} = ($外墙外边周长$+$散水宽$\times 4) \times$散水宽$-$坡道、台阶所占面积

【例】 根据图9-20，计算散水工程量。

【解】 $S_{散水} = [(12.0+0.24+6.0+0.24) \times 2 + 0.80 \times 4]$
$\times 0.80 - 2.50 \times 0.80 - 0.60 \times 1.50 \times 2$
$= 40.16 \times 0.80 - 3.80 = 28.33\text{m}^2$

【例】 根据图9-20计算防滑坡道工程量。

【解】 $S_{坡道} = 1.10 \times 2.50 = 2.75\text{m}^2$

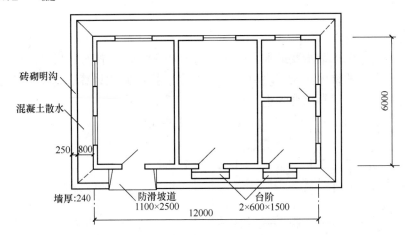

图9-20 散水、防滑坡道、明沟、台阶示意图

(3) 栏杆、扶手包括弯头长度按延长米计算（图9-21、图9-22、图9-23）。

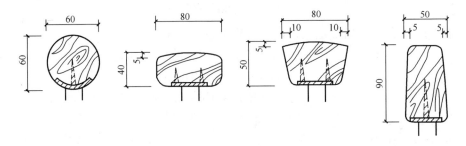

图9-21 硬木扶手

【例】 某大楼有等高的8跑楼梯，采用不锈钢管扶手栏杆，每跑楼梯高为

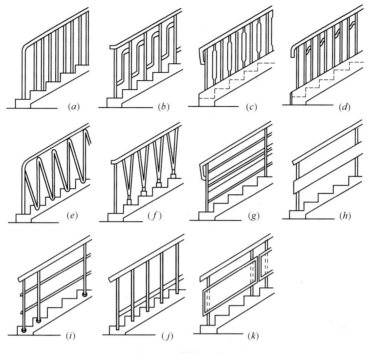

图 9-22 栏杆示意图

1.80m，每跑楼梯扶手水平长为 3.80m，扶手转弯处为 0.30m，最后一跑楼梯连接的安全栏杆水平长 1.55m，求该扶手栏杆工程量。

【解】 不锈钢扶手栏杆长：

$$L = \sqrt{(1.80)^2 + (3.80)^2} \times 8(跑) + 0.30(转弯) \times 7 + 1.55(水平)$$
$$= 4.205 \times 8 + 2.10 + 1.55$$
$$= 37.29\text{m}$$

（4）防滑条按楼梯踏步两端距离减

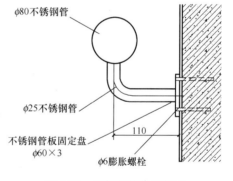

图 9-23 不锈钢管靠墙扶手

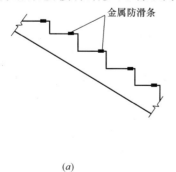

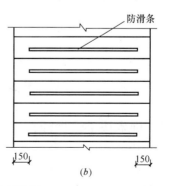

图 9-24 防滑条示意图
(a) 侧立面；(b) 平面

300mm，以延长米计算。见图 9-24。

(5) 明沟按图示尺寸以延长米计算。

明沟长度计算公式：

明沟长＝外墙外边周长＋散水宽×8＋明沟宽×4－台阶、坡道长

【例】 根据图 9-20 计算砖砌明沟工程量。

【解】 明沟长＝(12.24＋6.24)×2＋0.80×8＋0.25×4－2.50
　　　　　＝41.86m

9.8 楼地面工程清单工程量计算

9.8.1 石材楼地面

(1) 工程内容

石材楼地面的工程内容包括基层清理、铺设垫层、抹找平层、防水层铺设、填充层铺设、面层铺设、嵌缝、刷防护材料、酸洗、打蜡、材料运输等。

(2) 项目特征

石材楼地面的项目特征包括：

1) 垫层材料的种类、厚度；

2) 找平层厚度、砂浆配合比；

3) 防水层材料种类；

4) 填充材料种类、厚度；

5) 结合层厚度、砂浆配合比；

6) 面层材料品种、规格、品牌、颜色；

7) 嵌缝材料种类；

8) 防护材料种类；

9) 酸洗、打蜡要求。

(3) 计算规则

石材楼地面工程量按设计图示尺寸以面积计算，应扣除凸出地面的构筑物、设备基础、室内铁道、地沟等所占面积，不扣除间壁墙和 0.3m² 以内的柱、垛、附墙烟囱及孔洞所占面积，门洞、空圈、暖气包槽、壁龛的开口部分不增加面积。

(4) 有关说明

防护材料是指耐酸、耐碱、耐臭氧、耐老化、防火、防油渗等材料。

9.8.2 硬木扶手带栏杆、栏板

(1) 工程内容

硬木扶手带栏杆、栏板的工程内容包括扶手及栏杆、栏板的制作、运输、安装，刷防护材料，刷油漆等。

(2) 项目特征

硬木扶手带栏杆、栏板的项目特征包括：
1) 扶手材料的种类、规格、品牌、颜色；
2) 栏杆材料的种类、规格、品牌、颜色；
3) 栏板材料的种类、规格、品牌、颜色；
4) 固定配件种类；
5) 防护材料种类；
6) 油漆品种、刷漆遍数。
（3）计算规则
硬木扶手带栏杆、栏板的工程量按设计图示尺寸以扶手中心线长度（包括弯头长度）计算。
（4）有关说明
扶手、栏杆、栏板项目适用于楼梯、阳台、走廊、回廊及其他装饰性扶手、栏杆、栏板。

9.8.3 块料台阶面

（1）工程内容
块料台阶面的工程内容主要包括基层清理、抹找平层、面层铺贴、贴嵌防滑条、勾缝、刷防护材料、材料运输等。
（2）项目特征
块料台阶面的项目特征包括：
1) 找平层厚度、砂浆配合比；
2) 粘结层材料种类；
3) 面层材料品种、规格、品牌、颜色；
4) 勾缝材料种类；
5) 防滑条材料种类、规格；
6) 防护材料种类。
（3）计算规则
块料台阶面工程量按设计图示尺寸以台阶（包括最上层踏步边沿加300mm）水平投影面积计算。
（4）有关说明
台阶侧面装饰，可按零星装饰项目编码列项。

10 屋面防水及防腐、保温、隔热工程量计算

(1) 关键知识点

防水材料　保温材料　防水卷材　屋顶的类型　屋顶排水方式　屋顶构造　坡屋面工程量　卷材屋面工程量　防水防潮工程量

(2) 教学建议

现场参观　多媒体教学　课堂讲授　课题作业　小组讨论

10.1 防水材料

建筑物常常因为雨水或地下水的侵入而影响正常使用。因此，防水、防潮工程对保证建筑物安全使用及延长其寿命有着重要意义。防水材料的质量又是保证防水工程有效的关键。

防水材料的种类可分为沥青类、塑料类、橡胶类、金属以及砂浆、混凝土和有机复合材料等。目前最常用的是沥青类防水材料。

10.1.1 沥青

沥青是黑色或黑褐色的有机胶结材料。在常温下呈固体、半固体或液体状态。它分为地沥青（包括天然沥青和石油沥青）、煤焦沥青（包括煤沥青和煤焦油）和页岩沥青。

(1) 石油沥青

石油沥青是建筑工程中最常用的沥青品种。石油原油经提炼汽油、煤油、柴油、润滑油等油类之后的残留物，经再加工而成沥青。

1) 石油沥青的技术性质。石油沥青除具有良好的不透水性和耐化学侵蚀外，

其他主要性质如下：

① 黏滞性，是指石油沥青在外力作用下，抵抗变形的能力，表现为沥青的稠度和粘结性。

② 塑性，是指沥青在外力作用下，变形能力的大小，变形能力越大，表示塑性越好。因建筑物要承受振动、冲击和抵抗开裂，所以在工程上使用时，要求沥青具有良好的塑性。

③ 温度稳定性，是指石油沥青的黏性和塑性随温度升降而变化的性能。温度升高时，沥青由固体逐渐变软，最后变为液体；温度降低时，沥青可由液体凝固为固体，最后变硬变脆。温度稳定性要满足工程与气候条件的要求。

④ 大气稳定性，是指石油沥青在大气作用下抵抗老化的性能。沥青的老化是指在热、光、氧气等大气因素作用下，使沥青的黏性增大、流动性变小，以致变硬变脆的现象。

2）石油沥青的品种。

① 建筑石油沥青，其黏性较高，主要用于建筑的屋面与地下的防水工程。

② 道路石油沥青，其黏性较小，主要用于配制沥青砂浆或沥青混凝土，铺设道路路面及地面工程，其中黏性较高的也可用于建筑防水工程。

③ 普通石油沥青，含石蜡较多，故也称多蜡沥青。直接使用时，性能较差，一般需经处理或与建筑石油沥青掺配使用，可改善一些性能。

（2）煤沥青

煤沥青是炼焦炭或制煤气时的副产品。由煤焦油中提取轻质油分后的残留物，按其黏度不同，可分软煤沥青和硬煤沥青。

煤沥青的技术性质与石油沥青相类似，但其质量及耐久性都低于石油沥青，如塑性较低，温度稳定性和大气稳定性较差。此外，煤沥青具有毒性和臭味，因而有较高的抗微生物腐蚀作用，常用作防腐蚀材料。

煤沥青一般不与石油沥青混合使用，以防变质。

（3）页岩沥青

页岩沥青是由油田页岩，经干馏所得的页岩原油再经蒸馏的残留物，其性质介于石油沥青与煤沥青之间。

10.1.2 沥青胶及冷底子油

（1）沥青胶

沥青胶又称沥青玛琋脂，是由沥青掺入适量的滑石粉、石棉粉或白云石粉等矿物填充料拌制而成的混合物。

沥青胶具有良好的耐热性、粘结性、柔韧性和大气稳定性。沥青胶中掺入填充料不仅可以提高技术性质，还可节省沥青用量，但掺量不能过多，否则将会影响其流动性及柔韧性。一般掺量以沥青质量的5%～15%为宜。

沥青胶主要应用于粘贴沥青类防水卷材、嵌缝补漏及做防水或防腐蚀涂层。

（2）冷底子油

冷底子油是用沥青与汽油、煤油、柴油等有机溶剂制成的较稀的沥青涂料。冷底子油的渗透性较强，涂刷在砂浆或混凝土等基面上，可以增强基层与沥青类防水材料的粘结力，从而延长防水工程的使用寿命。

10.1.3　防水卷材

最常用的防水卷材品种有纸胎沥青油毡和油纸。此外，还有沥青玻璃布油毡、再生胶沥青油毡、沥青石棉纸油毡等品种卷材。现将主要品种卷材介绍如下：

（1）油毡及油纸

油纸系由软沥青浸渍原纸而成。油毡则是用硬沥青浸涂油纸的两面，撒布滑石粉或云母粉作隔离层而成，是应用最广的防水卷材。

按沥青材料种类可分为石油沥青油毡、石油沥青油纸和煤沥青油毡。油毡多用于建筑防水工程，而油纸多用于包装防潮。

石油沥青油毡或油纸需用石油沥青胶粘贴，煤沥青油毡要用煤沥青胶粘贴。油毡和油纸应呈竖直状堆放，且最多堆放 2 层，以免压折或压坏，并应避免日晒和雨淋。

（2）沥青玻璃布油毡

沥青玻璃布油毡是由玻璃布胎基两面用硬沥青浸涂，然后撒上滑石粉或云母粉而成。沥青玻璃布油毡的抗拉强度、柔性、耐腐蚀性、耐久性都优于纸胎油毡，适用于要求较高的防水工程。

（3）再生胶沥青油毡

再生胶沥青油毡是一种无胎基的卷材。它是用石油沥青和废橡胶粉经混炼及脱硫后，掺入填充料（碳酸钙或石棉粉）再经混炼及压延而成。它的弹性、抗腐蚀性、低温柔韧性等技术性能都很好，适用于水工、桥梁、地下建筑以及建筑物的变形缝的防水。

此外，还有用石棉纸、石棉布等为胎基制成的油毡，但这些油毡目前较少生产，不常用。

10.1.4　防水涂料

在屋面上采用涂刷防水涂料作防水层，可以达到防止渗漏的效果。由于涂刷防水涂料施工简便，所以在不便铺设卷材的屋面更有优越性。现介绍几种效果较好的防水涂料：

（1）乳化沥青

乳化沥青是沥青和乳化剂及水经过强力搅拌，将沥青分散成微小颗粒，均匀分布于水中的水乳液。当乳化沥青涂刷在屋面基层上，水分蒸发后，沥青颗粒相互靠近凝聚成膜，与基层粘结形成防水层。

乳化沥青的优点是可在潮湿基层上施工，而且粘结性较好。它是一种冷用防水涂料，施工方便，缺点是稳定性较差。

（2）氯丁橡胶沥青涂料

此种涂料是由氯丁橡胶溶液与沥青溶液配制成的一种溶剂性防水涂料。氯丁橡胶具有弹性大和耐候性强的特点，从而克服了沥青在这方面的缺点。氯丁橡胶沥青涂料最大优点是适应变形能力强、抗拉强度高、耐老化性能好；缺点是制作工艺复杂，成本高。

（3）再生橡胶沥青涂料

这种涂料是以石油沥青和再生橡胶为主要原料，以汽油和煤油为混合溶剂，加入适量填料配制而成的。此种涂料具有良好的防水性、抗裂性、抗老化性。它是柔性最好的防水涂料。

10.1.5　防水嵌缝材料

为了防止屋面和墙板等构件接缝处渗水、漏水，需要采用防水嵌缝油膏进行处理。嵌缝油膏的品种很多，如上海嵌缝油膏、马牌油膏、沥青防水油膏、聚氯乙烯胶泥等。对嵌缝油膏的要求是：具有良好的防水性能、柔韧性能、抗老化性能等，并要求与各种建筑材料之间有良好的粘结力。使用时，先清洁板缝，刷冷底子油，干燥后嵌入油膏，油膏外面可加石油沥青或砂浆覆盖层。

10.1.6　防水堵漏材料

能起速凝作用，使漏水孔洞或缝隙及时堵塞的材料称为防水堵漏材料。

以水玻璃（硅酸钠）为主要原料的防水剂掺入水泥中，可使水泥浆迅速凝结，这是一种常用的防水堵漏材料。

此外，氰凝是一种化学灌浆堵漏材料。它是由聚氨酯、异氰酸酯等制成，为低黏度液体。将其注入混凝土裂缝中，遇水后经催化剂反应，黏度增加而生成体积膨胀又不溶于水的凝结体，达到堵漏的目的，效果很好。氰凝还可用于建筑构件的补强加固。缺点是价格较高。

制作防水层的砂浆称为防水砂浆。砂浆防水层又称刚性防水层。它仅适用于不受振动和具有一定刚度的混凝土或砖石砌体工程。对于变形较大或可能发生不均匀沉陷的建筑物，都不宜采用刚性防水层。

防水砂浆可以用普通水泥砂浆制作，也可在水泥砂浆中掺入防水剂以提高砂浆的抗渗能力。防水砂浆要选用级配良好的砂子（即颗粒尺寸搭配合理的砂子）配制。防水砂浆的配合比，一般情况下水泥与砂子用量之比在1：（2～3），水灰比应在0.5～0.55，水泥应选用32.5级以上的普通水泥，砂子最好使用中砂。

防水剂有氧化物金属盐类防水剂，如氯化钙、氯化铝等，还有金属皂类防水剂，它是由硬脂酸、氨水、氢氧化钾和水按一定比例混合加热皂化而成的。在水泥砂浆中掺入防水剂可以起填充和堵塞毛细孔的作用，促使其结构密实，从而提高砂浆的抗渗防水性能。

10.2 吸声与隔热材料

建筑物的室内外存在温差时，会通过墙体、门窗、屋顶等外围结构产生传热。在热工设备周围也有散热现象，造成热耗。

为了防止房屋、热工设备和管道的热量损失，就需选用保温性能好的围护材料。通常把导热系数低于 0.29W/(m·K)和表观密度小于 1000kg/m³ 的建筑材料称为保温材料或隔热材料。

除了用于墙体、屋顶、热工设备及热力管道的保温之外，也可用于冬期施工的保温，以及冷藏室和冷藏设备防止热量的传入。合理选用保温材料，对减薄围护结构的厚度、减轻建筑物重量和节省燃料消耗都有很大意义。由于保温材料为多孔结构，具有轻质、吸声等性能，故也可用作吸声材料。

10.2.1 无机保温材料

无机保温材料的原料来源广泛、生产方便、价格便宜，因此采用较多。按其构造不同可分为纤维材料、粒状材料和多孔材料。

(1) 纤维材料

纤维保温材料分为天然纤维材料（石棉）和人造纤维材料（矿渣棉、岩石棉和玻璃棉）。

1) 石棉及其制品。石棉是一种火成岩中的非金属矿物，通常所用的是指温石棉。此种石棉纤维柔软，具有保温、耐热、耐火、防腐、隔声、绝缘等性质。建筑上常用的石棉制品有石棉粉，石棉纸、板及石棉毡等。

① 石棉粉。石棉粉是由石棉和胶结材料混合而成的粉状材料。常用的有碳酸镁石棉粉和硅藻土石棉粉等。

石棉粉的导热系数一般都小于 0.12W/(m·K)，耐热度很高，一般大于450℃。硅藻土石棉粉（俗称鸡毛灰）的耐热度可达 900℃以上。石棉粉主要用于包裹蒸汽管道、锅炉及可能散热的热工设备表面，以防热量损失。

② 石棉纸、板。石棉纸、板是由石棉纤维与胶结材料混合后加水打浆，经抄取、加压、干燥而成的。石棉纸厚度为 0.3~1mm，石棉板厚度为 1~25mm，最高使用温度为 600℃，主要用于热表面的隔热及保温、防火覆盖层等。

2) 矿渣棉及其制品。矿渣棉是以工业废料矿渣为原料，将熔融矿渣或自高炉流出的熔融物用蒸汽喷射或离心法制成的絮状保温材料。矿渣棉质轻、导热系数小、耐腐蚀、化学稳定性好，一般用作填充保温材料。为了施工方便，可用沥青或酚醛树脂为胶结材料，制成各种规格的板、毡和管壳等制品。

3) 岩棉及其制品。岩棉是以火山玄武岩为主要原料，加入石灰石（助熔剂），经高温熔化、蒸汽或压缩空气喷吹而成的短纤维状的保温材料。

岩棉的性质与矿渣棉相近，可直接用作填充保温材料，也可用沥青或水玻璃作胶结材料，制成岩棉板材、毡和管壳等。

4）玻璃棉及其制品。玻璃棉是将玻璃熔化，用离心法或气体喷射法制成的絮状保温材料。玻璃棉的表观密度小，为 100～150kg/m³，导热系数低，为 0.035～0.058W/(m·K)，这种材料不燃、不腐，有较高的化学稳定性，是一种高级隔热材料和吸声材料。

玻璃棉隔热材料常以絮状形式出现或制成毡状和带状制品。制品可用石棉线、玻璃线或软铁丝缝制，也可用粘结物质将玻璃棉粘制成所需的形状。

玻璃棉可用作 450℃以下的重要工业设备和管道的表面隔热，也可用于运输工具、建筑中的隔热材料或吸声材料。

（2）粒状材料

粒状保温材料有膨胀珍珠岩和膨胀蛭石。

1）膨胀珍珠岩及其制品。膨胀珍珠岩是以珍珠岩、黑曜岩或松脂岩为原料，经破碎、焙烧使内部结合水及挥发性成分急剧膨胀并速冷而成的白色松散颗粒。它具有质轻、吸声等特性，是一种超轻高效能保温材料。

膨胀珍珠岩可直接作保温材料，也可用胶结材料胶结制成各种形状的制品。制品的种类主要有水泥膨胀珍珠岩制品、水玻璃膨胀珍珠岩制品、沥青膨胀珍珠岩制品等。膨胀珍珠岩粉可与水泥配制成水泥珍珠岩灰浆，涂在墙面上作保温、隔热层。膨胀珍珠岩还可配制轻骨料混凝土。

2）膨胀蛭石及其制品。膨胀蛭石是以天然蛭石为原料，经破碎、焙烧，体积急剧膨胀（约 20 倍）为薄片、层状的松散颗粒。其表观密度为 80～120kg/m³，导热系数为 0.047～0.07W/(m·K)，是一种很好的保温材料。

膨胀蛭石可直接铺设保温隔热层，也可以用水泥、水玻璃等胶结材料配制成各种形状的保温制品，还可制成膨胀蛭石粉刷灰浆，涂刷墙面作保温层。

（3）多孔材料

多孔材料内部具有大量微孔，有良好的保温性能。常用的多孔保温材料有加气混凝土、泡沫混凝土、微孔硅酸钙、泡沫玻璃等。下面主要介绍微孔硅酸钙和泡沫玻璃。

1）微孔硅酸钙制品。微孔硅酸钙制品是用 65％的硅藻土、35％的石灰，加入 5.5～6.5 倍重量的水，再加入 5％的石棉和水玻璃，经拌合、成型、蒸压处理而制成的。

微孔硅酸钙制品的表观密度小于 250kg/m³，导热系数为 0.041W/(m·K)，最高使用温度为 650℃。它一般用于围护结构及管道保温，其保温性能优于膨胀珍珠岩和膨胀蛭石制品。

2）泡沫玻璃。泡沫玻璃是用碎玻璃加入发泡剂（石灰石或焦炭）经焙烧至熔融、膨胀而制成的一种高级保温材料。泡沫玻璃为多孔结构，气孔率可达 80％～90％，导热系数为 0.042～0.049W/(m·K)，表观密度为 150～220kg/m³。其抗压强度高，抗冻性、耐久性良好。一般用作冷藏库的隔热材料、高层建筑框架的填充材料及加热设备的表面隔热材料等。

10.2.2 有机保温材料

(1) 软木及软木板

软木的原料为栓皮栎或黄菠萝树皮，胶料为皮胶、沥青、合成树脂等。不加胶料的要经模压、烘焙(400℃)而成；加胶料的需在模压前加胶料。软木含有大量微小封闭气孔，故有良好的保温性能。其导热系数为 0.058W/(m·K)，表观密度分别小于 180kg/m³(不加胶料的)和小于 260kg/m³(加胶料的)，最高使用温度为 120℃。软木只能阻燃，不起火焰。散粒软木可作填充材料，软木板可用于冷藏库隔热。

(2) 水泥木丝板及水泥刨花板

将刨木丝用 5％氯化钙溶液处理后，再与 32.5 级水泥按比例拌合(1kg 木丝加 1.3～1.5kg 水泥)，经模压、养护即成水泥木丝板。根据压实的程度可分为保温用与构造用木丝板两种。保温用木丝板的表观密度为 350～400kg/m³，导热系数为 0.11～0.13W/(m·K)，主要用于墙体和屋顶隔热。水泥刨花板的生产工艺及用途与木丝板相同，只是用木刨花代替木丝即可。

(3) 泡沫塑料

泡沫塑料是以树脂为基料，加入一定量的发泡剂、催化剂、稳定剂等，经加热发泡膨胀而制成的轻质保温材料。当前生产的有聚苯乙烯泡沫塑料、聚氯乙烯泡沫塑料、聚氨酯泡沫塑料、脲醛泡沫塑料等。其导热系数一般都小于 0.047W/(m·K)，最高使用温度不高于 80℃。

泡沫塑料常用于填充围护结构或夹在其他材料中间制作夹芯板。

(4) 轻质钙塑板

轻质钙塑板是由轻质碳酸钙和高压聚乙烯与适量的发泡剂、交联剂、激发剂等，经混炼、热压而成的板材。其表观密度为 100～150kg/m³，导热系数为 0.047W/(m·K)，最高使用温度为 80℃。

(5) 软质纤维板

软质纤维板是用木材加工废料，经破碎、蒸解或用碱液浸泡、打装、装模、压缩脱水、干燥而成。其表观密度为 300～350kg/m³，导热系数为 0.041～0.052W/(m·K)。这种材料一般用于墙体和屋顶隔热。

10.3 变形缝

为减少对建筑物的损坏，预先在建筑物变形敏感的部位将建筑结构断开，以保证建筑物有足够的变形宽度，使其免遭破坏而事先预留的垂直分割的人工缝隙称为变形缝，它包括伸缩缝、沉降缝和防震缝。

10.3.1 伸缩缝

为防止建筑物因受温度变化而引起变形开裂所设置的人工缝隙称为伸缩缝，

又叫温度缝。它要求建筑物的墙体、楼板层、屋顶等地面以上构件全部断开，以保证伸缩缝两侧的建筑构件能在水平方向自由伸缩。基础埋于地下，受温度变化影响较小，可不分开。伸缩缝的宽度，一般为 20～30mm。因墙厚不同，伸缩缝可做成平缝、错缝或企口缝等形式。为防止雨雪等对室内的渗透，外墙缝内应填塞如沥青麻丝、塑料条、橡胶条、金属调节片等可以防水、防腐蚀的弹性材料。对内墙和外墙内侧的伸缩缝，从室内美观的角度考虑，通常以装饰性木板或金属调节板盖缝，如图 10-1 所示。

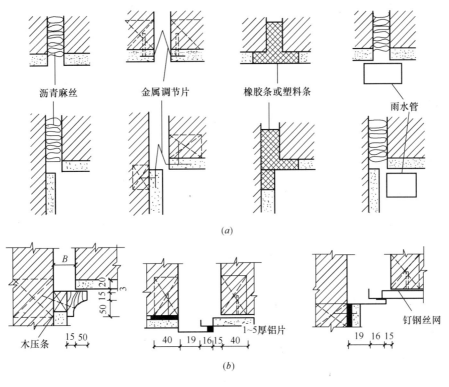

图 10-1 墙体伸缩缝构造
(a) 外墙伸缩缝；(b) 内墙伸缩缝

10.3.2 沉降缝

为防止建筑物因地基不均匀沉降而引起结构变形所设置的人工缝隙称为沉降缝。在下列情况下应考虑设置沉降缝，将建筑物划分成若干个可以自由沉降的独立单元。

(1) 平面形状复杂的建筑物转角处。
(2) 过长建筑物的适当部位。
(3) 地基不均匀，难以保证建筑物各部分沉降量一致。
(4) 同一建筑物相邻部分高度或荷载相差很大，或结构形式不同。
(5) 建筑物的基础类型不同，以及分期建造房屋的毗连处。

沉降缝应从基础到屋顶全部断开，沉降缝两侧应各有基础和墙体，以满足沉降和伸缩的双重需要。沉降缝的宽度与地基性质及建筑物的高度有关，一般为30～70mm，在软弱地基上的建筑物，其缝宽应适当增大，沉降缝的盖缝处理与伸缩缝基本相同。

基础沉降缝的处理方法有悬挑式和双墙式两种，如图10-2所示。

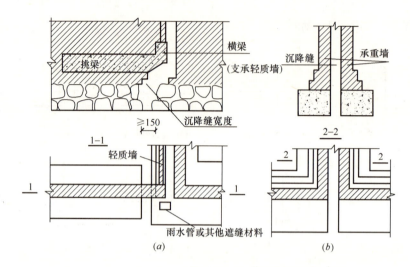

图 10-2　基础沉降缝的处理方法
（a）悬挑式；（b）双墙式

10.3.3　防震缝

为防止建筑物因地震作用而产生破坏所设置的人工缝隙称为防震缝，在下列情况下应考虑设置防震缝，将建筑物分成若干个体形简单、结构刚度较均匀的独立单元。

（1）建筑物平面体形复杂，转角长度过大或凸出部分较多，应用防震缝将其分开，使其形成几个简单规整的独立单元。

（2）建筑物立面高差在6m以上，在高差变化处应设缝。

（3）建筑物毗连部分的结构刚度或荷载相差悬殊。

（4）建筑物有错层，且楼板错开距离较大，须在变化处设缝。

防震缝应沿建筑物全高设置，一般基础可不断开，但平面较复杂或结构需要时也可断开。防震缝一般应与伸缩缝、沉降缝协调布置，但当地震区需设置伸缩缝和沉降缝时，须按防震缝构造要求处理。

防震缝的最小宽度应根据不同的结构类型和体系以及设计烈度确定。如在多层砖混结构中按设计烈度不同，缝宽一般取50～70mm。

由于防震缝的宽度比较大，构造上应注意做好盖缝防护处理，以保证其牢固性和适应变形的需要，如图10-3所示。

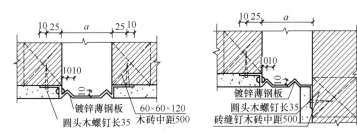

图 10-3 墙体防震缝构造

10.4 地下室的防潮防水构造

由于地下室建造在地下，其墙身、底板设置在地面以下，长期受到地潮（所谓地潮是指土层中的毛细管水和地表水下渗而造成的无压水）或地下水的侵蚀。如果忽视防潮防水的处理，将会引起墙面灰皮脱落、墙面生霉，影响环境卫生。严重的将造成地下室不能正常使用，甚至影响到建筑物的耐久性。因此，设计者必须根据当地地下水的情况及建筑物的性质要求，采取相应的防潮防水措施，以保证建筑物的正常使用和耐久性。

10.4.1 地下室防潮

当地下水的常年水位和最高水位都位于地下室地坪标高以下时，地下水不能直接侵入室内，墙和底板仅受到土层中地潮的影响，这时地下室底板和墙身须做防潮处理。

地下室防潮的构造要求是：砖墙必须采用水泥砂浆砌筑，灰缝必须饱满；在外墙外侧设垂直防潮层，防潮层的做法是先在墙体外表面抹一层 20mm 厚的 1:2.5 水泥砂浆找平层，再刷冷底子油一道、热沥青两道，防潮层做至室外散水处，然后在防潮层外侧回填低渗透性土如黏土、灰土等，并逐层夯实，土层宽度为 500mm 左右，以防止地面雨水或其他地表水的影响。此外，地下室所有墙体都必须设两道水平防潮层，一道设在底层地坪附近，一般设置在结构层之间；另一道设在室外地面散水以上 50～200mm 的位置，以防地潮沿地下墙身或勒脚处侵入室内，如图 10-4 所示。

10.4.2 地下室防水

当设计最高地下水位高于地下室地坪时，地下室的外墙和地坪都浸泡在水中，这时地下室的外墙受到地下水的侧压力的影响，地坪受到地下水的浮力的影响，因此必须对地下室外墙和地坪做防水处理。

常用的防水措施有自防水和材料防水两类。自防水是用防水混凝土作外墙和底板，使承重、围护、防水功能三合一，这种防水措施构造简单，施工方便。

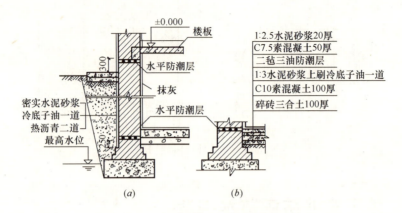

图 10-4 地下室防潮处理
(a) 墙身防潮；(b) 地坪防潮

材料防水是在外墙和底板表面敷设防水材料，如卷材、涂料、防水水泥砂浆等，以阻止地下水的渗入。卷材防水是常用的一种防水材料，可分为外防水和内防水。

(1) 外防水构造

卷材防水层设在地下工程围护结构外侧（即迎水面）时，称为外防水，这种防水方法效果好，采用较多，但维修困难。其构造要点是：先在外墙外侧抹 20mm 厚 1:3 水泥砂浆找平层，并涂刷冷底子油一道，再铺贴油毡，油毡从底板处包上来，沿墙身由下而上连续密封粘贴，收头处的搭接长度为 500～1000mm。另外油毡防水层以上的地下室外墙外侧应抹 20mm 厚 1:3 水泥砂浆至室外散水处并刷两道热沥青，然后在防水层外侧砌厚为 120mm 的保护墙，在保护墙与防水层之间缝隙中灌以水泥砂浆。保护墙下干铺油毡一层，并沿其长度方向每隔 3～5m 设一通高竖向缝，以使保护墙在水压力、土压力的作用下能紧紧压向防水层，如图 10-5 所示。

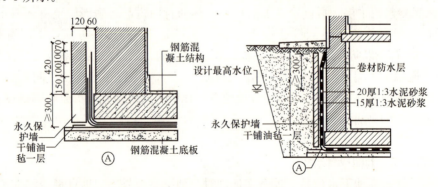

图 10-5 卷材外防水构造

(2) 内防水构造

按照卷材铺贴的位置有地下室外墙内防水和地下室地坪防水两种构造。卷材铺贴于地下室外墙内表面时称为内防水，这种做法施工简单，修补方便，但防水效果较差，除用于修缮工程外一般采用较少。

采用卷材作地下室地坪防水的较多，其防水效果较好，但维修困难。其构造要点是：先在混凝土垫层上将油毡满铺整个地下室，然后在其上浇筑细石混凝土或水泥砂浆保护层，以便浇筑钢筋混凝土底板。底层防水油毡须留出足够的长度与墙面垂直防水油毡搭接，以保证地下室室内的防水效果，如图10-6所示。

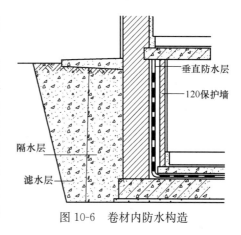

图 10-6　卷材内防水构造

10.5　屋顶的类型

屋顶是建筑物最上层的围护结构，主要由屋面层、承重结构层、保温或隔热层和顶棚等组成，如图10-7所示。屋顶的类型与建筑的使用功能、屋面材料、结构形式、经济性及建筑造型要求等有关，一般可分为平屋顶、坡屋顶及曲面屋顶三大类，如图10-8所示。

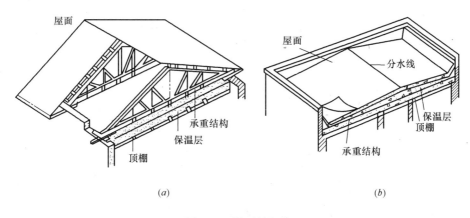

图 10-7　屋顶的组成
(a) 坡屋顶；(b) 平屋顶

10.5.1　平屋顶

平屋顶通常是指排水坡度小于5%的屋顶。为了排除屋顶的雨水，平屋顶也必须有一定的排水坡度，常用坡度为2%～3%。采用平屋顶可以节省材料，扩大建筑空间，提高预制安装程度，同时屋顶上面可以作为固定的活动场所，如做成露台、屋顶花园、屋顶养鱼池等。

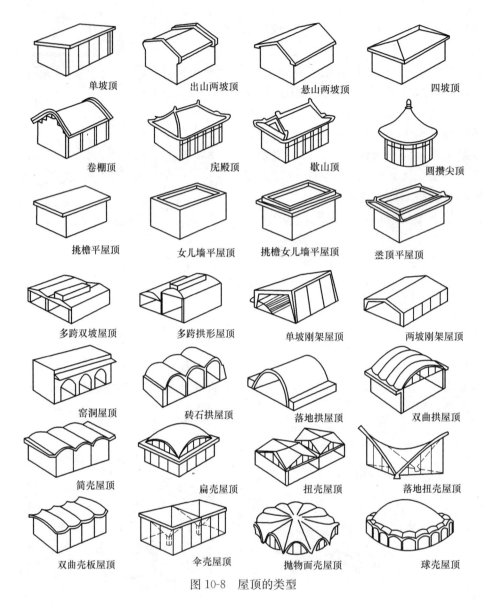

图 10-8 屋顶的类型

10.5.2 坡屋顶

坡屋顶通常是指屋面坡度较陡的屋顶，其坡度一般大于 10%。坡屋顶是我国传统的建筑屋顶形式，在民居建筑中应用非常广泛，城市建设中为满足景观环境或建筑风格的要求也常采用各种形式的坡屋顶。

10.6 屋顶防水与排水

10.6.1 屋顶防水

屋顶防水就是根据建筑物屋面防水等级及设防要求，选择合适的防水材料，在屋面上形成一个封闭的防水覆盖层,防止雨水渗漏。

(1) 防水等级

我国现行的《屋面工程质量验收规范》GB 50207—2002 按建筑物的性质、重要程度、使用功能要求、防水层合理使用年限以及设防要求等,将屋面防水划分为 4 个等级,各等级均有不同的设防要求,见表 10-1 所示。

屋面防水等级和设防要求　　　　表 10-1

项目	屋面防水等级			
	Ⅰ	Ⅱ	Ⅲ	Ⅳ
建筑物类别	特别重要或对防水有特殊要求的建筑	重要的建筑和高层建筑	一般的建筑	非永久性的建筑
防水层合理使用年限	25 年	15 年	10 年	5 年
防水层选用材料	宜选用合成高分子防水卷材、高聚物改性沥青防水卷材、金属板材、合成高分子防水涂料、细石防水混凝土等材料	宜选用高聚物改性沥青防水卷材、合成高分子防水卷材、金属板材、合成高分子防水涂料、高聚物改性沥青防水涂料、细石防水混凝土、平瓦、油毡瓦等材料	宜选用三毡四油沥青防水卷材、高聚物改性沥青防水卷材、金属板材、合成高分子防水涂料、高聚物改性沥青防水涂料、细石混凝土、平瓦、油毡瓦等材料	宜选用二毡三油沥青防水卷材、高聚物改性沥青防水涂料等材料
设防要求	3 道或 3 道以上防水设防	2 道防水设防	1 道防水设防	1 道防水设防

(2) 防水材料

1) 防水材料的种类。防水材料根据其防水性能及适应变形能力的差异,可分成柔性防水材料和刚性防水材料两大类。

① 柔性防水材料。目前使用的屋面防水材料除了传统的沥青卷材外,工程中大量采用的是高聚物改性沥青防水卷材、合成高分子防水卷材、防水涂料等新型防水材料。

A. 高聚物改性沥青防水卷材是以高分子聚合物改性沥青为涂盖层,纤维织物或纤维毡为胎体,粉状、粒状、片状或薄膜材料为覆面材料制成的可卷曲的片状防水材料,主要品种有 SBS,APP 改性沥青防水卷材;再生橡胶防水卷材;铝箔橡胶改性沥青防水卷材等。其特点是较沥青防水卷材抗拉强度高,抗裂性好,有较大的温度适用范围。

B. 合成高分子防水卷材是以各种合成橡胶或合成树脂或二者的混合物为主要原料,加入适量的化学助剂和填充料加工制成的弹性或弹塑性防水卷材。主要品种有三元乙丙橡胶、聚氯乙烯(PVC)、氯化聚乙烯(CPE)、氯化聚乙烯橡胶共混防水卷材等。合成高分子防水卷材具有抗拉强度高,抗老化性能好,抗撕裂强度高,低温柔韧性好以及冷施工等特性。

C. 防水涂料常用的有三大类,即沥青基防水涂料、高聚物改性沥青防水涂料、合成高分子防水涂料。防水涂料具有温度适应性好,施工操作简便,速度快,劳动强度低,污染少,易于修补等特点。特别适用于轻型、薄壳等异形屋面的防水。

② 刚性防水材料。刚性防水材料主要有防水砂浆、细石混凝土、配筋细石混凝土等。

防水砂浆、细石混凝土是利用材料自身的防水性和密实性，加入适量的外加剂制成的刚性防水材料，构造简单，施工方便，造价低，但对温度变化和结构变形比较敏感，易产生裂缝，多用于我国南方气温变化小的地区的屋面防水。

2) 防水材料厚度要求。为确保屋面防水质量，使屋面防水层在合理使用年限内不发生渗漏，不仅应根据材料的材性选择防水材料，而且应根据设防要求选定其厚度，见表10-2。

屋面防水材料厚度要求　　　　　　　　　　　　表10-2

防水等级	防水层选用材料	厚度(mm)	防水等级	防水层选用材料	厚度(mm)
Ⅰ	合成高分子防水卷材	≥1.5	Ⅲ	合成高分子防水卷材	≥1.2
	高聚物改性沥青防水卷材	≥3.0		高聚物改性沥青防水卷材	≥4.0
	合成高分子防水涂膜	≥1.5		合成高分子防水涂膜	≥2.0
	细石防水混凝土	≥40		高聚物改性沥青防水涂膜	≥3.0
Ⅱ	合成高分子防水卷材	≥1.2		沥青基防水涂膜	≥8.0
	高聚物改性沥青防水卷材	≥3.0		细石防水混凝土	≥40
	合成高分子防水涂膜	≥1.5		沥青防水卷材	三毡四油
	高聚物改性沥青防水涂膜	≥3.0	Ⅳ	沥青基防水涂膜	≥4.0
	细石防水混凝土	≥40		高聚物改性沥青防水涂膜	≥2.0
				细石防水混凝土	≥40
				沥青防水卷材	二毡三油

10.6.2 屋顶排水

为防止屋面积水过多、过久，造成屋顶渗漏，屋顶除了做好防水外，还需进行周密的排水设计，其内容包括：选择屋顶排水坡度，确定排水方式，进行屋顶排水组织设计。

(1) 屋顶坡度选择

1) 屋顶排水坡度的表示方法。常用的坡度表示方法有角度法、斜率法和百分比法。斜率法以屋脊高度与相应的排水坡水平投影长度的比值来表示，如1∶2，1∶3等；百分比法以屋脊高度与排水坡水平投影长度之比的百分比值来表示，如2%，3%等；角度法以倾斜面与水平面所成夹角的大小来表示，如30°，45°等。坡屋顶的坡度多采用斜率法或角度法表示，平屋顶的坡度多采用百分比法表示。不同的屋面防水材料有各自的排水坡度范围，如图10-9所示。

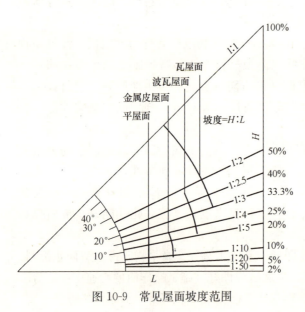

图10-9　常见屋面坡度范围

2）屋顶坡度的形成方法。屋顶坡度的形成有材料找坡和结构找坡两种做法，如图10-10所示。

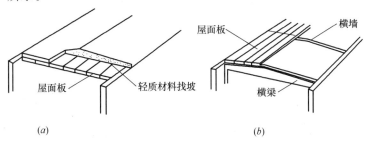

图 10-10 屋顶坡度的形成
（a）材料找坡；（b）结构找坡

① 材料找坡。材料找坡亦称垫坡或填坡，是指屋面结构层保持水平，在水平搁置的屋面板上用轻质材料如水泥炉渣、石灰炉渣或水泥膨胀蛭石等铺设找坡层。保温屋顶中有时利用保温层兼作找坡层。这种做法一般用于坡向长度较小的屋面。找坡层的厚度最薄处不小于20mm。平屋顶材料找坡的坡度不宜过大，一般为2%。

② 结构找坡。结构找坡亦称搁置坡度或撑坡，是指屋顶结构自身带有排水坡度。例如，在上表面倾斜的屋架或屋面梁上安放屋面板，屋顶表面即呈倾斜坡面。又如在顶面倾斜的山墙上搁置屋面板时，也形成结构找坡。平屋顶结构找坡的坡度宜为3%。

材料找坡的屋面板可以水平放置，顶棚面平整，但材料找坡增加屋面荷载，材料和人工消耗较多；结构找坡无需在屋面上另加找坡材料，不增加荷载，但顶棚倾斜，室内空间不够规整，结构和构造较复杂。这两种方法在工程实践中均有广泛的运用。

（2）屋顶排水方式确定

屋顶排水方式分为有组织排水和无组织排水两大类。

无组织排水是指屋面雨水直接从檐口滴落至地面的一种排水方式，因为不用天沟、水落管等导流雨水，故又称自由落水。它具有构造简单、造价低廉的优点，但雨水有时会溅湿勒脚、污染墙面，甚至影响人行道交通，一般仅适用于低层及雨水较少地区的建筑。

有组织排水是指雨水经由屋面天沟（即屋面上的排水沟，位于檐口部位时又称檐沟）、雨水口、水落管等排水装置被引导至地面或地下管网的一种排水方式。其优缺点与无组织排水相反，在建筑工程中应用广泛。有组织排水又可分为外排水和内排水两种，如图10-11、图10-12所示。

（3）屋顶排水组织设计

屋顶排水组织设计的主要任务是将屋面划分成若干排水区，分别将雨水引向雨水管，做到排水线路简捷、雨水口负荷均匀、排水顺畅、避免屋顶积水而引起渗漏（图10-13）。一般按下列步骤进行：

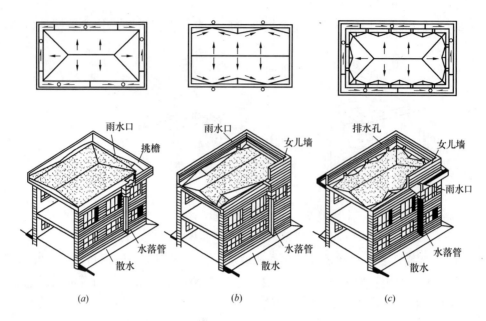

图 10-11 有组织外排水
(a) 檐沟外排水；(b) 女儿墙外排水；(c) 带女儿墙的檐沟外排水

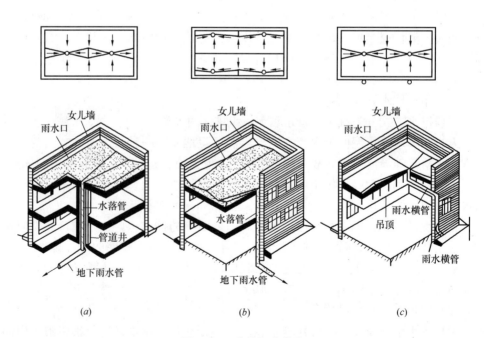

图 10-12 有组织内排水
(a) 屋顶中部内排水；(b) 外墙内侧内排水；(c) 内落外排水

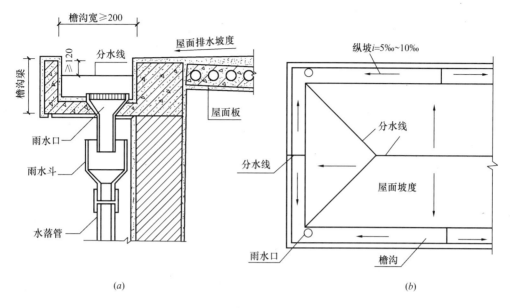

图 10-13 屋面排水设计示意图
(a)檐沟断面图;(b)屋顶平面图

1)确定排水坡面的数目。为避免水流路线过长,由于雨水的冲刷力使防水层损坏,应合理地确定屋面排水坡面的数目。一般情况下,临街建筑平屋顶屋面宽度小于12m时,可采用单坡排水;宽度大于12m时,宜采用双坡排水。坡屋顶应结合建筑造型要求选择单坡、双坡或四坡排水。

2)划分排水区域及布置排水装置。根据屋顶的投影面积及确定的排水坡面数,考虑每个雨水口、水落管的汇水面积及屋面变形缝的影响,合理地划分排水区域,确定排水装置的规格并进行布置。一般每个雨水口、水落管的汇水面积不宜超过 200m²,可按 150~200m² 计算。

水落管的管径有 75mm、100mm、125mm 等几种,其间距宜控制在 15~24m。一般民用建筑常用管径为 100mm 的 PVC 管或镀锌钢管。

10.7 屋顶构造

10.7.1 平屋顶

平屋顶按屋面防水层的不同,有卷材防水屋顶、刚性防水屋顶、涂膜防水屋顶等。

(1)卷材防水屋顶

卷材防水屋顶,是指以防水卷材和胶粘剂分层粘贴而形成整体封闭防水覆盖层的屋顶。卷材防水的整体性、抗渗性好,具有一定的延伸性和适应变形能力,也称柔性防水,适用于防水等级为Ⅰ~Ⅳ级的屋面防水工程。

1)卷材防水屋顶的构造层次和做法。卷材防水屋顶由多层材料叠合而成,其

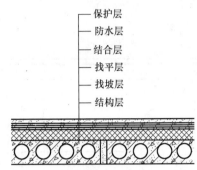

图10-14 卷材防水平屋面的构造组成

基本构造层次按构造要求由结构层、找坡层、找平层、结合层、防水层和保护层组成，如图10-14所示。

①结构层。通常为预制或现浇钢筋混凝土屋面板，要求具有足够的强度和刚度。

②找坡层。当屋顶采用材料找坡时，应选用轻质材料，通常是在结构层上铺1∶6的水泥焦渣或水泥膨胀蛭石等。当屋顶采用结构找坡时，则不设找坡层。

③找平层。柔性防水层要求铺贴在坚固而平整的基层上，以避免卷材凹陷或断裂。因此必须在结构层或找坡层上设置找平层。找平层一般为20～30mm厚的1∶3水泥砂浆、细石混凝土和沥青砂浆，厚度视防水卷材的种类而定。

④结合层。结合层的作用是使卷材防水层与基层粘结牢固。结合层所用材料应根据卷材防水层材料的不同来选择，如沥青卷材多涂刷冷底子油作结合层；对于改性沥青防水材料和合成高分子防水材料则用配套的专用基层处理剂。冷底子油用沥青加入汽油或煤油等溶剂稀释而成，喷涂时不用加热，在常温下进行，故称冷底子油。

⑤防水层。防水层是由胶结材料与卷材粘合而成，卷材连续搭接，形成屋面防水的主要部分。当屋面坡度较小时，卷材一般平行于屋脊铺设，从檐口到屋脊层层向上粘贴，上下搭接不小于70mm，左右搭接不小于100mm。传统的油毡防水层是由沥青胶结材料和油毡卷材交替粘合而形成的屋面整体防水覆盖层，一般平屋顶交替铺设三层油毡和四层沥青胶结材料，通称三毡四油，在屋面的重要部位和严寒地区需做四毡五油。高聚物改性沥青或合成高分子卷材防水层则一般为单层卷材防水构造，防水要求较高时可采用双层卷材防水构造。

⑥保护层。设置保护层的目的是保护防水层。保护层的材料及做法，应根据防水层所用材料和屋面的利用情况而定。

A. 不上人屋面保护层的做法。当采用油毡防水层时，通常在防水层表面粘着一层粒径3～6mm的粗砂或小石子，称为绿豆砂或豆石保护层，要求耐风化、颗粒均匀、色浅；高聚物改性沥青或合成高分子卷材防水层可用铝箔面层、彩砂、涂料或银色着色剂等作为保护层，如图10-15（a）所示。

B. 上人屋面保护层的做法。上人屋面的保护层具有保护防水层和兼作行走面层的双重作用，因此上人屋面保护层应满足耐水、平整、耐磨的要求。其构造做法通常可采用水泥砂浆或沥青砂浆铺贴缸砖、大阶砖、混凝土板等，也可现浇40mm厚C20细石混凝土。现浇细石混凝土保护层的细部构造处理与刚性防水屋面基本相同，如图10-15（b）所示。

2）柔性防水屋面的细部构造。

①泛水构造。泛水指屋面防水层与垂直面交接处的防水构造。例如凸出于屋面之上的女儿墙、烟囱、楼梯间、变形缝、检修孔、立管等的壁面与屋顶的交接处等部位是最容易漏水的地方，必须将屋面防水层延伸到这些垂直面上，形成立

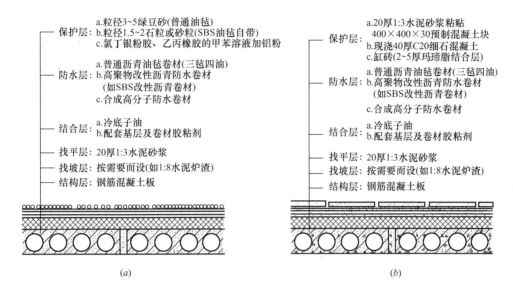

图 10-15　卷材防水平屋面构造
(a) 不上人屋面；(b) 上人屋面

铺的防水层。其做法及构造要点主要包括：将屋面的卷材防水层继续铺至垂直面上，形成卷材泛水，高度不得小于 250mm，一般需加铺卷材一层；卷材防水层下的砂浆找平层在泛水处应抹成弧形（$R = 50 \sim 100$mm）或 45°斜面；做好泛水上口的卷材收头固定，防止卷材在垂直墙面上下滑动，通常需要在垂直墙中凿出通长凹槽，将卷材的收头压入槽内，用防水压条钉压后再用密封材料嵌填封严，外抹水泥砂浆保护，凹槽上部的墙体则用防水砂浆抹面。泛水构造，如图 10-16 所示。

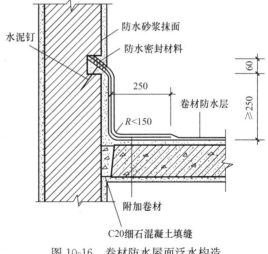

图 10-16　卷材防水屋面泛水构造

②檐口构造。柔性防水屋面的檐口构造有无组织排水挑檐、有组织排水挑檐沟及女儿墙外排水檐口等。檐口的构造要点是处理好卷材的收头固定、挑檐（屋面板伸出墙外的部分）和檐沟板底面做好滴水，对于有组织排水的檐沟，沟底应增设附加卷材层。女儿墙檐口构造的关键是泛水的构造处理，其顶部通常做混凝土压顶，并设有坡度坡向屋面。常见檐口构造，如图 10-17 所示。

③雨水口构造。柔性防水屋面雨水口的规格和类型与刚性防水屋面所用雨水口相同。雨水口在构造上要求排水通畅、防止渗漏水和堵塞。常见雨水口构造，如图 10-18 所示。檐沟内的直管式雨水口为防止其向周边漏水，应加铺一层卷材

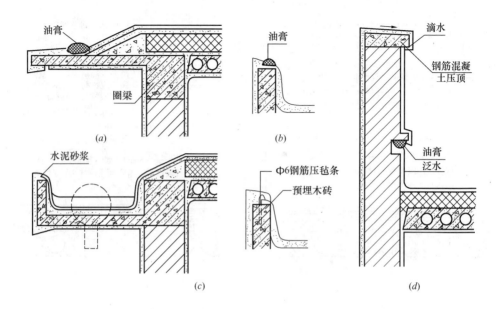

图 10-17 檐口构造
(a) 无组织排水挑檐檐口；(b) 有组织排水挑檐沟檐口；
(c) 挑檐沟卷材收头固定的方法；(d) 女儿墙檐口

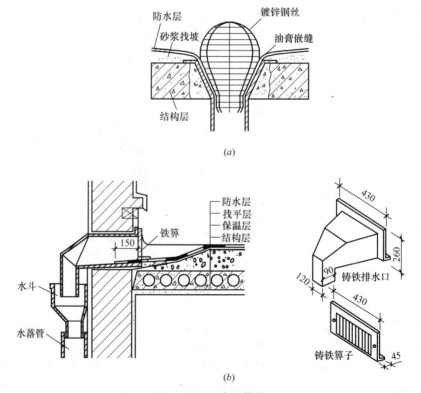

图 10-18 雨水口构造
(a) 檐沟内雨水口；(b) 女儿墙雨水口

并贴入连接管内100mm，雨水口上用定型铸铁罩或钢丝球盖住，用油膏嵌缝。女儿墙弯管式雨水口穿过女儿墙预留孔洞内，屋面防水层应铺入雨水口内壁四周不小于100mm，并安装铸铁箅子以防杂物流入造成堵塞。

(2) 刚性防水屋顶

刚性防水屋顶是指用刚性防水材料如防水砂浆、细石混凝土、配筋细石混凝土等作为屋面防水层的屋顶。这种屋面具有构造简单、施工方便、造价低廉的优点，但对温度变化和结构变形较敏感，容易因产生裂缝而渗水。故多用于我国南方地区防水等级为Ⅲ级的屋面防水，也可用作防水等级为Ⅰ、Ⅱ级的屋面多道防水设防中的一道防水层。

1) 刚性防水屋顶的构造层次及做法。刚性防水屋顶一般由结构层、找平层、隔离层和防水层组成，如图10-19所示。

①结构层。要求具有足够的强度和刚度，一般应采用现浇或预制装配的钢筋混凝土屋面板。

②找平层。通常应在结构层上用20mm厚1:3水泥砂浆找平。若采用现浇钢筋混凝土屋面板或设有隔离层时，也可不设找平层。

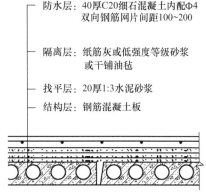

图10-19 刚性防水屋顶做法

③隔离层。为减少结构层变形及温度变化对防水层的不利影响，宜在防水层下设置隔离层。隔离层又称浮筑层，可采用纸筋灰、低强度等级砂浆或薄砂层上干铺一层油毡等。当防水层中加有膨胀剂类材料时，其抗裂性有所改善，也可不做隔离层。

④防水层。常用配筋细石混凝土防水屋面的混凝土强度等级应不低于C20，其厚度宜不小于40mm，双向配置Φ4、间距100~200mm的双向钢筋网片。

为提高防水层的防水抗渗性能，可在细石混凝土内掺入适量外加剂（如膨胀剂、减水剂、防水剂等），以提高其密实度。

2) 刚性防水屋顶细部构造。

①分格缝。分格缝又称分仓缝，实质上是在屋面防水层上设置的变形缝。防止结构变形、温度变形及防水层干缩引起防水层开裂。因此屋面分格缝应设置在温度变形允许的范围以内和结构变形敏感的部位。一般情况下，分格缝设在装配式屋面板的支承端、屋面转折处、现浇屋面板与预制屋面板的交接处、泛水与立墙交接处等部位。分格缝间距不宜大于6m，防水层内的钢筋网在分格缝处全部断开，缝内嵌填密封材料，缝口表面用防水卷材铺贴盖缝，防水卷材的宽度一般为200~300mm。分格缝有平缝和凸缝两种，如图10-20所示。

②泛水构造。刚性防水屋顶的泛水构造要点与卷材防水屋顶相同的地方是：泛水应有足够高度，一般不小于250mm；泛水应嵌入立墙上的凹槽内并用压条及水泥钉固定。不同的地方是：刚性防水层与屋面凸出物（女儿墙、烟囱等）间须留分格缝，并用密封材料嵌填，另铺贴附加卷材盖缝形成泛水，如图10-21所示。

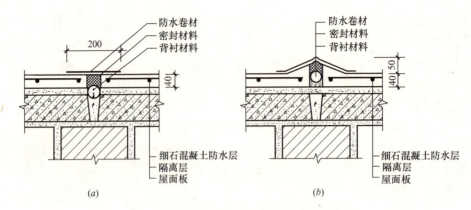

图 10-20 分格缝的构造
(a) 横向分格缝（平缝）；(b) 屋脊分格缝（凸缝）

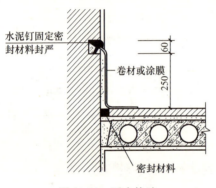

图 10-21 泛水构造

③檐口构造。在刚性防水屋顶檐口的形式中，较为典型的有自由落水挑檐口，如图 10-22 所示；挑檐沟外排水檐口，如图 10-23 所示；女儿墙外排水檐口，如图 10-24 所示；坡檐口，如图 10-25 所示等。

（3）涂膜防水屋面

涂膜防水屋面又称涂料防水屋面，是指用可塑性和粘结力较强的高分子防水涂料，直接涂刷在屋面基层上形成一层不透水的薄膜层，以达到防水目的的一种屋面防水做法。涂膜防水主要适用于防水等级为Ⅲ级、Ⅳ级的屋面防水，也可作为Ⅰ级、Ⅱ级屋面多道防水设施中的一道防水层。这种屋面通常适用于不设保温层的预制屋面板结构，如单层工业厂房的屋面。对有较大振动的建筑物或在寒冷地区的建筑物则不宜采用。

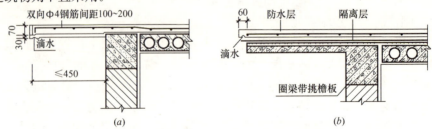

图 10-22 自由落水挑檐口
(a) 混凝土防水层悬挑檐口；(b) 挑檐板挑檐口

涂膜防水屋面的构造层次与柔性防水屋面相同，由结构层、找坡层、找平层、结合层、防水层和保护层组成。

涂膜防水屋面的常见做法：结构层和找坡层材料做法与柔性防水屋面相同。为使防水层的基层有足够的强度和平整度，找平层通常为 25mm 厚 1∶2.5 水泥砂浆。

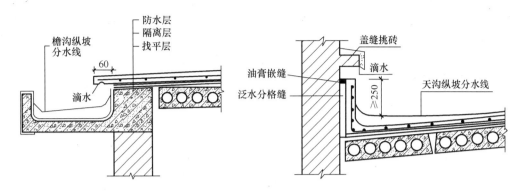

图 10-23 挑檐沟外排水檐口　　　　图 10-24 女儿墙外排水檐口

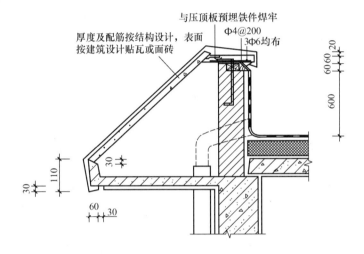

图 10-25 平屋顶坡檐口构造

为保证防水层与基层粘结牢固，结合层应选用与防水涂料相同的材料经稀释后满刷在找平层上。当屋面不上人时，保护层的做法根据防水层材料的不同，可用蛭石或细砂撒面、银粉涂料涂刷等做法；当屋面为上人屋面时，保护层做法与柔性防水上人屋面做法相同。

10.7.2 坡屋顶

（1）坡屋顶的承重结构

坡屋顶中常用的承重结构有横墙承重、屋架承重和梁架承重，如图 10-26 所示。

1) 横墙承重亦称山墙承重或硬山搁檩，是指在横墙间距较小（不大于 4m）且横墙兼具分隔和承重功能的建筑中，可将横墙上部砌成三角形，在墙上直接搁置檩条来承受屋面重量的一种结构方式。横墙承重构造简单、施工方便、节约木材，有利于屋顶的防火和隔声。

2) 屋架承重是指由一组杆件在同一平面内互相结合成屋架，在其上搁置檩条来承受屋面重量的一种结构方式。屋架中各杆件受力合理，可以形成较大的跨度。

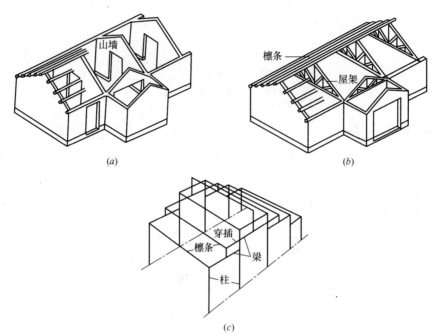

图 10-26 坡屋顶的承重结构
（a）横墙承重；（b）屋架承重；（c）梁架承重

3）梁架承重是我国的传统结构形式，用柱与梁形成的梁架支承檩条，并利用檩条及连系梁（枋），使整个房屋形成一个整体的骨架，墙只起围护和分隔作用，民间传统建筑中多采用木柱、木梁、木枋构成的梁架结构。该结构形式的梁受力不够合理，消耗木材较多，耐火耐久性差，现已很少采用。

对于大跨度建筑可采用网架、悬索薄壳等空间结构。

（2）屋面构造

坡屋顶一般是利用各种瓦材作为屋面防水层，常用的屋面瓦材有平瓦、波形瓦、油毡瓦、金属瓦，金属压型板等，下面以平瓦为例说明坡屋面构造做法。

1）平瓦屋面铺设平瓦有黏土平瓦和水泥平瓦之分，其外形是根据排水要求而设计的，如图 10-27 所示。瓦的两边及上下留有槽口以便瓦之间的搭接，瓦的背面有凸缘和小孔用以挂瓦及穿钢丝固定。每张瓦长 380～420mm，宽为 230～250mm，厚 20～25mm。屋脊部位需以专用的脊瓦盖缝。

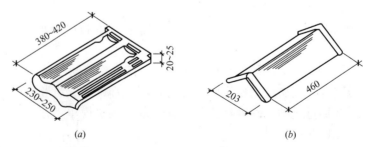

图 10-27 平瓦和脊瓦
（a）平瓦；（b）脊瓦

平瓦屋面根据使用要求和用材不同,通常有以下几种铺法。

①冷摊瓦屋面。冷摊瓦屋面是在檩条上钉固椽条,然后在椽条上钉挂瓦条并直接挂瓦,如图10-28(a)所示。这种做法构造简单经济,但雨雪易从瓦缝中飘入室内,通常用于南方地区防水要求不高的建筑。木椽条断面尺寸一般为40mm×60mm或50mm×50mm,其间距为400mm左右。挂瓦条断面尺寸一般为30mm×30mm,中距330mm。

②木望板瓦屋面。木望板瓦屋面是在檩条上铺钉15mm×20mm厚的木望板(亦称屋面板),望板可采取密铺法(不留缝)或稀铺法(望板间留20mm左右宽的缝),在望板上平行于屋脊方向干铺一层油毡,在油毡上顺着屋面水流方向钉10mm×30mm、中距500mm的顺水条,然后在顺水条上面平行于屋脊方向钉挂瓦条并挂瓦,挂瓦条的断面和间距与冷摊瓦屋面相同,如图10-28(b)所示。这种做法比冷摊瓦屋面的防水、保温隔热效果要好,但耗用木材多、造价高,多用于质量要求较高的建筑物中。

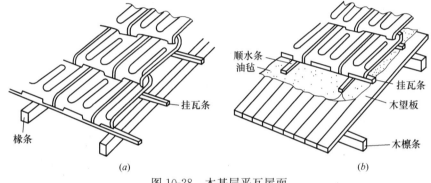

图10-28 木基层平瓦屋面
(a) 冷摊瓦屋面;(b) 木望板瓦屋面

③钢筋混凝土挂瓦板平瓦屋面。钢筋混凝土挂瓦板平瓦屋面中挂瓦板为预应力或非预应力混凝土构件,板肋根部预留泄水孔,以便排除由瓦面渗漏下的雨水。挂瓦板的基本断面呈门字形、T形、F形,板肋用来挂瓦,中距为330mm,板缝采用1:3水泥砂浆嵌填。如图10-29所示。

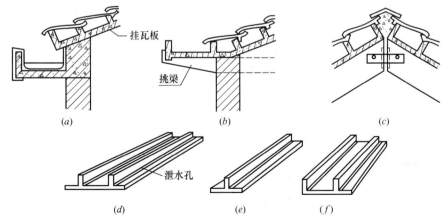

图10-29 钢筋混凝土挂瓦板平瓦屋面
(a) 挂瓦板屋顶的剖面之一;(b) 挂瓦板屋顶的剖面之二;
(c) 挂瓦板屋顶的剖面之三;(d) 双肋板;(e) 单肋板;(f) F板

④钢筋混凝土板瓦屋面。瓦屋面由于保温、防火或造型等的需要，可将预制钢筋混凝土空心板或现浇平板作为瓦屋面的基层盖瓦。盖瓦的方式有两种：一种是在找平层上铺油毡一层，用压毡条钉在嵌在板缝内的木楔上，再钉挂瓦条挂，如图10-30所示；另一种是在屋面板上直接粉刷防水水泥砂浆并贴瓦或陶瓷面砖或平瓦。在仿古建筑中也常常采用钢筋混凝土板瓦屋面。

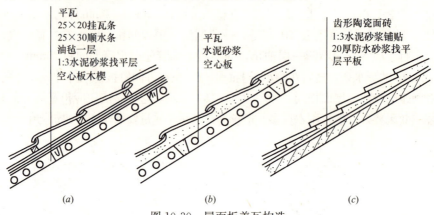

图10-30 屋面板盖瓦构造
(a) 木条挂瓦；(b) 砂浆贴瓦；(c) 砂浆贴面砖

2) 平瓦屋面细部构造。平瓦屋面应做好檐口、天沟、屋脊等部位的细部处理。

①檐口构造。檐口分为纵墙檐口和山墙檐口。

A. 纵墙檐口：纵墙檐口根据造型要求做成挑檐或封檐，如图10-31所示。

B. 山墙檐口：山墙檐口按屋顶形式分为硬山与悬山两种，如图10-32、图10-33所示。

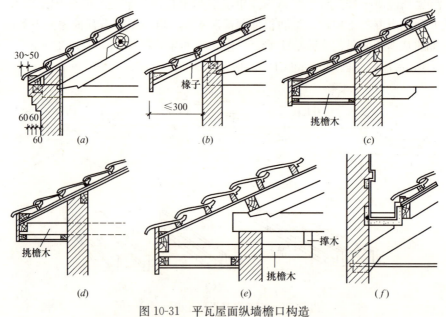

图10-31 平瓦屋面纵墙檐口构造
(a) 砌砖挑檐；(b) 椽条外挑；(c) 挑檐木置于屋架下；
(d) 挑檐木置于承重横墙中；(e) 挑檐木下移；(f) 女儿墙包檐口

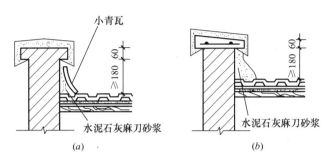

图 10-32 硬山檐口构造
(a) 小青瓦泛水；(b) 砂浆泛水

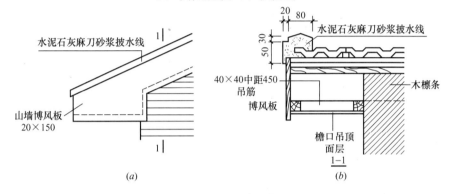

图 10-33 悬山檐口构造
(a) 悬山山墙封檐；(b) 1-1 剖面图

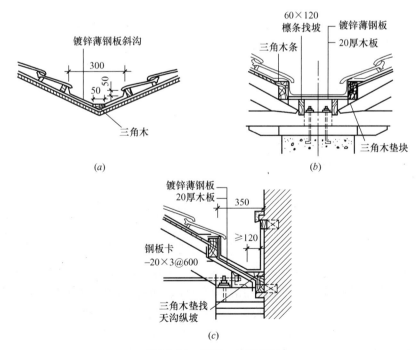

图 10-34 天沟、斜沟构造
(a) 三角形天沟（双跨屋面）；(b) 矩形天沟（双跨屋面）；(c) 高低跨屋面天沟

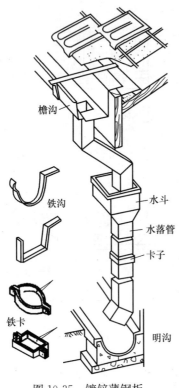

图 10-35 镀锌薄钢板
檐沟、水斗、水落管形式

②天沟和斜沟构造。在等高跨或高低跨相交处,常常出现天沟,而两个相互垂直的屋面相交处则形成斜沟,其做法如图 10-34 所示。沟应有足够的横断面积,上口宽度不宜小于 300~500mm,一般用镀锌薄钢板铺于木基层上,镀锌薄钢板伸入瓦片下面至少 150mm。高低跨和包檐天沟若采用镀锌薄钢板防水层时,应从天沟内延伸至立墙(女儿墙)上形成泛水。

③檐沟和水落管。坡屋顶的挑檐有组织排水的檐沟,多采用轻质且耐水的材料来制作,如镀锌薄钢板檐沟及水落管。这种檐沟有半圆及矩形之分;水落管也有圆形和矩形之分,水落管间距为 10~15m,一般用 2~3mm 厚、20mm 宽的扁铁卡子固定在墙上,距墙 20mm 左右,卡子的竖向间距通常为 1.2m 左右。水落管的下部应向外倾斜,底部距散水或明沟 200mm,如图 10-35 所示。

10.8 屋顶的保温与隔热

屋顶作为建筑物的外围护结构,设计时应根据当地气候条件和使用功能等方面的要求,妥善解决屋顶的保温与隔热的问题。

10.8.1 平屋顶的保温与隔热

(1) 平屋顶的保温

1) 保温材料类型。保温材料多为轻质、多孔、导热系数小的材料,一般可分为以下三种类型:

①散料类:常用炉渣、矿渣、膨胀蛭石、膨胀珍珠岩等。

②整体类:是指以散料作骨料,掺入一定量的胶结材料,现场浇筑而成。如水泥炉渣、水泥膨胀蛭石、水泥膨胀珍珠岩及沥青膨胀蛭石和沥青膨胀珍珠岩等。

③板块类:是指利用骨料和胶结材料由工厂制作而成的板块状材料,如加气混凝土、泡沫混凝土、膨胀蛭石、膨胀珍珠岩、泡沫塑料等块材或板材等。

保温材料的选择应根据建筑物的使用性质、构造方案、材料来源、经济指标等因素综合考虑确定。

2）保温层的设置。平屋顶因屋面坡度平缓，适合将保温层放在屋面结构层上。

保温层通常设在结构层之上、防水层之下，图 10-36 为平屋顶保温构造。为防止寒冷地区或湿度较大的建筑物室内水蒸气渗入保温层，使保温层受潮而降低保温效果，可设置隔汽层。隔汽层可采用气密性好的单层防水卷材或防水涂膜。

由于隔汽层的设置，它与防水层共同使保温层及其上的找平层处于封闭状态，施工时保温层和找平层中残留的水分无法散发出去，在太阳照射下内部温度升高水分汽化成水蒸气使体积膨胀，若水蒸气不排除会造成防水层鼓泡、起鼓甚至破裂，因此常在保温层中设排汽道或排汽孔，如图 10-37 所示。

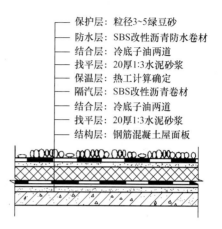

图 10-36 油毡平屋顶保温构造做法

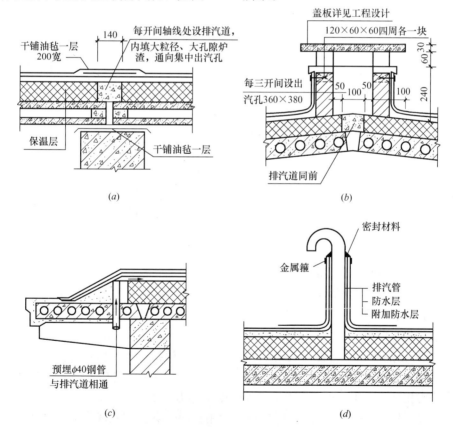

图 10-37 卷材防水排汽构造
（a）保温层设排汽道；（b）檐口进风孔；（c）砖砌出汽孔；（d）管道出汽孔

（2）平屋顶的隔热

屋顶隔热措施通常有以下几种方式：

1) 通风隔热屋面。通风隔热屋面是指在屋顶中设置通风间层，使上层表面起着遮挡阳光的作用，利用风压和热压作用使间层中的热空气不断排出，以减少传到室内的热量，从而达到隔热降温的目的。通风隔热屋面一般有架空通风隔热屋面和顶棚通风隔热屋面两种做法。

①架空通风隔热：通风层设在防水层之上，其做法很多，图10-38为架空通风隔热屋面构造，其中以架空预制板或大阶砖最为常见。架空通风隔热层设计应满足以下要求：架空层应有适当的净高，一般以180～240mm为宜；架空层周边设置一定数量的通风孔，以利于空气流通，当女儿墙不宜开设通风孔时，应距女儿墙500mm范围内不铺架空板；隔热板的支点可做成砖垄墙或砖墩，间距视隔热板的尺寸而定。

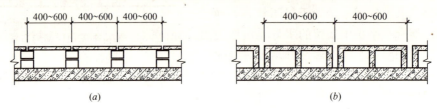

图10-38 架空通风隔热构造
(a) 架空预制板（或大阶砖）；(b) 架空混凝土山形板

②顶棚通风隔热：这种做法是利用顶棚与屋顶之间的空间作通风隔热层，如图10-39所示。顶棚通风层应有足够的净空高度，一般为500mm左右；需在墙体上设置一定数量的通风孔，以利空气对流。

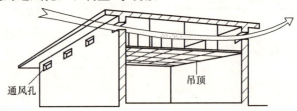

图10-39 顶棚通风屋顶示意图

2) 蓄水隔热屋面。蓄水屋面是指在屋顶上长期蓄水，利用水蒸发时需要大量的汽化热，从而大量消耗晒到屋面的太阳辐射热，以减少屋顶吸收的热能，从而达到降温隔热的目的。蓄水屋面构造与刚性防水屋面基本相同，主要区别是增加了一壁三孔，即蓄水分仓壁、溢水孔、泄水孔和过水孔，如图10-40所示。

3) 种植隔热屋面。种植屋面是在屋顶上种植植物，利用植被的蒸腾和光合作用，吸收太阳辐射热，从而达到降温隔热的目的。种植隔热屋面构造与刚性防水屋面基本相同，所不同的是需增设挡墙和种植介层，如图10-41所示。

4) 反射降温屋面。反射降温屋面是利用材料的颜色和光滑度对热辐射的反射作用，将一部分热量反射回去从而达到降温的目的。例如，采用浅色的砾石、混凝土作屋面，或在屋面上涂刷白色涂料，对隔热降温都有一定的效果。如果在吊顶棚通风隔热的顶棚基层中加铺一层铝箔纸板，利用第二次反射作用，其隔热效果更加显著。

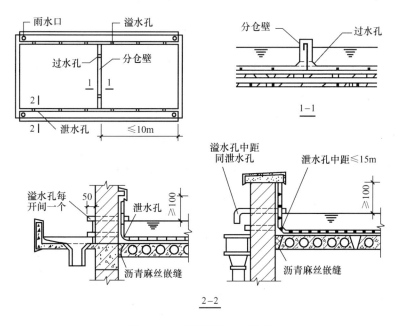

图 10-40 蓄水隔热屋面构造

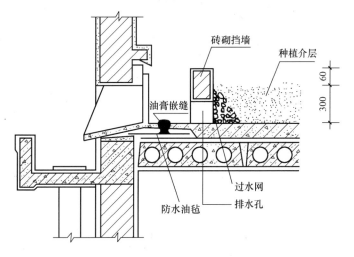

图 10-41 种植隔热屋面构造

10.8.2 坡屋顶的保温与隔热

（1）坡屋顶保温构造

坡屋顶保温有屋面保温和顶棚层保温两种，如图 10-42 所示。其中屋面保温是指将保温层设在瓦材下面或檩条之间，而顶棚层保温则是在顶棚格栅上铺板，先在板上铺油毡作隔汽层，在隔汽层上再铺设保温材料，可达到保温隔热的双重效果。

（2）坡屋顶隔热构造

在炎热地区，较为有效的坡屋顶隔热措施是设置屋顶通风层间，如图 10-43

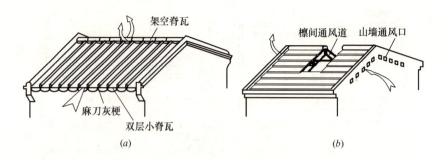

图 10-42 坡屋顶屋面通风层隔热
(a) 双层瓦通风屋面；(b) 檩间通风屋面

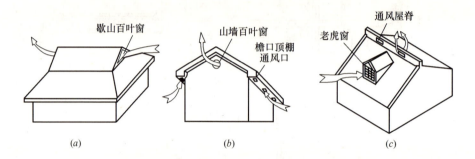

图 10-43 坡屋顶吊顶棚通风隔热
(a) 歇山百叶窗；(b) 山墙百叶窗和檐口通风口；(c) 老虎窗和通风屋脊

所示。具体做法是将屋面铺设双层瓦或檩条下钉纤维板，形成通风间层，利用空气流动带走通风间层中的部分热量。若坡屋顶设吊顶棚时，也可利用吊顶棚与屋面面层之间形成的空间，组织通风隔热，在山墙、屋顶的坡面、檐口以及屋脊等处设通风孔，组织空气对流，形成屋顶内的自然通风，隔热效果明显，此做法对木结构屋顶还能起驱潮防腐的作用。

10.9 防水层施工

10.9.1 沥青防水卷材施工

卷材铺贴前，应将表面的防粘物料清除干净，进行下料，并松卷放在阴凉干燥通风处，使卷材表面湿气散发。

（1）卷材铺贴方法

卷材铺贴方法常用的有浇油粘贴法和刷油粘贴法。浇油粘贴法是用带嘴油壶将沥青胶浇在基层上，然后均匀用力将卷材往前推滚。刷油粘贴法是用长柄粗帆布刷或毛刷将沥青胶均匀涂刷在基层上，然后迅速铺贴卷材。

铺贴卷材时，应严格控制沥青胶粘剂的厚度，一般为 1～1.5mm，最厚不超过 2mm，以保证卷材推铺平直，粘贴牢固。

（2）排汽屋面的卷材铺贴方法

排汽屋面是利用底层卷材与基层之间的空隙作为排汽道。卷材与基层之间的空隙应与找平层和保温层的排汽道一起与大气相连通。排汽屋面底层卷材可采用半铺法、花铺法、条铺法和空铺法（图10-44）。采用这些方法时，底层卷材在檐口、屋脊和屋面所有转角处以及凸出屋面的连接处，至少应有800mm宽度卷材同以上各层卷材一样满涂沥青胶粘贴牢固。

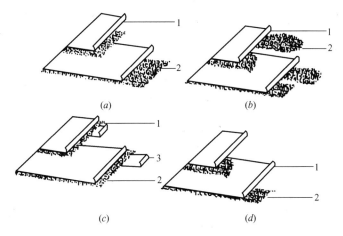

图10-44 排汽屋面卷材铺贴法
（a）半铺法；（b）花铺法；（c）条铺法；（d）空铺法
1—卷材；2—沥青胶结材料；3—增加卷材条（宽度不小于150mm）

沥青防水卷材不管是采用全粘法，还是采用排汽屋面的几种铺贴法，应尽可能使第一层卷材铺贴后，紧接着铺贴上面几层卷材和进行保护层施工。

10.9.2 保护层施工

屋面卷材防水层在阳光、空气、雨雪、灰尘等长期作用下，会胀缩和受侵蚀，卷材易于老化，为提高使用寿命，卷材铺贴完毕经检验合格后，应立即进行保护层施工。

保护层根据做法和用材不同有：涂刷浅色涂料保护层、粘贴块粒状（铝箔、绿豆砂、云母、蛭石等）材料保护层、现浇保护层和板块保护层等。

涂刷浅色和粘贴块粒状保护层所用的浅色涂料及胶粘剂应与卷材材料相容、粘结力强、抗风化性能良好；所用的粘撒料应筛去粉尘，粒径均匀，干净干燥；撒铺均匀，粘结牢固。

现浇保护层可采用 20mm 厚水泥砂浆或 30mm 厚细石混凝土（宜掺入适量微膨胀剂）。水泥砂浆保护层表面应抹压平整密实，每 $1m^2$ 设表面分格缝；细石混凝土保护层应振捣密实，表面抹平压光，并留设分格缝，分格面积不宜大于 $36m^2$。现浇保护层的表面不得撒干水泥面收光。

10.9.3 油膏嵌缝涂料屋面

油膏嵌缝涂料屋面是板缝采用嵌缝材料防水，板面采用涂料防水或板面自防水并涂刷附加层而成的一种屋面形式。这种屋面是在构件自防水屋面的基础上改进形成的一种新型防水屋面，具有造价较低、施工简单、防水可靠、维修方便等特点，适用于整体性较好、变形较小的屋盖体系中。油膏嵌缝一般还与卷材防水屋面、刚性防水屋面配套使用。

(1) 嵌缝材料及施工

1) 嵌缝材料。

嵌缝材料品种很多，性能各异，应根据使用条件、当地气温和材料来源等具体情况，选用质量稳定，具有弹塑性、粘结性、耐候性和可施工性的嵌缝材料。

常用的嵌缝材料有沥青油膏、桐油沥青油膏和聚氯乙烯胶泥等。

沥青油膏具有良好的粘结力、柔韧性和不流淌的特点，但需现场自配。配制方法是先将 10 号建筑石油沥青熔化脱水到 170～180℃以后，依次投入桐油、机油搅拌均匀，待温度降至 160～170℃，再依次逐渐加入预热到 100℃的石棉绒和滑石粉，充分搅拌均匀冷却后便可使用，相应的基层处理剂与上海油膏相同。

桐油沥青油膏是先将 10 号建筑石油沥青加热熔化脱水后，依次加入重柴油、桐油和石棉绒搅拌均匀，熬制半小时即成，其质量配合比为：10 号建筑石油沥青∶重柴油∶桐油∶石棉绒（4～6 级）＝100∶12.5∶1.5∶15。桐油沥青油膏使用时温度应保持180℃左右，相应的基层处理剂与沥青油膏相同。

2) 嵌缝施工。

油膏嵌缝的施工方法有以下两种：

①冷嵌法。冷嵌油膏可采用嵌缝挤压枪，枪嘴伸入缝内，使挤压出的油膏紧密挤满全缝，而后用腻子刀进行修整；当采用手工冷嵌时，宜分两次嵌填，第一次用少量油膏批刮缝槽表面，第二次将油膏切成比缝稍宽的细长条，用腻子刀将油膏条用力嵌入缝内，随切随嵌。然后用铁镏子压实嵌密，其接槎宜用斜接。

②热灌法。加热熬制好的嵌缝材料应随即浇灌，灌缝应由下向上进行，尽量减少接头数量；一般先灌垂直于屋脊的缝，同时在纵横缝交叉处应沿平行屋脊的两侧缝各延伸浇灌不小于 150mm，而后再浇灌平行于屋脊的缝。

嵌缝油膏或胶泥的覆盖宽度，如图 10-45 所示。为保证嵌缝材料的粘结性，嵌缝材料必须纯净，不得混入任何杂物。

(2) 防水涂料屋面施工

防水涂料屋面是通过涂布一定厚度无定形液态防水涂料（或加入胎体），经过常温交联固化而形成胶状弹性涂膜层，以达到防水目的的一种屋面。

1) 涂膜防水材料。

防水涂料品种较多，技术性能不尽

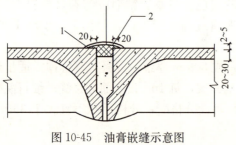

图 10-45 油膏嵌缝示意图
1—保护层；2—油膏

相同，有的质量差异悬殊，使用时，必须选择耐久性、延伸性、粘结性、不透水性和耐候性较好并便于施工操作的优质涂料。

防水涂料根据成膜物质的主要成分可分为高聚物改性沥青防水涂料、合成高分子防水涂料和沥青基防水涂料三类，常用品种见表10-3。

防水涂料主要品种及涂膜防水层厚度　　　　表10-3

类　别	品　种	涂膜防水层厚度（mm）
高聚物改性沥青类	水乳型氯丁橡胶沥青防水涂料、水乳型再生橡胶防水涂料、水乳型SBS弹性沥青防水涂料、JG-1和JG-2等	≥3
合成高分子类	反应型聚氨酯防水涂料、JM-811防水涂料等	≥2
沥青基类	乳化沥青防水涂料、稀释沥青油膏防水涂料等	≥8

2）涂膜防水层施工。

①聚氨酯防水涂层的施工。聚氨酯防水涂料是一种双组分反应型涂料，其防水构造如图10-46所示。

②氯丁橡胶沥青防水涂料屋面施工。氯丁橡胶沥青防水涂料是以氯丁橡胶和沥青为基料，经加工合成的一种水乳型防水涂料。它兼有橡胶和沥青的双重优点，具有防水、抗渗、耐老化、不易燃、无毒、抗基层变形能力强等优点，冷作业施工，操作方便，防水寿命可达10年以上。

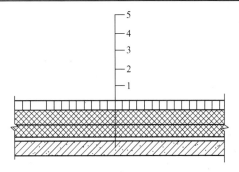

图10-46　聚氨酯涂膜防水层构造
1—基层；2—基层处理剂；3—第一涂膜防水层；
4—第二涂膜防水层；5—保护层

10.10　细石混凝土防水屋面

该屋面是用细石混凝土或补偿收缩细石混凝土作为防水层，具有取材方便、施工简单、维修方便、造价较低、还可上人等优点。但伸缩性较小，对地基的不均匀沉降、房屋的振动、温度的变化及屋盖结构的微小变动等极为敏感，易产生变形开裂。故多用于屋面温差不大、地基情况良好、结构刚度较大及无振动、无高温、无保温层的装配式或整体式的钢筋混凝土屋盖。细石混凝土防水屋面的构造，如图10-47所示。

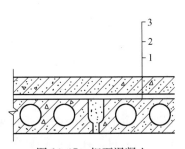

图10-47　细石混凝土
防水屋面的构造
1—预制板；2—隔离层；
3—细石混凝土防水层

10.10.1　构造层的处理及要求

（1）结构层

细石混凝土防水屋面坡度宜为2%~3%，应采用结构找坡；天沟、檐沟应用1：（2~3）的水泥砂浆找坡，当找坡厚度大于 20mm 时，宜采用细石混凝土找坡。结构层宜为整体现浇的钢筋混凝土，浇筑时不留施工缝。当屋面结构层采用装配式钢筋混凝土板时，钢筋混凝土预制板应具有足够刚度，坐浆安装应平稳，端缝对齐，缝的上口宽度不大于 40mm，相邻板面高低差不大于 10mm；板缝应清洗干净，底部支模后浇水湿润板缝，即可在缝下部 30mm 高用 1：2 水泥砂浆灌填捣实，上部用不低于混凝土强度等级 C20 的细石混凝土灌至板面平，并插捣密实，加强养护；当板缝宽度大于 40mm 或下宽上窄时，板缝内必须设置构造钢筋。

(2) 找平隔离层

设置找平隔离层的目的一是保证细石混凝土防水的厚度一致；二是使防水层与结构层之间不粘结，各自变形，不相互制约，以减少结构层变形对防水层的不利影响。故隔离层应采用低强度的材料。常用的找平隔离材料有石灰砂浆、石灰黏土砂浆、干铺卷材或塑料薄膜等。

10.10.2 防水层及施工

(1) 材料要求

防水层细石混凝土应采用强度不低于 32.5R 的普通硅酸盐水泥配制，每 1m³ 混凝土中的水泥用量不应小于 330kg；不得使用火山灰质水泥，采用其他水泥时应采取减少泌水性措施；粗骨料应质地坚硬，级配良好，最大粒径不宜超过 15mm，含泥量不应大于 1%；细骨料应采用洁净的中砂或粗砂；混凝土水灰比不应大于 0.55，含砂率宜为 35%～40%，灰砂比应为 1：(2～2.5)；拌合混凝土用水应采用不含有害物质的洁净水。

防水层细石混凝土使用的膨胀剂、减水剂、防水剂等外加剂应根据不同品种的适用范围、技术要求选定。普通细石混凝土、补偿收缩细石混凝土的强度等级不应小于 C20。

(2) 构造要求

为防止大面积细石混凝土防水层不致由于温度变化等因素而产生裂缝，必须设置分格缝。分格缝应设在承重墙、梁及屋面板支承端、屋面转折处、防水层与凸出屋面结构的交接处，并与板缝对齐。分格缝的纵横间距不宜大于 6m。

细石混凝土防水层的厚度不应小于 40mm。为提高防水层的抗裂性能，应配置直径为 4～6mm、间距为 100～200mm 的双向钢筋（丝）网片，放置于细石混凝土防水层中偏上位置，其保护层厚度不应小于 10mm。钢筋（丝）网片在分格缝处必须断开。

细石混凝土防水屋面分格缝通常采用防水油膏嵌缝密封，在其上再做覆盖保护层。在屋脊及平行于流水方向的分格缝，也可做成泛水，用盖瓦单边坐灰固定覆盖（图 10-48）。

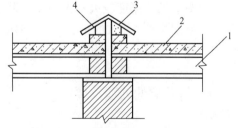

图 10-48 盖瓦式做法
1—预制板基层；2—刚性防水层；3—砂浆；4—盖瓦

10.11 屋面防水及防腐、保温、隔热工程定额工程量计算

10.11.1 坡屋面

(1) 有关规则

瓦屋面、金属压型板屋面，均按图示尺寸的水平投影面积乘以屋面坡度系数以平方米计算。不扣除房上烟囱、风帽底座、风道、屋面小气窗、斜沟等所占面积，屋面小气窗的出檐部分亦不增加。

(2) 屋面坡度系数

利用屋面坡度系数来计算坡屋面工程量是一种简便有效的计算方法。坡度系数的计算方法是：

$$坡度系数 = \frac{斜长}{水平长} = \sec\alpha$$

屋面坡度系数表见表10-4，示意图如图10-49所示。

屋面坡度系数表　　　表10-4

坡 度			延尺系数 C (A=1)	隅延尺系数 D (A=1)
以高度 B 表示 (当 A=1时)	以高跨比表示 ($B/2A$)	以角度表示 (α)		
1	1/2	45°	1.4142	1.7321
0.75		36°52′	1.2500	1.6008
0.70		35°	1.2207	1.5779
0.666	1/3	33°40′	1.2015	1.5620
0.65		33°01′	1.1926	1.5564
0.60		30°58′	1.1662	1.5362
0.577		30°	1.1547	1.5270
0.55		28°49′	1.1413	1.5170
0.50	1/4	26°34′	1.1180	1.5000
0.45		24°14′	1.0966	1.4839
0.40	1/5	21°48′	1.0770	1.4697
0.35		19°17′	1.0594	1.4569
0.30		16°42′	1.0440	1.4457
0.25		14°02′	1.0308	1.4362
0.20	1/10	11°19′	1.0198	1.4283
0.15		8°32′	1.0112	1.4221
0.125		7°8′	1.0078	1.4191
0.100	1/20	5°42′	1.0050	1.4177
0.083		4°45′	1.0035	1.4166
0.066	1/30	3°49′	1.0022	1.4157

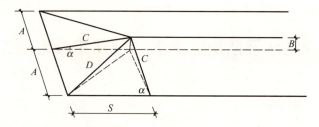

图 10-49 放坡系数各字母含义示意图

注：1. 两坡水排水屋面（当 α 角相等时，可以是任意坡水）面积为屋面水平投影面积乘以延尺系数 C

2. 四坡水排水屋面斜脊长度＝A×D（当 S＝A 时）

3. 沿山墙泛水长度＝A×C

【例】 根据图 10-50 图示尺寸，计算四坡水屋面工程量。

【解】 S＝水平面积×坡度系数 C

＝8.0×24.0×1.118（查表 10-4）

＝214.66m²

【例】 据图 10-50 中有关数据，计算四角斜脊的长度。

【解】 屋面斜脊长＝跨长×0.5×隅延尺系数 D×4（根）

＝8.0×0.5×1.50（查表 10-4）×4＝24.0m

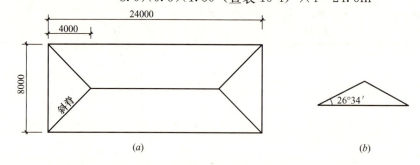

图 10-50 四坡水屋面示意图
(a) 平面；(b) 立面

【例】 根据图 10-51 的图示尺寸，计算六坡水（正六边形）屋面的斜面面积。

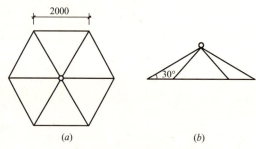

图 10-51 六坡水屋面示意图
(a) 平面；(b) 立面

【解】 屋面斜面面积＝水平面积×延尺系数 C

$$= \frac{3}{2} \times \sqrt{3} \times (2.0)^2 \times 1.1547 (查表10-4)$$

$$= 10.39 \times 1.1547 = 12.00 m^2$$

10.11.2 卷材屋面

(1) 卷材屋面按图示尺寸的水平投影面积乘以规定的坡度系数以平方米计算。但不扣除房上烟囱、风帽底座、风道、屋面小气窗和斜沟所占的面积。屋面女儿墙、伸缩缝和天窗弯起部分（图 10-52、图 10-53），按图示尺寸并入屋面工程量计算，如图纸无规定时，伸缩缝、女儿墙的弯起部分可按 250mm 计算，天窗弯起部分可按 500mm 计算。

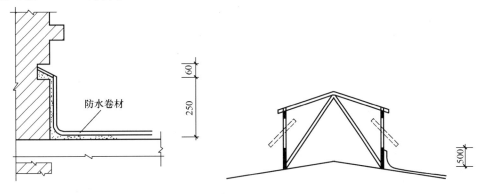

图 10-52 屋面女儿墙防水卷材弯起示意图

图 10-53 卷材屋面天窗弯起部分示意图

(2) 屋面找坡一般采用轻质混凝土和保温隔热材料。找坡层的平均厚度需根据图示尺寸计算加权平均厚度，以立方米计算。

屋面找坡平均厚计算公式：

$$找坡平均厚 = 坡宽(L) \times 坡度系数(i) \times \frac{1}{2} + 最薄处厚$$

【例】 根据图 10-54 所示尺寸和条件计算屋面找坡层工程量。

【解】 ①计算加权平均厚

A 区 $\begin{cases} 面积：15 \times 4 = 60 m^2 \\ 平均厚：4.0 \times 2\% \times \frac{1}{2} + 0.03 = 0.07 m \end{cases}$

B 区 $\begin{cases} 面积：12 \times 5 = 60 m^2 \\ 平均厚：5.0 \times 2\% \times \frac{1}{2} + 0.03 = 0.08 m \end{cases}$

C 区 $\begin{cases} 面积：8 \times (5+2) = 56 m^2 \\ 平均厚：7 \times 2\% \times \frac{1}{2} + 0.03 = 0.10 m \end{cases}$

$$D \text{ 区} \begin{cases} \text{面积：} 6 \times (5+2-4) = 18\text{m}^2 \\ \text{平均厚：} 3 \times 2\% \times \dfrac{1}{2} + 0.03 = 0.06\text{m} \end{cases}$$

$$E \text{ 区} \begin{cases} \text{面积：} 11 \times (4+4) = 88\text{m}^2 \\ \text{平均厚：} 8 \times 2\% \times \dfrac{1}{2} + 0.03 = 0.11\text{m} \end{cases}$$

$$\text{加权平均厚} = \frac{60 \times 0.07 + 60 \times 0.08 + 56 \times 0.10 + 18 \times 0.06 + 88 \times 0.11}{60+60+56+18+88}$$

$$= \frac{25.36}{282} = 0.0899 \approx 0.09\text{m}$$

②屋面找坡层体积

$$V = \text{屋面面积} \times \text{平均厚}$$
$$= 282 \times 0.09$$
$$= 25.38\text{m}^3$$

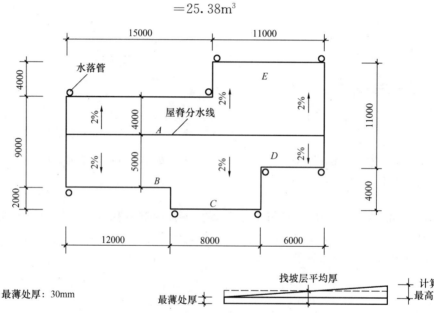

图 10-54 平屋面找坡示意图

(3) 卷材屋面的附加层、接缝、收头、找平层的嵌缝、冷底子油已计入定额内，不另计算。

(4) 涂膜屋面的工程量计算同卷材屋面。涂膜屋面的油膏嵌缝、玻璃布盖缝、屋面分格缝，以延长米计算。

10.11.3 屋面排水

(1) 铁皮排水按图示尺寸以展开面积计算，如图纸没有注明尺寸时，可按表 10-5 规定计算。咬口和搭接用量等已计入定额项目内，不另计算。

铁皮排水单体零件折算表　　　　表 10-5

名称		单位	水落管(m)	檐沟(m)	水斗(个)	漏斗(个)	排水口(个)
铁皮排水	水落管、檐沟、水斗、漏斗、排水口	m²	0.32	0.30	0.40	0.16	0.45
	天沟、斜沟、天窗窗台泛水、天窗侧面泛水、烟囱泛水、通气管泛水、滴水檐头泛水、滴水	m²	天沟(m)	斜沟、天窗窗台泛水(m)	天窗侧面泛水(m)	烟囱泛水(m)	通气管泛水(m) / 滴水檐头泛水(m) / 滴水(m)
			1.30	0.50	0.70	0.80	0.22　0.24　0.11

(2) 铸铁、玻璃钢水落管区别不同直径按图示尺寸以延长米计算，雨水口、水斗、弯头、短管以个计算。

10.11.4 防水工程

(1) 建筑物地面防水、防潮层，按主墙间净空面积计算，扣除凸出地面的构筑物、设备基础等所占的面积，不扣除柱、垛、间壁墙、烟囱及 0.3m² 以内孔洞所占面积。与墙面连接处高度在 500mm 以内者按展开面积计算，并入平面工程量内；超过 500mm 时，按立面防水层计算。

(2) 建筑物墙基防水、防潮层，外墙长度按中心线，内墙长度按净长乘以宽度以平方米计算。

【例】 根据图 9-18 有关数据，计算墙基水泥砂浆防潮层工程量（墙厚均为 240mm）。

【解】 S =（外墙中线长＋内墙净长）×墙厚
＝[(6.0＋9.0)×2＋6.0－0.24＋5.1－0.24]×0.24
＝40.62×0.24＝9.75m²

(3) 构筑物及建筑物地下室防水层，按实铺面积计算，但不扣除 0.3m² 以内的孔洞面积。平面与立面交接处的防水层，其上卷高度超过 500mm 时，按立面防水层计算。

(4) 防水卷材的附加层、接缝、收头、冷底子油等人工材料均已计入定额内，不另计算。

(5) 变形缝按延长米计算。

10.11.5 防腐、保温、隔热工程

(1) 防腐工程

1) 防腐工程项目，应区分不同防腐材料种类及其厚度，按设计实铺面积以平方米计算。应扣除凸出地面的构筑物、设备基础等所占的面积，砖垛等凸出墙面部分按展开面积计算后并入墙面防腐工程量之内。

2) 踢脚板按实铺长度乘以高度以平方米计算，应扣除门洞所占面积并相应增

加侧壁展开面积。

3) 平面砌筑双层耐酸块料时，按单层面积乘以 2 计算。

4) 防腐卷材接缝、附加层、收头等人工材料，已计入定额内，不再另行计算。

(2) 保温隔热工程

1) 保温隔热层应区别不同保温隔热材料，除另有规定者外，均按设计实铺厚度以立方米计算。

2) 保温隔热层的厚度按隔热材料（不包括胶结材料）净厚度计算。

3) 地面隔热层按围护结构墙体间净面积乘以设计厚度以立方米计算，不扣除柱、垛所占的体积。

4) 墙体隔热层：外墙按隔热层中心线，内墙按隔热层净长乘以图示尺寸的高度及厚度以立方米计算。应扣除冷藏门洞口和管道穿墙洞口所占体积。

5) 柱包隔热层，按图示柱的隔热层中心线的展开长度乘以图示尺寸高度及厚度以立方米计算。

(3) 其他

1) 池槽隔热层按图示池槽保温隔热层的长、宽及其厚度以立方米计算。其中池壁按墙面计算，池底按地面计算。

2) 门洞口侧壁周围的隔热部分，按图示隔热层尺寸以立方米计算，并入墙面的保温隔热工程量内。

3) 柱帽保温隔热层按图示保温隔热层体积并入顶棚保温隔热层工程量内。

10.12　屋面及防水工程清单工程量计算

10.12.1　膜结构屋面

(1) 基本概念

膜结构，也称索膜结构，是一种以膜布与支撑（柱、网架等）和拉结结构（拉杆、钢丝绳等）组成的屋盖、篷顶结构。

(2) 工程内容

膜结构屋面的工程内容包括膜布热压胶接，支柱（网架）制作、安装，膜布安装，穿钢丝绳、锚头锚固、刷油漆等。

(3) 项目特征

膜结构屋面项目特征包括：

1) 膜布品种、规格、颜色；

2) 支柱（网架）钢材品种、规格；

3) 钢丝绳品种、规格；

4) 油漆品种、刷漆遍数。

(4) 计算规则

膜结构屋面工程量按设计图示尺寸以需要覆盖的水平面积计算。

(5) 有关说明

"需要覆盖的水平面积"是指屋面本身的面积,不是指膜布的实际水平投影面积。

10.12.2 屋面卷材防水

(1) 工程内容

屋面卷材防水的工程内容包括基层处理,抹找平层,刷底油,铺油毡卷材、接缝、嵌缝,铺保护层等。

(2) 项目特征

屋面卷材防水的项目特征包括:

1) 卷材品种、规格;
2) 防水层做法;
3) 嵌缝材料种类;
4) 防护材料种类。

(3) 计算规则

屋面卷材防水工程量按设计图示尺寸以面积计算,斜屋顶按斜面积计算,平屋顶按水平投影面积计算,不扣除房上烟囱、风帽底座、风道、屋面透气窗和斜沟所占面积。屋面的女儿墙、伸缩缝和天窗等处的弯起部分,并入屋面工程量内。

(4) 有关说明、

屋面卷材防水项目适用于利用胶结材料粘贴卷材进行防水的屋面。

10.13 防腐、隔热、保温工程清单工程量计算

防腐砂浆面层清单工程量计算。

(1) 工程内容

防腐砂浆面层的工程内容包括基层处理,基层刷稀胶泥,砂浆制作、运输、摊铺、养护等。

(2) 项目特征

防腐砂浆面层的项目特征包括:

1) 防腐部位;
2) 面层厚度;
3) 砂浆种类。

(3) 计算规则

防腐砂浆面层工程量按设计图示尺寸以面积计算。平面防腐应扣除凸出地面的构筑物、设备基础等所占面积,立面防腐应将砖垛等凸出部分按展开面积并入墙面积内计算。

(4) 有关说明

保温隔热顶棚项目适用于各种材料的下贴式或吊顶上搁式的顶棚。

11 装饰工程量计算

(1) 关键知识点

玻璃　涂料　陶瓷饰面砖　装饰板　彩色压型钢板　墙纸　抹灰工程量　贴砖工程量　裱糊工程量　顶棚吊顶工程量　油漆涂料工程量

(2) 教学建议

现场参观　多媒体教学　课堂讲授　课题作业　小组讨论

11.1 装饰材料

装饰材料也称装修材料，是指用于内外墙面、地面和顶棚的饰面材料。装饰材料既有突出的装饰效果，又有保护主体结构的作用。装饰材料除要求有一定的强度、耐水性、耐腐蚀性、抗火性和耐久性外，还要求具有装饰效果，如颜色、光泽、透明度、表面特征以及造型等。

11.1.1 玻璃及其制品

(1) 普通平板玻璃

它是建筑中使用量最大的一种玻璃，它有 2mm、3mm、4mm、5mm、6mm、7mm、8mm、10mm、12mm 等几种规格，主要用于门窗中。在生产工艺上主要是浮法玻璃，其特点是产量高、品种多、规模大、易操作、经济效益好等。

(2) 钢化玻璃

钢化玻璃是用把平板玻璃加热到一定温度后迅速冷却（即淬火）的方法或化学方法（即离子交换法）而制成的。其特点是强度比平板玻璃高 4~6 倍，其平均抗弯强度不低于 200MPa。

钢化玻璃耐冲击，耐急冷急热。由于钢化时产生了均匀的内应力，从而使玻璃表面产生预加压应力的效果，破碎时碎片小且无锐角，不易伤人，故又名安全玻璃。这种玻璃主要用于高层建筑门窗、隔墙等处。

（3）压花玻璃

压花玻璃是将熔融的玻璃液在快冷中通过带图案花纹的辊轮滚压而成的制品，又称花纹玻璃或滚花玻璃。

压花玻璃具有透光不透视的特点。这是由于其表面凹凸不平，当光线通过时即产生漫射，从玻璃的一面看另一面的物体时，物像就显得模糊不清。另外，压花玻璃因其表面有各种图案花纹，所以又具有一定的艺术装饰效果。这种玻璃多用于办公室、会议室、浴室、卫生间以及公共场所分离的门窗和隔断处。

使用时应注意的是，如果花纹面安装在外侧，不仅很容易积灰弄脏，而且一沾水弄湿就能透视，因此安装时应将花纹朝室内。

（4）磨砂玻璃

磨砂玻璃又称毛玻璃，它是将平板玻璃的表面经机械喷砂、手工研磨或氢氟酸溶蚀等方法处理成均匀毛面。其特点是透光不透视，且光线不刺眼，用于需透光而不透视的卫生间、浴室等处。安装磨砂玻璃时，应注意将毛面面向室内。磨砂玻璃还可做黑板。

（5）有色玻璃

有色玻璃是在原料中加入各种金属氧化物作为着色剂而制得的带有红、绿、黄、蓝、灰等颜色的透明玻璃。将有色玻璃按设计的图案划分后，用铅条或黄铜条拼装成瑰丽的花窗，装饰效果很好；有时在玻璃原料中加入乳浊剂（萤石等），可制得乳浊有色玻璃，白色的则称为乳白玻璃。这类玻璃透光而不透视，具有独特的装饰效果。有色玻璃适用于对光有特殊要求的采光部位和装饰外墙面用。

（6）玻璃空心砖

玻璃空心砖一般是由两块压铸成的凹形玻璃，经熔接或胶接成整块的空心砖。砖面可为平光，也可在内、外压铸各种花纹。砖内腔可为空气，也可填充玻璃棉等。砖形有方形、长方形、圆形等。玻璃砖具有一系列优良的性能，绝热、隔声、光线柔和优美。砌筑方法基本上与普通砖相同。

（7）夹层玻璃

夹层玻璃是在2片或多片玻璃之间嵌夹透明塑料薄片，经热压粘合而成的平面或曲面的复合玻璃制品。

夹层玻璃原片可采用磨光玻璃、浮法玻璃、钢化玻璃、彩色玻璃、吸热与热反射玻璃等，塑料薄片常用聚乙烯醇缩丁醛。复合后玻璃制品的抗冲击和抗穿透性能较一般玻璃大为提高，适用于安全性要求较高的建筑、机车车辆及船舶的门窗。

（8）中空玻璃

中空玻璃是将2片或多片平板玻璃的周边用间隔框分开，并用密封胶密封，使玻璃层间形成有干燥气体空间的玻璃制品。中空玻璃可采用平板玻璃、夹层玻璃、钢化玻璃、吸热玻璃、热反射玻璃和压花玻璃等。

由于中空玻璃的玻璃与玻璃之间留有一定的空腔，从而使其具有良好的保温、隔热、隔声等性能。主要用于需要供暖、空调、防止噪声或结露以及需要无直射阳光的建筑物上。

（9）玻璃锦砖

它与陶瓷锦砖在外形和使用方法上有相似之处，但它是半透明的玻璃质材料，呈乳浊或乳浊状，内含少量气泡和未熔颗粒。单块玻璃锦砖的尺寸一般为20mm×20mm×4mm 或 25mm×25mm×4.2mm。

玻璃锦砖具有色调柔和、朴实、典雅、美观大方、化学性能稳定、冷热稳定性好等优点，此外还具有不变色、不积灰、历久常新、质量轻、水泥粘结性能好等特点，常用于外墙装饰。

11.1.2 建筑装饰涂料

建筑装饰涂料简称涂料，与油漆是同一概念，是涂敷于物体表面，能与基体材料很好粘结并形成完整而坚韧保护膜的物料。

涂料的种类繁多，按主要成膜物质的性质可分为有机涂料、无机涂料和有机无机复合涂料三大类；按使用部位分为外墙涂料、内墙涂料和地面涂料等；按分散介质种类分为溶剂型和水溶型两类。

（1）过氯乙烯内墙涂料

过氯乙烯内墙涂料为溶剂型涂料，是以过氯乙烯树脂为基料，掺入增塑剂、稳定剂、颜料和填充剂等经混炼、切片后溶于有机溶剂中制成的一种内墙涂料。其色彩丰富、表面平滑、装饰效果好，并具有较好的耐老化性和防水性等。

（2）氯化橡胶外墙涂料

氯化橡胶外墙涂料是在合成橡胶或天然橡胶制成的白色粉末树脂中，加入溶剂、颜料和助剂等配制成的一种溶剂型外墙饰面涂料。它具有涂层干燥快、耐水、耐碱、耐候、耐污染、耐洗刷等特点。

（3）聚醋酸乙烯乳胶涂料

聚醋酸乙烯乳胶涂料是以聚醋酸乙烯乳液为主要胶粘剂，配以多种填料、颜料及助剂而制成的水性涂料。它具有无毒、无味、不燃烧、装饰效果明快、施工方便等优点。产品还具有耐碱、耐水、耐洗刷等特性。适用于一般民用建筑、学校、工厂等内墙装饰。

（4）苯丙乳液外墙涂料

苯丙乳液外墙涂料是以苯丙乳液为基料，加入颜料、填料和助剂配制而成的。具有安全无毒、施工方便、干燥迅速、颜色鲜艳等优点。这种涂料具有透气性、耐水、耐碱、耐老化且保色性能好、附着力强等特点。既适用于建筑物外墙装饰，也可用于木质或钢质门窗的涂布保护装饰。

（5）硅酸钾无机外墙涂料

硅酸钾无机外墙涂料是以硅酸钾为主要成膜物质，加入适量的固化剂、颜料、填料和分散剂经搅拌混合而成。它具有良好的耐老化、耐碱、耐水性和成膜温度低等特点。这种涂料以水为分散介质，施工方便，环境污染小。另外，其原料丰富，生产工艺也比较简单，成本较低。

（6）丙烯酸系复层涂料

丙烯酸系复层涂料是以丙烯酸共聚乳液为基料的一种水溶型复合层涂料，一般由底料层、主涂层和面涂层组成。其中底涂层用于封闭基层和增强主涂料的附着能力；主涂层用于形成凹凸式平状装饰面；面涂层用于装饰面着色，提高耐候性、耐污染性和防水性等。涂层具有优良的耐候性、耐水性、耐碱性、耐冷热循环性、耐玷污性以及粘结强度高等特性。此外，涂层质感强、装饰效果好、施工方便、不污染环境。适用于中高层建筑、公共设施、小型别墅、宾馆、饭店等的外墙装饰。

11.1.3 建筑陶瓷饰面砖

建筑陶瓷饰面砖包括釉面砖、墙地砖、锦砖、建筑琉璃制品等，广泛用作建筑物内外墙、地面和屋面的装饰和保护，已成为房屋装修的一类极为重要的装饰材料。其产品总的发展趋势是提高质量、增大尺寸、品种多样、色彩丰富、图案新颖。

（1）釉面砖

釉面砖又称内墙砖，属于精陶类制品。它是以黏土、石英、长石、助熔剂、颜料以及其他矿物原料，经破碎、研磨、筛分、配料等工序加工成含一定水分的生料，再经模具压制成型（坯体）、烘干、素烧、施釉和釉烧而成，或坯体施釉一次烧成。这里所谓的釉，是指附着于陶瓷坯体表面的连续玻璃质层，具有与玻璃相类似的某些物理化学性质。

釉面砖具有色泽柔和典雅、美观耐用、朴实大方、防火耐酸、易清洁等特点，主要用作建筑物内部墙面，如厨房、卫生间、浴室、墙裙等的装饰与保护。

近年来，我国釉面砖有了很大的发展。颜色从单一色调发展成彩色图案，还有专门烧制成供巨幅壁画拼装用的彩釉砖；在质感方面，已在表面光平的基础上增加了有凹凸花纹和图案的产品，给人以立体感。釉面砖的使用范围也已从室内装饰推广到建筑物的外墙装饰。

釉面砖内墙砖常用规格有：108mm×108mm×5mm、152mm×152mm×5mm。

（2）建筑琉璃制品

建筑琉璃制品是我国陶瓷宝库中的古老珍品之一。它是用难熔黏土制坯，经干燥、上釉后焙烧而成的。颜色有绿、黄、蓝、青等。品种可分为三类，即瓦类（板瓦、滴水瓦、筒瓦、沟头）、脊类和饰件类（吻、博古、兽）。

琉璃制品色彩绚丽、造型古朴、质坚耐久，用它装饰的建筑物富有我国传统的民族特色，主要用于具有民族色彩的宫殿式房屋和园林中的亭、台、楼阁等。

（3）陶瓷劈离砖

陶瓷劈离砖又称劈裂砖、劈开砖或双层砖。它是以黏土为主要原料，经配料、真空挤压成型、烘干、焙烧、劈离（将一块双联砖分为两块砖）等工序制成的。产品具有均匀的粗糙表面、古朴高雅的风格，耐久性好，广泛用于地面和外墙装饰。

（4）卫生陶瓷

卫生陶瓷多用耐火黏土或难熔黏土经配制料浆、灌浆成型、上釉焙烧而成。卫生陶瓷结构形式多样，颜色分为白色和彩色，表面光洁、不透水，易于清洗，并耐化学腐蚀。多用于浴室、盥洗室、厕所等处的卫生洁具，如洗面器、坐便器、水槽等。

11.1.4 饰面板

饰面板装饰材料包括木材类装饰板、石膏类装饰板、塑料类装饰板、金属类装饰板等。

（1）木材制品装饰板

木材类装饰板主要制品有天然木板、大芯板、胶合板、纤维板、木丝板、木质装饰吸声板等。其材料质感细腻，具有美丽的天然花纹，古朴典雅、美观大方，装饰效果好，给人以亲切感，对改善室内音质效果有一定作用。唯防潮、防火、防霉、防蛀性能欠佳。一般用于室内的墙面、墙裙、护墙板、门窗包口、地板和顶棚的高级装修。

（2）石膏装饰板

石膏装饰板主要有纸面石膏板、装饰石膏板等。纸面石膏板是以建筑石膏为主要原料，掺入纤维、外加剂（发泡剂、缓凝剂等）和适量轻质填料等，加水搅拌成带微孔的料浆，注入两层纸之间，经滚压、切割、烘干而成。它具有质轻、不燃、易切割、可钉、可粘贴等性能。板面可进行喷浆、油漆、粘贴壁纸等饰面处理。纸面石膏板主要用于室内吊顶、隔墙、墙面装饰等。

石膏装饰板是用建筑石膏掺玻璃纤维加水拌合，浇模成型，脱模后干燥而成的。多制成浅浮雕立体图案，花纹清晰，具有独特的装饰效果。石膏装饰板主要用于室内吊顶、墙面的艺术装饰、浮雕等。

（3）塑料装饰板

1）塑料装饰板。塑料装饰板是以印有各种色彩、图案的纸为胎，浸渍三聚氰胺酯和酚醛树脂，再经热压制成的可覆于各种基材上的一种装饰贴面材料，有镜面型和柔光型两种。产品具有图案、色调丰富多彩，耐湿，耐磨，耐烫，耐燃烧，耐一般酸、碱、油脂及酒精等溶剂的侵蚀，表面平整，极易清洗等特点。塑料装饰板主要用作护墙板、屋面板、吊顶板和各种室内及家具的装饰、装修。其质量轻，能降低建筑物的自重。

2）钙（铝）塑板。钙（铝）塑板是以高压聚乙烯为基料，轻质碳酸钙、氢氧化铝为填料，加入发泡剂等，混炼、压成底层片及表层片，再经热压、发泡真空成型而成。钙塑板的表观密度小，掺入阻燃剂后有阻燃效果，可提高耐火性能。它用于要求吸声的室内吊顶时，可在板面上穿孔，板上放置吸声材料，还可根据设计要求做出丰富的立体造型，得到很好的装饰效果。

此外，还有聚氯乙烯塑料装饰板、硬质聚氯乙烯透明板、覆塑装饰板、玻璃钢装饰板等。

（4）金属装饰板

1）铝合金装饰板。铝合金可制成平板或波形板，也可压成各种断面的型材，在现代建筑上已得到广泛应用。

铝合金花纹板是将防锈铝合金坯料用花纹轧辊轧制而成的。其花纹美观大方，不易磨损，防滑性好，防腐蚀性能强，便于清洗，常用于现代建筑的墙面装饰和楼梯踏板等处。

镁铝曲面装饰板简称镁铝曲板，是以酚醛纤维板、镁铝合金箔板、底层纸为原料，经抛光、粘结和电热烘干、刻沟、涂沟等工艺制成。它具有耐磨、防水、不积污垢、外形美观等特点，适用于顶棚、门框、镜框、包边的装饰。

2）不锈钢板。不锈钢具有优良的抗腐蚀性能，可以较长时间地保持初始装饰效果。其制品表面可为本色、不抛光，亦可抛光至高度发亮，或通过化学浸渍进行着色处理，制得褐、蓝、黄、红、绿等各种颜色，进一步提高装饰效果。不锈钢不仅适用于室内，也可用于室外装饰。

3）彩色压型钢板。彩色压型钢板以镀锌钢板为基材，经成型机轧制，并敷以各种防腐耐蚀涂层与彩色烤漆而制成。为了使建筑立面获得线型，常把板压成有折角的大、小波型。这种板材具有质量轻、抗震性好、色彩鲜艳、加工简易、施工方便等特点，广泛用于工业厂房和公共建筑的屋面与墙面。

4）金属搪瓷板。金属搪瓷板常以薄钢板或铝板为基材，在表面搪上含硒的熔化温度低的玻璃，为了获得不透明性可加钛锆化合物。除此之外，为了使瓷面牢固地粘结在金属板的表面上，还须加入钴元素。金属搪瓷板坚硬、耐久、可洗，并可制成各种色彩，无论室内、室外均可采用。

11.1.5 水泥、石碴类装饰材料

用水泥、砂、碎石和石碴作为装饰材料的做法有两类：一类是现场湿作饰面，也称为抹灰类装饰，如混合砂浆、水泥砂浆、水刷石、干粘石、剁斧石、水磨石等；另一类是预制加工成制成品，也称人造石制品，如人造大理石、人造花岗石、人造玛瑙石、水磨石板等。

（1）水泥砂浆和细石混凝土饰面

以普通水泥砂浆和细石混凝土为主制作饰面材料是传统的装修方式。其主要特点是材料品种单一、来源广泛、施工简便、造价低廉；缺点是饰面耐久性较差、易开裂、颜色灰暗、不耐污染、手工操作多、工效较低。

近年来成功地采用了聚合物水泥饰面材料，在普通水泥或砂浆中掺加适量的有机聚合物，可提高与基层的粘结力，防止开裂、脱落。采用喷涂、滚涂、弹涂等施工工艺，可获得多种装饰效果的墙体饰面。如掺加疏水剂（甲基硅酸钠），可使其吸水率降低，提高水泥饰面的耐污染性能。

装饰混凝土是一种混凝土饰面的新技术。利用白色或彩色水泥和骨料的颜色、质感、线型等特征制成装饰混凝土饰面，可以获得富有人性化的视觉效果。

应用彩色混凝土制作的路面砖可美化城市路面，还可作为永久性的交通标志。

（2）水泥胶结的石碴饰面

水泥胶结的石碴饰面是以各种水泥为胶粘剂，与砂和大理石或花岗石碎粒等

骨料制作而成，用于外墙装饰的有水刷石、剁斧石、干粘石饰面等；用作内墙或地面饰面的有水磨石、人造大理石、人造花岗石等，其质感和装饰效果接近磨光天然大理石和花岗石。预制水磨石和人造石可铺设地面、镶贴墙面、柱面、窗台板、楼梯踏步、阳台栏板等。

这种饰面的装饰效果比水泥抹灰类饰面好，但造价稍高，耐腐蚀性能也较差，表面也容易出现微小龟裂和泛霜。如在砂浆中掺入108胶可使干粘石的石碴粘结牢固，提高了装饰质量和耐久性。

（3）树脂胶结的石碴饰面

它以不饱和树脂为胶粘剂，石英砂、大理石碎粒或粉等无机材料为骨料，经搅拌混合、浇筑成型、固化、脱模、烘干、抛光等工序制成的装饰材料。不饱和树脂的黏度低，易于成型，且可在常温下快速固化。产品光泽好、基色浅，可调制成各种鲜明的颜色。其色彩和花纹均可根据要求设计制作。

树脂胶结的石碴饰面具有天然石材的质感，但质量轻、强度高、耐腐、耐污染，可锯切、钻孔，施工方便，还可以制作成弧形、曲面等天然石材难以加工的复杂形状。它适用于墙面、门套或柱面装饰，也可用作工厂、学校等的工作台面及各种卫生洁具制作，还可加工成浮雕、工艺品等。

11.1.6 墙纸

墙纸又称壁纸，系利用各种彩色花纸装饰墙面。它具有一定艺术效果，但一般花纸不仅怕潮、怕火、不耐久，而且脏了不能洗刷，故应用受到限制。依其构成材料和生产方式的不同，可分为以下几类。

（1）PVC塑料墙纸

塑料墙纸是当今流行的室内墙面装饰材料之一。它除具有色彩艳丽、图案雅致、美观大方等艺术特征外，在使用上还具有不怕水、抗油污、耐擦洗、易清洁等优点，是理想的室内装饰材料。

塑料墙纸由面层和衬底层在高温下复合而成。面层以聚氯乙烯塑料或发泡塑料为原料，经配色、喷花或压花等工序与衬底进行复合。根据发泡工艺又有低发泡塑料和高发泡塑料之分，形成浮雕型、凹凸图案型。其表面丰满厚实、花纹起伏、立体感强，且富有弹性，装饰效果高雅豪华。而普通聚氯乙烯塑料面层亦显图案清新、花纹美观、色彩丰富、装饰感强。

墙纸的衬底大体分纸底与布底两类。纸底成型简单，价格低廉，但抗拉性能较差；布底有密织纱布和稀织网纹之分。它具有较好的抗拉能力，较适宜于可能出现微小裂隙的基层上，撞击时不易破损，经久耐用。多用于高级宾馆客房及走廊等公共场所。

（2）纺织物面墙纸

纺织物面墙纸是采用各种动、植物纤维（如羊毛、兔毛、棉、麻、丝等纺织物）以及人造纤维等纺织物作面料，复合于纸质衬底而制成的墙纸。由于各种纺织面料质感细腻、古朴典雅、清新秀丽，故多用作高级房间装修之用。

(3) 金属面墙纸

金属面墙纸是由面层和底层组成的。面层系以铝箔、金粉、金银线等为原料，制成各种花纹、图案，并同用以衬托金属效果的漆面（或油墨）相间配置而成，然后将面层与纸质衬底复合压制而成墙纸。其生产工艺要求较高。墙纸表面呈金色、银色或古铜色等多种颜色，构成多种图案，在光线照射下，色泽鲜艳，墙面显得金碧辉煌，古色古香，别有风味。同时，它可防酸、防油污。因此，多用于高级宾馆、餐厅、酒吧以及住宅建筑的厅堂之中。

(4) 天然木纹面墙纸

这类墙纸系采用名贵木材剥出极薄的木皮，贴于布质衬底上面制成。它类似胶合板，色调沉着、雅致，富有人性味、亲切感，具有特殊的装饰效果。

为了合理使用墙纸，必须根据不同墙纸的使用要求、使用特点进行选择。国际上通常将每种墙纸的型号、规格、使用性能用符号标注在产品的背面，供选购者参考。

11.1.7 隔墙

(1) 骨架隔墙

骨架隔墙又名立筋隔墙，由骨架和面层两部分组成。它是以骨架为依托，把面层钉结、涂抹或粘贴在骨架上形成的隔墙。

骨架有木骨架、轻钢骨架、石膏骨架、石棉水泥骨架和铝合金骨架等。如木骨架由上槛、下槛、墙筋、斜撑及横撑等组成。其特点是质轻墙薄、构造简单、拆装方便、不受部位限制、具有较大的灵活性，但防水、防潮、防火、隔声性能较差。

面层有人造板面层和抹灰面层，根据不同的面板和骨架材料可分别采用钉子、自攻螺钉、膨胀铆钉或金属夹子等，将面板固定在立筋骨架上。隔墙的名称是依据不同的面层材料而定的，如板条抹灰隔墙和人造板面层隔墙等，如图 11-1 所示。

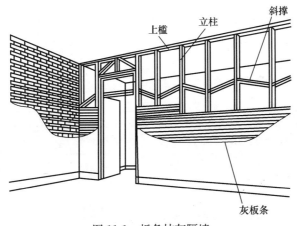

图 11-1 板条抹灰隔墙

(2) 板材隔墙

板材隔墙是指单块轻质板材的高度相当于房间净高的隔墙，它不依赖骨架，可直接装配而成。它具有自重轻、安装方便、施工速度快、工业化程度高的特点。目前多采用加气混凝土条板、石膏条板、碳化石灰板、石膏珍珠岩板以及各种复合板（如泰柏板）等，如图 11-2 所示。

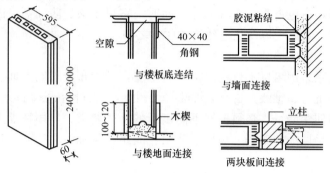

图 11-2 碳化石灰板隔墙

11.2 墙面装饰

11.2.1 墙面装修的作用及分类

墙面装修是建筑装饰中的重要内容之一，它可以保护墙体、提高墙体的耐久性，改善墙体的热工性能、光环境和卫生条件，还可以美化环境，丰富建筑的艺术形象。

按其所处的部位不同，可分为室外装修和室内装修。按材料及施工方式的不同可分为抹灰类、贴面类、涂料类、裱糊类和铺钉类五大类。见表 11-1。

墙面装修分类　　　　表 11-1

类 别	室 外 装 修	室 内 装 修
抹灰类	水泥砂浆、混合砂浆、聚合物水泥砂浆、拉毛、水刷石、干粘石、斩假石、喷涂、滚涂等	纸筋灰、麻刀灰粉面、石膏粉面、膨胀珍珠岩灰浆、混合砂浆、拉毛、拉条等
贴面类	外墙面砖、陶瓷锦砖、水磨石板、天然石板等	釉面砖、人造石板、天然石板等
涂料类	石灰浆、水泥浆、溶剂型涂料、乳液涂料、彩色胶砂涂料、彩色弹涂等	大白浆、石灰浆、油漆、乳胶漆、水溶性涂料、弹涂等
裱糊类		塑料墙纸、金属面墙纸、木纹壁纸、花纹玻璃纤维布、纺织面墙纸及锦缎等
铺钉类	各种金属饰面板、石棉水泥板、玻璃等	各种木夹板、木纤维板、石膏板及各种饰面板等

11.2.2 墙面装修构造

(1) 抹灰类

抹灰又称粉刷，是我国传统的饰面做法。其材料来源广泛，施工操作简便，造价低廉，应用广泛。

抹灰分为一般抹灰和装饰抹灰两类。一般抹灰有石灰砂浆、混合砂浆、水泥砂浆等；装饰抹灰有水刷石、干粘石、斩假石、水泥拉毛等。

为保证抹灰牢固、平整、颜色均匀和面层不开裂脱落，施工时需分层操作。一般抹灰分为普通抹灰和高级抹灰两个等级。

底层厚10～15mm，主要起粘结和初步找平作用，施工上称刮糙；中层厚5～12mm，主要起进一步找平作用；面层抹灰又称罩面，厚3～5mm，主要作用是使表面平整、光洁、美观，以取得良好的装饰效果。一般外墙抹灰在20～25mm厚，内墙抹灰在15～20mm厚，如图11-3所示。

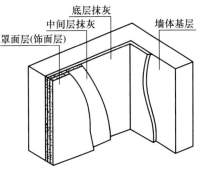

图11-3 墙面抹灰分层
（可根据需要设多遍中间层）

常见抹灰的具体构造做法，见表11-2。

墙面抹灰做法举例　　　　　　表11-2

抹灰名称	做 法 说 明	适用范围
水泥砂浆墙(1)	8mm厚1:2.5水泥砂浆抹面 12mm厚1:3水泥砂浆打底扫毛 刷界面处理剂一道(随刷随抹底灰)	混凝土基层的外墙
水刷石墙面(1)	8mm厚1:1.5水泥石子(小八厘)罩面，水刷露出石子 刷素水泥浆一道 12mm厚1:3水泥砂浆打底扫毛 刷界面处理剂一道(随刷随抹底灰)	混凝土基层的外墙
水刷石墙面(2)	8mm厚1:1.5水泥石子(小八厘)罩面，水刷露出石子 刷素水泥浆一道 6mm厚1:1:6水泥石灰膏砂浆抹平扫毛 6mm厚1:0.5:4水泥石灰膏砂浆打底扫毛 刷加气混凝土界面处理剂一道	加气混凝土等轻型外墙
斩假石(剁斧石)墙面	剁斧斩毛两遍成活 10mm厚1:1.25水泥石子抹平(米粒石内掺30%石屑) 刷素水泥浆一道 10mm厚1:3水泥砂浆打底扫毛 清扫积灰，适量洇水	砖基层的外墙

续表

抹灰名称	做 法 说 明	适用范围
水泥砂浆墙(2)	刷(喷)内墙涂料 5mm厚1：2.5水泥砂浆抹面，压实赶光 13mm厚1：3水泥砂浆打底	砖基层的内墙
水泥砂浆墙(3)	刷(喷)内墙涂料 5mm厚1：2.5水泥砂浆抹面，压实赶光 5mm厚1：1：6水泥石灰膏砂浆扫毛 6mm厚1：0.5：4水泥石灰膏砂浆打底扫毛 刷界面处理剂一道	加气混凝土等 轻型内墙
纸筋(麻刀)灰墙面(1)	刷(喷)内墙涂料 2mm厚纸筋(麻刀)灰抹面 6mm厚1：3石灰膏砂浆 10mm厚1：3：9水泥石灰膏砂浆打底	砖基层的内墙
纸筋(麻刀)灰墙面(2)	刷(喷)内墙涂料 2mm厚纸筋(麻刀)灰抹面 9mm厚1：3石灰膏砂浆 5mm厚1：3：9水泥石灰膏砂浆打底划出纹理 刷加气混凝土界面处理剂一道	加气混凝土等 轻型内墙

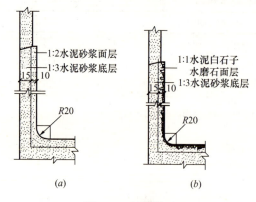

图 11-4　墙裙构造
(a) 水泥砂浆墙裙；(b) 水磨石墙裙

在室内抹灰中，对人群活动频繁、易受碰撞的墙面，或有防水、防潮要求的墙身，常采用1：3水泥砂浆打底，1：2水泥砂浆或水磨石罩面，高约1.5m的墙裙，如图11-4所示。

对于易被碰撞的内墙阳角，宜用1：2水泥砂浆做护角，高度不应小于2m，每侧宽度不应小于50mm，如图11-5所示。

外墙面因抹灰面积较大，由于材料干缩和温度变化，容易产生裂缝，常在抹灰面层作分格，称为引条线。引条线的做法是在底灰上埋放不同形式的木引条，面层抹灰完毕后及时取下引条，再用水泥砂浆勾缝，以提高抗渗能力，如图 11-6 所示。

（2）贴面类

贴面类装修是指将各种天然石材或人造板、块，通过绑、挂或直接粘贴于基层表面的装修做法。它具有耐久性好、装饰性强、容易清洗等优点。常用的贴面材料有花岗石板、大理石板、水磨石板、水刷石板、面砖、瓷砖、锦砖和玻璃制品等。

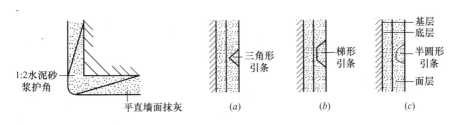

图 11-5 护角做法

图 11-6 外墙抹灰面的引条做法
(a) 三角形线脚；(b) 梯形线脚；(c) 半圆形线脚

1）石板材墙面装修。它包括天然石材和人造石材，天然石板强度高、结构密实、不易污染、装修效果好，但加工复杂、价格昂贵，多用于高级墙面装修中。人造石板一般由白水泥、彩色石子、颜料等配合而成，具有天然石材的花纹和质感，同时有重量轻、表面光洁、色彩多样、造价较低等优点。

石板安装时，为保证石板饰面的坚固和耐久，一般应先在墙身或柱内预埋Φ6钢筋，在钢筋内立Φ8～Φ10竖筋和横筋，形成钢筋网，再用双股铜线或镀锌钢丝穿过事先在石板上钻好的孔眼，将石板绑扎在钢筋网上，上下两块石板用不锈钢卡销固定。石板与墙之间一般留30mm缝隙，上部用定位活动木楔做临时固定，校正无误后，在板与墙之间分层浇筑1∶2.5水泥砂浆，每次灌入高度不应超过200mm。待砂浆初凝后，取掉定位活动木楔，继续上层石板的安装，如图11-7所示。

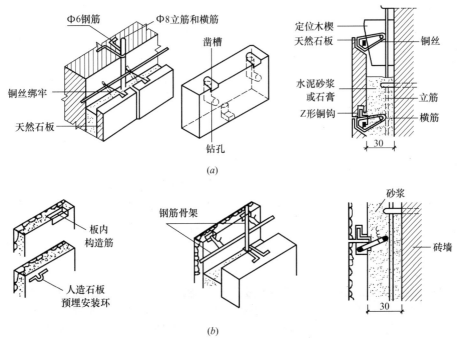

图 11-7 石板墙面装修
(a) 天然石板墙面装修；(b) 人造石板墙面装修

2）陶瓷砖墙面装修。面砖多数是以陶土和瓷土为原料，压制成型后经煅烧而成的饰面块，由于面砖既可以用于墙面又可以用于地面，所以也被称为墙地砖。面砖分挂釉和不挂釉、平滑和有一定纹理质感等不同类型。无釉面砖主要用于高级建筑外墙面装修，釉面砖主要用于高级建筑内外墙面及厨房、卫生间的墙裙贴面。面砖质地坚固、防冻、耐蚀、色彩多样。陶土面砖常用的规格有113mm×77mm×17mm、145mm×113mm×17mm、233mm×113mm×17mm、26mm×113mm×17mm等；瓷土面砖常用的规格有108mm×l08mm×5mm、152mm×152mm×5mm、100mm×200mm×7mm、200mm×200mm×7mm等。

陶瓷锦砖又名马赛克，是以优质陶土烧制而成的小块瓷砖，有挂釉和不挂釉之分。常用规格有18.5mm×l8.5mm×5mm、39mm×39mm×5mm、39mm×18.5mm×5mm等，有方形、长方形和其他不规则形状。锦砖一般用于内墙面，也可用于外墙面装修。锦砖与面砖相比，造价较低。与陶瓷锦砖相似的玻璃锦砖是透明的玻璃质饰面材料，它质地坚硬、色泽柔和典雅，具有耐热、耐蚀、不龟裂、不褪色、雨后自洁、自重轻、造价低的特点，是目前广泛应用的理想材料之一。

面砖的铺贴方法是将墙（地）面清洗干净后，先抹15mm厚1∶3水泥砂浆打底找平，再抹5mm厚1∶1水泥细砂砂浆粘贴面砖。镶贴面砖需留出缝隙，面砖的排列方式和接缝大小对立面效果有一定影响，通常有横铺、竖铺、错开排列等几种方式。锦砖一般按设计图纸要求，在工厂反贴在标准尺寸为325mm×325mm的牛皮纸上，施工时将纸面朝外整块粘贴在1∶1水泥细砂砂浆上，用木板压平，待砂浆硬结后，洗去牛皮纸即可。

(3) 涂料类

涂料类墙面装修是指利用各种涂料敷于基层表面而形成完整牢固的膜层，从而起到保护和装饰墙面作用的一种装修做法。它具有造价低、装饰性好、工期短、工效高、自重轻以及操作简单、维修方便、更新快等特点，目前在建筑上应用广泛，并具有较好的发展前景。按其成膜物的不同可分为无机涂料和有机涂料两大类。

1）无机涂料。它有普通无机涂料和无机高分子涂料之分，普通无机涂料，如石灰浆、大白浆、可赛银浆等，多用于一般标准的室内装修。无机高分子涂料有JH80-1型、JH80-2型、JHN84-1型、F832型、LH-82型、HT-1型等，多用于外墙面装修和有耐擦洗要求的内墙面装修。

2）有机涂料。它有溶剂型涂料、水溶性涂料和乳液涂料三类。溶剂型涂料有传统的油漆涂料、苯乙烯内墙涂料、聚乙烯醇缩丁醛内（外）墙涂料、过氯乙烯内墙涂料等；常见的水溶性涂料有聚合物水泥砂浆饰面涂层、改性水玻璃内墙涂料、108内墙涂料、ST-803内墙涂料、JGY-821内墙涂料、801内墙涂料等；乳液涂料又称乳胶漆，常见的有乙丙乳胶涂料、苯丙乳胶涂料等，多用于内墙装修。

建筑涂料的施涂方法，一般分刷涂、滚涂和喷涂。施涂时，后一遍涂料必须在前一遍涂料干燥后进行，否则易发生皱皮、开裂等质量问题。每遍涂料均应施涂均匀，各层结合牢固。当采用双组分和多组分的涂料时，应严格按产品说明书规定的配合比使用，根据使用情况可分批混合，并在规定的时间内用完。

在湿度较大，特别是遇明水部位的外墙和厨房、厕所、浴室等房间内施涂时，应选用优质腻子，待腻子干燥、打磨整光、清理干净后，再选用耐洗刷性较好的涂料和耐水性能好的腻子材料（如聚醋酸乙烯乳液水泥腻子等），以确保涂层质量。

用于外墙的涂料，考虑到其长期直接暴露于自然界中，经受日晒雨淋的侵蚀，因此要求除应具有良好的耐水性、耐碱性外，还应具有良好的耐洗刷性、耐冻融循环性、耐久性和耐污染性。当外墙施涂涂料面积过大时，可以以外墙的分格缝、墙的阴角处或水落管等处为分界线，在同一墙面应用同一批号的涂料，每遍涂料不宜施涂过厚，涂料要均匀，颜色应一致。

（4）裱糊类

裱糊类墙面装修是将各种装饰性的墙纸、墙布、织锦等卷材类的装饰材料裱糊在墙面上的一种装修做法。常用的装饰材料有PVC塑料壁纸、复合壁纸、玻璃纤维墙布等。裱糊类墙体饰面装饰性强、造价较经济、施工方法简捷高效、材料更换方便，并且在曲面和墙面转折处粘贴，可以顺应基层，获得连续的饰面效果。

（5）铺钉类

铺钉类墙面装修是将各种天然或人造薄板镶钉在墙面上的装修做法，其构造与骨架隔墙相似，由骨架和面板两部分组成。施工时，先在墙面上立骨架（墙筋），然后在骨架上铺钉装饰面板。骨架分木骨架和金属骨架两种，采用木骨架时，为考虑防火安全，应在木骨架表面涂刷防火涂料。骨架间及横档的距离一般根据面板的尺度而定。为防止因墙面受潮而损坏骨架和面板，常在立筋前先于墙面抹一层10mm厚的混合砂浆，并涂刷热沥青两道，或粘贴油毡一层。室内墙面装修用面板，一般采用硬木条板、胶合板、纤维板、石膏板及各种吸声板等。硬木条板装修是将各种截面形式的条板密排竖直镶钉在横撑上，其构造如图11-8所示。

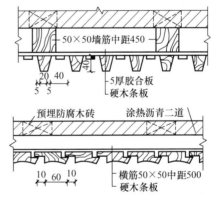

图11-8 硬木条板墙面装修构造

11.3 顶棚的分类

顶棚的形式根据房间用途的不同有弧形、凹凸形、高低形以及折线形等；依其构造方式的不同有直接式和悬吊式顶棚两种，如图11-9所示。

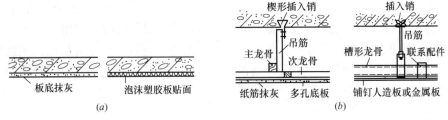

图 11-9 顶棚构造
(a) 直接式顶棚；(b) 悬吊式顶棚

11.3.1 直接式顶棚

直接式顶棚是指直接在楼板下抹灰或喷、刷、粘贴装修材料的一种构造方式，多用于居住建筑、工厂、仓库以及一些临时性建筑中。直接式顶棚装修常见的有以下几种处理：

(1) 当楼板底面平整时，可直接在楼板底面喷刷大白浆涂料。

(2) 当楼板底部不够平整或室内装修要求较高时，可先将板底打毛，然后抹 10~15mm 厚 1∶2 水泥砂浆，一次成活，再喷（或刷）涂料，如图 11-9 (a) 所示。

(3) 对一些装修要求较高或有保温、隔热、吸声要求的建筑物，如商店营业厅、公共建筑大厅等，可在顶棚上直接粘贴装饰墙纸、装饰吸声板以及着色泡沫塑胶板等材料，如图 11-9 (a) 所示。

11.3.2 悬吊式顶棚

悬吊式顶棚简称吊顶，吊顶是由吊筋、龙骨和板材三部分构成的。常见龙骨形式有木龙骨、轻钢龙骨、铝合金龙骨等；板材常用的有各种人造木板、石膏板、吸声板、矿棉板、铝板、彩色涂层薄钢板、不锈钢板等。

为提高建筑物的使用功能和观感，往往需借助于吊顶来解决建筑中的照明、给水排水管道、空调管、火灾报警、自动喷淋、烟感器、广播设备等管线的敷设问题，如图 11-9 (b) 所示。

11.4 抹灰工程

11.4.1 抹面与装饰砂浆

凡用于建筑物或建筑构件表面的砂浆，可统称为抹面砂浆。根据抹面砂浆功能的不同，一般可分为普通抹面砂浆、装饰砂浆、防水砂浆和具有某些特殊功能的砂浆（如绝热、防辐射、耐酸砂浆等）。

抹面砂浆要求具有良好的和易性、较高的粘结力、不开裂、不脱落等性能。

(1) 抹面砂浆

抹面砂浆应用非常广泛，它的功能是保护墙体、地面，以提高防潮、抗风化、防腐蚀的能力，增强耐久性，以及使表面平整美观。

抹面砂浆通常分为两层或三层进行施工。对保水性要求比砌筑砂浆更高，胶凝材料用量也较多。砖墙的底层抹灰，多用石灰砂浆或石灰炉灰砂浆。板条墙或顶棚的底层抹灰，多用麻刀或纸筋石灰浆。混凝土墙、梁、柱、顶板等底层抹灰，多用水泥石灰混合砂浆。中间层抹灰起找平作用，多用混合砂浆或石灰砂浆。面层的砂浆要求表面平滑，所用砂粒较细（最大粒径1.25mm），多用混合砂浆或麻刀石灰砂浆。在容易碰撞或潮湿的地方，如墙裙、踢脚板、地面、雨罩、窗台、水池及水井等处，多用1:2.5水泥砂浆。

（2）装饰砂浆

装饰砂浆是指用于室内外装饰，增加建筑物美观的砂浆。它具有特殊的表面形式，呈现各种色彩、条纹与花样。常用的胶凝材料有白水泥、石灰、石膏，或在水泥中掺加耐碱、耐光的颜料，或掺加白色大理石粉以增加表面色彩效果。所用细骨料多为白色、浅色或彩色的天然砂、彩色大理石碎屑、陶瓷碎屑或特制的塑料色粒，有时加入云母碎片、玻璃碎粒、贝壳等使表面获得闪光效果。

装饰砂浆表面可进行各种艺术效果处理，如水磨石、水刷石、干粘石、斩假石、麻点、拉毛等。

11.4.2 抹灰工程的分类与组成

以砂浆涂抹在建筑物表面的饰面施工称为抹灰工程。抹灰工程按面层做法不同分为一般抹灰和装饰抹灰。

一般抹灰其面层材料有石灰砂浆、水泥砂浆、混合砂浆、麻刀灰、纸筋灰和石膏灰等。按建筑物的使用标准不同，一般抹灰又可分为普通抹灰和高级抹灰；装饰抹灰面层材料有水刷石、水磨石、斩假石、干粘石、喷涂、滚涂、弹涂、仿石和彩色抹灰等。

抹灰类面层适用于外墙面、内墙面、顶棚及地面饰面，即分为墙面抹灰、顶棚抹灰和地面抹灰。高级抹灰适用于大型公共建筑、纪念性建筑物以及有特殊要求的高级建筑物。高级抹灰要求做一层底层、数层中层和一层面层。其主要工序是阴阳角找方，设置标筋，分层赶平、修整和表面压光。质量要求是表面平整、光滑洁净、颜色均匀、无抹纹，分格缝灰线平直、清晰美观；普通抹灰适用于一般居住、公用和工业用房，如住宅、宿舍、教学楼和办公楼以及高级装修建筑物的附属用房。普通抹灰要求一底层、一中层和一层罩面灰，三遍成活，也可以是一底层和一层罩面灰，分层赶平修整，两遍成活（有时也可不分层一遍成活）。主要工序是设置标筋，阴阳角找方，分层赶平，修整和表面压光。质量要求是，表面光滑洁净，接槎平整，灰缝清晰顺直。

抹灰层各层的作用是不同的。底层主要起粘结和

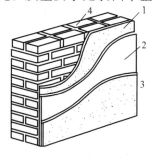

图 11-10 抹灰层的组成
1—底层；2—中层；3—面层；4—基体

初步找平的作用，其厚度一般为5～9mm，材料根据基体材料不同而异：对于砖墙一般采用1∶3石灰砂浆和1∶3水泥砂浆（或1∶1∶6混合砂浆），对于混凝土基体需采用水泥砂浆；中层主要起找平作用，使用材料同底层，厚度为5～9mm；面层主要起装饰作用，使用材料一般由设计要求和质量标准确定。其厚度由面层材料不同而异：麻刀石灰罩面，不大于3mm；纸筋石灰或石膏灰罩面，不大于2mm；水泥浆面层和装饰面层不大于10mm。抹灰层总厚度，对顶棚不宜大于15mm；内墙不宜大于18mm；外墙不宜大于20mm；勒脚及凸出墙面部分不大于25mm；对于混凝土大模板或大板建筑的内墙和楼面板，如施工质量较好时可不抹灰，只需刮腻子刷浆即可，总厚度为2～3mm。

11.4.3　一般抹灰

（1）对材料质量要求

1）水泥。

抹灰用的水泥有一般水泥、装饰水泥和特种水泥。

水泥应存放在有屋盖和垫有木地板的仓库内，储存期不宜过长，一般水泥为3个月，高铝水泥为2个月，快硬水泥为1个月。凡超过储存期的水泥应经试验重新确定强度等级，否则不得使用。

2）石灰膏。

石灰膏应采用块状生石灰淋制，并用孔径不大于3mm×3mm的筛过滤至沉淀池中贮存，常温下熟化时间不少于15d，用于罩面时不少于30d。在沉淀池中熟化时，石灰膏表面应保持一层水，以免其与空气接触硬化。使用时不得含有未熟化的颗粒和其他杂质，以免抹灰后造成麻点、隆起或爆裂。抹灰用的石灰膏可用磨细生石灰粉代替，其细度应通过4900孔/cm^{2}筛。

3）砂。

砂子最好用中砂，或中砂与粗砂混合使用，不可使用特细砂。使用前必须过筛，不得含杂物，颗粒坚硬洁净，含泥量不大于3%。

（2）抹灰施工工艺

一般抹灰施工工艺流程为：基层处理→阴阳角找方→设置标筋→抹底层灰→抹中层灰→检查修整→抹面层灰并修整→表面压光。

1）基层处理。

抹灰前，应清除基层表面的尘土、污垢、油渍及碱膜，用重量比1∶3水泥砂浆填平基层表面沟槽，并将光滑表面剔毛或刷一道素水泥浆（水灰重量比为0.37～0.40）。干燥基层表面应洒水湿润，加气混凝土表面和粉煤灰砌块表面应提前半天充分浇水湿润。板条隔断和顶棚板条缝隙应控制在8～10mm，以使灰浆咬入缝隙不致脱落。门窗口与立墙交接处应用水泥砂浆嵌缝密实，外墙窗台、阳台、压顶和凸出腰线顶面应做成流水坡度，下面应做滴水线。墙面脚手架眼及管道缝隙必须用重量比为1∶3水泥砂浆封堵严实；不同材料基体相接处应铺设金属网，搭缝宽度不得小于100mm。室内基体阳角处，宜用重量比1∶2水泥砂浆做护角，其高度不应低于2m，每侧宽度不小于50mm。

2）弹基准线。

小房间可用一面墙壁作基准线，大房间或有柱网时应在地面上弹出十字线。先用线坠吊直，在距墙阴角100mm处弹出竖线；再从地线按抹灰层厚度向里反弹出墙角抹灰基准线，并在基准线两端钉铁钉，挂线，作为贴灰饼和做标筋的标准。

3）贴灰饼、设置标筋。

标筋又称为冲筋，是指为了控制灰浆层的厚度、垂直度和平整度而设置的一种抹灰操作的临时依据。设置标筋的操作过程是：首先，在距顶棚200mm处做两个上灰饼；其次，用托线板（吊线）在距踢脚线上方200～250mm处做两个下灰饼；然后，在灰饼之间相距1.2～1.5m做中间灰饼。灰饼大小为40mm×40mm。灰饼砂浆收水后，在竖向灰饼之间填充灰浆做成标筋。灰饼和标筋的砂浆均应与抹灰层相同。标筋面宽为50mm，底宽约80mm。冲筋的垂直平整度的误差在0.5mm以上者，必须修整，如图11-11所示。

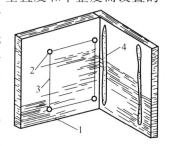

图11-11 贴饼与标筋示意图
1—基层；2—灰饼；3—引线；4—标筋

顶棚抹灰可不做贴饼和标筋，只需在顶棚四周墙面上弹出一道水平线用以控制抹灰层厚度即可。

4）抹底层灰。

待标筋有了一定强度后，洒水湿润墙面后可抹底层灰。用铁抹子将砂浆抹上墙面并压实，再用木抹子修补、压实、搓平、搓粗。底层灰厚度为冲筋厚度的2/3。

5）抹中层灰。

底层灰干至6～7成后，即可抹中层灰，厚度以垫平标筋为准并略高于标筋，用刮尺按标筋将其刮平，再用木抹子搓毛，并用2m长靠尺检查并修整至符合标准为止。

6）抹罩面灰。

普通抹灰可用麻刀灰罩面，高级抹灰应用纸筋灰罩面。当中层灰达7～8成干时，可抹面层。一般应从阴角处开始。用铁抹子抹平，并分两遍连续适时压实收光，表面达到不显接槎，光滑，色泽均匀。

7）清理。

抹灰工作完毕后，应将粘在门窗框、墙柱面上的灰浆及落地灰及时清理干净。

以上为墙面抹灰的施工工艺。顶棚抹灰的施工工艺与墙面基本相同。但抹底层灰当天尚应洒水湿润，并满刷108胶水泥浆，随刷随抹底层灰，要用力将水泥砂浆挤入缝隙，厚度3～5mm，应使表面毛糙。混合砂浆中层灰中可掺入石灰膏重量1.5%的纸筋，纸筋灰罩面厚度不得大于2mm。

11.4.4 装饰抹灰

装饰抹灰有水刷石、水磨石、干粘石、斩假石等石渣类饰面；还有拉毛灰、拉条灰、扒拉灰、假面砖等装饰抹灰饰面。装饰抹灰与一般抹灰的底层和中层相同，仅在于装饰面层不同。面层厚度、颜色图案应符合设计要求，其施工工艺分述如下。

(1) 水刷石

水刷石又称汰石子，是以水泥浆为胶结料，石渣为骨料组成的水泥石渣浆，涂抹在中层砂浆表面上，然后用水冲刷除去表面水泥浆，露出着色石渣的外墙饰面。

水刷石施工时，先将硬化的12mm厚重量比为1∶3水泥砂浆中层浇水湿润，再刮一道素水泥浆（水灰比0.37～0.40，厚度约1mm）作为粘结层，随即在分格内抹水泥石渣浆（稠度为50～70mm，厚度为8～20mm）罩面，然后从下往上分遍拍平压实，使石渣密实均匀，并用直尺检查平整度。水泥石渣浆体积配合比，对大八厘石子浆为1∶1（水泥∶石子），石子粒径为8mm；对中八厘，为1∶1.25,石子粒径为6mm；对小八厘，为1∶1.5,石子粒径为4mm。当水泥石子浆达6～7成干时，就可喷水冲刷。喷刷分两遍进行，第一遍用棕刷蘸水自上而下刷掉面层的水泥浆，露出石粒；第二遍用喷雾器自上而下喷水冲洗，使石粒露出1/3～1/2粒径，并使表面洁净。施工时应注意排水，防止污染墙面。水刷石的质量要求是石粒清晰，分布均匀，色泽一致，平整密实，不得掉粒和有接槎痕迹。

(2) 水磨石

水磨石面层是采用水泥石渣浆铺设在水泥砂浆或混凝土找平层上，硬化后经磨光、打蜡而成的。水磨石饰面施工是一种传统的工艺，面层可分为普通水磨石面层和美术水磨石面层两种。水磨石饰面主要用于地面和有防水抗渗要求的内墙面等部位。

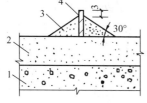

图11-12 水磨石镶嵌条
1—混凝土垫层；2—水泥砂浆找平层；3—素水泥浆；4—分格条

其施工工序为：中层砂浆终凝后，洒水湿润，刷素水泥浆一道（1.5～2.0mm厚）作为粘结层，贴饼冲筋做找平层，待找平层强度达1.2MPa后，按设计要求弹线镶嵌分格条，分格条可为铜条、玻璃条或铝条，用素水泥浆固定，如图11-12所示。

随后用着色的水泥石渣浆填入分格网中，抹平压实，厚度比嵌条高出1～2mm，水泥石渣浆的体积配合比为水泥∶石子=1∶1.5～1∶2。为使面层密实平整，可补洒一些小石子，待收水后用辊筒滚压提浆，罩面一天后浇水养护。水磨石打磨一般采用"三磨两浆法"。开磨时间以试磨时石子不松动、不脱落为准。初磨一般用60～80号粗砂轮，边磨边浇水，磨到露出石子后，再用80～100号细砂轮打磨一遍，然后用清水冲洗干净；随后用同颜色水泥浆填补砂眼，加以养护；养护2～3d后，再用80～100号砂轮打磨第二遍，再抹一遍同颜色水泥浆；隔2～3d后第三遍用180～240号油石磨至表面光亮；磨面用清水冲净，检查合格后经3～4d干燥，用1∶3草酸溶液擦洗，并配以280号油石研磨，至石子显露，表面光滑；待面层干燥后，即可打蜡，使其光亮如镜。石蜡重量配合比为1∶4∶0.6∶0.1（石蜡∶煤油∶松香水∶清油）。

水磨石饰面质量要求表面平整、光滑，石子显露清晰、均匀，不得有砂眼、磨纹和漏磨处，分格条的位置准确并全部露出，且横平竖直，圆弧均匀，角度准确。

(3) 干粘石

干粘石饰面是在水泥砂浆面层上直接压粘石渣的工程外墙装饰方法。干粘石和水刷石比较，节省材料（可省水泥30%～40%，省石子50%），且操作简便，工效高，装饰效果与水刷石相近，可避免湿作业，一般用于外墙饰面，房屋底层勒脚等处不宜采用干粘石。

其施工过程是：先做12mm厚1:3（重量比）水泥砂浆找平层，待其硬化浇水湿润，刷素水泥浆（水灰比为0.4～0.5）一道，再抹2mm厚1:0.5（重量比）水泥石灰膏粘结层，同时将配有不同颜色或同色的小八厘石子或绿豆砂甩粘到粘结层上，拍平压实，先甩粘分格四周易干部位，然后甩中间，做到大小均匀，边角和分格条两侧不漏粘，拍时不得把砂浆拍出来，以免影响墙面美观。小石子嵌入粘结层深度不小于粒径的1/2，待达到一定强度后，再洒水养护。

干粘石也可用机械喷石代替手工甩石，利用压缩空气和喷枪将石子均匀地喷射到粘结层上。在砂浆中掺入适量的108胶、二元乳液和少量石灰膏可提高粘结强度；冬期施工时应掺入3%亚硝酸钠防冻剂，温度过低时应酌情掺入少量氯化钠，掺入量严格控制，以防泛盐。干粘石的质量要求是：石粒粘结牢固，分布均匀，色泽一致，不露浆，不漏粘，阳角处不得有明显黑边。

(4) 斩假石

斩假石又称剁斧石，是用剁斧、齿斧和各种凿子把已硬化的水泥白石屑浆细凿成有规律的槽缝，形成类似天然石材质感饰面的一种建筑饰面工艺。斩假石可以仿制成花岗石、玄武石、青条石等类型。

斩假石（也即剁斧石）施工过程为：先用1:2～1:2.5（重量比）水泥砂浆抹找平层（12mm厚），硬化后表面洒水湿润，刮素水泥浆一道，抹水泥石渣罩面层。罩面层抹灰一般分两次进行，先薄涂一层砂浆，稍收水后再抹一遍砂浆与分格条平齐。待第二层收水后用木抹子从上至下顺势溜直。罩面层水泥石渣浆重量配合比为1:1.25，石渣采用2mm米粒石，内掺30%粒径为0.15～1.0mm的石屑，并用软扫帚沿斩纹方向清扫一遍，注意养护，防止暴晒和冰冻，养护时间为2～3d,试斩以石子不脱落为准。斩前应先弹顺线，相距100mm，按线的方向剁斩。剁斩时，斩纹应深浅一致，均匀平整，边棱处，宜横剁出边条或留10～20mm镶边，一般把石子剁掉1/3为宜。斩剁顺序应自上而下，先斩圈边，后斩中间，一般剁两遍即可剁出石料砌筑的墙面或地面效果。

斩假石饰面要求剁纹均匀、顺直、深浅一致，不得有漏剁处，边条应宽窄一致，棱角不得损伤。

(5) 拉假石

拉假石是剁斧石的另一种做法。用拉耙（可用废锯条加工制成）沿靠尺按同一方向由上往下进行拉耙，刮去表面水泥浆，露出石渣，形成拉纹（图11-13）。拉假石具有与剁斧石相似的饰面效果，但劳动强度降低，效率明显提高。

(6) 拉毛灰

拉毛灰是用铁抹子、硬棕毛刷子或白麻缠成的圆形刷子，把面层砂浆拉出一种天然石材感的饰面。拉毛灰面层常用水泥石灰加纸筋砂浆或水泥纸筋灰浆。大拉毛掺加20%～50%水泥用量的石灰膏，小拉毛掺入5%～20%；为防止龟裂还需掺入纸筋或砂子；大拉毛施工时面层涂抹砂浆后随即用硬棕刷或铁抹子顺势轻轻拉起，并适时补拉。小拉毛可用猪鬃刷蘸灰浆垂直击打在墙面上，并随手拉起形成毛头，应即时补拉。拉毛饰面要求表面花纹、斑点均匀，颜色分布一致，不显接槎。拉毛饰面工效较低，墙面凹凸不平，易积灰污染。

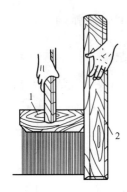

图 11-13　拉假石
1—拉耙；2—靠尺

(7) 假面砖

假面砖是用掺加矿物颜料（如氧化铁黄、氧化铁红和铬黄等）的水泥砂浆，涂抹在水泥砂浆垫层上，厚度为 3mm，达到一定强度后，用铁梳子沿靠尺由上向下竖向划深约 1mm 的竖纹，然后根据面砖宽度，用铁钩子沿靠尺横向划沟，深度以露出中层砂浆为准，最后清扫墙面而成。假面砖常用重量配合比（重量比）为水泥∶石灰膏∶氧化铁黄∶氧化铁红∶砂子＝100∶20∶(6～8)∶1.2∶150，水泥和颜料应事先均匀混合。

假面砖应沟纹清晰、深浅一致、表面平整、色泽均匀、接缝整齐，不得有掉角、脱皮、起砂现象。

11.5　饰面工程

饰面工程是指把各种装饰块材安装或镶贴于墙柱或地面表面形成装饰面层的工程。饰面块材，常用的有天然大理石、花岗石、青石板等天然石饰面板材；预制水磨石、人造大理石等人造石饰面板；不锈钢板、涂层钢板、铝合金饰面板等金属饰面板；胶合板、木条板等木质饰面板；塑料饰面板；玻璃饰面板等。饰面砖有釉面砖、外墙面砖、陶瓷锦砖、玻璃锦砖、劈离砖等。饰面工程的材料品种、规格、图案、线条、固定方法和使用的砂浆种类，均应符合设计要求。

11.5.1　面砖

釉面砖正面挂釉，是用瓷土或优质陶土焙烧而成的，正面有白色和其他颜色的花纹或图案。釉面砖又叫瓷砖和釉面瓷砖，是一种优质的饰面装饰材料。釉面砖有内墙面砖和外墙面砖之分。

(1) 内墙面砖镶贴施工

施工前，釉面瓷砖应先在清水中浸泡 2～3h，取出阴干 4～6h 或擦干；墙面扫净湿润后，用 1∶3 水泥砂浆抹 12mm 厚中层，刮糙并养护 1～2d。弹水平线，计算纵横两向面砖皮数，弹出每排砖的水平线和垂直线，如用阴阳三角镶边时，应先预留出镶边位置，竖向的非整砖宜留在与地面相接的最下皮。正式开始镶贴前，应先贴若干块废釉面砖作为标志块，上下用托线板挂直，作为粘贴厚度的依据。一般横向每隔 1.5 m 左右做一个标志块，并用拉线或靠尺校正平整度。在门窗洞口或阳角处，要考虑阴阳三角的尺寸。如无阴阳三角，则应双面挂直，如图 11-14 所示。

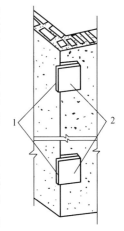

图 11-14 双面挂直
1—小面挂直靠平；
2—大面挂直靠平

镶贴时，先浇水润湿中层，再在釉面砖背面满刮砂浆，按所弹尺寸线将釉面砖贴于墙面并用木质锤轻敲砖面，使其与中层压实粘牢。镶贴顺序从下往上进行，每行宜从阳角开始，把非整砖留在阴角处。贴最下行釉面砖时，可将釉面砖下口坐落在已用水平尺找平的垫尺上，这样既可防止砖体下滑，又可保证横平竖直。镶贴用砂浆可采用重量比为 1∶2 水泥砂浆，或混合砂浆（重量比为水泥∶石灰膏∶砂＝1∶0.3∶3），或用胶粘剂镶贴。砂浆厚度宜为 6～10mm，水泥浆厚度宜为 2～3mm。

整行铺贴完后，应用长靠尺横向校正一次，对于低于标志块的应取下重贴，不得塞灰，以免空鼓。全部铺贴完毕后，应及时用清水擦洗干净。室外接缝应用水泥浆勾缝；室内接缝宜用与釉面砖相同颜色的石膏或水泥浆嵌缝。若表面有水泥浆污染，可用稀盐酸刷洗，再用清水冲刷。

（2）外墙面砖镶贴施工
1）传统方法镶贴。
①7mm 左右厚 1∶3 水泥砂浆打底划毛，养护 1～2d 后可以镶贴。
②选砖、预排同内墙面砖，但对外墙还应注意以下两点：一是窗间墙应尽可能排整砖，或采用中间往两边分的办法处理；二是两相邻又正交的墙面，要考虑邻墙找平层的厚度。
③弹线、做分格条。在外墙阳角处用大于 50g 的线坠吊垂线，并用经纬仪校核，用花篮螺栓将吊正的钢丝绷紧作为找准基线；以阳角的基线为准，每隔 1.5～2m 做标志块，定出阳角方正，抹上隔夜"铁板糙"；在精抹面层上，先弹出顶面水平线，再按水平方向的面砖数，每隔 1m 左右弹一垂线；在层高范围内，按预排砖数，弹出水平分缝及分层皮数线；按预排计算的接缝宽度，做出分格条。
④面砖浸泡、阴干要求同内墙面砖。
⑤外墙面砖粘贴顺序：应自上而下分层、分段进行，每段内也应自上而下粘贴，先贴凸出墙面的附墙柱、腰线等，并注意凸出部分的流水坡度。
⑥粘贴方法：用稠度适中的 1∶2 水泥砂浆或水泥石灰砂浆（石灰膏掺量应不大于水泥重量的 15%）抹在面砖背面，厚度约 6～10mm。自阳角起逐块按所弹水平线粘贴在找平层上。镶贴时，用小锤木把轻击，并用靠尺、方尺随时找平找方。贴完一皮后，须将砖面上的挤出灰浆刮净，并将分格条（嵌缝条）靠在第一行下口，作为第二行面砖镶贴基准，同时还可防止上行面砖下滑。分格条一般隔夜取

出，洗净待用。

⑦门窗、窗台及腰线贴面砖时，先在找平层上洒水抹 2～3mm 厚的水泥浆（也可加 108 胶水），抹平后，薄洒一层干水泥，待水泥被浸润后即可粘贴面砖。

⑧勾缝、擦洗：密缝不必勾缝，仅用色浆擦缝即可。疏缝可用 1∶1 水泥细砂浆勾缝，分两次嵌入，第二次一般用色浆。勾缝后即用纱头擦净砖面。

2) 采用粉状面砖胶粘剂镶贴要点。

①基层处理、弹线分格和勾缝擦洗同"传统方法"。

②拌合胶粘剂。以粉状胶粘剂∶水＝1∶2.5～1∶3.1（体积比）调制，稠度 20～30mm，放置 10～15min，再充分搅拌均匀，每次拌合量不宜过多，一般以使用 2～3h 为宜，已硬结的不可使用。

③将嵌缝条贴在水平线上，把胶粘剂均匀地抹在底灰上（以一次抹 1m^2 为宜，平均厚 1.5～2mm），同时在面砖背面刮同样厚的胶粘剂，然后将面砖靠嵌缝条粘贴，轻轻揉挤后找平找直，再在已贴好的面砖上口粘嵌缝条，如此由下而上逐皮粘贴。

④水平缝宽度用嵌缝条控制，每贴一皮均要粘贴一次嵌缝条。嵌缝条宜在当天取出，洗净后待用。

⑤当面砖贴完后，可用钢片开刀矫正并调整缝隙。

11.5.2　陶瓷锦砖和玻璃锦砖

陶瓷锦砖又称马赛克（mosaic 的音译）。陶瓷锦砖是将小块陶瓷锦砖反贴在 305.5mm 见方的护面纸上；玻璃锦砖是反贴在 327mm 见方的牛皮纸上。粘贴时纸面朝外，粘实后用水润湿揭去牛皮纸，即成锦砖饰面。

粘贴砖时，先将找平层（15mm 厚 1∶3 水泥砂浆）浇水湿润，刷素水泥浆一道，再抹 2～3mm 厚 1∶0.3 水泥纸筋灰或 1∶1 水泥砂浆，作为粘结层。粘贴时应自下而上，粘贴完成后用小锤轻敲盖在锦砖上的拍板，使其平整、粘实；稳固后，用毛刷刷水、浸透，半小时后可揭纸；揭纸时应顺序用力往下揭，切忌向外猛揭。揭纸后应检查砖粘贴平直情况，用开刀拨正调直，并再用小锤轻敲拍板，并用刷子蘸水刷出缝中砂子，冲净，稍干后，用棉丝擦净。

粘贴砖后的第二天，可以起分格条并擦缝，用刷子蘸素水泥浆在砖表面刷一遍，将小缝刷严，用与粘贴时同品种水泥砂浆在砖面上满刮一道，使缝隙饱满，然后用棉纱清洗擦净墙面。

11.5.3　石材饰面板

大理石、花岗石、青石板以及预制水磨石板等施工工艺基本相同。在施工前应根据设计要求选料、试拼、搭配、校正和编号。根据石材饰面板的规格和厚度不同，有粘贴法和安装固定法两类施工方法。

（1）粘贴法

对于边长小于 400mm 的小规格的石材（或厚度小于 10mm 的薄板）可采用粘贴方法安装：用 12mm 厚 1∶2.5 水泥砂浆打底，然后刮平，按普通抹灰标准检查验收。待底灰结硬后,用线坠在墙柱面和门窗边吊垂线,确定出饰面板与基层的距离(一般为30~40mm)。再根据垂线在地面上顺墙柱面弹出饰面板外轮廓线作为安装的基准线。然后在饰面板材背面均匀抹上2~3mm的素水泥浆,按弹的准线粘贴于墙柱面上,并用木锤轻轻敲击,使其粘牢,用靠尺找平找直。

(2)安装固定法

对于边长大于400mm或镶贴高度超过1m的板块石材施工,应采用安装固定法。安装固定法有灌浆固定法(湿挂法)和干挂法两类。

1)灌浆固定法。

灌浆固定法是将饰面板用绑扎或钢钉楔等方法安装后在板材和基体之间灌注水泥砂浆进行固定的施工方法,其工艺流程为:材料准备与验收→基层处理→板材钻孔→饰面板固定→灌浆→清理→嵌缝→打蜡。

①绑扎灌浆安装法。对选好的石材块料,进行修边、钻孔、剔槽,孔位在板宽两端1/4边长处,孔径3mm,深15~20mm。钻孔的形式有直孔、斜孔、牛鼻子孔和三角形锯口等,如图11-15所示。将基层结构施工时预埋的铁环或钢筋剔出表面,与水平筋固定。如基体没有预埋钢筋,可用冲击电钻钻孔,用M16膨胀螺栓固定连接铁件,然后绑扎或焊接双向钢筋网。安装时,由最下一行中间或一端的板块开始,用铜丝或镀锌钢丝与钢筋骨架绑扎牢固,随时用托线板靠平直。接缝用木楔调整宽度,竖缝内填塞15~20mm深的麻丝,再用纸或石膏将板块的底和两侧缝隙堵严。四角用石膏临时固定,柱面可用方木或角钢环箍作为临时固定。石膏硬化后,用1:3水泥砂浆(稠度80~150mm)分层灌入石板内侧与基体之间的板缝中,捣固密实。待砂浆终凝后,将木楔抽出。然后,依次逐层安装上层石板。全部石板安装后,当砂浆达设计强度50%以上时,清除所有固定用石膏,擦净余浆痕迹,用与石板同色水泥砂浆嵌缝,边嵌边擦干净,使缝隙嵌浆密实平整。最后清洗表面,进行打蜡。石材饰面板绑扎灌浆安装法,如图11-16所示。

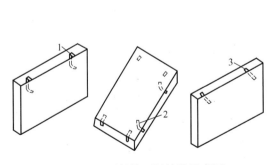

图11-15 石材饰面板钻孔示意图
1—单面牛鼻子眼(用于墙面);2—三面牛鼻子眼(用于磴脸);3—斜眼(用于墙面)

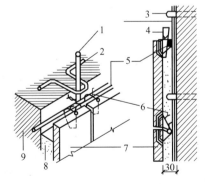

图11-16 绑扎灌浆安装法
1—立筋;2—铁环(卧于墙内);3—铁环;4—定位木楔;5—横筋;6—钢丝(或铅丝)绑牢;7—石材面板;8—水泥砂浆;9—墙体

大理石安装质量要求是：表面平整，粘结牢固，无空鼓起壳，颜色一致，不得有裂缝及缺棱掉角。

②钉固定灌浆法。首先将石板钻孔，做法与前述绑扎灌浆固定法相同，然后将基体钻孔孔位与石板孔对应，但为45°角斜孔；将板材安放就位，再将直径为5mm的不锈钢U形钉，一端勾进板材直孔内，用木楔楔紧，另一端勾进基体斜孔内，经检查校正后，将基体斜孔内U形钉楔紧；接着用大头木楔紧固于板材与基体之间，以紧固U形钉，然后分层灌浆。其余做法同绑扎固定法。

2) 干挂法。

用连接件将薄型石材面板直接或间接挂在建筑结构的表面称为干挂法。干挂法板材安装后不需要灌浆，施工不受季节影响。连接件具有三维空间可调性，增加安装灵活性，易于使饰面平整，而且解决了安装灌浆法板缝易析碱影响美观的问题，但接缝处不易平直，且易损边，不如湿挂法严密，多用于30m以下钢筋混凝土结构，不适宜砖墙或加气混凝土墙。常见的干挂法有钢针式干挂法和金属夹干挂法等。

钢针式干挂工艺是利用高强度螺栓和耐腐蚀强度高的柔性连接件将薄型饰面板挂在建筑物结构的外表面，板材与结构表面之间留出40~50mm的空腔（图11-17）。钢针式干挂法工艺流程如下：

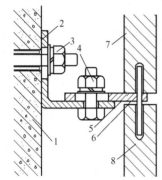

图11-17 钢针式干挂法构造示意图

1—主体结构；2—不锈钢挂件；3—不锈钢膨胀螺栓；4—不锈钢螺栓；5—不锈钢连接板；6—不锈钢连接针；7—上饰面板；8—下饰面板

板材钻孔（孔径4mm，深20mm）→石材背面刷胶贴玻璃纤维网格布增强→墙面挂控制线（用经纬仪校正竖向控制线后挂钢丝）→底层板材固定在托架上→基层结构钻孔→用膨胀螺栓安装L形不锈钢固定件→下层板材上部孔眼中灌专用的石材干挂胶，插入连接钢针（直径4mm不锈钢圆柱体，长40mm）→上层板材下部孔眼中灌专用的石材干挂胶→上层板材插入钢针就位→校正、临时固定板材。重复进行安装各层板材，直至完成全部板材安装。

11.5.4 金属饰面板

金属饰面板主要有彩色涂层钢板、彩色压型钢板复合板、彩色不锈钢板、镜面不锈钢板、铝合金板和铝塑板等。金属饰面板是一种广泛用于各种建筑的内外饰面板材，它具有自重轻、安装简便、耐候性好以及色彩鲜艳、线条清晰、庄重典雅的装饰效果。现以铝合金饰面板安装和不锈钢圆柱饰面为例，说明金属饰面板的安装工艺。

(1) 铝合金饰面板的安装

铝合金板墙面主要由骨架和铝合金面板组成。施工时先放线，在基层上弹出骨架位置线，利用墙上的预埋件（如未预埋，在墙柱上钻孔埋膨胀螺栓）将骨架固定，然后在骨架上固定铝合金饰面板。

铝合金饰面板的安装主要有两种方法：一种是将方板或条板用螺钉或铆钉固

定在支承骨架上，螺钉或铆钉间距以 100～150mm 为宜，此法一般用于外墙；另一种是将板条卡在特制的支承龙骨上，此法一般用于室内。

(2) 不锈钢圆柱饰面施工

不锈钢具有较高的强度和硬度，耐磨，抗刻划性能优于铝合金，广泛用于室内外装饰。不锈钢板具有良好的机械加工性能而用于圆柱饰面。不锈钢包圆柱的工艺流程为：混凝土柱体成型→柱基体处理（柱面的修整）→不锈钢板的滚圆→不锈钢板安装和定位→焊接→打磨修光。

11.5.5 木质饰面板

木质饰面板又称为木质罩面板，是在墙或柱的表面先固定木质骨架，再在骨架上固定木质面板的一种装饰施工方法。木质饰面板表面一般只刷清漆，不刷有色油漆，表面呈现优质天然木材（如柚木、枫木、榉木等）的色彩和纹理，具有良好的装饰效果。同时，木质饰面板具有良好的保温和隔声性能，多用于室内墙面和柱面装饰。木质饰面板由防潮层、木龙骨、胶合板打底层和木饰面板等组成（有时将打底层和面层合二为一，直接在胶合板面上刮腻子后涂刷有色油漆）。防潮层常用油毡和油纸；木龙骨常用断面尺寸为 40mm×50mm、35mm×50mm、40mm×40mm 和 35mm×40mm 等；为防虫蛀，木龙骨需进行防腐剂处理；打底层板常采用三夹板和五夹板、纤维板等；面层饰面板有微薄木贴面板（以胶合板为基材，面贴一薄层枫木、榉木而成）、防火板和印涂木纹人造板等。面板间的拼缝可分为密缝、盖缝和离缝等，如图 11-18 所示。边角一般用同材质木压条沿板边粘贴并用打钉枪钉牢。

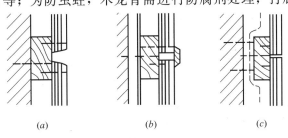

图 11-18 木质饰面板间的拼缝
(a) 离缝；(b) 盖缝；(c) 密缝

木质饰面板的施工顺序为：在墙面上钻孔，打入木楔以固定木骨架→将纵横龙骨钉成骨架与木楔钉牢→在打底夹板上按纵横龙骨位置弹墨线→安装打底胶合板→安装面层饰面板→粘钉木压条→补钉眼→涂刷清漆。木质饰面板要求线角整齐、表面光洁、木纹对齐、线条清秀，分格缝要横平竖直。

11.5.6 玻璃幕墙

玻璃幕墙是由设置在建筑物外围的金属框架和镶嵌其中的玻璃面板组成的围护结构。玻璃幕墙具有独特的建筑装饰效果，在力学性能、防水、防风、隔热气密性、防火和抗震性能方面也具有良好的品质，在高层建筑中得到广泛使用。

玻璃幕墙可分为明框玻璃幕墙、隐框玻璃幕墙、半隐框玻璃幕墙、挂架式玻璃幕墙和全玻璃幕墙等。

明框玻璃幕墙是指由玻璃板镶嵌在铝框内所构成的幕墙构件嵌固于外露的横

梁与立柱上，立面上显示横竖铝合金框。玻璃与铝框间应留有空隙，以满足温度变化和主体结构产生的位移所需的活动空间。空隙可由橡胶条或耐候密封胶密封。

隐框玻璃幕墙是用结构胶将玻璃粘贴在铝框外侧形成玻璃框，再将玻璃框固定在铝合金横梁和立柱组成的框格上。由于玻璃框和框格体系均隐藏在玻璃后面，立面上形成大面积的全玻璃反射幕墙。

半隐框玻璃幕墙是将两对边粘在铝框上，两对边嵌在铝框内而形成半隐半明的幕墙形式。根据框格的可见性半隐框玻璃幕墙可分为竖隐横明和竖明横隐两种类型。

挂架式玻璃幕墙采用四爪式不锈钢挂件与立柱焊接，玻璃的四角各钻一个孔（孔径一般为20mm），挂件的每个爪与一块玻璃的一个孔相连接，即一个挂件同时与四块玻璃相连接，或者说一块玻璃固定在四个挂件上。

全玻璃幕墙又称为结构玻璃，是将玻璃肋条作为支承结构的全玻璃板外墙，高度不超过 4.5m 时，可采用下承式，超过 4.5m 时，宜用上挂式。肋与面玻璃用结构胶粘合。这种幕墙一般用于建筑物首层，类似于落地窗。

（1）玻璃幕墙材料

玻璃幕墙是由骨架材料、玻璃板材、密封填缝材料和结构粘结材料组成的。

骨架材料主要是经表面热浸镀锌处理的钢材和表面阳极氧化处理的铝合金。

玻璃板材有浮法玻璃、吸热玻璃、热反射镀膜玻璃、夹层玻璃、夹丝玻璃、钢化玻璃和中空玻璃等。单层幕墙玻璃一般由厚度为 6mm 或 8mm 平板玻璃或浮法玻璃钢化制成。中空玻璃由两层或两层以上的平板玻璃构成，四周用高强度的复合胶粘剂粘结密封，具有良好的隔热、隔声和防结露性能。在玻璃一侧镀金属膜，称镜面玻璃，又称反射玻璃，其透光率仅有 23%～40%，可起到遮阳、隔热和节能作用。镀膜玻璃有银色、茶色、粉色、蓝色等多种颜色。

玻璃幕墙用密封材料有橡胶制品和密封胶。结构胶用于粘结玻璃与玻璃、玻璃与铝材，能够承受各种荷载作用。防水密封材料能够起到密封和防水作用，同时也有缓冲和粘结作用。目前一般采用硅酮系列密封胶。玻璃幕墙宜采用岩棉、矿棉、玻璃棉、防火板等作隔热保温材料。

（2）玻璃幕墙的安装施工

玻璃幕墙安装施工可分为工厂组装单元式和现场组装元件式两种方法。

1）单元式幕墙的安装工艺。

单元式幕墙安装是将工厂制成的幕墙单元作为安装单元，用专用运输车运到施工现场，经吊装就位，与主体结构连接装配而完成的施工过程。幕墙单元是由铝合金框架、玻璃、垫块、保温材料、减振和防水材料在工厂加工制成小块幕墙。单元式幕墙现场安装工艺流程为：测量放线→检查预留 T 形槽口位置→穿入螺钉→固定牛腿→牛腿精确找正→焊接牛腿→在外墙面上铺挂 V 形或 W 形胶带→起吊幕墙并垫减振胶垫→紧固螺栓→调整幕墙平直（用紧固螺栓、加垫方法）→塞入和热压接防风胶带→安设室内窗台板和内扣板→填塞幕墙内表面与梁柱间隙的防火保温材料。单元式玻璃幕墙现场安装施工示意，如图 11-19（a）所示。

2) 元件式幕墙安装工艺。

元件式幕墙安装工艺流程：如图 11-19（b）所示。

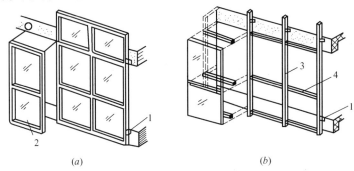

图 11-19 幕墙安装示意图
(a) 单元式；(b) 元件式
1—结构梁或楼板；2—幕墙单元；3—立柱；4—横梁

①在每个楼层楼板、梁柱边缘上埋设预埋件，标高误差不大于 10mm，轴线偏差前后不大于 20mm，左右不大于 30mm。

②现场放线：用经纬仪依次向上定出轴线，依轴线确定各层预埋中心线，再确定各层连接件的外边线，以便与主龙骨连接。

③装配竖向主龙骨连接件和横向次龙骨的连接件，装配好主、次龙骨连接的配件及密封橡胶垫等。

④安装竖向主龙骨：采用焊接或螺栓将连接件与主体结构埋件连接牢固。在连接件上安装竖向主龙骨。主龙骨一般每两层一根，通过紧固件与每层楼板连接。主龙骨安装完一根即用经纬仪调直、固定。主龙骨的接长一般采用专用的套筒连接。

⑤安装次龙骨：横向次龙骨与竖向主龙骨可采用螺栓连接，两者间加防水胶垫。

⑥安装楼层间封闭镀锌钢板：将矿棉保温层粘贴在镀锌钢板上，并用铁钉、压片固定。

⑦安装玻璃：由人工在吊篮中用手动或电动吸盘器安装。用吸盘器将玻璃吸起，先嵌内胶条，然后将玻璃安装在分格内，再嵌入外胶条，也可用嵌缝枪将密封胶注入缝隙中。

11.6 涂料工程

涂料工程是将油质或水质涂料涂敷在木材、金属、抹灰层或混凝土等基层表面形成完整而坚韧的装饰保护层的一种饰面工程。涂料是指涂敷于物体表面并能与表面基体材料很好粘结形成完整而坚韧保护膜的材料，所形成的这层保护膜又称涂层。

用涂料作为建筑构件的保护和装饰材料，在我国已有悠久的历史。早在两千多年前，我国便已能利用桐籽榨得的桐油和漆树漆汁制成天然漆。由于早期涂料的主要原料是天然植物油和天然树脂（如桐油、松香、生漆等），都含有油类，故称之为油漆。近几十年来，随着石油化工和有机化工的发展，合成树脂品种不断增多，为涂料提供了丰富的原料来源。涂料所用的主要原料已为合成树脂所替代，因此将油漆更名为涂料显然更切合实际。涂料是各种油性和水性涂饰产品的总称，而油漆可称为油性涂料。

涂料由主要成膜物质（也称胶粘剂或固着剂）、次要成膜物质（颜料）和辅助成膜物质（溶剂和助剂）组成。

建筑涂料的产品种类繁多，按不同的分类方法可分成不同的类别。按使用的部位不同可分为外墙涂料、内墙涂料、顶棚涂料、地面涂料、门窗涂料等；按成膜物质的组成不同可分为油性涂料（即油漆）、有机高分子涂料、无机高分子涂料和有机无机复合涂料；按涂料分散介质（稀释剂）的不同可分为溶剂型涂料、水乳型涂料和水溶型涂料；按涂料所形成涂膜的质感可分为薄涂料、厚涂料和复层涂料；按特殊功能可分为防火涂料、防水涂料、防虫涂料、防霉涂料等。

各种建筑涂料工程施工过程基本相同：基层处理、打底子刮腻子、磨光、涂刷涂料等环节。涂料工程一般分为普通和高级两个质量等级。

11.7 油漆工程

油漆工程是用油质涂料涂在抹灰层或物体表面的装饰方法。油漆工程应在所有工程完工、管道设备试压之后及楼地面面层施工之前进行。

11.7.1 油漆

建筑油漆是由胶粘剂（桐油、梓油、亚麻油、树脂等）、稀释剂（松香水、酒精等）、颜料和其他辅助材料（催干剂、增塑剂、固化剂等）组成。

建筑油漆涂料的品种有：清油，可用于调合厚漆和防锈漆，又称调合油；厚漆，又称铅油，用于涂层打底、调配油色和油性腻子；调合漆，其中油性调合漆适用于室外面层涂刷，磁性调合漆适用于室内面层涂刷；清漆，其中油质清漆又称凡立水，适用于木门窗、板壁及金属表面罩光，树脂清漆又称泡立水，适用于室内木质面层打底或家具罩面；防锈漆，其中油性防锈漆适用于黑色金属表面防锈，树脂防锈漆适用范围广泛。此外，还有自配清油、腊克等。

11.7.2 油漆工程施工

油漆工程包括基层处理、打底子、抹腻子和涂刷等工序。

（1）基层处理

基层表面应清理干净、修补平整，不同基层表面应采取不同处理方法。

（2）打底子

基层表面用清油涂刷一道底油，使之具有均匀吸收色料的能力。

（3）抹腻子

抹腻子的作用是使基层表面平整，填平缝隙和孔眼等缺陷。腻子具有塑性和易涂性，干燥后即坚固结实。刮腻子的次数随油漆工程的工程质量等级而定。普通油漆可不抹腻子；中级可只抹一遍；高级油漆应打三遍：先局部刮腻子，然后再满刮腻子，头道要平整，二、三道要光洁。

（4）涂刷油漆

涂刷油漆的方法可有刷涂、喷涂、滚涂、擦涂和抹涂等多种。

刷涂是利用排笔、棕刷等工具蘸上油漆直接涂刷到物体表面上。刷涂操作简便、节省油漆，但工效较低，不适于快干和扩散性不良的油漆施工。

滚涂是利用长毛绒辊、泡沫塑料辊、橡胶辊等蘸上少量油漆在物件表面加压滚动，方向应垂直，应避免扭曲。边角不易滚到处，可用阴阳辊子或刷子补刷。滚涂适用于墙面滚花涂刷或美术油漆。

喷涂是用喷涂机具将油漆喷射在物体表面上。喷射油漆时每层应往复行进、纵横交错，一次不得太厚，以免流淌。喷涂法施工漆膜分散、均匀、平整光滑、干燥快、工效高；但油漆消耗大、设备成本高且应加强通风、防火、防爆等安全措施。

涂刷油漆顺序应先上后下，先内后外，先浅色后深色。应待上道油漆干燥后再涂刷下道。

涂刷混色油漆，不宜少于四遍；青色油漆，不宜少于五遍；金属面油漆不少于三遍；抹灰面油漆不少于四遍。

11.7.3 刷浆工程

刷浆工程施工是用水质或乳液涂料涂刷在物件表面的施工工艺，可用于建筑物的内、外墙和顶棚的饰面。该法操作简便、工期短、工效高、自重轻、维护方便。

刷浆所用的材料主要是指石灰浆、水泥浆、大白浆和可赛银浆。石灰浆和水泥浆可用于室内外墙，大白浆和可赛银浆只用于室内墙面。

（1）涂刷材料

涂料的种类繁多，常用的有下述几种。

1）大白浆是将大白粉（碳酸钙粉末）与菜胶或聚醋酸乙烯乳液按一定比例配制并加水调成，加入颜料后又可制色浆。其盖底能力强、涂层外观细腻、洁白。

2）可赛银是以碳酸钙、滑石粉为填料，以酪素为粘结料，掺入颜料混合而成的粉末。使用时先将粉末用温水隔夜浸泡，使酪素溶解，然后再用水调至施工稠度，成为可赛银浆。可赛银浆膜附着力、耐水、耐磨性能均优于大白浆。

3）色浆粉是用干墙粉加水调制而成，具有各种颜色，黏性好，不脱皮退色，色彩鲜艳，是一种含胶质的高级的刷墙粉。

4）聚合物水泥浆是以水泥为主要胶结材料，掺加适量108胶、白乳胶或二元乳液，再加水制成。这种涂料只能用于一般装饰工程的檐口、窗套、凹阳台墙面、室内厨房、卫生间的墙裙等部位。

5）聚醋酸乙烯乳胶漆，它以水为溶剂，操作方便，不费油料，性能良好，是一种优质的新型涂料，适用于高级建筑室内装饰，但不宜用在潮湿部位。

6）乳液涂料是将各种有机物单体经乳液聚合反应生成聚合物乳状液，以水为分散介质，性能优异，并可在基层抹灰未干透情况下施工。

(2) 涂刷施工工艺

1）基层处理与刮腻子。

涂刷前应将基层表面清除干净，用腻子填平补齐，局部刮腻子，高级和中级涂刷工程尚应满刮1～2遍，并磨平。

2）刷浆。

刷浆方法，一般用刷涂、滚涂、喷涂和弹涂等方法。

刷涂是用排笔、扁刷等简易人工法进行施工。工作稠度宜适当，不流坠，不显刷纹。刷涂应分层进行，前遍干后再刷下遍，直至刷匀刷白为止。刷色灰浆，头遍就应加色，前两遍浅些，最后一遍应按要求颜色配成，配好后要试刷，符合要求后正式刷涂。

喷涂是采用手推式喷浆机或电动喷浆机将水质涂料喷涂在物件表面上。涂料应经过滤后再使用，以免堵塞喷头。头遍料浆应稠些，以减少流淌。喷涂法工效高、质量好，适用于大面积喷浆施工。

滚涂法是利用辊子蘸少量涂料后，在物面上滚动，如油漆施工的滚涂法施工。

弹涂是在墙面表面上涂刷一道聚合物水泥色浆后，再用手持式电动弹涂机将各种色浆、涂料通过弹力器弹射到墙面上，形成色彩组合和质感浆点；再喷罩甲基硅树脂或聚乙烯醇缩丁醛酒精溶液，共3道工序组成面层。弹涂的颜色和质感主要由花点形成，花点的大小、疏密主要由操作者掌握。

11.8 裱糊工程

裱糊工程是用壁纸或墙布对室内的墙、柱面和顶棚进行装饰的工程。该法装饰效果好，图案花纹丰富多彩，材料质感自然，多用于高级室内装饰。从装饰效果看，有仿锦缎、静电植绒、印花、压花、仿木和仿石等。

11.8.1 裱糊材料

裱糊用料主要有壁纸、墙布、胶粘剂和腻子等。

(1) 壁纸

1）普通壁纸也称纸基涂塑壁纸，它是一种以木浆原纸为基层，用高分子乳液涂布面层,再进行印花、压纹制成的卷材。该壁纸强度、盖底能力和透气性均较好。

2) 纸基复塑壁纸是以纸为基层材料,将聚氯乙烯树脂与增塑剂、稳定剂、颜料、填充料等材料混炼、压延成薄膜,再与纸基热压复合,然后印刷、压纹而成。这种壁纸表面质感较丰富,耐磨耐擦洗性能较好。

3) 发泡壁纸又称为浮雕壁纸。在原料 PVC 中加入了发泡剂,压花立体感更强,具有隔热和吸声的作用。

(2) 墙布

1) 玻璃纤维布是以中碱玻璃纤维布为基材,表面涂聚氯乙烯或聚醋酸乙烯等耐磨树脂,印花加工而成。其表面光滑、耐水擦洗,布纹质感好,价格低廉,不易燃烧。但盖底力较差,易透底。

2) 纯棉、化纤墙布是以纯棉或化纤布为原料,经过一定处理后印花而成。

(3) 胶粘剂

胶粘剂可用聚醋酸乙烯乳液(即白乳胶)或 108 胶配制。常用胶粘剂配合重量比为:

白乳胶:2%羧甲基纤维素溶液:水=7:2:1(用于壁纸),

白乳胶:2%羧甲基纤维素溶液=6:4(用于墙布)

108 胶:2%羧甲基纤维素溶液:水=1:0.3:0.6(用于壁纸)

108 胶:2%羧甲基纤维素溶液:水=1:0.3:0.1(用于墙布)

(4) 腻子

用于刮平墙面基层麻面,应有一定强度,可用聚醋酸乙烯乳液(白乳胶)滑石粉腻子、石膏腻子等。

11.8.2 裱糊施工方法

(1) 基层处理

混凝土基层和砂浆抹灰基层应坚实、平滑,无毛刺、无砂粒;局部麻点、凹坑先刮腻子找平,然后满刮一遍腻子,并用砂纸磨平。待腻子干燥后再在表面满刷 108 胶水一道作为底胶,待底胶干后方可开始裱糊。在两种不同的基层交接处,可贴一层纱布,然后刮腻子一遍。

(2) 弹线、预拼

壁纸水平方向裱贴时,弹水平线;竖向裱贴时,弹垂直线。弹垂线一般从墙阴角开始,第一条垂直线离墙边宜比纸宽小 50mm,使纸边转过阴角搭接收口;墙面上有窗户时,可先弹窗口中垂线,再往两边分格弹线。弹线后应进行预拼试贴,根据接缝及对花效果,确定裁纸尺寸。

(3) 裁纸

裱糊用壁纸,纸幅必须垂直,以使花纹、图案纵横连贯,底胶干后划垂直标准线,按实际尺寸裁纸。纸幅要编号,以便按顺序粘贴,墙面上下要预留裁制尺寸,一般两端应多留 30~40mm。墙纸的花纹、图案应对接准确,对称完整;裁切的一边只能搭缝,不能对缝,裁边应平直整齐,不得有毛边和飞刺。

(4) 闷水

纸基壁纸和塑料壁纸吸水后,开始自行膨胀,约 10min 可胀足,干后又自行收缩。因此,施工时必须先将壁纸在水中浸泡 2～3min,取出抖去余水,静置 20min 使其充分膨胀;或用排笔刷水后浸 10min,然后再上墙裱糊,壁纸随水分蒸发而收缩、绷紧,干后自行平整。玻璃纤维布不需湿润,因其没有遇水膨胀的特性。

(5) 刷胶粘剂

普通壁纸应在基层表面涂刷胶粘剂,塑料壁纸应在基层和壁纸背面涂刷胶粘剂,玻璃纤维布应先在基层表面涂刷胶粘剂,并将墙布背面清理干净。刷胶应薄而均匀。阴阳角处应增涂胶粘剂 1～2 遍,墙面涂刷胶粘剂的宽度应比墙纸宽 20～30mm。

(6) 裱糊

壁纸的粘贴,应先垂直面后水平面,先细部后大面;垂直面是先上后下,先长墙面后短墙面;水平面是先高后低。每个墙面从显眼的墙角以整幅纸开始,将窄条纸的现场裁边留在不明显的阴角处,每个墙面的第一条纸都要挂垂线。每贴一条纸时应先对花、对纹拼缝,由上而下进行,上端不留余量,先在一侧对缝,保证壁纸粘贴垂直后对花纹拼缝,压实后再抹平整张壁纸。阳角转角处不留拼缝,包角要压实。当阴角不垂直时应改为搭接缝,搭接在前一条壁纸的外面。粘贴的壁纸应与挂镜线、门窗贴脸板和踢脚板紧接,不留缝隙。壁纸粘贴后,若发现空鼓、气泡时,可用针刺放气,再用注射针挤进胶粘剂,用刮板刮平压密实。

11.9　吊顶工程

吊顶是室内装饰工程中的重要组成部分,它直接影响建筑室内空间的装饰风格和效果,还起着保温、隔热、隔声和吸声等作用,同时也是电气、暖通空调等管线的隐蔽层。吊顶工程主要由吊筋(或吊杆)预埋或安装、龙骨安装和饰面板安装三部分组成。吊顶可分为整体式吊顶和活动式吊顶两种类型:前者饰面层是一个整体,后者饰面层由方形面板(常用的有 600mm×600mm 石膏板和铝扣板等)组成。整体式吊顶和活动式吊顶如图 11-20 (a)、(b) 所示。

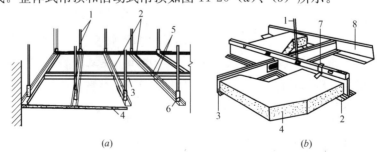

图 11-20　吊顶示意图
(a) 整体式;(b) 活动式(组合式)
1—吊杆(吊筋);2—主龙骨;3—次龙骨;4—面板;5—插接件;6—吊挂件;7—压板;8—墙龙骨

11.9.1 吊筋或吊杆

吊筋由吊杆、吊头组成,可以预埋 $\phi 6$ 钢筋或镀锌钢丝作吊筋,也可采用膨胀螺栓、射钉固定钢筋作为吊筋。吊筋的间距为 1.2~1.5m。

11.9.2 龙骨安装

吊顶龙骨有木龙骨、轻钢龙骨和铝合金龙骨等。木龙骨由主龙骨、次龙骨组成;轻钢龙骨和铝合金龙骨的断面为 U 形、C 形、T 形等数种,每根长 2~3m,可在现场用拼接件拼接加长。

活动式铝合金龙骨吊顶安装工序如下:①首先应进行弹线,沿墙四周弹出顶棚标高水平线,并在墙上划好龙骨分档位置线;②安装大龙骨吊杆,将吊杆固定在顶板预埋件上;③安装大龙骨,将大龙骨吊挂件穿入相应的吊杆螺栓上,拧紧螺母,连接大龙骨,装连接件,并以房间为单元,拉线调整高度成平直,中间起拱高度不小于房间短跨的 1/200,四周墙边的龙骨用射钉(间距为 1m)固定在墙上;④安装小龙骨,将小龙骨通过吊挂件垂直吊挂在大龙骨上,小龙骨间距应按饰面板的接缝经计算准确确定;⑤安装横撑龙骨,将横撑龙骨(由小龙骨截取)的端头插入支托,扣在小龙骨上,并用钳子将挂搭弯入小龙骨内,横撑龙骨间距应由饰面板尺寸确定,组装后的小龙骨和横撑龙骨底面应平齐。

11.9.3 饰面板安装

饰面板安装必须对称于每个方向的中心线,并从中心向四个方向推进,不可由一边推向另一边分格。当吊顶上设有灯盘(灯槽)和通风孔时,应尽量组成对称排列图案。组合式吊顶饰面板的安装方法可采用直接将装饰板搁置在 T 形龙骨组成的格框内,并用卡子固定;也可采用嵌法,用企口暗缝与 T 形龙骨插接;将装饰板用胶粘剂直接粘贴在龙骨上也是常用的做法。整体式吊顶常采用钉子(木龙骨,木质饰面板)、螺钉、自攻螺钉(轻钢龙骨或铝合金龙骨,石膏板饰面板)固定在龙骨上。

饰面板安装前,吊顶内的水电、通风管道应安装完毕。轻型灯具应吊在大龙骨或附加龙骨上,重型灯具或电扇,应另设吊钩。装饰板应先分类选配。安装时不得出现悬臂现象。

11.10 隔墙与隔断工程

隔墙与隔断是用来分隔建筑物和房屋内部空间的构造,由于它们本身不承重,其重量作为荷载作用在主体结构的梁或板上,所以要求自身重量轻,厚度薄(可以少占面积),便于拆移。非承重的内墙通称隔墙,起着分隔房间的作用,并应满足隔声、防火、防潮与防水的要求;隔断是分隔室内空间的装修构件,与隔墙有相似之处,但也有根本区别。隔断的作用在于变化空间或遮挡视线,并可产生丰富的意境效果，增加空间的层次感和深度。

11.10.1 隔墙施工

常见的隔墙可分为砌筑隔墙（施工工艺见砌筑工程一章）、立筋隔墙和板条隔墙等。这里仅介绍常用的立筋隔墙的施工工艺。

（1）立筋隔墙材料

1）龙骨。立筋隔墙的龙骨有轻钢龙骨、木龙骨和石膏龙骨等。轻钢龙骨布置，如图11-21所示。

2）隔墙罩面板的材料有石膏板（纸面石膏板、防水纸面石膏板、纤维石膏板等）、重纤维加强水泥板（如GRC轻板）、胶合板和纤维板等。石膏板的规格有：长度1.8～3.6m，宽度0.9～1.2m，厚度有9～18mm。板的棱边形状有矩形、倒角形、半圆形等。

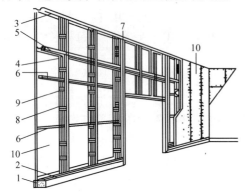

图 11-21 隔墙龙骨布置示意图
1—混凝土踢脚座；2—沿地龙骨；3—沿顶龙骨；
4—竖龙骨；5—横撑龙骨；6—通贯横撑龙骨；7—
加强龙骨；8—贯通孔；9—支撑卡；10—石膏板

（2）隔墙的安装

立筋隔墙的安装工序为：先安装龙骨，再将石膏板等面板材料用钉子、自攻螺钉、压条或粘贴方法固定在龙骨上。

轻钢龙骨的安装是采用射钉或膨胀螺栓，按先将沿地、沿顶龙骨固定于地面和顶面（中距0.6～1.0m），然后将预先截好的竖向龙骨推入横向沿顶、沿地龙骨内，竖向龙骨翼缘应朝向安装板材方向。有些类型的轻钢龙骨，还要加横撑龙骨和加强龙骨。

安装墙面板材时，要把板材贴在龙骨上，然后用手电钻打孔，再拧上自攻螺钉。较厚的或空心的石膏板的安装，是用一对木楔在楼地面处将板的下边楔紧，然后抹地面时封闭，上边则靠抹灰时封闭。

11.10.2 隔断工程

隔断的形式很多，常见的隔断有屏风式、镂空式、玻璃墙式、移动式和家具式等。

（1）屏风式隔断

屏风式隔断通常是不隔到顶，顶棚与隔断保持一段距离，空间通透性强，形成大空间中的小空间。隔断高一般为1050mm、1350mm、1500mm、1800mm等，根据不同的使用要求选用。屏风式隔断有固定式和活动式两种，固定式又可有立筋骨架式和预制板式之分。预制板式隔断借预埋铁件与周围墙体和地面固定；立筋骨架式隔断则与隔墙相似，它可在骨架两侧铺钉罩面板，亦可镶嵌玻璃。玻璃可用磨砂玻璃、彩色玻璃、棱花玻璃等。骨架与地面固定方式可用膨胀螺栓、焊接等方式。

活动式屏风隔断可以移动放置，支承方式为屏风下安装一金属支承架，直接放在地面上，也可在支架下安装橡胶滚动轮或滑动轮以方便移动。

（2）镂空花格式隔断

镂空花格式隔断是公共建筑门厅、住宅客厅等处分隔空间常用的一种形式，有竹、木和混凝土多种形式。隔断与地面、顶棚的固定可用射钉和焊接等方式。

（3）玻璃隔断

玻璃隔断有玻璃砖隔断和空透式隔断两种。玻璃砖隔断是采用玻璃砖砌筑而成，既分隔空间，又能透光线，常用于公共建筑的接待室、会议室等处，如图11-22所示。透空玻璃隔断是采用普通平板玻璃、磨砂玻璃、刻花玻璃、压花玻璃、彩色玻璃以及各种颜色的有机玻璃等嵌入木框或金属框的骨架中，具有透光性、遮挡性和装饰性。

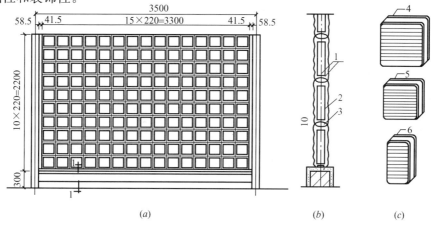

图 11-22　玻璃砖隔断构造示意图

(a) 玻璃砖隔断立面；(b) 1—1剖面；(c) 玻璃砖规格

1—砖缝配筋（必要时）；2—玻璃砖；3—白水泥+108胶灌实，砖酸嵌缝；4—240×240×80玻璃砖；5—190×190×80玻璃砖；6—240×115×80玻璃砖

（4）其他隔断

隔断形式还有拼装式、滑动式、折叠式、悬吊式、帷幕式和起落式等多种，具有随意闭合、开启等灵活多变的特点。家具式隔断是利用各种适用的家具来分隔空间的一种方式。这种方式把空间分隔使用功能与家具巧妙地有机结合起来，既节约费用，又节省面积，是室内装饰的重要手段。

11.11　装饰工程定额工程量计算

11.11.1　内墙抹灰

（1）内墙抹灰面积，应扣除门窗洞口和空圈所占的面积，不扣除踢脚板、挂镜线（图11-23）、0.3m² 以内的孔洞和墙与构件交接处的面积，洞口侧壁和顶面亦不增加。墙垛和附墙烟囱侧壁面积与内墙抹灰工程量合并计算。

（2）内墙面抹灰的长度，以主墙间的图示净长尺寸计算，其高度确定如下：

1) 无墙裙的,其高度按室内地面或楼面至顶棚底面之间距离计算。
2) 有墙裙的,其高度按墙裙顶至顶棚底面之间距离计算。
3) 钉板条顶棚的内墙面抹灰,其高度按室内地面或楼面至顶棚底面另加 100mm 计算。

说明:

①墙与构件交接处的面积(图 11-24),主要指各种现浇或预制梁头伸入墙内所占的面积。

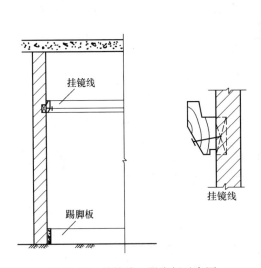

图 11-23 挂镜线、踢脚板示意图

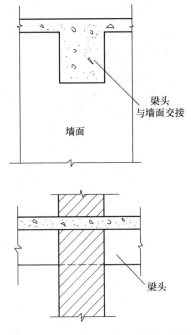

图 11-24 墙与构件交接处面积示意图

②由于一般墙面先抹灰后做吊顶,所以钉板条顶棚的墙面需抹灰时应抹至顶棚底再加 100mm。

③墙裙单独抹灰时,工程量应单独计算,内墙抹灰也要扣除墙裙工程量。

计算公式:

内墙面抹灰面积=(主墙间净长+墙垛和附墙烟囱侧壁宽)×(室内净高—墙裙高)—门窗洞口及大于 0.3m² 孔洞面积

式中 室内净高=$\begin{cases} 有吊顶:楼面或地面至顶棚底加 100mm \\ 无吊顶:楼面或地面至顶棚底净高 \end{cases}$

(3) 内墙裙抹灰面积按内墙净长乘以高度计算。应扣除门窗洞口和空圈所占的面积,门窗洞口和孔洞的侧壁面积不另增加,墙垛、附墙烟囱侧壁面积并入墙裙抹灰面积内计算。

11.11.2 外墙抹灰

(1) 外墙抹灰面积,按外墙面的垂直投影面积以平方米计算。应扣除门窗洞口、外墙裙和大于 0.3m² 孔洞所占面积，洞口侧壁面积不另增加。附墙垛、梁、柱侧面抹灰面积并入外墙面抹灰工程量内计算。栏板、栏杆、窗台线、门窗套、扶手、压顶、挑檐、遮阳板、凸出外墙的腰线等，另按相应规定计算。

（2）外墙裙抹灰面积按其长度乘高度计算，扣除门窗洞口和大于 0.3m² 孔洞所占的面积，门窗洞口及孔洞的侧壁不增加。

（3）窗台线、门窗套、挑檐、腰线、遮阳板等展开宽度在 300mm 以内者，按装饰线以延长米计算，如果展开宽度超过 300mm 时，按图示尺寸以展开面积计算，套零星抹灰定额项目。

（4）栏板、栏杆（包括立柱、扶手或压顶等）抹灰，按立面垂直投影面积乘以系数 2.2 以平方米计算。

（5）阳台底面抹灰按水平投影面积以平方米计算，并入相应顶棚抹灰面积内。阳台如带悬臂者，其工程量乘系数 1.30。

（6）雨篷底面或顶面抹灰分别按水平投影面积以平方米计算，并入相应顶棚抹灰面积内。雨篷顶面带反檐或反梁者，其工程量乘系数 1.20，底面带悬臂梁者，其工程量乘以系数 1.20。雨篷外边线按相应装饰或零星项目执行。

（7）墙面勾缝按垂直投影面积计算，应扣除墙裙和墙面抹灰的面积，不扣除门窗洞口、门窗套、腰线等零星抹灰所占的面积，附墙柱和门窗洞口侧面的勾缝面积亦不增加。独立柱、房上烟囱勾缝，按图示尺寸以平方米计算。

11.11.3　外墙装饰抹灰

（1）外墙各种装饰抹灰均按图示尺寸以实抹面积计算。应扣除门窗洞口空圈的面积，其侧壁面积不另增加。

（2）挑檐、天沟、腰线、栏杆、栏板、门窗套、窗台线、压顶等，均按图示尺寸展开面积以平方米计算，并入相应的外墙面积内。

11.11.4　墙面块料面层

（1）墙面贴块料面层均按图示尺寸以实贴面积计算（图 11-25、图 11-26）。

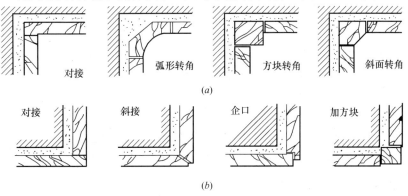

图 11-25　阴阳角的构造处理
(a) 阴角处理；(b) 阳角处理

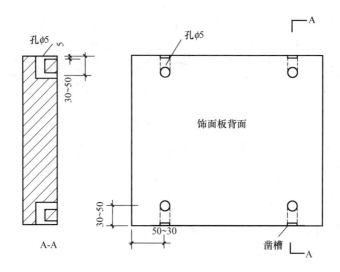

图 11-26 石材饰面板钻孔及凿槽示意图

(2) 墙裙以高度 1500mm 以内为准,超过 1500mm 时按墙面计算,高度在 300mm 以内时,按踢脚板计算。

11.11.5 隔墙、隔断、幕墙

(1) 木隔墙、墙裙、护壁板,均按图示尺寸,长度乘以高度按实铺面积以平方米计算。

(2) 玻璃隔墙按上横挡顶面至下横挡底面之间高度乘以宽度(两边立梃外边线之间)以平方米计算。

(3) 浴厕木隔断,按下横挡底面至上横挡顶面高度乘以图示长度以平方米计算,门扇面积并入隔断面积内计算。

(4) 铝合金、轻钢隔墙、幕墙,按四周框外围面积计算。

11.11.6 独立柱

(1) 一般抹灰、装饰抹灰、镶贴块料按结构断面周长乘以柱的高度,以平方米计算。

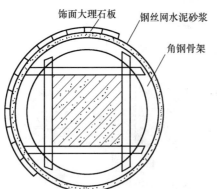

(2) 柱面装饰按柱外围饰面尺寸乘以柱高,以平方米计算(图 11-27)。

11.11.7 零星抹灰

各种"零星项目"均按图示尺寸以展开面积计算。

11.11.8 顶棚抹灰

(1) 顶棚抹灰面积,按主墙间的净面

图 11-27 镶贴石板饰面板的圆柱构造

积计算，不扣除间壁墙、垛、柱、附墙烟囱、检查口和管道所占的面积。带梁顶棚，梁两侧抹灰面积，并入顶棚抹灰工程量内计算。

（2）密肋梁和井字梁顶棚抹灰面积，按展开面积计算。

（3）顶棚抹灰如带有装饰线时，区别三道线以内或五道线以内按延长米计算，线角的道数以一个凸出的棱角为一道线（图11-28）。

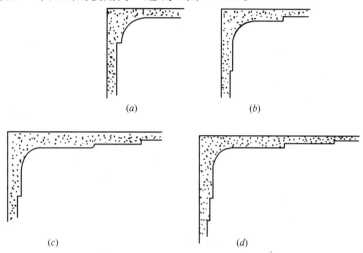

图 11-28 顶棚装饰线示意图
（a）一道线；（b）二道线；（c）三道线；（d）四道线

（4）檐口顶棚的抹灰面积，并入相同的顶棚抹灰工程量内计算。

（5）顶棚中的折线、灯槽线、圆弧形线、拱形线等艺术形式的抹灰，按展开面积计算。

11.11.9 顶棚龙骨

各种吊顶顶棚龙骨（图11-29）按主墙间净空面积计算，不扣除间壁墙、检查口、附墙烟囱、柱、垛和管道所占面积。但顶棚中的折线、跌落等圆弧形、高低吊灯槽等面积也不展开计算。

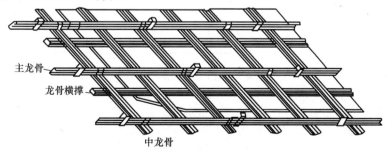

图 11-29 U形轻钢顶棚龙骨构造示意图

11.11.10 顶棚面装饰

（1）顶棚装饰面积，按主墙间实铺面积以平方米计算，不扣除间壁墙、检查口、附墙烟囱、附墙垛和管道所占面积，应扣除独立柱及与顶棚相连的窗帘盒所占的面积。见图 11-30、图 11-31。

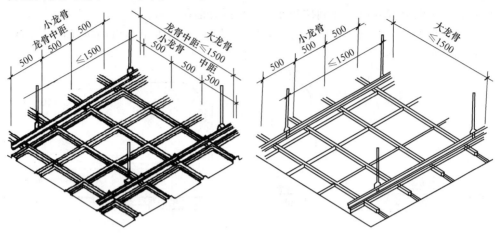

图 11-30　嵌入式铝合金方板顶棚　　　　图 11-31　浮搁式铝合金方板顶棚

（2）顶棚中的折线、跌落等圆弧形、拱形、高低灯槽及其他艺术形式顶棚面层均按展开面积计算。

11.11.11　喷涂、油漆、裱糊

（1）楼地面、顶棚面、墙、柱、梁面的喷（刷）涂料、抹灰面、油漆及裱糊工程，均按楼地面、顶棚面、墙、柱、梁面装饰工程相应的工程量计算规则计算。

（2）木材面、金属面油漆的工程量分别按表 11-3～表 11-9 的规定计算，并乘以表列系数以平方米计算。

单层木门工程量系数表　　　　　　　　　　　表 11-3

项　目　名　称	系　数	工程量计算方法
单层木门	1.00	按单面洞口面积
双层（一板一纱）木门	1.36	
双层（单裁口）木门	2.00	
单层全玻门	0.83	
木百叶门	1.25	
厂库大门	1.20	

单层木窗工程量系数表　　　　　　　　　　　表 11-4

项　目　名　称	系　数	工程量计算方法
单层玻璃窗	1.00	按单面洞口面积
双层（一玻一纱）窗	1.36	
双层（单裁口）窗	2.00	
三层（二玻一纱）窗	2.60	
单层组合窗	0.83	
双层组合窗	1.13	
木百叶窗	1.50	

木扶手（不带托板）工程量系数表　　　　　表 11-5

项　目　名　称	系　数	工程量计算方法
木扶手（不带托板）	1.00	按延长米
木扶手（带托板）	2.60	
窗帘盒	2.04	
封檐板、顺水板	1.74	
挂衣板、黑板框	0.52	
生活园地框、挂镜线、窗帘棍	0.35	

其他木板面工程量系数表　　　　　表 11-6

项　目　名　称	系　数	工程量计算方法
木板、纤维板、胶合板	1.00	长×宽
顶棚、檐口	1.07	
清水板条顶棚、檐口	1.07	
木方格吊顶	1.20	
吸声板、墙面、顶棚面	0.87	
鱼鳞板墙	2.48	
木护墙、墙裙	0.91	
窗台板、筒子板、盖板	0.82	
暖气罩	1.28	
屋面板（带檩条）	1.11	斜长×宽
木间壁、木隔断	1.90	单面外围面积
玻璃间壁露明墙筋	1.65	
木栅栏、木栏杆（带扶手）	1.82	
木屋架	1.79	跨度（长）×中高×$\frac{1}{2}$
衣柜、壁柜	0.91	投影面积（不展开）
零星木装修	0.87	展开面积

木地板工程量系数表　　　　　表 11-7

项　目　名　称	系　数	工程量计算方法
木地板、木踢脚线	1.00	长×宽
木楼梯（不包括底面）	2.30	水平投影面积

单层钢门窗工程量系数表　　　　　表 11-8

项　目　名　称	系　数	工程量计算方法
单层钢门窗	1.00	洞口面积
双层（一玻一纱）钢门窗	1.48	
钢百叶门窗	2.74	
半截百叶钢门	2.22	
满钢门或包铁皮门	1.63	
钢折叠门	2.30	

续表

项目名称	系数	工程量计算方法
射线防护门	2.96	
厂库房平开、推拉门	1.70	框（扇）外围面积
铁丝网大门	0.81	
间壁	1.85	长×宽
平板屋面	0.74	斜长×宽
瓦垄板屋面	0.89	斜长×宽
排水、伸缩缝盖板	0.78	展开面积
吸气罩	1.63	水平投影面积

其他金属面工程量系数表　　　　表 11-9

项目名称	系数	工程量计算方法
钢屋架、天窗架、挡风架、屋架梁、支撑、檩条	1.00	
墙架（空腹式）	0.50	按重量（吨）
墙架（格板式）	0.82	

11.12　装饰工程清单工程量计算

11.12.1　块料墙面

（1）工程内容

块料墙面的工程内容主要包括基层清理，砂浆制作、运输，底层抹灰，结合层铺贴，面层铺贴、挂贴或干挂，嵌缝，刷防护材料，磨光，酸洗，打蜡。

（2）项目特征

块料墙面的项目特征包括：

1）墙体种类；

2）底层厚度、砂浆配合比；

3）粘结层厚度、材料种类；

4）挂贴方式；

5）干挂方式（膨胀螺栓、钢龙骨）；

6）面层材料品种、规格、品牌、颜色；

7）缝宽、嵌缝材料种类；

8）防护材料种类；

9）磨光、酸洗、打蜡要求。

（3）计算规则

块料墙面工程量按设计图示尺寸以面积计算。

（4）有关说明

1）墙体类型是指砖墙、石墙、混凝土墙、砌块墙及内墙、外墙等。

2) 块料饰面板是指石材饰面板、陶瓷面砖、玻璃面砖、金属饰面板、塑料饰面板、木质饰面板等。
3) 挂贴是指对大规格的石材（大理石、花岗石、青石板等）使用铁件先挂在墙面后灌浆的方法固定。
4) 干挂有两种，第一种是直接干挂法，通过不锈钢膨胀螺栓、不锈钢挂件、不锈钢连接件、不锈钢钢针等将外墙饰面板连接在外墙面；第二种是间接干挂法，是通过固定在墙上的钢龙骨，再用各种挂件固定外墙饰面板。
5) 嵌缝材料是指砂浆、油膏、密封胶等材料。
6) 防护材料是指石材正面的防酸涂剂和石材背面的防碱涂剂等。

11.12.2 干挂石材钢骨架

（1）工程内容
干挂石材钢骨架的工程内容包括钢骨架制作、运输、安装、油漆等。
（2）项目特征
干挂石材钢骨架的项目特征包括：
1) 钢骨架种类、规格；
2) 油漆品种、刷油遍数。
（3）计算规则
干挂石材钢骨架工程量按设计图示尺寸以质量计算。

11.12.3 全玻幕墙

（1）工程内容
全玻幕墙的主要工程内容包括玻璃幕墙的安装、嵌缝、塞口、清洗等。
（2）项目特征
全玻幕墙的项目特征包括：
1) 玻璃品种、规格、品牌、颜色；
2) 粘结塞口材料种类；
3) 固定方式。
（3）计算规则
全玻幕墙按设计图示尺寸以面积计算，带肋全玻幕墙按展开面积计算。

11.12.4 格栅吊顶

（1）工程内容
格栅吊顶的工程内容包括基层清理，底层抹灰，安装龙骨，基层板铺贴，面层铺贴，刷防护材料、油漆等。
（2）项目特征
格栅吊顶的项目特征包括：
1) 龙骨类型、材料种类、规格、中距；

2) 基层材料种类、规格；
3) 面层材料品种、规格、品牌、颜色；
4) 防护材料种类；
5) 油漆品种、刷漆遍数。
(3) 计算规则
格栅吊顶工程是按设计图示尺寸以水平投影面积计算。
(4) 有关说明
格栅吊顶适用于木格栅、金属格栅、塑料格栅等。

11.12.5 灯带

(1) 工程内容
灯带项目的工程内容主要是灯带的安装和固定。
(2) 项目特征
灯带项目的主要特征包括：
1) 灯带形式、尺寸；
2) 格栅片材料品种、规格、品牌、颜色；
3) 安装固定方式。
(3) 计算规则
灯带工程量按设计图示尺寸以框外围面积计算。

11.12.6 送风口、回风口

(1) 工程内容
送风口、回风口项目工程内容有送风口、回风口的安装和固定，刷防护材料等。
(2) 项目特征
送风口、回风口的项目特征包括：
1) 风口材料品种、规格、品牌、颜色；
2) 安装固定方式；
3) 防护材料种类。
(3) 计算规则
送风口、回风口工程量按设计图数量以个为单位计算。

11.12.7 实木装饰门

(1) 工程内容
实木装饰门工程内容包括门制作、运输、安装，五金、玻璃安装，刷防护材料、油漆等。
(2) 项目特征
实木装饰门的项目特征包括：

1) 门类型；
2) 框截面尺寸、单扇面积；
3) 骨架材料种类；
4) 面层材料品种、规格、品牌、颜色；
5) 玻璃品种、厚度、五金材料、品种、规格；
6) 防护层材料种类；
7) 油漆品种、刷油遍数。

(3) 计算规则

实木装饰门工程量按设计图示数量以樘为单位计算。

(4) 有关说明

1) 实木装饰门项目也适用于竹压板装饰门；
2) 框截面尺寸（或面积）指边立梃截面尺寸或面积；
3) 木门窗五金包括合页、插销、风钩、弓背拉手、搭扣、弹簧合页、管子拉手、地弹簧、滑轮、滑轨、门轧头、铁角、木螺钉等。

11.12.8 彩板门

(1) 基本概念

彩板门亦称彩板组角门，是以 0.7~1.1mm 厚的彩色镀锌卷板和 4mm 厚平板玻璃或中空玻璃为主要原料，经机械加工制成的钢门窗。门窗四角用插接件、螺钉连接，门窗全部缝隙用橡胶密封条和密封膏密封。

(2) 工程内容

彩板门主要工程内容包括门制作、运输、安装，五金、玻璃安装，刷防护材料、油漆等。

(3) 项目特征

彩板门项目特征包括：

1) 门类型；
2) 框材质、外围尺寸；
3) 扇材质、外围尺寸；
4) 玻璃品种、厚度，五金材料品种、规格；
5) 防护材料种类。

(4) 计算规则

彩板门工程量按设计图示数量以樘为单位计算。

11.12.9 金属卷闸门

(1) 工程内容

金属卷闸门工程内容包括门制作、运输、安装，启动装置、五金安装，刷防护料、油漆等。

(2) 项目特征

金属卷闸门项目特征包括：
1) 门材质、框外围尺寸；
2) 启动装置品种、规格、品牌；
3) 五金材料、品种、规格；
4) 刷防护材料种类；
5) 油漆品种、刷漆遍数。

(3) 计算规则

金属卷闸门工程量按设计图示数量以樘为单位计算。

11.12.10 石材门窗套

(1) 工程内容

石材门窗套的工程内容包括清理基层，底层抹灰，立筋制作、安装，基层板安装，面层铺贴，刷防护材料、油漆等。

(2) 项目特征

石材门窗套项目特征包括：
1) 底层厚度、砂浆配合比；
2) 立筋材料种类、规格；
3) 基层材料种类；
4) 面层材料品种、规格、品牌、颜色；
5) 防护材料种类。

(3) 计算规则

石材门窗套工程量按设计图示尺寸以展开面积计算。

(4) 有关说明

防护材料分防火、防腐、防潮、耐磨等种类。

11.12.11 门油漆

(1) 工程内容

门油漆的工程内容包括基层清理，刮腻子，刷防护材料、油漆等。

(2) 项目特征

门油漆的项目特征包括：
1) 门类型；
2) 腻子种类；
3) 刮腻子要求；
4) 防护材料种类；
5) 油漆品种、刷漆遍数。

(3) 计算规则

门油漆项目工程量按设计图示数量以樘为单位计算。

(4) 有关说明

1) 门类型应分为镶板门、木板门、胶合板门、装饰实木门、木纱门、木质防火门、连窗门、平开门、推拉门、单扇门、双扇门、带纱门、全玻门、半玻门、半百叶门、全百叶门以及带亮子、不带亮子、有门框、无门框和单独门框等种类；

2) 腻子种类分石膏油腻子、胶腻子、漆片腻子、油腻子等；

3) 刮腻子要求分刮腻子遍数以及是满刮还是找补腻子等。

11.12.12 窗油漆

(1) 工程内容

窗油漆的工程内容包括基层清理，刮腻子，刷防护材料、油漆等。

(2) 项目特征

窗油漆的项目特征包括：

1) 窗类型；
2) 腻子种类；
3) 刮腻子要求；
4) 防护材料种类；
5) 油漆品种、刷漆遍数。

(3) 计算规则

窗油漆项目的工程量按设计图示数量以樘为单位计算。

(4) 有关说明

窗类型分为平开窗、推拉窗、提拉窗、固定窗、空花窗、百叶窗以及单扇窗、双扇窗、多扇窗、单层窗、双层窗、带亮子、不带亮子等。

11.12.13 木扶手油漆

(1) 工程内容

木扶手油漆工程内容包括基层清理，刮腻子，刷防护材料、油漆等。

(2) 项目特征

木扶手油漆的项目特征包括：

1) 腻子种类；
2) 刮腻子要求；
3) 防护材料种类；
4) 油漆部位单位展开面积；
5) 油漆长度；
6) 油漆品种，刷漆遍数。

(3) 计算规则

木扶手油漆工程量按设计图示尺寸以长度计算。

(4) 有关说明

木扶手油漆应区分带托板与不带托板分别编码列项。

11.12.14 墙纸裱糊

(1) 工程内容
墙纸裱糊工程内容主要包括基层清理,刮腻子,面层铺粘,刷防护材料等。
(2) 项目特征
墙纸裱糊的项目特征包括:
1) 基层类型;
2) 裱糊部位;
3) 腻子种类;
4) 刮腻子要求;
5) 粘结材料种类;
6) 防护材料种类;
7) 面层材料品种、规格、品牌、颜色。
(3) 计算规则
墙纸裱糊工程量按设计图示尺寸以面积计算。
(4) 有关说明
墙纸裱糊应注意对花与不对花的要求。

11.12.15 收银台

(1) 工程内容
收银台项目的工程内容包括台柜制作、运输、安装,刷防护材料、油漆。
(2) 项目特征
收银台项目特征包括:
1) 台柜规格;
2) 材料种类、规格;
3) 五金种类、规格;
4) 防护材料种类;
5) 油漆品种、刷漆遍数。
(3) 计算规则
收银台项目工程量按设计图示数量以个为单位计算。
(4) 有关说明
台柜的规格以能分离的成品单体长、宽、高表示。

11.12.16 金属字

(1) 工程内容
金属字工程内容包括字的制作、运输、安装、刷油漆等。
(2) 项目特征
金属字的项目特征包括:

1）基层类型；

2）镌字材料品种、颜色；

3）字体规格；

4）固定方式；

5）油漆品种、刷漆遍数。

（3）计算规则

金属字项目工程量按设计图示数量以个为单位计算。

（4）有关说明

1）基层类型是指金属字依托体的材料，如砖墙、木墙、石墙、混凝土墙、钢支架等；

2）字体规格以字的外接矩形长、宽和字的厚度表示；

3）固定方式是指粘贴、焊接及铁钉、螺栓、铆钉固定等方式。

12 工业建筑工程量计算

(1) 关键知识点

工业建筑分类　单层工业厂房结构组成　定位轴线　基础和基础梁工程量　预制柱工程量　吊车工程量　屋架工程量　屋面板工程量　天窗架工程量　预埋铁件工程量　厂房大门工程量

(2) 教学建议

现场参观　多媒体教学　课堂讲授　课题作业　小组讨论

工业建筑是工厂中为工业生产需要而建造的建筑物。直接用于工业生产的建筑物称为工业厂房或车间。在工业厂房内，按生产工艺过程进行产品的加工和生产，通常把按生产工艺进行生产的单位称为生产车间。一个工厂除了有若干个生产车间外，还有辅助生产车间、锅炉房、水泵房、办公及生活用房等生产服务用房。

12.1　工业建筑概述

12.1.1　工业建筑的特点

工业建筑在设计原则、建筑材料和建筑技术等方面与民用建筑相似，但工业建筑以满足工业生产为前提，生产工艺对建筑的平、立、剖面，建筑构造，建筑结构体系和施工方式均有很大影响，主要体现在以下几方面。

(1) 生产工艺流程决定着厂房的平面形式

厂房的平面布置形式首先必须保证生产的顺利进行，并为工人创造良好的劳动卫生条件，以利于提高产品质量和劳动生产率。

(2) 厂房内有较大的面积和空间

由于厂房内生产设备多、体量大，并且需有各种起重运输设备的通行空间，这就决定了厂房内必须有较大的面积和宽敞的空间。

（3）厂房的荷载大

厂房内一般都有相应的生产设备、起重运输设备和原材料、半成品、成品等，加之生产时可能产生的振动和其他荷载的作用，因此多数厂房采用钢筋混凝土骨架或钢骨架承重。

（4）厂房构造复杂

对于大跨度和多跨度厂房，应考虑解决室内的采光、通风和屋面的防水、排水问题，需在屋顶上设置天窗及排水系统；对于有恒温、防尘、防振、防爆、防菌、防射线等要求的厂房，应考虑采取相应的特殊构造措施；对于生产过程中有大量原料、半成品、成品等需要运输的厂房，应考虑所采用的运输工具的通行问题；大多数厂房生产时，需要各种工程技术管网，如给水排水、热力、压缩空气、燃气、氧气管道和电力线路等，厂房设计时应考虑各种管线的敷设要求。

这些因素都使工业厂房的构造比民用建筑复杂得多。

12.1.2　工业建筑的分类

（1）按厂房的用途分

1）主要生产厂房：指用于完成主要产品从原料到成品的整个生产过程的各类厂房，如机械制造厂的铸造车间、机械加工车间、装配车间等。

2）辅助生产厂房：指为主要生产车间服务的各类厂房，如机械制造厂的机修车间、工具车间等。

3）动力用厂房：指为全厂提供能源的各类厂房，如发电站、变电站、锅炉房、燃气发生站、氧气站、压缩空气站等。

4）储藏用建筑：指用来储存原材料、半成品、成品的仓库，如金属材料库、木料库、油料库、成品库等。

5）运输用建筑：指用于停放、检修各种运输工具的房屋，如电瓶车库、汽车库等。

6）其他建筑：如水泵房、污水处理站等。

（2）按生产特征分

1）热加工车间：指在高温状态下进行生产的车间。如铸造、热锻、冶炼、热轧等，这类车间在生产中散发大量余热，并伴随产生烟雾、灰尘和有害气体，应考虑其通风散热问题。

2）冷加工车间：在正常温、湿度条件下生产的车间，如机械加工车间、装配车间、机修车间等。

3）洁净车间：指根据产品的要求，需在无尘无菌无污染的高度洁净状况下进行生产的车间，如集成电路车间、药品生产车间、食品车间等。

4）恒温恒湿车间：指为保证产品的质量，需在恒定的温度湿度条件下生产的车间，如纺织车间、精密仪器车间等。

5) 特种状况车间：指产品对生产环境有特殊要求的车间，如防爆、防腐蚀、防微振、防电磁波干扰等车间。

(3) 按层数和跨度分

1) 单层厂房：指层数为一层的厂房。适用于生产设备和产品的重量大，生产工艺流程需水平运输实现的厂房，如重型机械制造业、冶金业等。单层厂房按跨度分有单跨、高低跨和多跨之分（图12-1）。

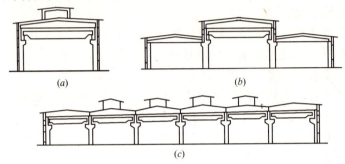

图 12-1 单层厂房
(a) 单跨；(b) 高低跨；(c) 多跨

2) 多层厂房：指二层及以上的厂房。适用于产品重量轻，并能进行垂直运输生产的厂房，如仪表、电子、食品、服装等轻型工业的厂房（图12-2）。

3) 混合层次厂房：指同一厂房内既有单层，又有多层的厂房。适用于化工业、电力业等的主厂房（图12-3）。

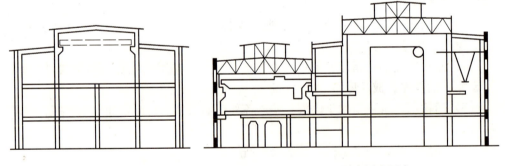

图 12-2 多层厂房　　　　图 12-3 混合层次厂房

12.1.3 单层工业厂房的结构组成

结构是指支承各种荷载作用的构件所组成的骨架。当前单层厂房的结构多采用平面体系，有墙承重结构和骨架承重结构两种类型。

(1) 墙承重结构

指厂房的承重结构由墙和屋架（或屋面梁）组成，墙承受屋架传来的荷载并传给基础。这种结构构造简单，造价经济，施工方便。但由于墙体材料多为实心黏土砖，并且砖墙的承载能力和抗震性能较差，故只适用于跨度不超过15m，檐口标高低于8m，吊车起重吨位不超过5t的中小型厂房（图12-4）。

（2）骨架承重结构

骨架承重结构的单层厂房一般采用装配式钢筋混凝土排架结构。它主要由承重结构和围护结构组成（图12-5）。

1）承重结构。

装配式排架结构由横向排架、纵向连系构件和支撑构成。横向排架由屋架（或屋面梁）、柱和基础组成，沿厂房的横向布置；纵向连系构件包括吊车梁、连系梁和基础梁，它们沿厂房的纵向布置，建立起了横向排架的纵向连系；支撑包括屋盖支撑和柱间支撑。各构件在厂房中的作用分别是：

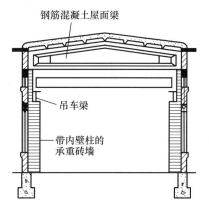

图12-4 墙承重结构的单层厂房

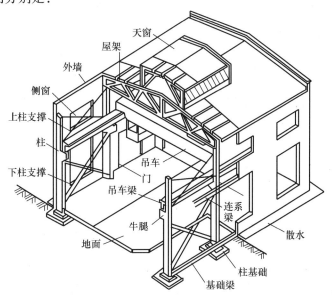

图12-5 排架结构单层厂房的组成

①屋架（或屋面梁）：屋架搁置在柱上，它承受屋面板、天窗架等传来的荷载，并将这些荷载传给柱子。

②柱：承受屋架、吊车梁、连系梁及支撑传来的荷载，并把荷载传给基础。

③基础：承受柱及基础梁传来的荷载，并将荷载传给地基。

④吊车梁：吊车梁支撑在柱牛腿上，承受吊车传来的荷载并传给柱，同时加强纵向柱列的联系。

⑤连系梁：其作用主要是加强纵向柱列的联系，同时承受其上外墙的重量并传给柱。

⑥基础梁：基础梁一般搁置在柱下基础上，承受其上墙体重量，并传给基础，同时加强横向排架间的联系。

⑦屋架支撑：设在相邻的屋架之间，用来加强屋架的刚度和稳定性。

⑧柱间支撑：包括上柱支撑与下柱支撑，用来传递水平荷载（如风荷载、地震作用及吊车的制动力等），提高厂房的纵向刚度和稳定性。

2）围护结构。

排架结构厂房的围护结构由屋顶、外墙、门窗和地面组成。

①屋顶：承受屋面传来的风、雨、雪、积灰、检修等荷载，并防止外界的寒冷、酷暑对厂房内部的影响，同时屋面板也加强了横向排架的纵向联系，有利于保证厂房的整体性。

②外墙：指厂房四周的外墙和抗风柱。外墙主要起防风雨、保温、隔热等作用，一般分上下两部分，上部分砌在连系梁上，下部分砌在基础梁上，属自承重墙。抗风柱主要承受山墙传来的水平荷载，并传给屋架和基础。

③门窗：门窗作为外墙的重要组成部分，主要用来交通联系、采光、通风，同时具有外墙的围护作用。

④地面：承受地面的原材料、产品、生产设备等荷载，并根据生产使用要求，提供良好的劳动条件。

12.1.4 厂房的起重运输设备

为了运送原材料、半成品、成品和进行生产设备的安装检修，厂房内需设置起重运输设备，其中吊车对厂房的结构和构造影响较大，应充分了解。常见的吊车有单轨悬挂吊车、梁式吊车和桥式吊车等。

（1）单轨悬挂吊车

单轨悬挂吊车有电动和手动两种，吊车轨道悬挂在厂房的屋架下弦上，一般布置成直线，也可转弯（用来跨间穿越），转弯半径不小于2.5m，滑轮组在钢轨上移动运行。这种吊车操纵方便，布置灵活，但起重量不大，一般不超过5t（图12-6）。

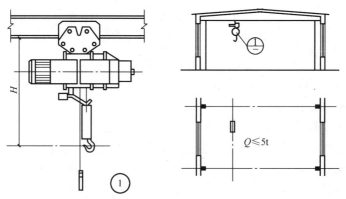

图12-6 单轨悬挂吊车

（2）梁式吊车

梁式吊车有悬挂式和支承式两种（图12-7）。

悬挂式梁式吊车是在屋架下弦悬挂两根平行的钢轨，在两根钢轨上设有可滑

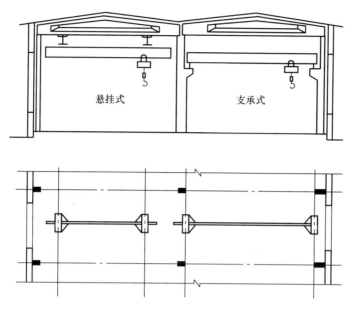

图 12-7 梁式吊车

行的横梁,梁上设有可横向滑行的滑轮组。在横梁与滑轮组移动范围内均可起重。悬挂式梁式吊车的自重和起吊物的重量都传给了屋架,增加了屋顶荷载,故起重量不宜过大,一般不超过 5t。

支承式梁式吊车是在排架柱上设牛腿,牛腿支承吊车梁和轨道,横梁沿吊车梁上的轨道运行,其起重量与悬挂式相同。

(3) 桥式吊车

桥式吊车由桥架和起重小车组成(图 12-8)。通常是在排架柱的牛腿上搁置吊车梁,吊车梁上安装钢轨,钢轨上放置能沿厂房纵向运行的双榀钢桥架,桥架上设起重小车,小车可沿桥架横向运行。桥式吊车在桥架和小车运行范围内均可起重,起重量从 5t 至数百吨。其开行一般由专门司机操作,司机室设在桥架的一端。

吊车工作的频率状况对厂房结构有很大的影响,是厂房结构设计的依据,也

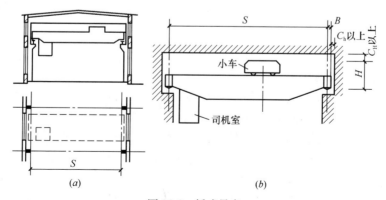

图 12-8 桥式吊车
(a) 平、剖面示意;(b) 吊车安装尺寸

是厂房空间设计的依据,所以必须考虑吊车的工作频率。通常根据吊车开动时间与全部生产时间的比率将吊车划分成三级工作制,用JC%表示。

轻级工作制——15%(以JC15%表示);

中级工作制——25%(以JC25%表示);

重级工作制——40%(以JC40%表示)。

12.1.5 单层厂房的定位轴线

厂房的定位轴线是确定厂房主要承重构件的位置及其标志尺寸的基线,同时也是施工放线、设备定位和安装的依据。柱子是单层厂房的主要承重构件,为了确定其位置,在平面上要布置纵横向定位轴线。厂房柱子与纵横向定位轴线在平面上形成有规律的网格,称柱网。柱网中,柱子纵向定位轴线间的距离称为跨度,横向定位轴线间的距离称为柱距。

(1) 柱网选择

确定柱网尺寸,实际就是确定厂房的跨度和柱距。在考虑厂房生产工艺、建筑结构、施工技术、经济效果等因素的前提下,应符合《厂房建筑模数协调标准》的规定。厂房的跨度不超过18m时,应采用扩大模数30M数列;超过18m时,应采用扩大模数60M数列;厂房的柱距应采用扩大模数60M数列;山墙处抗风柱柱距应采用扩大模数15M数列(图12-9)。

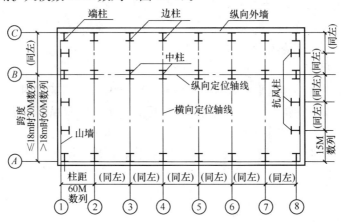

图12-9 跨度和柱距示意图

(2) 定位轴线划分

定位轴线的划分应使厂房建筑主要构配件的几何尺寸做到标准化和系列化,减少构配件的类型,并使节点构造简单。

1) 横向定位轴线。

厂房横向定位轴线主要用来标定纵向构件如屋面板、吊车梁、连系梁、基础梁等的位置,应位于这些构件的端部。

①中间柱(除变形缝处的柱和端部柱以外的柱)的中心线应与横向定位轴线相重合。

②横向变形缝处柱应采用双柱及两条横向定位轴线，两条横向定位轴线应分别位于缝两侧屋面板的端部，柱的中心线均应自定位轴线向两侧各移600mm，两条横向定位轴线间所需缝的宽度 a_e 应符合现行有关国家标准的规定（图12-10a）。

③山墙为非承重墙时，横向定位轴线应与山墙内缘重合，端部柱的中心线应自横向定位轴线向内移600mm（12-10b）。

④山墙为砌体承重时，墙内缘与横向定位轴线间的距离，应按砌体的块材类别分别为半块或半块的倍数或墙厚的一半（图12-10c）。

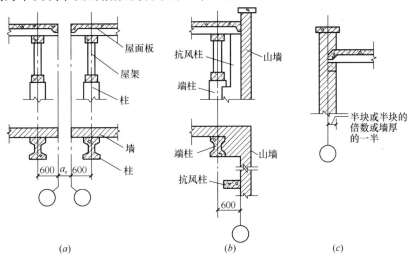

图12-10 墙、柱与横向定位轴线的联系

(a) 变形缝处的横向定位轴线；(b) 端柱处的横向定位轴线；(c) 承重山墙的横向定位轴线

2）纵向定位轴线。

厂房纵向定位轴线用来标定横向构件屋架（或屋面梁）的位置，纵向定位轴线应位于屋架（或屋面梁）的端部。墙、柱与纵向定位轴线的关系视具体情况而定。

①边柱与纵向定位轴线的关系

A. 封闭结合：即边柱外缘和墙内缘与纵向定位轴线相重合（图12-11a）。这种屋架端头、屋面板外缘和外墙内缘均在同一条直线上，形成"封闭结合"的构造，适用于无吊车或只有悬挂吊车、柱距为6m、吊车起重量不超过20/5t的厂房。

B. 非封闭结合：在有桥式吊车的厂房中，由于吊车运行及起重量、柱距或构

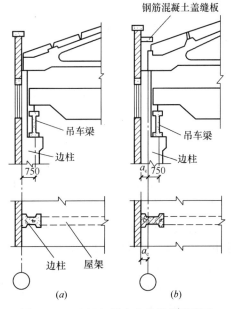

图12-11 边柱与纵向定位轴线的联系

(a) 封闭结合；(b) 非封闭结合

造要求等原因，边柱外缘和纵向定位轴线间需加设联系尺寸 a_c，联系尺寸应为 300mm 或其整数倍数，但围护结构为砌体时，联系尺寸可采用 50mm 或其整数倍数。这时，由于屋架标志端部与柱子外缘、外墙内缘不能重合，上部屋面板与外墙间便出现空隙，称为"非封闭结合"。上部空隙需加设补充构件盖缝（图 12-11b）。

C. 当厂房采用纵墙承重时，若为无壁柱的承重墙，其内缘与纵向定位轴线的距离宜为墙体所采用砌块的半块或半块的倍数，或使墙身中心线与纵向定位轴线重合（图 12-12a）；若为带壁柱的承重墙，其内缘宜与纵向定位轴线重合，或与纵向定位轴线距半块或半块的倍数（图 12-12b）。

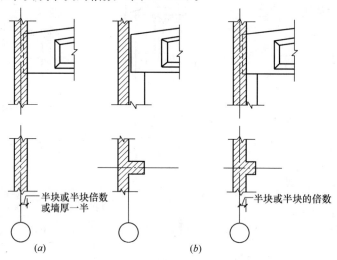

图 12-12 承重墙的纵向定位轴线
（a）无壁柱的承重墙；（b）带壁柱的承重墙

②中柱与纵向定位轴线的定位

A. 等高跨中柱与定位轴线的定位。

a. 当没有纵向变形缝时，宜设单柱和一条纵向定位轴线，柱的中心线宜与纵向定位轴线相重合（图 12-13a）。若相邻跨内的桥式吊车起重量、厂房柱距较大或构造要求设插入距时，中柱可采用单柱和两条纵向定位轴线，插入距 a_i 应符合 3M 数列，柱中心线宜与插入距中心线重合（图 12-13b）。

b. 当设纵向伸缩缝时，宜采用单柱和两条纵向定位轴线。伸缩缝一侧的屋架（或屋面梁），应搁置在活动支座上，两条定位轴线间插入距 a_i 等于伸缩缝宽 a_e（图 12-14）。若属于纵向防震缝时，宜采用双柱及两条纵向定位轴线，并设插入距。两柱与定位轴线的定位与边柱相同，其插入距 a_i 视防震缝宽度及两侧是否为"封闭结合"而异（图 12-15）。

B. 不等高跨中柱。

a. 不等高跨不设纵向变形缝时，中柱设单柱，把中柱看作是高跨的边柱，对于低跨，为简化屋面构造，一般采用封闭结合。根据高跨是否封闭及封墙位置有四种定位方式（图 12-16）。

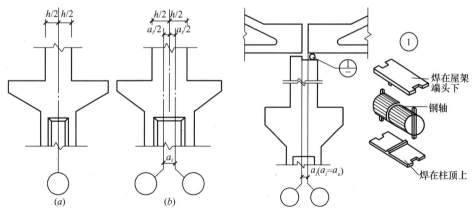

图 12-13 等高跨中柱单柱（无纵向伸缩缝）
(a) 一条纵向定位轴线；(b) 两条纵向定位轴线
h—上柱截面高度；a_i—插入距

图 12-14 等高跨中柱单柱（有纵向伸缩缝）的纵向定位
a_i—插入距；a_e—伸缩缝宽度

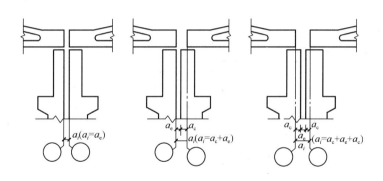

图 12-15 等高跨中柱设双柱时的纵向定位轴线
a_i—插入距；a_e—防震缝宽度；a_c—联系尺寸

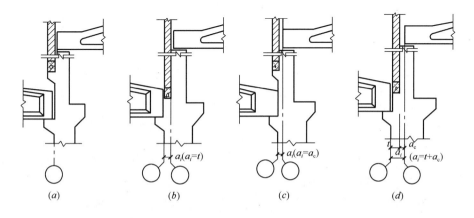

图 12-16 不等高跨中柱单柱（无纵向伸缩缝时）与纵向定位轴线的定位
a_i—插入距；t—封墙厚度；a_c—联系尺寸

不等高跨处设纵向伸缩缝时，一般设单柱，将低跨的屋架（或屋面梁）搁置在活动支座上。不等高跨处应采用两条纵向定位轴线，并设插入距，插入距 a_i 根据封堵位置及高跨是否封闭而异（图 12-17）。

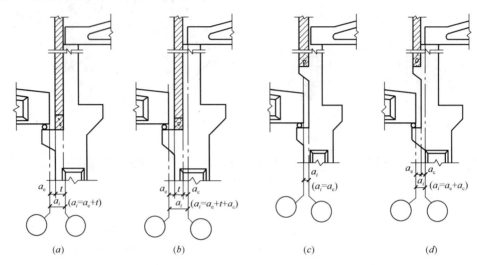

图 12-17 不等高跨中柱单柱（有纵向伸缩缝）与纵向定位轴线的定位
a_i—插入距；a_e—防震缝宽度；t—封墙厚度；a_c—联系尺寸

b. 当不等高跨高差较大，或吊车起重量差异较大，或需设防震缝时，需设双柱和两条纵向定位轴线。两柱与纵向定位轴线的定位与边柱相同，插入距 a_i 视封墙位置和高跨是否封闭及有无变形缝而定（图 12-18）。

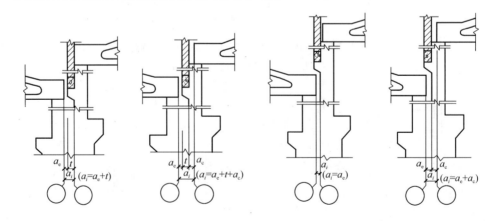

图 12-18 不等高跨设中柱双柱与纵向定位轴线的定位

3）纵横跨相交处柱与定位轴线的关系

厂房在纵横跨相交处，应设变形缝断开，使两侧在结构上各自独立，因此纵横跨应有各自的柱列和定位轴线。各柱与定位轴线的关系分别按山墙处柱与横向定位轴线和边柱与纵向定位轴线的关系来确定，其插入距 a_i 视封墙为单墙或双墙，及横跨是否封闭和变形缝宽度而定（图 12-19）。

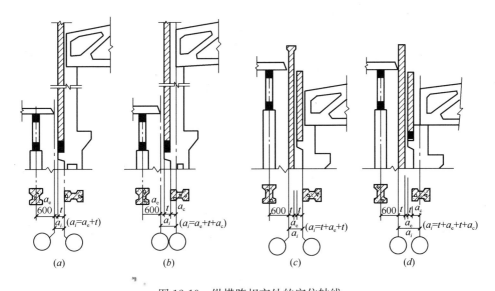

图 12-19 纵横跨相交处的定位轴线
(*a*)、(*b*) 单墙方案；(*c*)、(*d*) 双墙方案

12.1.6 厂房的竖向定位——厂房高度

厂房高度指室内地面到屋架下弦（或屋面梁的下表面）之间的垂直距离，一般情况下为室内地面到柱顶之间的垂直距离。根据《厂房建筑模数协调标准》的规定，厂房高度应符合下列规定：

(1) 有吊车和无吊车的厂房（包括有悬挂吊车的厂房），厂房高度应为扩大模数 3M 数列（图 12-20*a*）。

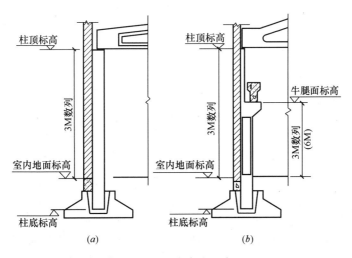

图 12-20 厂房高度示意图

注：1. 自室内地面至支承吊车梁的牛腿面的高度在 7.2m 以上时，宜采用 7.8、8.4、9.0 和 9.6m 等数值；
2. 预制钢筋混凝土柱自室内地面至柱底的高度宜为模数化尺寸。

(2) 有吊车的厂房，自室内地面至支承吊车梁的牛腿面的高度应为扩大模数 3M 数列（图 12-20b）。当牛腿面的标高大于 7.2m 时，按 6M 数列考虑。

(3) 钢筋混凝土柱埋入段的长度也应符合模数化要求。

12.2 单层厂房的主要结构构件

12.2.1 基础和基础梁

(1) 基础

由于排架结构厂房的柱距与跨度较大，柱下的基础一般做成钢筋混凝土独立基础。钢筋混凝土独立基础目前普遍采用现场浇灌而成，所用混凝土不宜低于 C15，钢筋采用 HPB235 级或 HRB335 级钢筋，基础下面通常要铺设 100mm 厚的 C10 素混凝土垫层。基础的构造有现浇柱和预制柱基础两种类型。

1) 现浇柱基础。

基础与柱均为现场浇灌，但不同时施工。基础顶面一般留出插筋与柱连接，插筋的数量和柱中受力钢筋相同。现浇柱基础的各部分构造尺寸见图 12-21。

2) 预制柱基础。

是先将基础做成杯形基础，然后再将预制柱插入杯口连接，其构造见图 12-22。

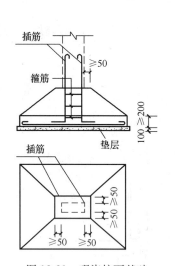

图 12-21 现浇柱下基础

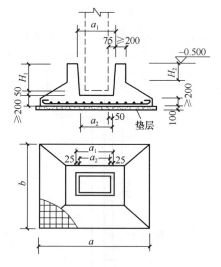

图 12-22 预制柱下杯形基础

杯形基础的杯壁和底板厚度均不应小于 200mm。为了便于柱子的插入，杯口顶应比柱每边大 75mm，杯口底应比柱每边大 50mm。杯口深度应按结构要求确定。在柱子就位前，杯底先用高强度等级细石混凝土做 50mm 的找平层，就位后，杯口与柱子四周缝隙用 C20 细石混凝土填实。

基础杯口顶面的标高至少应低于室内地坪 500mm，以便其上架设基础梁。有时由于地形起伏不平，局部土质软弱，或相邻的设备基础埋置深度较大，而为了使柱子的长度统一，可采用高杯口基础（图 12-23）。

(2) 基础梁

对于装配式钢筋混凝土排架结构的厂房，为了保证外围护墙与柱子整体沉降，墙下一般不设基础，而是在柱基础的杯口上搁置基础梁，将墙砌筑在基础梁上（图 12-24a）。基础梁的断面形状为上宽下窄的倒梯形，有预应力和非预应力钢筋混凝土两种，其截面尺寸见图12-24（b）。

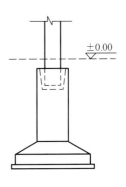

图 12-23 高杯口基础

为了避免室外雨水进入室内和便于车辆的出入，基础梁搁置位置的要求是：比室内地坪低至少 50mm，比室外地坪高至少 100mm。为了保证基础梁与柱基础能够同步沉降，基础梁下的回填土不需夯实，并与梁底留有 100～150mm 的空隙。寒冷地区应防止土的冻胀致使基础梁隆起而开裂，在基础梁下一定范围内铺设较厚的干砂或炉渣（图 12-25）。

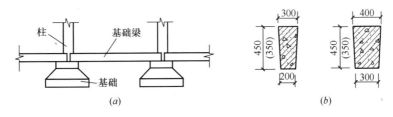

图 12-24 基础梁的位置及截面尺寸

因基础的埋置深度有深有浅，基础梁的搁置位置要满足上述要求，其搁置方式视基础的埋置深度而异（图 12-26）。

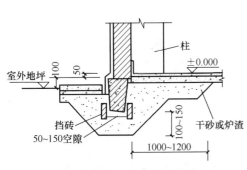

图 12-25 基础梁搁置的构造
要求及防冻措施

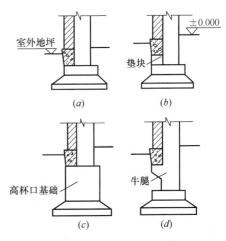

图 12-26 基础梁的搁置方式
(a) 放在柱基础顶面；(b) 放在混凝土垫块上；
(c) 放在高杯口基础上；(d) 放在柱牛腿上

12.2.2 柱、吊车梁、连系梁及圈梁

(1) 柱

1) 柱的类型。单层厂房一般采用钢筋混凝土柱，钢筋混凝土柱有单肢和双肢柱两大类，常用的形式见图 12-27。

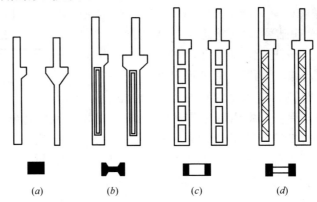

图 12-27 钢筋混凝土柱的类型
(a) 矩形柱；(b) 工字形柱；(c) 平腹杆双肢柱；(d) 斜腹杆双肢柱

2) 矩形截面柱。矩形截面柱外形简单，制作方便，但耗费材料多，自重大，不能充分发挥混凝土的承载能力。多用于截面尺寸不超过 400mm×600mm 的柱和现浇柱。

3) 工字形截面柱。工字形截面柱受力合理，自重轻，是目前应用很广泛的形式。

4) 双肢柱。双肢柱由两根肢柱和腹杆连接组成，腹杆有平腹杆和斜腹杆两种形式。双肢柱构造复杂，制作麻烦，但承载能力强，刚度大，多用于厂房高度和吊车起重量均较大的情况。

为了加强工字形截面柱和双肢柱在吊装和使用时的整体刚度，在柱与吊车梁、柱间支撑连接处、柱顶、柱脚处均需做成矩形截面。

5) 柱的预埋件。柱与其他构件连接时，应设置相应的预埋件。预埋件包括柱与屋架（M-1）、柱与吊车梁（M-2、M-3）、柱与连系梁或圈梁（2φ12）、柱与墙体（2φ6）、柱与柱间支撑（M-4、M-5）等相互间的连接件（图 12-28）。

(2) 吊车梁

吊车梁设在有梁式吊车或桥式吊车的厂房中，承受吊车的竖向及水平荷载，并传给柱子，并增加了厂房的纵向刚度。

1) 吊车梁的类型。

吊车梁一般用钢筋混凝土制成，有普通钢筋混凝土和预应力钢筋混凝土两种，按其外形和截面形状分有等截面的 T 形、工字形和变截面的鱼腹式吊车梁等（图 12-29）。

①T 形吊车梁：T 形吊车梁上部翼缘较宽，增加了梁的受压面积，便于安装

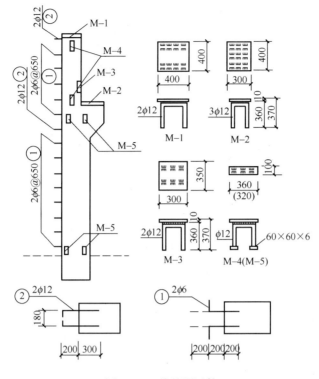

图 12-28 柱的预埋件

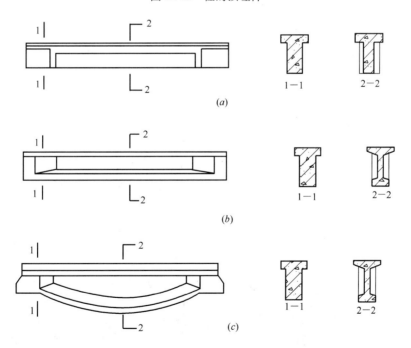

图 12-29 吊车梁的类型
(a) 钢筋混凝土 T 形吊车梁；(b) 钢筋混凝土工字形吊车梁；(c) 预应力混凝土鱼腹式吊车梁

吊车轨道。还具有施工简单、制作方便、易于埋置预埋件的优点。但自重大。适用于柱距为 6m，起重量为 3～75t 的轻级工作制、起重量为 1t～30t 的中级工作制和起重量为 5～20t 的重级工作制的吊车。

②工字形吊车梁：为预应力构件，具有腹壁薄、自重轻的优点。适用于厂房跨度为 12～30m，柱距为 6m，起重量为 5～100t 的轻级工作制、起重量为 5～75t 的中级工作制和起重量为 5～50t 的重级工作制的吊车。

③鱼腹式吊车梁：梁的下部为抛物线形，符合受力原理，能充分发挥材料强度和减轻自重，有较大的刚度和承载力，但其构造和制作较复杂。适用于厂房跨度为 12～30m，柱距为 6m，吊车起重量为 15～125t 的中级工作制和起重量为 10～100t 的重级工作制的吊车。

2) 吊车梁与柱的连接。

吊车梁与柱的连接多采用焊接连接。上翼缘与柱间用钢板或角钢焊接，底部通过吊车梁底的预埋角钢和柱牛腿面上的预埋钢板焊接，吊车梁之间、吊车梁与柱之间的空隙用 C20 混凝土填实（图 12-30）。

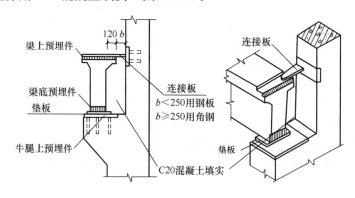

图 12-30 吊车梁与柱的连接

3) 吊车轨道在吊车梁上的安装。

吊车轨道可采用铁路钢轨、吊车专用钢轨或方钢。轨道安装前，先做 30～50mm 厚的 C20 细石混凝土垫层，然后铺钢垫板，用螺栓连接压板将吊车轨道固定（图 12-31）。

4) 车挡在吊车梁上的安装。

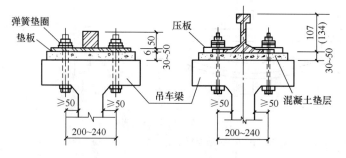

图 12-31 吊车轨道在吊车梁上的安装

为了防止吊车运行时来不及刹车而冲撞到山墙上，需在吊车梁的端部设车挡。车挡一般用螺栓固定在吊车梁的翼缘上（图12-32）。

（3）连系梁与圈梁

连系梁是厂房纵向柱列的水平连系构件，有设在墙内和不在墙内两种，不在墙内的连系梁主要起联系纵向柱列，增加厂房纵向刚度的作用，一般布置在多跨厂房的中列柱中。墙内的连系梁又称墙梁，分非承重和承重两种（图12-33）。

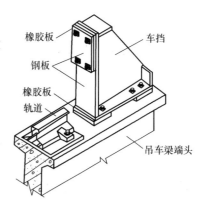

图12-32 车挡在吊车梁上的安装

非承重墙梁的主要作用是传递山墙传来的风荷载到纵向柱列，增加厂房的纵向刚度。它将上部墙荷载传给下面墙体，由墙下基础梁承受。非承重墙梁一般为现浇，它与柱间用钢筋拉结，只传递水平力而不传竖向力。承重墙梁除了起非承重连系梁的作用外，还承受墙体重量并传给柱子，有预制与现浇两种，搁置在柱的牛腿上，用螺栓或焊接的方法与柱连接。

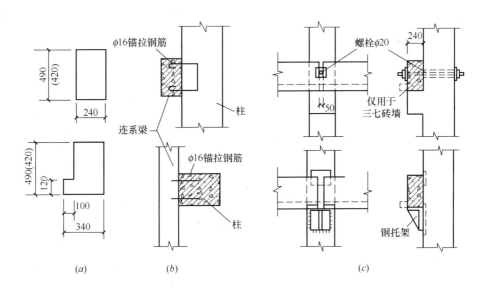

图12-33 连系梁与柱的连接

(a) 连系梁的截面尺寸；(b) 非承重连系梁与柱的连接；(c) 承重连系梁与柱的连接

圈梁的作用是将围护墙同排架柱、抗风柱等箍在一起，以加强厂房的整体刚度，防止由于地基不均匀沉降或较大的振动对厂房的不利影响。圈梁仅起拉结作用而不承受墙体的重量，一般位于柱顶、屋架端头顶部、吊车梁附近。圈梁一般为现浇，也可预制（图12-34）。

在实际工程中，一般尽量调整圈梁、连系梁的位置，使其位于门窗洞口上方，兼起过梁的作用。

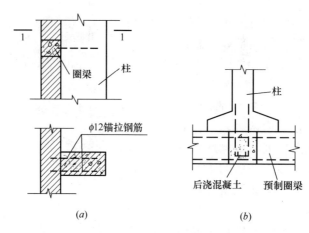

图 12-34　圈梁与柱的连接
(a) 现浇圈梁；(b) 预制圈梁

12.2.3　屋顶结构构件

(1) 屋顶的承重构件

屋架（或屋面梁）一般采用钢筋混凝土或型钢制作，直接承受屋面、天窗荷载及安装在其上的顶棚、悬挂吊车、各种管道和工艺设备的重量，并传给支承它的柱子（或纵墙），屋架（或屋面梁）与柱、基础构成横向排架。

1) 屋面梁。

屋面梁截面有 T 形和工字形两种，外形有单坡和双坡之分，单坡一般用于厂房的边跨（图 12-35）。屋面梁的特点是形式简单，制作和安装较方便，梁高小，重心低，稳定性好，但自重大，适用于厂房跨度不大，有较大振动荷载或有腐蚀性介质的厂房。

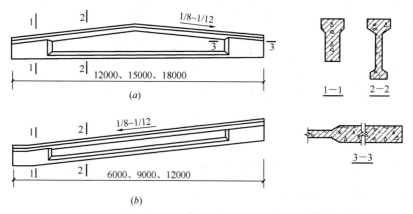

图 12-35　钢筋混凝土工字形屋面梁
(a) 双坡屋面梁；(b) 单坡屋面梁

2) 屋架。

屋架按材料分为钢屋架和钢筋混凝土屋架两种，钢屋架具有自重轻、便于安装、造型优美的优点，在近年来采用最为广泛。钢筋混凝土屋架的构造形式很多，常用的有三角形屋架、梯形屋架、拱形屋架、折线形屋架等（图12-36）。

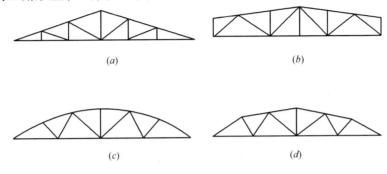

图12-36 钢筋混凝土屋架的外形
（a）三角形屋架；（b）梯形屋架；（c）拱形屋架；（d）折线形屋架

屋架与柱子的连接方法有焊接和螺栓连接两种，焊接连接是在屋架下弦端部预埋钢板，与柱顶的预埋钢板焊接在一起（图12-37a）。螺栓连接是在柱顶伸出预埋螺栓，在屋架下弦端部焊上带有缺口的支承钢板，就位后用螺栓固定（图12-37b）。

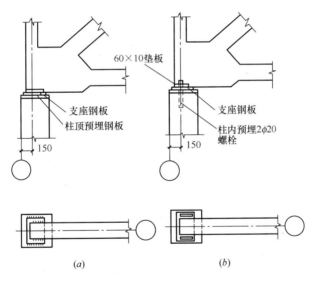

图12-37 屋架与柱的连接
（a）焊接连接；（b）螺栓连接

(2) 屋顶的覆盖构件

屋顶的覆盖体系有两种，一种是无檩体系，即在屋架（或屋面梁）上直接搁置大型屋面板。其特点是整体性好、刚度大，故应用广泛。另一种是有檩体系，即先在屋架（或屋面梁）间搭设檩条，再将屋面板搁置在檩条上。其特点是屋盖重量轻，但刚度差，适用于中小型厂房（图12-38）。

1) 檩条。

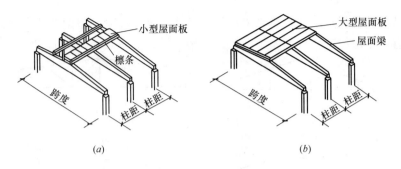

图 12-38 屋顶的覆盖结构
(a) 有檩体系；(b) 无檩体系

檩条用于有檩体系的屋盖中，用来支承小型屋面板，并将屋面荷载传给屋架。檩条的材质应与屋架相对应，有钢檩条和钢筋混凝土檩条。

钢筋混凝土檩条的截面形状有倒 L 形和 T 形，在屋架上可立放和斜放（图 12-39）。两檩条在屋架上弦的对头空隙应用水泥砂浆填实。

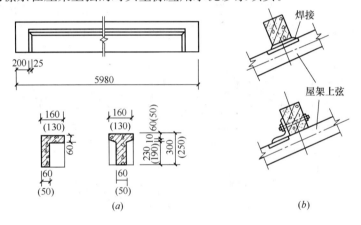

图 12-39 檩条及其连接构造
(a) 檩条的截面形式；(b) 檩条与屋架的连接

2）屋面板。

屋面板是屋面的覆盖构件，分大型屋面板和小型屋面板两种（图 12-40）。

大型屋面板与屋架采用焊接连接，即将每块屋面板纵向主肋底部的预埋件与屋架上弦相应预埋件相互焊接，焊接连接点不宜少于三点，板间缝隙用不低于

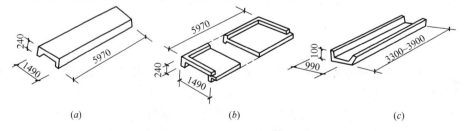

图 12-40 屋面板的类型举例
(a) 大型屋面板；(b) "F"形屋面板；(c) 钢筋混凝土槽板

C15 的细石混凝土填实（图 12-41）。天沟板与屋架的焊接点不少于四点。

小型屋面板（如槽瓦）与檩条通过钢筋钩或插铁固定，这就需在槽瓦端部预埋挂环或预留插销孔（图 12-42）。

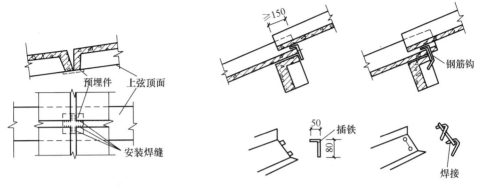

图 12-41 大型屋面板与屋架焊接

图 12-42 槽瓦的搭接和固定

12.2.4 抗风柱

由于单层厂房的山墙面积大，所受到的风荷载也就大，为了保证山墙的稳定性，需在山墙内侧设置抗风柱，将山墙传来的风荷载一部分通过抗风柱下部传给基础，一部分依靠抗风柱上端与屋架上弦连接，通过屋顶系统向厂房纵向柱列传递。

抗风柱的截面尺寸一般为 400mm×600mm，间距应采用 15M 数列，有 4.5m、6m、7.5m 等。抗风柱的下端插入基础杯口内，上端在屋架高度范围内，将截面缩小，顶部不得触及屋面板。

抗风柱与屋架之间一般采用竖向可以移动，水平方向具有一定刚度的 Z 形弹簧板连接（图 12-43a）。当厂房沉降较大时，则宜采用螺栓连接（图 12-43b）。

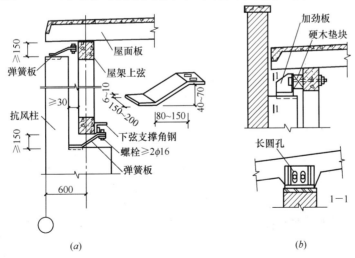

图 12-43 抗风柱与屋架的连接构造
（a）Z 形弹簧板连接；（b）螺栓连接

12.2.5 支撑系统

支撑系统包括屋架支撑和柱间支撑。

(1) 屋架支撑

屋架支撑主要用以保证屋架受到吊车荷载、风荷载等水平力后的稳定，并将水平荷载向纵向传递。屋架支撑包括三类八种。

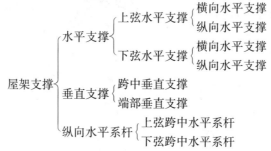

纵向水平支撑和纵向水平系杆沿厂房总长设置，横向水平支撑和垂直支撑一般布置在厂房端部和伸缩缝两侧的第二（或第一）柱间。

(2) 柱间支撑

柱间支撑的作用是将屋盖系统传来的风荷载及吊车制动力传至基础，同时加强柱稳定性。柱间支撑以牛腿为分界线，分上柱支撑和下柱支撑，多用型钢制成交叉形式，也可制成门架式以免影响开设门洞口（图12-44）。

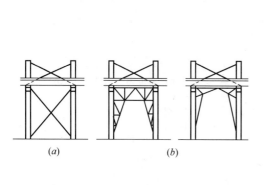

图 12-44 柱间支撑形式
(a) 交叉式；(b) 门架式

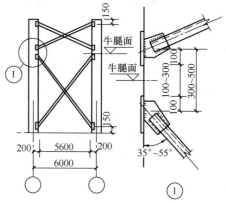

图 12-45 柱间支撑与柱的连接构造

柱间支撑宜布置在各温度区段的中央柱间或两端的第二个柱距中。支撑杆的倾角宜在 35°～55°之间，与柱侧的预埋件焊接连接（图12-45）。

12.2.6 屋面及天窗

(1) 单层厂房屋面的特点

单层厂房屋面与民用建筑屋面相比具有以下特点：

1) 屋面面积大；

2）屋面板大多采用装配式，接缝多；
3）屋面受厂房内部的振动、高温、腐蚀性气体、积灰等因素的影响；
4）特殊厂房屋面要考虑防爆、泄压、防腐蚀等问题。

这些都给屋面的排水和防水带来困难，因此单层厂房屋面构造的关键问题是排水和防水问题。

（2）屋面排水

按照屋面雨水排离屋面时是否经过檐沟、雨水斗、雨水管等排水装置，屋面排水分为无组织排水和有组织排水，有组织排水又分为檐沟外排水、长天沟外排水、内排水和内落外排水等方式。

1）无组织排水。

无组织排水适用于地区年降雨量不超过 900mm，檐口高度小于 10m，和地区年降雨量超过 900mm 时，檐口高度小于 8m 的厂房。对于屋面容易积灰的冶炼车间和对雨水管具有腐蚀作用的炼铜车间，也宜采用无组织排水。

无组织排水挑檐长度与檐口高度有关，当檐口高度在 6m 以下时，挑檐挑出长度不宜小于 300mm；当檐口高度超过 6m 时，挑檐挑出长度不宜小于 500mm。挑檐可由外伸的檐口板形成，也可利用顶部圈梁挑出挑檐板（图 12-46）。

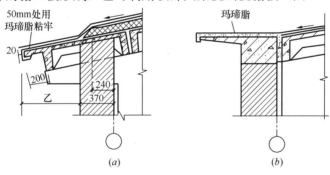

图 12-46 挑檐构造
(a) 檐口板挑檐；(b) 圈梁挑出挑檐

2）有组织排水。

①檐沟外排水（图 12-47a）。这种排水方式具有构造简单，施工方便，造价低，且不影响车间内部工艺设备的布置等特点，故在南方地区应用较广。檐沟一般采用钢筋混凝土槽形天沟板，天沟板支承在屋架端部的水平挑梁上（图 12-47b）。

②长天沟外排水（图 12-48a）。即沿厂房纵向设通长天沟汇集雨水，天沟内的雨水由端部的雨水管排至室外地坪的排水方式。这种排水方式构造简单，施工方便，造价较低。但天沟长度大，采用时应充分考虑地区降水量、汇水面积、屋面材料、天沟断面和纵向坡度等因素进行确定。

当采用长天沟外排水时，须在山墙上留出洞口，天沟板伸出山墙，并在天沟板的端壁上方留出溢水口（图 12-48b）。

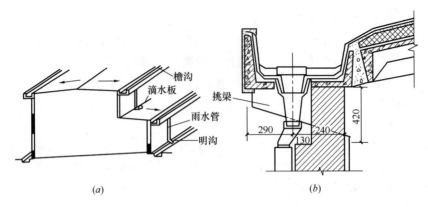

图 12-47 檐沟外排水构造
(a) 檐沟外排水示意；(b) 挑檐沟构造

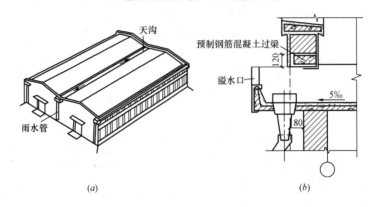

图 12-48 长天沟外排水构造
(a) 长天沟外排水示意；(b) 长天沟构造

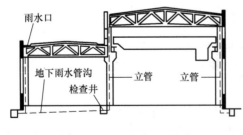

图 12-49 内排水示意图

③内排水（图 12-49）。是将屋面雨水由设在厂房内的雨水管及地下雨水管沟排除的排水方式。其特点是排水不受厂房高度限制，排水比较灵活，但屋面构造复杂，造价及维修费高，并且室内雨水管容易与地下管道、设备基础，工艺管道等发生矛盾。内排水常用于多跨厂房，特别是严寒多雪地区的采暖厂房和有生产余热的厂房。

④内落外排水（图 12-50）。是将屋面雨水先排至室内的水平管（为了保证排水顺畅，水平管设有 0.5%～1% 的纵坡度），由室内水平管将雨水导至墙外的排水立管来排除雨水的排水方式。这种排水方式克服了内排水需在厂房地面下设雨水地沟、室内雨水管影响工艺设备的布置等缺点，但水平管易被堵塞，不宜用于屋面有大量积尘的厂房。

（3）屋面防水

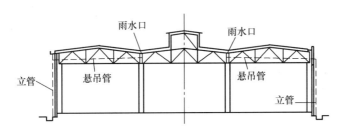

图 12-50　内落外排水示意图

按照屋面防水材料和构造做法，单层厂房的屋面有柔性防水屋面和构件自防水屋面。柔性防水屋面适用于有振动影响和有保温隔热要求的厂房屋面。构件自防水屋面适用于南方地区和北方无保温要求的厂房。

1）卷材防水屋面。

单层厂房中卷材防水屋面的构造原则和做法与民用建筑基本相同。但厂房屋面往往荷载大、振动大、变形可能性大，易导致卷材被拉裂，故应加以处理。具体做法是：屋面板的缝隙须用 C20 细石混凝土灌实，在板的横缝上加铺一层干铺卷材延伸层后，再做屋面防水层（图 12-51）。

2）构件自防水屋面。

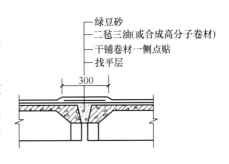

图 12-51　屋面板横缝处构造

构件自防水屋面是利用屋面板自身的密实性和抗渗性来承担屋面防水作用，其板缝的防水则靠嵌缝、贴缝或搭盖等措施来解决。

①嵌缝式、贴缝式构件自防水屋面　是利用屋面板作为防水构件，板缝镶嵌油膏防水为嵌缝式。在嵌油膏的板缝上再粘贴一条卷材覆盖层则成为贴缝式（图12-52）。

②搭盖式构件自防水屋面　是利用屋面板上下搭盖住纵缝，用盖瓦、脊瓦覆盖横缝和脊缝的方式来达到屋面防水的目的。常见有 F 板和槽瓦屋面（图 12-53）。

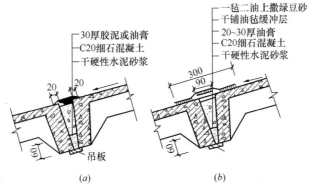

图 12-52　嵌缝式、贴缝式板缝构造
（a）嵌缝式；（b）贴缝式

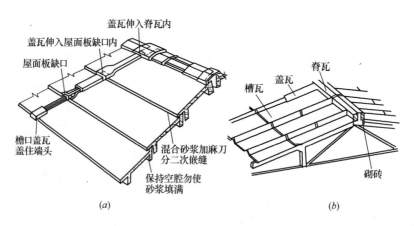

图 12-53 搭盖式构件自防水屋面构造
(a) F 板屋面；(b) 槽瓦屋面

（4）天窗

对于多跨厂房和大跨度厂房，为了解决厂房内的天然采光和自然通风问题，除了在侧墙上设置侧窗外，往往还需在屋顶上设置天窗。

1）天窗的类型和特点。

天窗的类型很多，按构造形式分有矩形天窗、M 形天窗、锯齿形天窗、纵横向下沉式天窗、井式天窗、平天窗等（图 12-54）。

①矩形天窗（图 12-54a）。

矩形天窗一般沿厂房纵向布置，断面呈矩形，两侧的采光面垂直，采光通风效果好，所以在单层厂房中应用最广。其缺点是构造复杂、自重大、造价较高。

②M 形天窗（图 12-54b）。

与矩形天窗的区别是天窗屋顶从两边向中间倾斜，倾斜的屋顶有利于通风，且能增强光线反射，所以 M 形天窗的采光、通风效果比矩形天窗好。缺点是天窗屋顶排水构造复杂。

③锯齿形天窗（图 12-54c）。

是将厂房屋顶做成锯齿形，在其垂直（或稍倾斜）面设置采光、通风口。当窗口朝北或接近北向时，可避免因光线直射而产生的眩光现象，获得均匀、稳定的光线，有利于保证厂房内恒定的温、湿度，适用于纺织厂、印染厂和某些机械厂。

④纵向下沉式天窗（图 12-54d）。

是将厂房的屋面板沿纵向连续下沉搁置在屋架下弦上，利用屋面板的高度差在纵向垂直面设置天窗口。这种天窗适用于纵轴为东西向的厂房，且多用于热加工车间。

⑤横向下沉式天窗（图 12-54e）。

是将左右相邻的整跨屋面板上下交替布置在屋架上下弦上，利用屋面板的高度差在横向垂直面设天窗口。这种天窗适用于纵轴为南北向的厂房，天窗采光效果较好，但均匀性差，且窗扇形式受屋架形式限制，规格多，构造复杂，屋面的

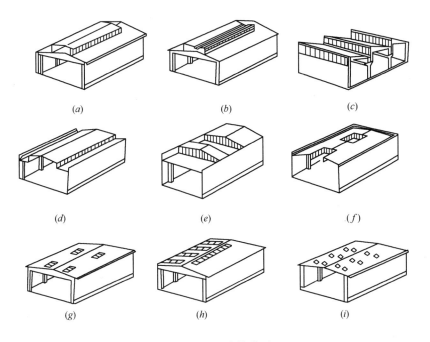

图 12-54 天窗的类型

(a) 矩形天窗；(b) M形天窗；(c) 锯齿形天窗；(d) 纵向下沉式天窗；(e) 横向下沉式天窗；
(f) 井式天窗；(g) 采光板平天窗；(h) 采光带平天窗；(i) 采光罩平天窗

清扫、排水不便。

⑥井式天窗（图 12-54f）。

是将局部屋面板下沉铺在屋架下弦上，利用屋面板的高度差在纵横向垂直面设窗口，形成一个个凹嵌在屋面之下的井状天窗。其特点是布置灵活，排风路径短捷，通风好，采光均匀，因此广泛用于热加工车间，但屋面清扫不方便，构造较复杂，且使室内空间高度有所降低。

⑦平天窗（图 12-54g、h、i）。

平天窗的形式有采光板、采光带和采光罩。采光板是在屋面上留孔，装设平板透光材料形成；采光带是将屋面板在纵向或横向连续空出来，铺上采光材料形成；采光罩是在屋面上留孔，装设弧形玻璃形成。这三种平天窗的共同特点是采光均匀，采光效率高，布置灵活，构造简单，造价低，因此在冷加工车间应用较多，但平天窗不易通风，易积灰，易眩光，透光材料易受外界影响而破碎。

2) 矩形天窗的构造。

矩形天窗沿厂房纵向布置，为了简化构造并留出屋面检修和消防通道，在厂房两端和横向变形缝两侧的第一个柱间通常将矩形天窗断开，并在每段天窗的端壁设置上天窗屋面的检修梯。

矩形天窗由天窗架、天窗屋顶、天窗端壁、天窗侧板和天窗扇五部分组成（图 12-55）。

①天窗架。

天窗架是天窗的承重构件，支承在屋架（或屋面梁）上，其高度据天窗扇的

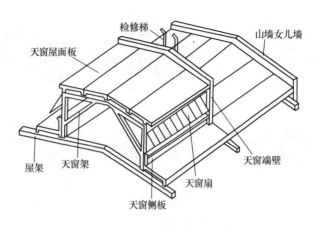

图 12-55 矩形天窗的构造组成

高度确定。天窗架的跨度一般为厂房跨度的 1/3~1/2，且应符合扩大模数 30M 系列，常见的有 6m、9m、12m。天窗架有钢筋混凝土天窗架和钢天窗架（图 12-56）。为便于天窗架的制作和吊装，钢筋混凝土天窗架一般加工成两榀或三榀，在现场组合安装，各榀之间采用螺栓连接，与屋架采用焊接连接。钢天窗架一般采用桁架式，自重轻，便于制作和安装，其支脚与屋架一般采用焊接连接，适用于较大跨度的厂房。

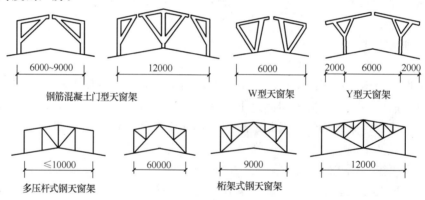

图 12-56 天窗架形式

② 天窗屋顶。

天窗屋顶的构造与厂房屋顶构造相同。由于天窗跨度和高度一般均较小，故天窗屋顶多采用无组织排水，挑檐板采用带挑檐的屋面板，挑出长度 300～500mm。厂房屋面上天窗檐口滴水范围须铺滴水板，以保护厂房屋面。

③ 天窗端壁。

天窗端壁是天窗端部的山墙。有预制钢筋混凝土天窗端壁（可承重）、石棉瓦天窗端壁（非承重）等。

预制钢筋混凝土天窗端壁（图 12-57）可以代替端部天窗架，具有承重与围护双重功能。端壁板一般由两块或三块组成，其下部焊接固定在屋架上弦轴线的一侧，与屋面交接处应作泛水处理，上部与天窗屋面板的空隙，采用 M5 砂浆砌砖

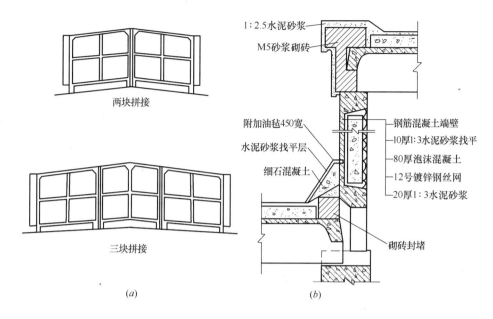

图 12-57 天窗端壁构造
(a) 天窗端壁组成；(b) 天窗端壁立面

填补。对端壁有保温要求时，可在端壁板内侧加设保温层。

④天窗侧板。

为防止沿天窗檐口下落的雨水溅入厂房及积雪影响窗扇的开启，天窗扇下部应设天窗侧板。天窗侧板的高度不应小于 300mm，多雪地区可增高至 400~600mm。

天窗侧板的选择应与屋面构造及天窗架形式相适应，当屋面为无檩体系时，应采用与大型屋面板等长度的钢筋混凝土槽形侧板，侧板可以搁置在天窗架竖杆外侧的钢牛腿上（图 12-58a），也可以直接搁置在屋架上（图 12-58b），同时应做好天窗侧板处的泛水。

⑤天窗扇。

工业厂房中的天窗扇有上悬式和中悬式等开启方式。上悬式天窗扇最大开启角为 45°，开启方便，防雨性能好，所以采用较多。

上悬式钢天窗扇主要由开启扇和固定扇组成，可以布置成统长窗扇和分段窗扇（图 12-59）。统长窗扇由两个端部窗扇和若干个中间扇利用垫板和螺栓连接而成；分段窗扇是每个柱距设一个窗扇，各窗扇可独立开启。在天窗的开启扇之间及开启扇与天窗端壁之间，均须设置固定窗扇起竖框作用。为了防止雨水从窗扇两端开口处飘入车间，须在固定扇的后侧附加 600mm 宽的固定挡雨板。

12.2.7 大门与侧窗

(1) 大门

1) 大门洞口尺寸。

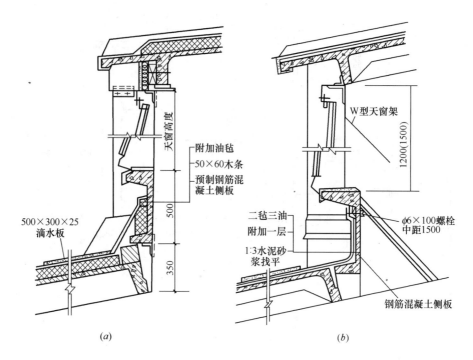

图 12-58 天窗侧板构造
(a) 天窗侧板搁置在角钢牛腿上；(b) 天窗侧板搁置在屋架上

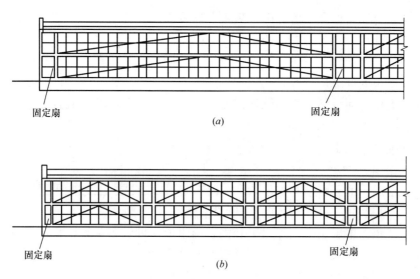

图 12-59 上悬式钢天窗扇的形式
(a) 统长天窗扇；(b) 分段天窗扇

工业厂房的大门应满足运输车辆、人流通行等要求，为使满载货物的车辆能顺利通过大门，门洞的尺寸应比满载货物车辆的外轮廓加宽 600～1000mm，加高 400～500mm。同时，门洞的尺寸还应符合《建筑模数协调标准》的规定，以 3M 为扩大模数进级。我国单层厂房常用的大门洞口尺寸（宽×高）有如下几种：

通行电瓶车的门洞：2100mm×2400mm，2400mm×2400mm；

通行一般载重汽车的门洞：3000mm×3000mm，3000mm×3300mm，3300mm×3000mm，3300mm×3600mm；

通行重型载重汽车的门洞：3600mm×3600mm，3600mm×4200mm；

通行火车的门洞：4200mm×5100mm。

2) 大门的类型。

工业厂房的大门按用途分为一般大门和特殊大门（如保温门、防火门、防风纱门、隔声门、冷藏门、烘干室门、射线防护门等）。按开启方式分为平开门、推拉门、折叠门、上翻门、升降门、卷帘门等（图12-60）。

①平开门：构造简单，开启方便，是单层厂房常用的大门形式。门扇通常向外开，洞口上部设雨篷。当平开门的门扇尺寸过大时，易产生下垂或扭曲变形。

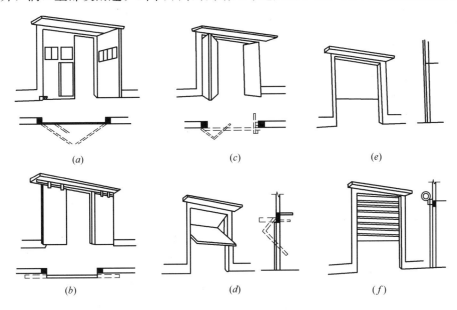

图12-60 厂房大门的开启方式
(a) 平开门；(b) 推拉门；(c) 折叠门；(d) 上翻门；(e) 升降门；(f) 卷帘门

②推拉门：在门洞的上下部设轨道，门扇通过滑轮沿导轨左右推拉开启。推拉门扇受力合理，不易变形，但密闭性较差，不宜用于密闭要求高的车间。

③折叠门：由几个较窄的门扇相互间用铰链连接而成，开启时门扇沿门洞上下导轨左右滑动，使中间扇开启一个或两个或全部开启，且占用空间少，适用于较大的门洞。

④上翻门：门洞只设一个大门扇，门扇两侧中部设置滑轮或销键，沿门洞两侧的竖向轨道提升，开启后门扇翻到门过梁下部，不占厂房使用面积，常用于车库大门。

⑤升降门：开启时门扇沿导轨上升，门扇贴在墙面，不占使用空间，只需在门洞上部留有足够的上升高度。升降门可以手动或电动开启，适用于较高大的大

型厂房。

⑥卷帘门：门扇用冲压而成的金属片连接而成，开启时采用手动或电动开启，将帘板卷在门洞上部的卷筒上。这种门制作复杂，造价较高，适用于不经常开启的高大门洞。

3）大门的构造。

大门的规格、类型不同，构造也各不相同，这里只介绍工业厂房中较多采用的平开钢木大门和推拉门的构造，其他大门的构造做法参见厂房建筑有关的标准通用图集。

①平开钢木大门。

平开钢木大门由门扇和门框组成（图12-61）。门扇采用角钢或槽钢焊成骨架，上贴25mm厚木门芯板并用ϕ6螺栓固定。当门扇尺寸较大时，可在门扇中间加设角钢横撑和交叉支撑以增强刚度。门框有钢筋混凝土门框和砖门框两种，当门洞宽度大于3m时，应采用钢筋混凝土门框，铰链与门框上的预埋件焊接。当门洞宽度小于3m时，一般采用砖门框，砖门框在安装门轴的部位砌入有预埋铁件的混凝土块。

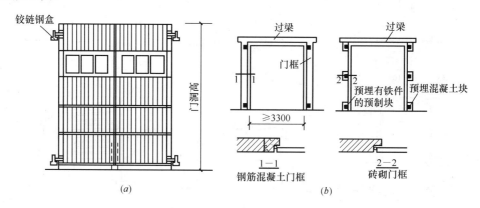

图12-61 平开钢木大门构造
(a) 平开钢木大门外形；(b) 大门门框

②推拉门。

推拉门由门扇、门框、滑轮、导轨等部分组成。门扇有单扇、双扇或多扇，开启后藏在夹槽内或贴在墙面上。推拉门的支承方式分为上挂式和下滑式两种。当门扇高度小于4m时采用上挂式；即将门扇通过滑轮吊挂在导轨上推拉开启（图12-62）。当门扇高度大于4m时，多采用下滑式，下部的导轨用来支承门扇的重量，上部导轨用于导向。

(2) 侧窗

单层厂房侧窗除应满足采光通风要求外，还应满足生产工艺上的特殊要求，如泄压、保温、防尘、隔热等。侧窗需综合考虑上述要求来确定其布置形式和开启方式。

1）侧窗的布置形式及窗洞尺寸。

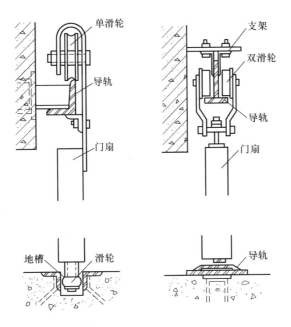

图 12-62 上挂式推拉门

单层厂房侧窗的布置形式有两种,一种是被窗间墙隔开的独立窗,一种是沿厂房纵向连续布置的带形窗。

窗口尺寸应符合建筑模数协调标准的规定。洞口宽度在 900～2400mm 之间时,应以 3M 为扩大模数进级;在 2400～6000mm 之间时,应以 6M 为扩大模数进级。洞口高度一般在 900～4800mm 之间,超过 1200mm 时,应以 6M 为扩大模数进级。

2) 侧窗的类型。

侧窗按开启方式分为中悬窗、平开窗、固定窗、立转窗等。由于厂房的侧窗面积较大,故一般采用强度较大的金属窗,如铝合金窗、钢窗等,少数情况下采用木窗。

①中悬窗:开启角度大,通风良好,有利于泄压,可采用机械或手动开关,但构造复杂,窗扇与窗框之间有缝隙,易漏雨,不利于保温。

②平开窗:构造简单,通风效果好,但防水能力差,且不便于设置联动开关器,通常布置在侧窗的下部。

③固定窗:构造简单,节省材料,造价低,只能用作采光窗,常位于中部,作为进排气口的过渡。

④立转窗:窗扇开启角度可调节,通风性能好,且可装置手拉联动开关器,启闭方便,但密封性差,常用于热加工车间的下部作为进风口。

3) 侧窗的构造。

为了便于侧窗的制作和运输,窗的基本尺寸不能过大,钢侧窗一般不超过 1800mm×2400mm(宽×高),木侧窗不超过 3600mm×3600mm,我们称其为基本窗,其构造与民用建筑的相同。而由于厂房侧窗面积往往较大,就必须选择若

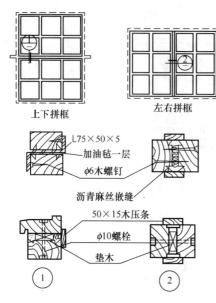

图 12-63 木窗拼框节点

干个基本窗进行拼接组合。

① 木窗的拼接。

两个基本窗可以左右拼接，也可以上下拼接。拼接固定的方法通常是，用间距不超过 1m 的 φ6 木螺栓或 φ10 螺栓将两个窗框连接在一起。窗框间的缝隙用沥青麻丝嵌缝，缝的内外两侧用木压条盖缝（图 12-63）。

② 钢窗的拼接。

钢窗拼接时，需采用拼框构件来联系相邻的基本窗，以加强窗的刚度和调整窗的尺寸。左右拼接时应设竖梃，上下拼接时应设横档，用螺栓连接，并在缝隙处填塞油灰（图 12-64）。竖梃与横档的两端或与混凝土墙洞上的预埋件焊接牢固，或插入砖墙洞的预留孔洞中，用细石混凝土嵌固（图 12-65）。

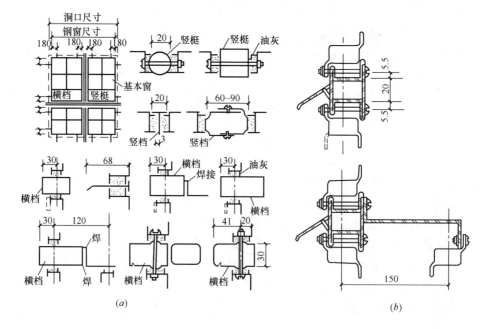

图 12-64 钢窗拼装构造举例
(a) 实腹钢窗；(b) 空腹钢窗（沪 68 型）

12.2.8 外墙、地面

(1) 外墙

装配式钢筋混凝土排架结构的厂房外墙只起围护作用，根据外墙所用材料的

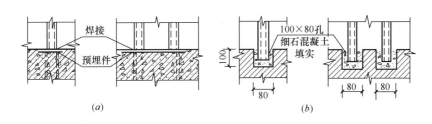

图 12-65 竖梃、横档安装节点
(a) 竖梃安装；(b) 横档安装

不同，有砖墙（砌块墙）、板材墙和开敞式外墙等几种类型。

1) 砖墙（砌块墙）。

砖墙（砌块墙）和柱子的相对位置有两种基本方案（图 12-66）：第一种，外墙包在柱的外侧，具有构造简单、施工方便、热工性能好，便于基础梁与连系梁等构配件的定型化和统一化等优点，所以在单层厂房中被广泛采用；第二种，外墙嵌在柱列之间，具有节省建筑占地面积，可增加柱列刚度，代替柱间支撑的优点，但要增加砌砖量，施工麻烦，不利于基础梁、连系梁等构配件统一化，且柱子直接暴露在外，不利于保护，热工性能也较差。

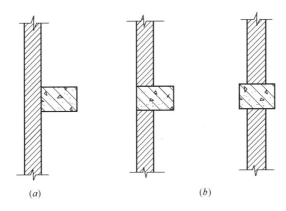

图 12-66 砖墙与柱的相对位置
(a) 外墙包在柱外侧；(b) 外墙嵌在柱列之间

①墙与柱的连接。

为保证墙体的稳定性和提高其整体性，墙体应和柱子（包括抗风柱）有可靠的连接。常用做法是沿柱高每隔 500～600mm 预埋伸出两根 $\Phi 6$ 钢筋，砌墙时把伸出的钢筋砌在灰缝中（图 12-67）。

②墙与屋架的连接。

一般在屋架上下弦预埋拉结钢筋，若在屋架的腹杆上不便预埋钢筋时，可在腹杆上预埋钢板，再焊接钢筋与墙体连接（图 12-68）。

③墙与屋面板的连接。

当外墙伸出屋面形成女儿墙时，为保证女儿墙的稳定性，墙和屋面板间应采取拉结措施（图 12-69）。

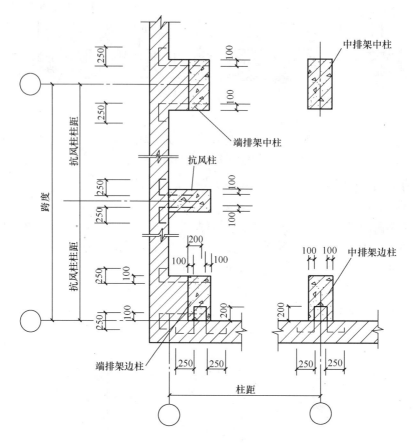

图 12-67 墙与柱的连接构造

2）板材墙。

板材墙是采用在工厂生产的大型墙板，在现场装配而成的墙体。与砖墙（砌块墙）相比，能充分利用工业废料和地方材料，简化、净化施工现场，加快施工速度，促进建筑工业化。虽然目前仍存在耗钢量多，造价偏高，接缝不易保证，保温、隔热效果不理想的问题，但仍有广阔前景。

①墙板的规格和类型。

一般墙板的长和宽应符合扩大模数 3M 数列，板长有 4500mm、6000mm、7500mm、12000mm 四种，板宽有 900mm、1200mm、1500mm、1800mm 四种，板厚以 20mm 为模数进级，常用厚度为 160～240mm。

墙板的分类方法有很多种，按照墙板在墙面位置的不同，可分为檐口板、窗上板、窗下板、窗框板、一般板、山尖板、勒脚板、女儿墙板等。按照墙板的构造和组成材料不同，分为单一材料的墙板（如钢筋混凝土槽形板、空心板、配筋钢筋混凝土墙板）和复合墙板（如各种夹心墙板）。

②墙板的布置。

墙板的布置方式有横向布置、竖向布置和混合布置三种（图 12-70），其中以横向布置应用最多，其特点是以柱距为板长，板型少，可省去窗过梁和连系梁，

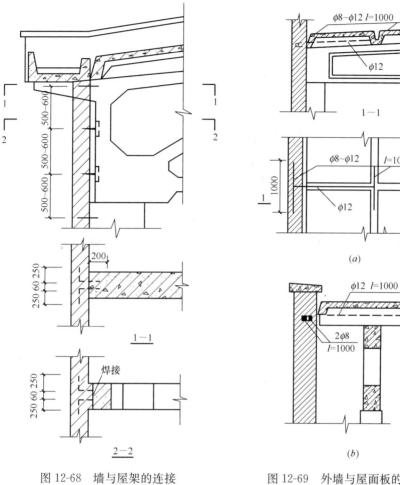

图 12-68 墙与屋架的连接

图 12-69 外墙与屋面板的连接
(a) 纵向女儿墙与屋面板的连接；
(b) 山墙与屋面板的连接

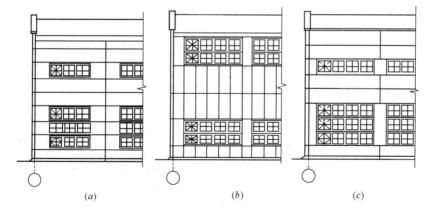

图 12-70 板材墙板的布置
(a) 横向布置；(b) 竖向布置；(c) 混合布置

便于布置窗框板或带形窗，连接简单，构造可靠，有利于增强厂房的纵向刚度。

③墙板与柱的连接。

墙板与柱的连接分为柔性和刚性连接。

柔性连接：柔性连接包括螺栓连接和压条连接等做法。螺栓连接是在水平方向用螺栓、挂钩等辅助件拉结固定，在垂直方向每3～4块板在柱上焊一个钢支托支承（图12-71a）。压条连接是在柱上预埋或焊接螺栓，然后用压条和螺母将两块墙板压紧固定在柱上，最后将螺母和螺栓焊牢（图12-71b）。

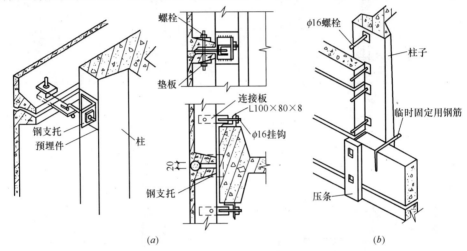

图 12-71 板材墙板的柔性连接构造
（a）螺栓连接；（b）压条连接

柔性连接可使墙与柱在一定范围内相对位移，能够较好地适应变形，适用于地基沉降较大或有较大振动影响的厂房。

刚性连接：刚性连接是在柱子和墙板上先分别设置预埋件，安装时用角钢或$\phi 16$的钢筋段把它们焊接在一起（图12-72）。其优点是用钢量少、厂房纵向刚度强、施工方便，但楼板与柱间不能相对位移，适用于非地震地区和地震烈度较小的地区。

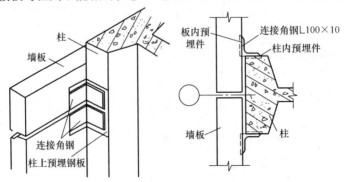

图 12-72 板材墙板的刚性连接构造

④板缝处理

无论是水平缝还是竖直缝，均应满足防水、防风、保温、隔热要求，并便于施工制作、经济美观、坚固耐久。板缝的防水处理一般是在墙板相交处做出挡水台、滴水槽、空腔等，然后在缝中填充防水材料（图12-73）。

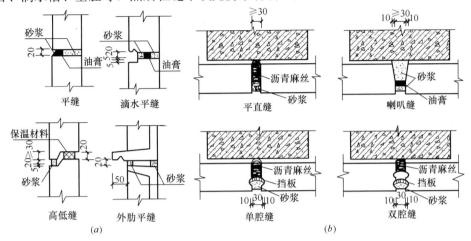

图 12-73 板材墙的板缝构造
(a) 水平缝构造；(b) 垂直缝构造

3) 开敞式外墙。

在南方炎热地区和热加工车间，为了获得良好的通风，厂房外墙可做成开敞式外墙。开敞式外墙最常见的形式是上部为开敞式墙面，下部设矮墙（图12-74）。

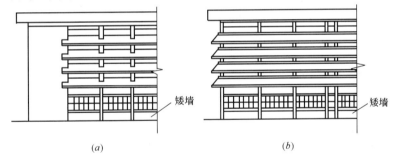

图 12-74 开敞式外墙的形式
(a) 单面开敞式外墙；(b) 四面开敞式外墙

为了防止太阳光和雨水通过开敞口进入厂房，一般要在开敞口处设置挡雨遮阳板。挡雨遮阳板有两种做法，一种是用支架支承石棉水泥瓦挡雨板或钢筋混凝土挡雨板（图12-75a）；一种是无支架钢筋混凝土挡雨板（图12-75b）。

(2) 地面

1) 厂房地面的特点。

厂房地面与民用建筑地面相比，其特点是面积较大，承受荷载较重，并应满足不同生产工艺的不同要求，如防尘、防爆、耐磨、耐冲击、耐腐蚀等。同时厂房内工段多，各工段生产要求不同，地面类型也应不同，这就增加了地面构造的复杂性。所以正确而合理地选择地面材料和构造，直接影响到建筑造价和生产能否正常进行。

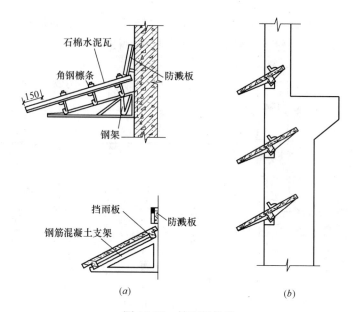

图 12-75 挡雨板构造

(a) 有支架的挡雨板；(b) 无支架钢筋混凝土挡雨板

2）厂房地面的构造。

厂房地面由面层、垫层和基层三个基本层次组成，有时，为满足生产工艺对地面的特殊要求，需增设结合层、找平层、防潮层、保温层等，其基本构造与民用建筑相同。此处只介绍厂房地面特殊部位构造。

①地面变形缝（图 12-76）。

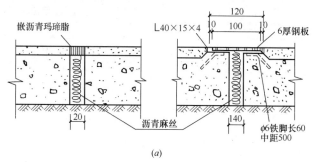

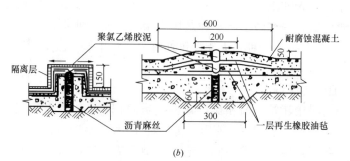

图 12-76 地面变形缝的构造

(a) 一般地面变形缝；(b) 防腐蚀地面变形缝

当地面采用刚性垫层，且有下列三者之一时，应在地面相应位置设变形缝：A.厂房结构设变形缝；B.一般地面与振动大的设备（如锻锤、破碎机等）基础之间；C.相邻地段荷载相差悬殊。防腐蚀地面处应尽量避免设变形缝，若必须设时，需在变形缝两侧设挡水，并做好挡水和缝间的防腐处理。

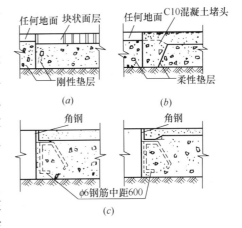

图 12-77 不同地面的接缝构造

②不同地面的接缝。

厂房若出现两种不同类型地面时，在两种地面交接处容易因强度不同而遭到破坏，应采取加固措施。当接缝两边均为刚性垫层时，交接处不作处理（图12-77a）；当接缝两侧均为柔性垫层时，其一侧应用C10混凝土作堵头（图12-77b）；当厂房内车辆频繁穿过接缝时，应在地面交接处设置与垫层固定的角钢或扁钢嵌边加固（图12-77c）。

防腐地面与非防腐地面交接处，及两种不同的防腐地面交接处，均应设置挡水条，防止腐蚀性液体或水漫流（图12-78）。

③轨道处地面处理

厂房地面设轨道时，为使轨道不影响其他车辆和行人通行，轨顶应与地面相平。为了防止轨道被车辆碾压倾斜，轨道应用角钢或旧钢轨支撑。轨道区域地面宜铺设块材地面，以方便更换枕木（图12-79）。

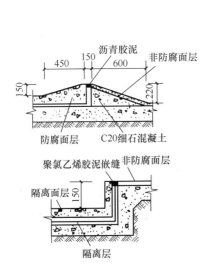

图 12-78 不同地面接缝处的挡水构造

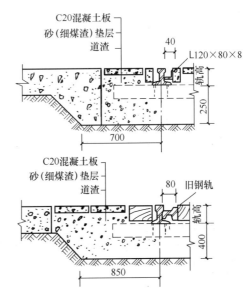

图 12-79 轨道区域的地面

12.3 其他设施

12.3.1 钢梯

厂房需设置供生产操作和检修使用的钢梯,如作业台钢梯、吊车钢梯、屋面消防检修钢梯等。

(1) 作业钢梯

作业钢梯是为工人上下操作平台或跨越生产设备联动线而设置的钢梯。定型钢梯倾角有45°、59°、73°、90°四种,宽度有600mm、800mm两种。

作业钢梯由斜梁、踏步和扶手组成。斜梁采用角钢或钢板,踏步一般采用网纹钢板,两者焊接连接。扶手用 $\phi22$ 的圆钢制作,其铅垂高度为900mm。钢梯斜梁的下端和预埋在地面混凝土基础中的预埋钢板焊接,上端与作业台钢梁或钢筋混凝土梁的预埋件焊接固定(图12-80)。

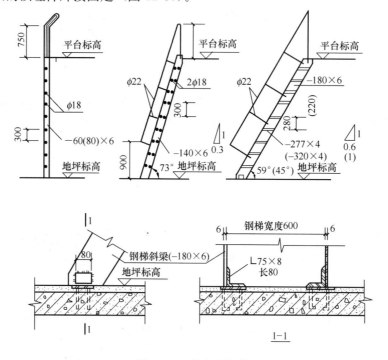

图12-80 作业台钢梯

(2) 吊车钢梯

吊车钢梯是为吊车司机上下司机室而设置的。为了避免吊车停靠时撞击端部的车挡,吊车钢梯宜布置在厂房端部的第二个柱距内,且位于靠司机室一侧。一般每台吊车都应有单独的钢梯,但当多跨厂房相邻跨均有吊车时,可在中部上设一部共用吊车钢梯(图12-81)。

吊车钢梯由梯段和平台两部分组成。梯段的倾角为63°,宽度为600mm,其构造同作业台钢梯。平台支承在柱上，采用花纹钢板制作，标高应低于吊车梁底1800mm以上，以免司机上下时碰头。

(3) 屋面消防检修梯

消防检修梯是在发生火灾时供消防人员从室外上屋顶之用，平时兼作检修和清理屋面时使用。消防检修梯一般设于厂房的山墙或纵墙端部的外墙面上，不得面对窗口。当有天窗时应设在天窗端壁上。

消防检修梯一般为直立式，宽度为600mm，为防止儿童和闲人随意上屋顶，

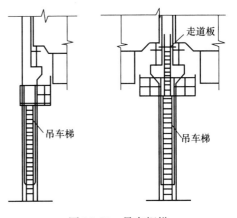

图12-81 吊车钢梯

消防梯应距下端1500mm以上。梯身与外墙应有可靠的连接，一般是将梯身上部伸出短角钢埋入墙内，或与墙内的预埋件焊牢（图12-82）。

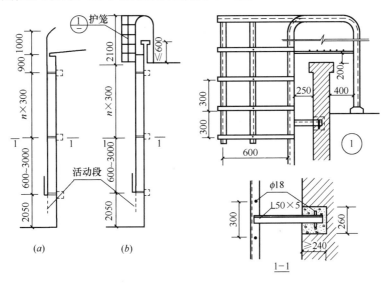

图12-82 消防检修梯构造
(a) 无护笼梯；(b) 有护笼梯

12.3.2 吊车梁走道板

走道板是为维修吊车和吊车轨道的人员行走而设置的，应沿吊车梁顶面铺设。目前走道板采用较多的是预制钢筋混凝土走道板，其宽度有400mm、600mm、800mm三种，长度与柱子净距相配套。走道板的铺设方法有以下三种：

(1) 在柱身预埋钢板，上面焊接角钢，将钢筋混凝土走道板搁置在角钢上（图12-83a）。

(2) 走道板的一边支承在侧墙上，另一边支承在吊车梁翼缘上（图12-83b）。

(3) 走道板铺放在吊车梁侧面的三角支架上（图12-83c）。

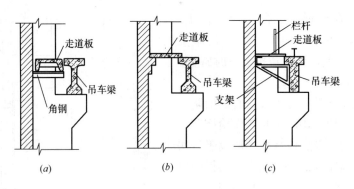

图 12-83 走道板的铺设方式

12.4 工业厂房构件定额工程量计算

12.4.1 杯形基础

杯形基础杯口高度大于杯口大边长度的。套高杯基础模板定额项目（图 12-84）。

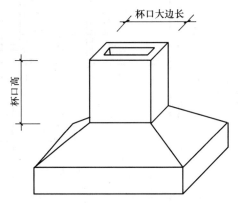

图 12-84 高杯基础示意图
（杯口高大于杯口大边长时）

现浇钢筋混凝土杯形基础（图 12-85）的工程量分四个部分计算：①底部立方体；②中部棱台体；③上部立方体；④最后扣除杯口空心棱台体。

【例】 根据图 12-85 计算现浇钢筋混凝土杯形基础工程量。

【解】 V = 下部立方体 + 中部棱台体 + 上部立方体 − 杯口空心棱台体

$$= 1.65 \times 1.75 \times 0.30 + \frac{1}{3} \times 0.15 \times [1.65 \times 1.75 + 0.95 \times 1.05 + \sqrt{(1.65 \times 1.75) \times (0.95 \times 1.05)}] + 0.95 \times 1.05 \times 0.35 - \frac{1}{3} \times (0.8 - 0.2) \times [0.4 \times 0.5 + 0.55 \times 0.65 + \sqrt{(0.4 \times 0.5) \times (0.55 \times 0.65)}]$$

$$= 0.866 + 0.279 + 0.349 - 0.165 = 1.33 \text{m}^3$$

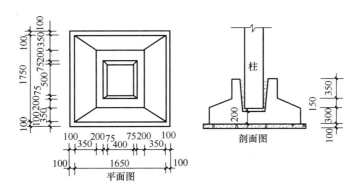

图 12-85 杯形基础

12.4.2 工字形柱

工字形柱工程量均按图示尺寸实体体积以立方米计算，不扣除构件内钢筋、铁件及小于 300mm×300mm 以内孔洞面积。

【例】 根据图 12-86 计算 6 根预制工字形柱的工程量。

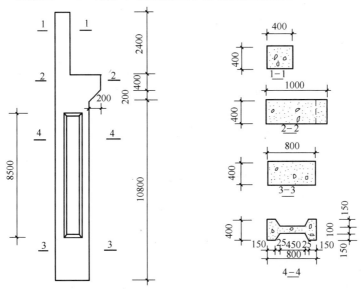

图 12-86 预制工字形柱

【解】 $V=$(上柱体积+牛腿部分体积+下柱外形体积-工字形槽口体积)×根数

$= \{(0.40\times 0.40\times 2.40)+[0.40\times(1.0+0.80)\times\dfrac{1}{2}\times 0.20+0.40\times 1.0$

$\times 0.40]+(10.8\times 0.80\times 0.40)-\dfrac{1}{2}\times(8.5\times 0.50+8.45\times 0.45)\times 0.15$

$\times 2 边\}\times 6 根$

$=(0.384+0.232+3.456-1.208)\times 6$

$=2.864\times 6=17.18 m^3$

12.4.3 金属结构制作

(1) 一般规则

金属结构制作按图示钢材尺寸以吨计算，不扣除孔眼、切边的重量，焊条、铆钉、螺栓等重量，已包括在定额内不另计算。在计算不规则或多边形钢板重量时均按其几何图形的外接矩形面积计算。

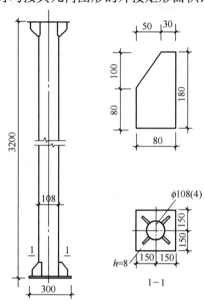

图 12-87 钢柱结构图

(2) 实腹柱、吊车梁

实腹柱、吊车梁、H型钢按图示尺寸计算，其中腹板及翼板宽度按每边增加25mm计算。

(3) 制动梁、墙架、钢柱

1) 制动梁的制作工程量包括制动梁、制动桁架、制动板重量。

2) 墙架的制作工程量包括墙架柱、墙架梁及连接柱杆重量。

3) 钢柱制作工程量包括依附于柱上的牛腿及悬臂梁重量（图 12-87）。

(4) 轨道

轨道制作工程量，只计算轨道本身重量，不包括轨道垫板、压板、斜垫、夹板及连接角钢等重量。

(5) 铁栏杆

铁栏杆制作，仅适用于工业厂房中平台、操作台的钢栏杆。民用建筑中铁栏杆等按定额其他章节有关项目计算。

(6) 钢漏斗

钢漏斗制作工程量，矩形按图示分片，圆形按图示展开尺寸，并依钢板宽度分段计算，每段均以其上口长度（圆形以分段展开上口长度）与钢板宽度，按矩形计算，依附漏斗的型钢并入漏斗重量内计算。

【例】 根据图 12-88 图示尺寸，计算上柱间支撑的制作工程量。

【解】 角钢每米重量 $=0.00795\times$ 厚 $\times$ （长边+短边－厚）

$$=0.00795\times6\times(75+50-6)$$

$$=5.68\text{kg/m}$$

钢板每平方米重量 $=7.85\times$ 厚

$$=7.85\times8=62.8\text{kg/m}^2$$

角钢重 $=5.90\times2$（根）$\times5.68$（kg/m）$=67.02$ kg

钢板重 $=0.205\times0.21\times4$（块）$\times62.8$

$$=0.1722\times62.80$$

$$=10.81\text{kg}$$

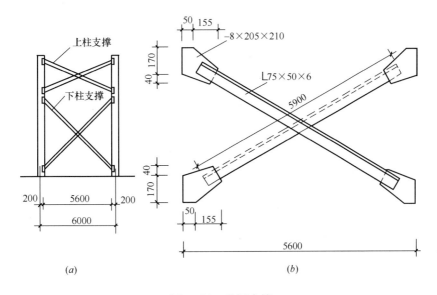

图 12-88 柱间支撑
(a) 柱间支撑示意图；(b) 上柱间支撑详图

上柱间支撑工程量＝67.02＋10.81＝77.83kg

【例】 根据图 12-89 图示尺寸，计算预制钢筋混凝土柱预埋件制作工程量。

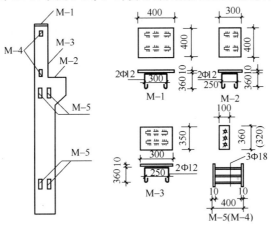

图 12-89 钢筋混凝土预制柱预埋件

【解】 ①每根柱预埋件工程量

M-1：钢板：$0.4 \times 0.4 \times 78.5$ （kg/m²）＝12.56kg

Φ12：$2 \times (0.30 + 0.36 \times 2 + 12.5 \times 0.012) \times 0.888$ （kg/m）＝2.08kg

M-2：钢板：$0.3 \times 0.4 \times 78.5$ （kg/m²）＝9.42kg

Φ12：$2 \times (0.25 + 0.36 \times 2 + 12.5 \times 0.012) \times 0.888$ （kg/m）＝1.99kg

M-3：钢板：$0.3 \times 0.35 \times 78.5$ （kg/m²）＝8.24kg

Φ12：$2 \times (0.25 + 0.36 \times 2 + 12.5 \times 0.012) \times 0.888$ （kg/m）＝1.99kg

M-4：钢板：$2 \times 0.1 \times 0.32 \times 2 \times 78.5$ （kg/m²）＝10.05kg

Φ18：2×3×0.38×2.00（kg/m）＝4.56kg

M-5：钢板：4×0.1×0.36×2×78.5（kg/m²）＝22.61kg

Φ18：4×3×0.38×2.00（kg/m）＝9.12kg

小计：82.62kg

②5根柱预埋铁件工程量

82.62×5（根）＝413.1kg＝0.413t

12.5 工业厂房构件清单工程量计算

12.5.1 钢实腹柱

（1）工程内容

钢实腹柱的工程内容包括钢柱的制作、运输、拼装、安装、探伤、刷油漆等。

（2）项目特征

实腹柱的项目特征包括：

1）钢材品种、规格；

2）单根柱重量；

3）探伤要求；

4）油漆品种、刷漆遍数。

（3）计算规则

钢实腹柱工程量按设计图示尺寸以质量计算。不扣除孔眼、切边、切肢的质量，焊条、铆钉、螺栓等不另增加质量，不规则或多边形钢板，以其外接矩形面积乘以厚度乘以单位理论质量计算。依附在钢柱上的牛腿及悬臂梁等并入钢柱工程量内计算。

（4）有关说明

实腹柱项目适用于实腹钢柱和实腹式型钢混凝土柱。型钢混凝土柱是指由混凝土包裹型钢组成的柱。

12.5.2 压型钢板楼板

（1）工程内容

压型钢板楼板的工程内容包括楼板的制作、运输、安装、刷油漆等。

（2）项目特征

压型钢板楼板的项目特征包括：

1）钢材品种、规格；

2）压型钢板厚度；

3）油漆品种、刷漆遍数。

（3）计算规则

压型钢板楼板工程量是按设计图示尺寸以铺设水平投影面积计算。不扣除柱、垛及单个面积在 0.3m² 以内孔洞所占面积。

(4) 有关说明

压型钢板楼板项目适用于现浇混凝土楼板，使用压型钢板作永久性模板，并与混凝土叠合后组成共同受力的构件。压型钢板采用镀锌或经防腐处理的薄钢板。

13 工程量计算实例一

13.1 小平房施工图

13.1.1 设计说明

（1）本工程为某单位单层砖混结构小平房，室内地坪标高±0.000，室外地坪标高−0.300m。

（2）M5水泥砂浆砌砖基础，C10混凝土基础垫层200mm厚，位于−0.06m处做1∶2水泥砂浆防潮层20mm厚。

（3）M5混合砂浆砌标准砖墙、砖柱。

（4）1∶2水泥砂浆地面面层20mm厚，C10混凝土地面垫层60mm厚，基层素土回填夯实。

（5）屋面做法见大样图。

（6）C15混凝土散水800mm宽，60mm厚。

（7）1∶2水泥砂浆踢脚线20mm厚，150mm高。

（8）台阶C10混凝土基层，1∶2水泥砂浆面层。

（9）内墙面、梁柱面混合砂浆抹面，刷106涂料。

（10）1∶2水泥砂浆抹外墙面，刷外墙涂料。

（11）单层玻璃窗，单层镶板门，单层镶板门联窗（门900mm宽，窗1100mm宽）。

（12）现浇C20钢筋混凝土圈梁，钢筋用量为Φ12：116.80m，Φ6.5：122.64m。

（13）现浇C20钢筋混凝土矩形梁，钢筋用量为Φ14：18.41kg，Φ12：9.02kg，Φ6.5：8.70kg。

(14) 预应力C30钢筋混凝土空心板,单件体积及钢筋用量如下:
YKB3962：0.164m³/块,6.57kg/块;
YKB3362：0.139m³/块,4.50kg/块;
YKB3062：0.126m³/块,3.83kg/块。

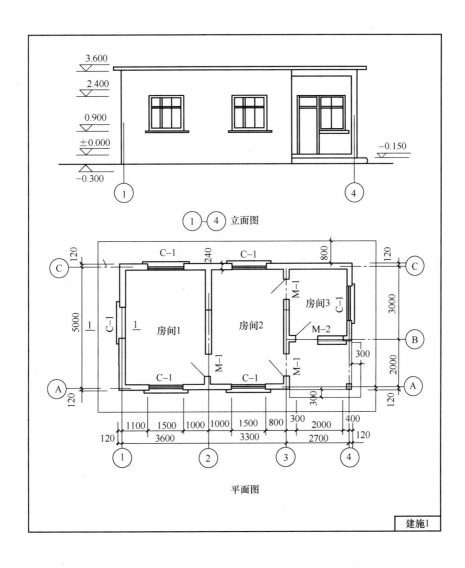

平面图

建施1

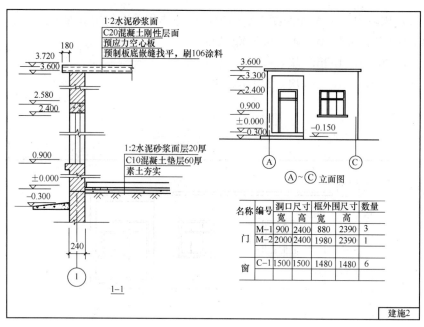

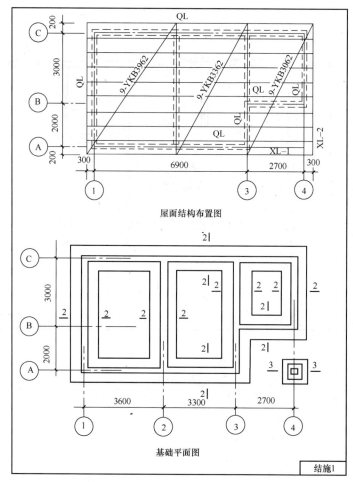

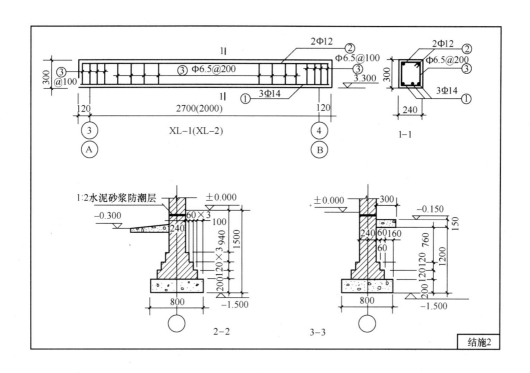

结施2

13.1.2 小平房施工图识图与构造

(1) 建筑物尺寸

建筑物长：见平面图，3.60＋3.30＋2.70＋0.24（墙厚）＝9.84m

建筑物宽：见平面图，2.0＋3.0＋0.24（墙厚）＝5.24m

建筑物高：见立面图，3.60＋0.30（室外地坪高）＋0.12（屋面板厚）＝4.02m

室外地坪标高：见立面图，−0.30m

室内地坪标高：见立面图，±0.000m

室内净高：见1-1剖面图，3.6m

(2) 房间布局及尺寸

房间数及位置：见平面图，1号房间为①②轴线之间的房间；2号房间为②③轴线之间的房间；3号房间为③④轴线之间的房间。

房间的开间：1号房间的开间为3.60m；2号房间的开间为3.30m；3号房间的开间为2.70m。

房间的进深：1号房间的进深为5.0m；2号房间的进深为5.0m；3号房间的进深为3.0m。

(3) 基础构造及尺寸

砖墙基础：M5水泥砂浆砌标准砖砖基础，三层大放脚。

砖柱基础：M5水泥砂浆砌标准砖砖基础，二层大放脚。

基础垫层：C10混凝土基础垫层200mm厚800m宽。

基础防潮层：位于−0.06m处做1∶2水泥砂浆防潮层20mm厚。

(4) 墙的构造及尺寸

内墙：M5 混合砂浆砌 240mm 厚标准砖墙、240mm×240mm 标准砖砖柱。

外墙：M5 混合砂浆砌 240mm 厚标准砖墙，①轴线、④轴线、Ⓐ轴线、Ⓒ轴线为外墙，其余为内墙。

(5) 门窗构造及尺寸

门构造：冒头结构木质单层镶板门、单层镶板门联窗。

窗构造：冒头结构木质单层玻璃窗。

外墙上窗的洞口尺寸及标高：C-1 窗洞口尺寸为 1500mm×1500mm，上标高为 2.40m，下标高为 0.90m。

内墙上门的洞口尺寸及标高：M-1 门洞口尺寸为 900mm×2400mm，上标高为 2.40m；M-2 门联窗的洞口尺寸为 2000mm×2400mm，其中门宽 900mm。

(6) 屋面构造及尺寸

屋面构造为预应力空心板结构层、C20 混凝土刚性屋面、1∶2 水泥砂浆面层、屋面宽 (2.0+3.0+0.2×2)＝5.40m、屋面长 (6.90+2.70+0.3×2)＝10.20m。

(7) 地面构造

C10 混凝土垫层 60mm 厚、1∶2 水泥砂浆面层 20mm 厚。

13.1.3 小平房工程施工图预算列项

小平房工程施工图预算列项见表 13-1。

小平房工程施工图预算分项工程项目表　　　　表 13-1

利用基数	序　号	定额号	分项工程名称	单　位
	1	1-8	人工挖地槽	m³
	2	8-16	C10 混凝土基础垫层	m³
$L_{中}$	3	4-1	M5 水泥砂浆砌砖基础	m³
$L_{内}$	4	1-46	人工地槽回填土	m³
	5	9-53	1∶2 水泥砂浆墙基防潮层	m²
$L_{中}$	6	4-10	M5 混合砂浆砌砖墙	m³
	7	5-408	现浇 C20 钢筋混凝土圈梁	m³
	8	3-15	里脚手架	m²
	9	8-27	1∶2 水泥砂浆踢脚线	m
$L_{内}$	10	11-36	混合砂浆抹内墙	m²
	11	11-636	内墙面刷 106 涂料	m²
	12	1-48	人工平整场地	m²
$L_{外}$	13	3-6	外脚手架	m²
	14	11-605	1∶2 水泥砂浆抹外墙	m²
	15	8-43	C15 混凝土散水	m²

续表

利用基数	序号	定额号	分项工程名称	单位
$S_{底}$	16	8-16 换	C20 细石混凝土刚性屋面 40mm 厚	m^2
	17	8-23	1：2 水泥砂浆屋面面层	m^2
	18	11-289	预制板底水泥砂浆嵌缝找平	m^2
	19	1-46	室内回填土	m^3
	20	8-16	C10 混凝土地面垫层	m^3
	21	8-23	1：2 水泥砂浆地面面层	m^2
	22	11-636	预制板底刷 106 涂料	m^2
	23	1-17	人工挖地坑	m^3
	24	1-46	人工地坑回填土	m^3
	25	4-38	M5 混合砂浆砌砖柱	m^3
	26	7-174	单层玻璃窗框制作	m^2
	27	7-175	单层玻璃窗框安装	m^2
	28	7-176	单层玻璃窗扇制作	m^2
	29	7-177	单层玻璃窗扇安装	m^2
	30	7-17	单层镶板门框制作	m^2
	31	7-18	单层镶板门框安装	m^2
	32	7-19	单层镶板门扇制作	m^2
	33	7-20	单层镶板门扇安装	m^2
	34	7-121	门联窗框制作	m^2
	35	7-122	门联窗框安装	m^2
	36	7-123	门联窗扇制作	m^2
	37	7-124	门联窗扇安装	m^2
	38	6-93	木门窗运输	m^2
	39	11-409	木门窗油漆	m^2
	40	5-406	现浇 C20 混凝土矩形梁	m^3
	41	5-453	预应力 C30 混凝土空心板制作	m^3
	42	6-8	空心板运输	m^3
	43	6-330	空心板安装	m^3
	44	5-529	空心板接头灌浆	m^3
	45	1-49	人工运土	m^3
	46	5-431	C10 混凝土台阶	m^3
	47	8-25	1：2 水泥砂浆抹台阶面	m^2
	48	5-294	现浇构件圆钢筋制安 φ6.5	t
	49	5-297	现浇构件圆钢筋制安 φ12	t
	50	5-309	现浇构件螺纹钢筋制安 φ14	t
	51	5-359	预应力构件钢筋制安 φ4	t
	52	5-73	现浇圈梁模板安拆	m^2
	53	5-82	现浇矩形梁模板安拆	m^2
	54	5-123	现浇混凝土台阶模板安拆	m^2
	55	11-45	混合砂浆抹梁柱面	m^2

13.2 小平房工程量计算

小平房工程基数计算,见表 13-2 所列。

小平房工程基数计算表　　　　表 13-2

基数名称	代号	图号	墙高(m)	墙厚(m)	单位	数量	计算式
外墙中线长	$L_中$	建施 1	3.60	0.24	m	29.20	$(3.60+3.30+2.70+5.0)\times2=29.20m$
内墙净长	$L_内$	建施 1	3.60	0.24	m	7.52	$(5.0-0.24)+(3.0-0.24)=7.52m$
外墙外边长	$L_外$	建施 1			m	30.16	$29.20+0.24\times4=30.16m$ 或:$[(3.60+3.30+2.70+0.24)+(5.0+0.24)]\times2=30.16m$
底层建筑面积	$S_底$	建施 1			m²	51.56	$(3.60+3.30+2.70+0.24)\times(5.0+0.24)=51.56m^2$

(1) 人工平整场地

$$S = S_底 + L_外 \times 2 + 16$$
$$= 51.56 + 30.16 \times 2 + 16$$
$$= 127.88 m^2$$

(2) 人工挖地槽(不加工作面、不放坡)

V = 槽长×槽宽×槽深

 $L_中$ $L_内$

$= (29.20 + 7.52 + 0.24 \times 2 - 0.80 \times 2) \times 0.80 \times (1.50 - 0.30)$

$= (29.20 + 8.0 - 1.60) \times 0.8 \times 1.20$

$= 35.60 \times 0.8 \times 1.20$

$= 34.18 m^3$

(3) 人工挖地坑(不加工作面、不放坡)

V = 坑长×坑宽×坑深×个数

$= 0.80 \times 0.80 \times (1.50 - 0.30) \times 1$

$= 0.80 \times 0.80 \times 1.20 \times 1$

$= 0.77 m^3$

(4) C10 混凝土基础垫层

V = (外墙垫层长+内墙垫层长)×垫层宽×垫层厚

 $L_中$ $L_内$

$= (29.20 + 7.52 + 0.24 \times 2 - 0.80 \times 2) \times 0.80 \times 0.20$

$= (29.20 + 8.0 - 1.60) \times 0.80 \times 0.20$

$= 35.60 \times 0.80 \times 0.20$

$\qquad =5.70\mathrm{m}^3$

$\quad V=$柱垫层面积×垫层厚

$\qquad =0.80\times0.80\times0.20$

$\qquad =0.3\mathrm{m}^3$

小计：$5.70+0.13=5.83\mathrm{m}^3$

(5) M5 水泥砂浆砌砖墙基础

$\quad V=(L_中+L_内)\times($基础高×墙厚+放脚断面积$)$

$\qquad =(29.20+7.52)\times[(1.50-0.20)\times0.24+0.007875\times12]$

$\qquad =36.72\times(0.312+0.0945)$

$\qquad =36.72\times0.4065$

$\qquad =14.93\mathrm{m}^3$

(6) 人工地槽回填土

$\quad V=$挖土体积$-($垫层体积+砖墙基础体积-高出室外地坪砖墙基础体积$)$

$\qquad =34.18-(5.70+14.93-36.72\times0.3\times0.24)$

$\qquad =34.18-(5.70+14.93-2.64)$

$\qquad =34.18-17.99$

$\qquad =16.19\mathrm{m}^3$

(7) M5 水泥砂浆砌砖柱基础

$\quad V=$柱基高×柱断面积+四周放脚体积

$\qquad =(1.5-0.2)\times(0.24\times0.24)+0.033$

$\qquad =1.30\times0.0576+0.033$

$\qquad =0.11\mathrm{m}^3$

(8) 人工地坑回填土

$\quad V=$挖土体积$-($垫层体积+砖柱基础体积-高出地坪砖柱基础体积$)$

$\qquad =0.77-(0.13+0.11-0.30\times0.24\times0.24)$

$\qquad =0.77-0.22$

$\qquad =0.55\mathrm{m}^3$

(9) 1:2 水泥砂浆墙基防潮层

$\quad S=(L_中+L_内)\times$墙厚+柱断面积×个数

$\qquad =36.2\times0.24+0.24\times0.24\times1$

$\qquad =8.81+0.06$

$\qquad =8.87\mathrm{m}^2$

(10) 双排外脚手架

$\quad S=$墙高(含室外地坪高差)×墙外边长$(L_外)$

$\qquad =(3.60+0.30)\times30.16$

$\qquad =3.90\times30.16$

$\qquad =117.62\mathrm{m}^2$

(11) 里脚手架
   $S = $ 内墙净长 × 墙高
   $= 7.52 \times 3.60$
   $= 27.07 \text{m}^2$

(12) 单层玻璃窗框制作
   $S = $ 窗洞口面积 × 樘数
   $= 1.5 \times 1.5 \times 6$
   $= 13.50 \text{m}^2$

(13) 单层玻璃窗框安装
   同序12

(14) 单层玻璃窗扇制作
   同序12

(15) 单层玻璃窗扇安装
   同序12

(16) 单层镶板门框制作
   $S = $ 门洞口面积 × 樘数
   $= 0.9 \times 2.4 \times 3$
   $= 6.48 \text{m}^2$

(17) 单层镶板门框安装
   同序16

(18) 单层镶板门扇制作
   同序16

(19) 单层镶板门扇安装
   同序16

(20) 镶板门联窗框制作
   $S = $ 门联窗洞口面积 × 樘数
   $= 2.00 \times 2.40 - 1.10 \times 0.90$
   $= 4.80 - 0.99$
   $= 3.81 \text{m}^2$

(21) 镶板门联窗框安装
   同序20

(22) 镶板门联窗扇制作
   同序20

(23) 镶板门联窗扇安装
   同序20

(24) 木门窗运输
   $S = $ 门面积 + 窗面积
   $= 13.50 + 6.48 + 3.81$

$=23.79m^2$

(25) 木门窗油漆

同序 24　23.79m^2

(26) 现浇 C20 钢筋混凝土圈梁

$V=$梁长×梁断面积

　　　$L_中$
$=29.20×0.24×0.18$
$=1.26m^3$

(27) 现浇圈梁模板安拆

$S=$圈梁侧模面积+圈梁代过梁底模面积

　　$L_中$　　　　C-1　　　M-1　　M-2
$=29.20×0.18×2$ 边$+(1.5×6+0.9+2.0)×0.24$
$=10.51+2.86$
$=13.37m^2$

(28) 现浇 C20 钢筋混凝土矩形梁

$V=$梁长×断面积×根数
$=2.94×0.24×0.30+(2.0-0.12+0.12)×0.24×0.30$
$=0.36m^3$

(29) 现浇矩形梁模板安拆

$S=$模板接触面积

　　　　内侧模　　外侧模
$=(2.70+2.00+2.70+0.24+2.0+0.24)×0.30$

　　　　底模
$+(2.70-0.24+2.0-0.24)×0.24$
$=9.88×0.30+4.22×0.24$
$=3.98m^2$

(30) C10 混凝土台阶

$S=$台阶水平投影面积
$=(2.7+2.0)×0.3×2$
$=4.7×0.6$
$=2.82m^2$

(31) 1:2 水泥砂浆抹台阶

同序 30　　2.82m^2

(32) 台阶模板安拆

同序 30　　2.82m^2

(33) 现浇构件圆钢筋制安 $\Phi6.5$

　　　　　　圈梁　　　　矩形梁
$\Phi6.5$　　　122.64×0.26kg/m+8.70kg=40.59kg

(34) 现浇构件圆钢筋制安Φ12

       圈梁   矩形梁

  Φ12   116.80×0.888kg/m+9.02kg=112.73kg

(35) 现浇构件螺纹钢筋制安Φ14

  Φ14   18.41kg（见设计说明）

(36) 预应力构件钢筋制安Φ4

  Φ4 YKB3962 9×6.57kg/块=59.13kg ⎤
     YKB3362 9×4.50kg/块=40.5kg ⎬ 134.10kg
     YKB3062 9×3.83kg/块=34.47kg ⎦

(37) 预应力C30钢筋混凝土空心板制作（详设计说明）

  V＝单块体积×块数×制作损耗系数

   YKB 3962 9×0.164m³/块=1.476m³ ⎤
   YKB 3362 9×0.139m³/块=1.251m³ ⎬ 3.861m³（净）
   YKB 3062 9×0.126m³/块=1.134m³ ⎦

  制作工程量=3.861×1.015=3.92m³

(38) 空心板运输

  V＝净体积×运输损耗系数

   ＝3.861×1.013

   ＝3.91m³

(39) 空心板安装

  V＝净体积×安装损耗系数

   ＝3.861×1.005

   ＝3.88m³

(40) 空心板接头灌浆

  V＝净体积=3.86m³

(41) M5混合砂浆砌砖墙

  V＝（墙长×墙高－门窗面积）×墙厚－圈梁体积

       $L_中$ $L_内$

  ＝[（29.20+7.52）×3.60－23.79]×0.24－1.26

  ＝（36.72×3.60－23.79）×0.24－1.26

  ＝108.40×0.24－1.26

  ＝26.02－1.26

  ＝24.76m³

(42) M5混合砂浆砌砖柱

  V＝柱断面积×柱高

  ＝0.24×0.24×3.60

  ＝0.21m³

(43) 1∶2水泥砂浆屋面面层

$S=$ 屋面实铺水平投影面积
$=(5.0+0.2\times2)\times(9.60+0.30\times2)$
$=5.4\times10.2$
$=55.08\text{m}^2$

(44) C20 细石混凝土刚性屋面（40mm 厚）
$S=$ 屋面实铺面积
$=55.08\text{m}^2$（同序 43）

(45) 预制板底嵌缝找平
$S=$ 空心板实铺面积－墙结构面积
$\overset{L_{中}}{29.20}+\overset{L_{内}}{7.52})\times0.24$
$=55.08-(29.20+7.52)\times0.24$
$=55.08-8.81$
$=46.27\text{m}^2$

(46) 预制板顶棚面刷 106 涂料
同序 45 46.27m^2

(47) 1：2 水泥砂浆地面面层
$S=S_{底}-$ 墙结构面积－台阶所占面积
$=51.56-(29.20+7.52)\times0.24$
$-(2.70+2.0-0.12-0.18)\times0.30$
$=51.56-8.81-1.32$
$=41.43\text{m}^2$

(48) C10 混凝土地面垫层
$V=$ 室内地面净面积×厚度
$\overset{序47}{}$
$=41.43\times0.06$
$=2.49\text{m}^3$

(49) 室内地坪回填土
$V=$ 室内地坪净面积×厚度
$\overset{序47}{}$
$=41.43\times(0.30-0.02-0.06)$
$=41.43\times0.22$
$=9.11\text{m}^3$

(50) 人工运土
$V=$ 挖土量－回填量
$\overset{序2}{34.18}+\overset{序3}{0.77}-\overset{序6}{16.19}-\overset{序8}{0.55}-\overset{序49}{9.11}$
$=34.18+0.77-16.19-0.55-9.11$
$=9.10\text{m}^3$

(51) 混合砂浆抹内墙面

$S=$ 内墙面净长×净高－门窗面积

 ③轴、Ⓑ轴　　　　C-1
$=[(5.0-0.24+3.60-0.24)\times 2+(5.0-0.24+3.3-0.24)\times 2$

$\qquad\qquad\qquad\qquad\qquad\qquad\quad$ M-1　　　　M-2
$+(2.7-0.24+3.0-0.24)\times 2+2.0+2.7]\times 3.60-1.5$

$\times 1.5\times 6-0.9\times 2.4\times 3\times 2(面)-3.81\times 2(面)$

$=(16.24+15.64+10.44+4.70)\times 3.60-30.27$

$=47.02\times 3.60-30.27$

$=139.00\mathrm{m}^2$

(52) 水泥砂浆抹外墙面

$S=$ 外墙外边周长×墙高－门窗面积

$\quad L_{外}$　③、Ⓑ轴　　　　　C-1
$=(30.16-2.7-2.0)\times(3.60+0.30)-1.5\times 1.5\times 6$

$=25.46\times 3.90-13.50$

$=85.79\mathrm{m}^2$

(53) 混合砂浆抹砖柱、矩形梁

$S=$ 柱周长×柱高

$=0.24\times 0.24\times 3.60$

$=0.21\mathrm{m}^2$

$S=$ 梁展开面积

$\qquad$ 侧面
$=(2.7+2.0+2.7-0.24+2.0-0.24)\times 0.30$

$\quad$ 底面
$+(2.7-0.24+2.0-0.24)\times 0.24$

$=2.68+1.01=3.69\mathrm{m}^2$

小计：$0.21+3.69=3.90\mathrm{m}^2$

(54) 1：2 水泥砂浆踢脚线

$L=$ 内墙净长之和

$=(3.60-0.24+5.0-0.24)\times 2+(3.30-0.24+5.0-0.24)\times 2$

$+(2.70-0.24+3.0-0.24)\times 2+2.70+2.0$

$=47.02\mathrm{m}$

(55) C15 混凝土散水 60mm 厚

$S=$ 散水长×散水宽－台阶所占面积

$=(L_{外}+4\times$ 散水宽$)\times$ 散水宽－台阶所占面积

$=(30.16+4\times 0.8)\times 0.80-(2.70+0.30+2.0)\times 0.30$

$=26.69-1.50$

$=25.19\mathrm{m}^2$

14 工程量计算实例二

14.1 营业用房施工图

14.1.1 建筑设计说明

(1) 本工程为营业用房,位于长江路,西面临街修建。

(2) 本工程为二层框架结构,局部砖混。

(3) 各部分构造如下:

1) 屋面:SBC120 聚乙烯丙纶复合防水卷材;

　　　　1:6 水泥蛭石找坡层,最薄处 60mm;

　　　　1:3 水泥砂浆找平层。

2) 楼面:各房间及走道为 500mm×500mm 地砖面层,卫生间地砖 300mm×300mm 面层。

3) 地面:主楼、台阶花岗石地面;楼梯间、卫生间、盥洗间地砖面层;全部地面 C10 混凝土垫层 60mm 厚。

4) 内墙面:各房间、楼间为混合砂浆抹面,面做仿瓷涂料;卫生间贴 200mm×300mm 瓷砖到顶。

5) 外墙面:墙面砖贴面,局部花岗石贴面。

6) 顶棚:各房间、梯间混合砂浆抹面,均做仿瓷涂料面层。

7) 踢脚线:各房间、走道瓷砖踢脚线,150mm 高。

8) 油漆:木门浅色调合漆三遍。

9) 散水:C15 混凝土 60mm 厚,600mm 宽,沥青砂浆伸缩缝。

门 窗 明 细 表

类别	代号	门窗名称	洞口尺寸		数 量			备 注
			宽（mm）	高（mm）	底层	二层	合计	
门	M1	全玻门加卷帘	6800	4200	2		2	
	M2	全玻固定门	6800	3800	1		1	下砌400,240砖墙
	M3	全玻固定门	3880	3800	1		1	下砌400,240砖墙
	M4	单扇夹板门	900	2100	5	2	7	
	M5	单扇夹板门	1000	2100	2	8	10	
	M6	双扇夹板门	1800	2100		1	1	
窗	C1	铝合金推拉窗	6800	2000	2		2	
	C1a	铝合金推拉窗	6720	2000	1		1	
	C2	铝合金推拉窗	3000	2000	1		1	
	C3	铝合金推拉窗	1800	2000		11	11	
	C3a	铝合金推拉窗	1800	2000		2	2	
	C4	铝合金推拉窗	1500	2000	3	1	4	
	C5	铝合金推拉窗	1200	2000	1		1	
	C6	铝合金推拉窗	1200	1000	7	2	9	

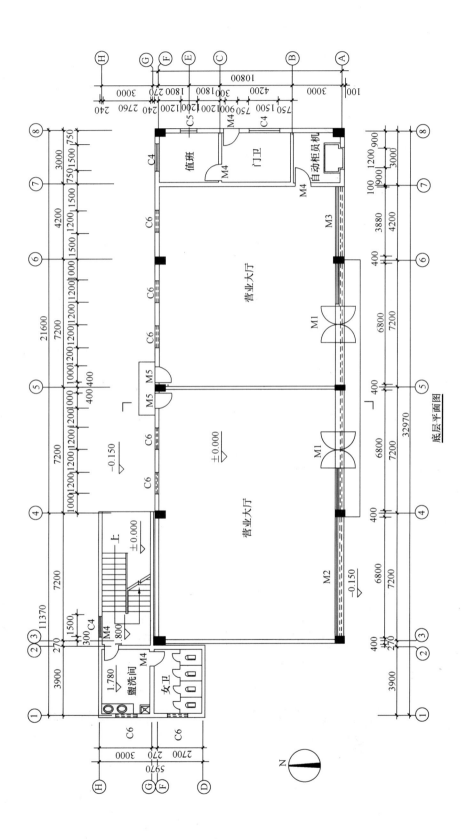

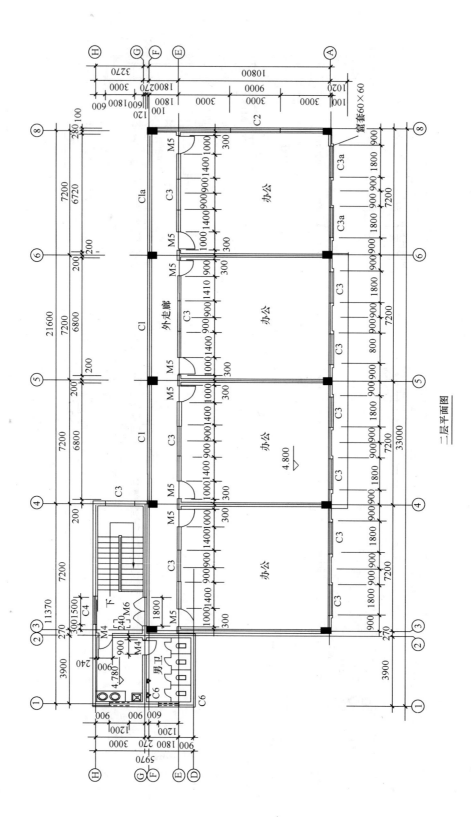

二层平面图

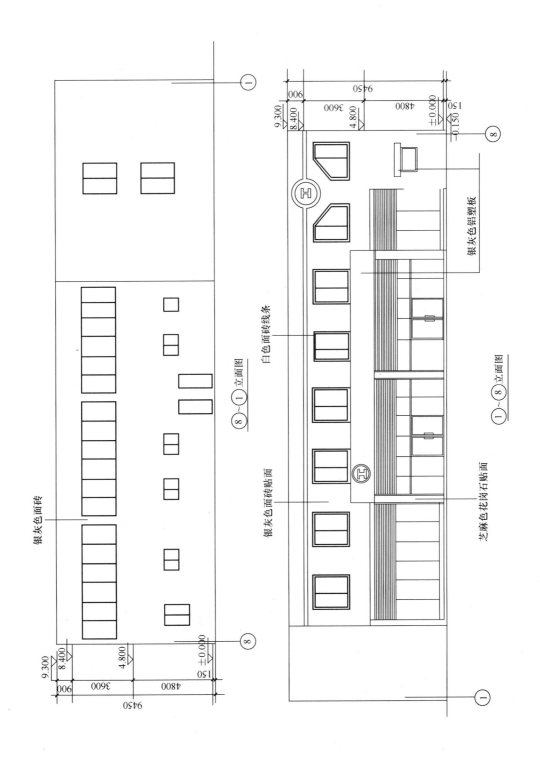

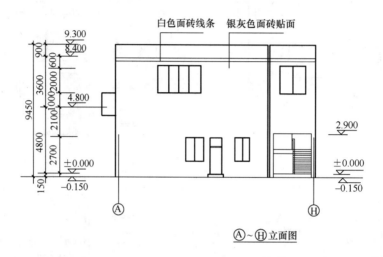

Ⓐ~Ⓗ立面图

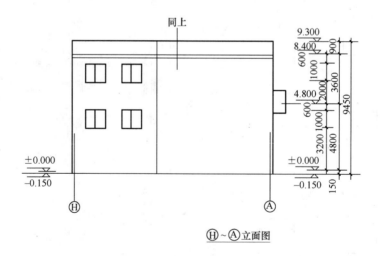

Ⓗ~Ⓐ立面图

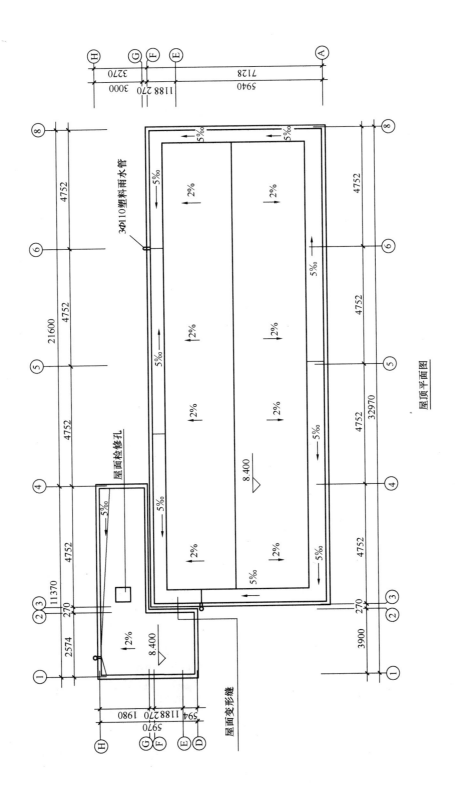

屋顶平面图

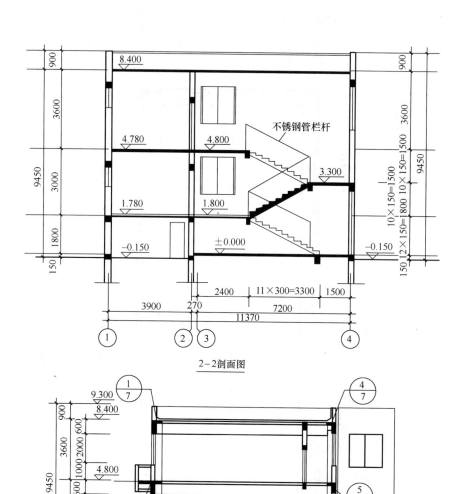

2-2剖面图

1-1剖面图

注：1.本工程楼梯为现浇钢筋混凝土板式楼梯。
2.楼梯栏杆为不锈钢栏杆，$H=1000$。
3.楼梯踏步面贴300×300专用防滑楼梯面砖。边做挡水线。
4.楼梯侧面板底同内墙面装修。

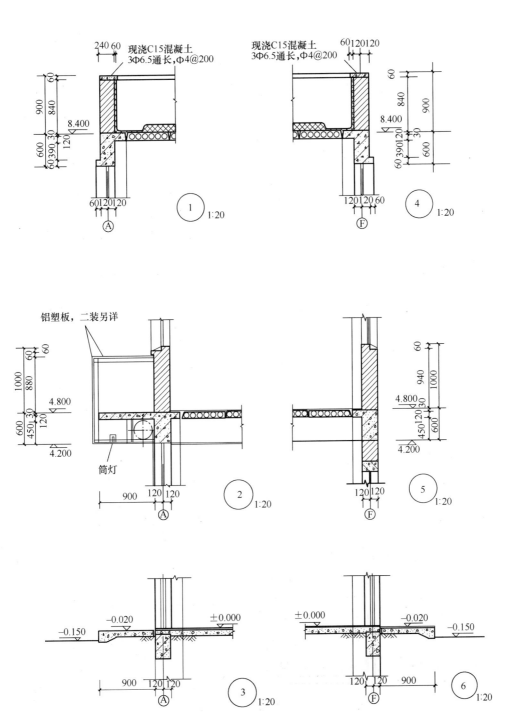

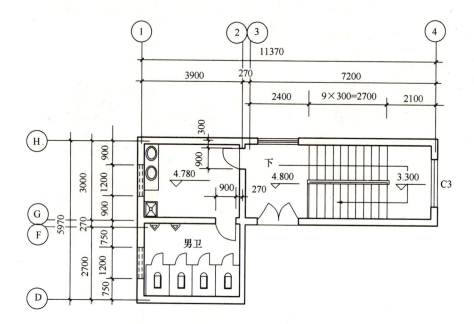

二层楼梯间卫生间平面图1:80

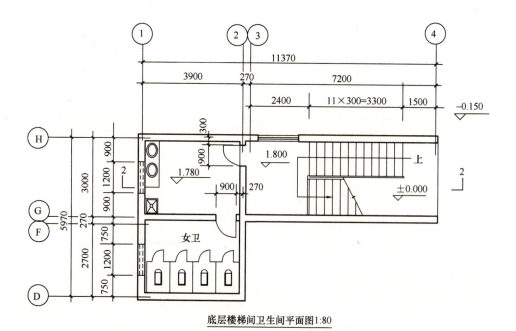

底层楼梯间卫生间平面图1:80

14.1.2 结构设计说明

(1) 概述

1) 该工程为二层框架结构，附楼为砖混结构，框架抗震等级为四级。一层层高为4.80m，二层层高为3.60m。

2) 基础采用柱下独立基础。

(2) 混凝土强度等级及保护层

1) 基础垫层C10。

2) 柱下独立基础C20，保护层35mm。

3) 框架柱、梁C30，保护层25mm。

4) 连续梁C30，保护层25mm。

5) 其余构件C20，现浇板保护层10mm。

(3) 砌筑砂浆强度等级及种类

1) 基础部分M5水泥砂浆。

2) 墙体部分M5混合砂浆。

(4) 砌体

1) 基础采用MU7.5标准砖。

2) 附楼墙体采用MU7.5灰砂砖。

3) 主楼除女儿墙外采用200mm厚加气混凝土砌块。

(5) 钢筋锚固长度

C20混凝土：锚固长度$40d$，搭接长度$48d$。

C30混凝土：锚固长度$30d$，搭接长度$36d$。

Φ为HPB235钢筋，Ⅽ为HRB335钢筋，Φ6钢筋按Φ6.5计算。

(6) 其他

凡低于梁的洞口处均设预制过梁，由施工单位选用。

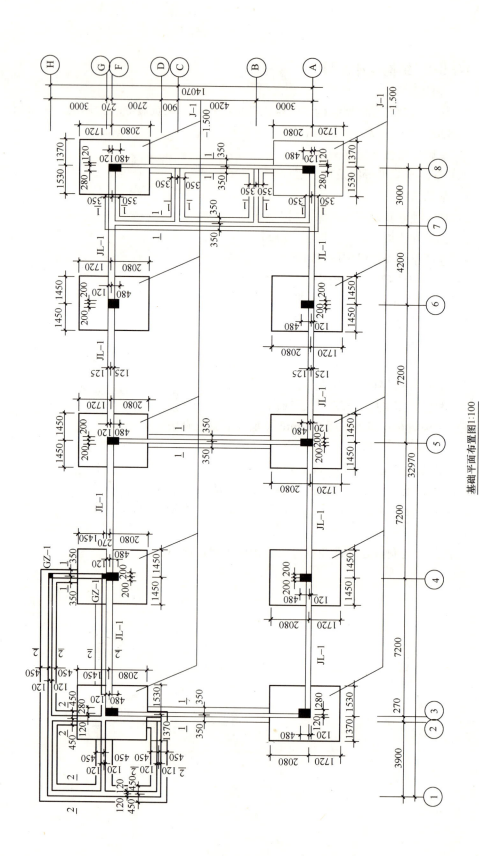

基础平面布置图 1:100

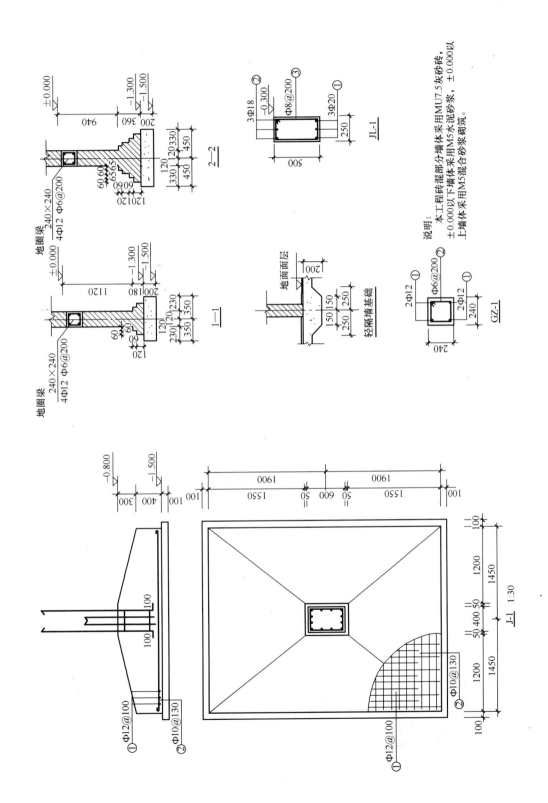

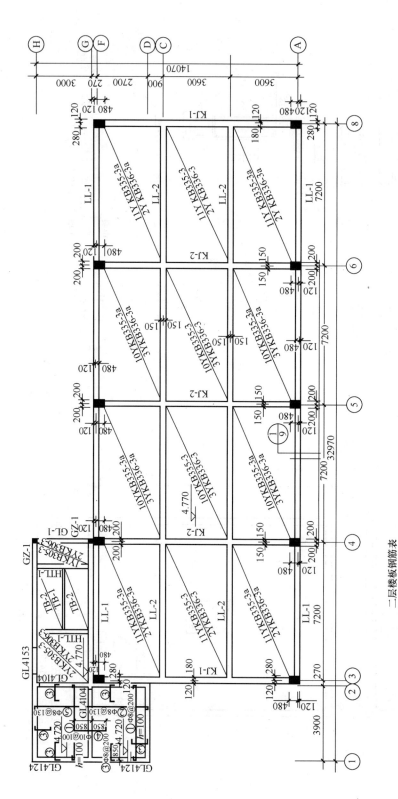

二层结构平面图

二层楼板板钢筋表

编号	钢筋简图	规格	最短长度	最长长度	根数	总长度	重量
①	3900	Φ8@200	4000	4000	30	120000	47.4
②	2970	Φ8@130	3070	3070	30	92100	36.3
③	85⌐850⌐85	Φ8@200	1020	1020	99	100980	39.8
④	85⌐1700⌐85	Φ10@100	1870	1870	39	72930	45.0
⑤	3000	Φ8@130	3100	3100	30	93000	36.7
总量							205

394

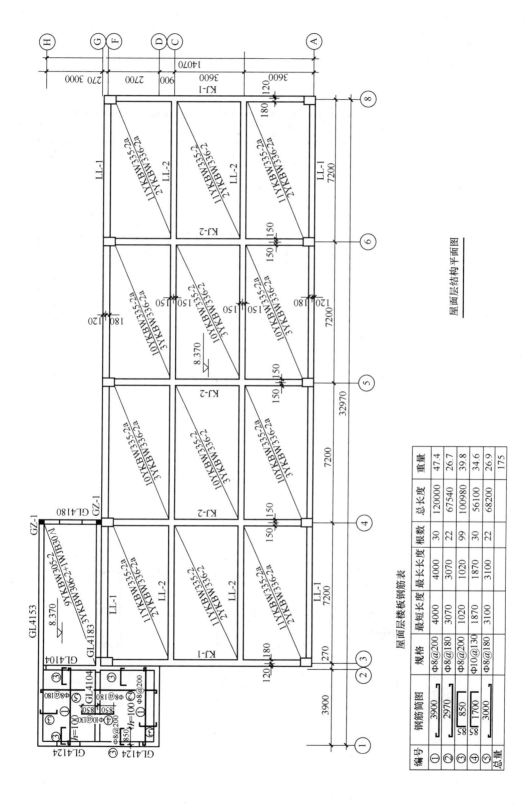

屋面层结构平面图

屋面层楼板钢筋表

编号	钢筋简图	规格	最短长度	最长长度	根数	总长度	重量
①	3900	Φ8@200	4000	4000	30	120000	47.4
②	2970	Φ8@180	3070	3070	22	67540	26.7
③	850 85 85 Φ10@130	Φ8@200	1020	1020	99	100980	39.8
④	850 85 85 1700	Φ10@130	1870	1870	30	56100	34.6
⑤	3000	Φ8@180	3100	3100	22	68200	26.9
总量							175

14 工程量计算实例二

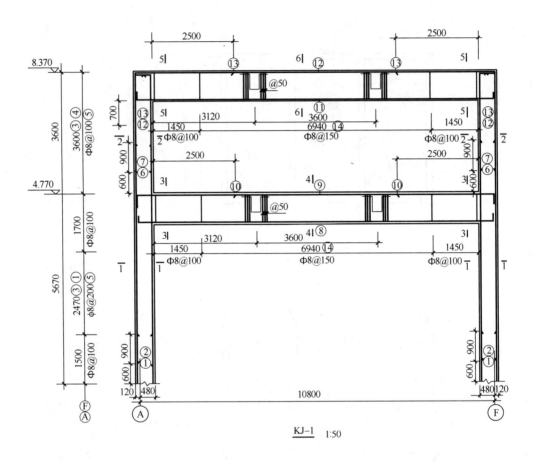

KJ-1 1:50

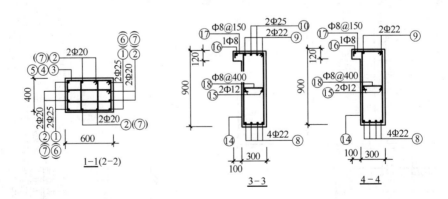

1—1(2—2)　　3—3　　4—4

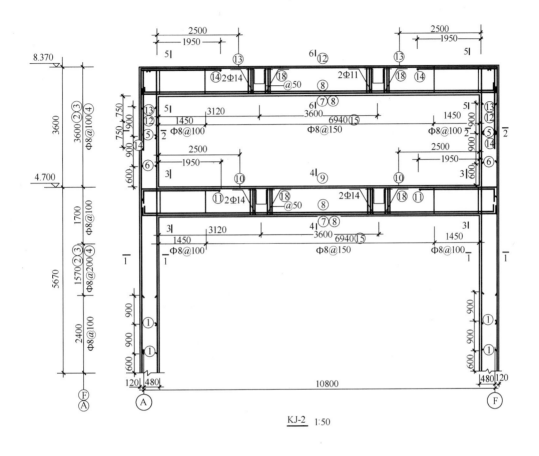

KJ-2 1:50

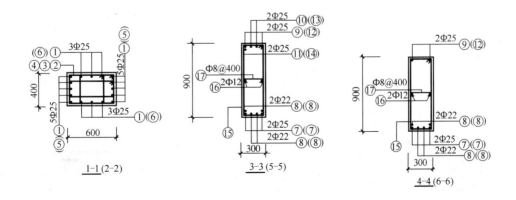

1—1(2—2)　　3—3(5—5)　　4—4(6—6)

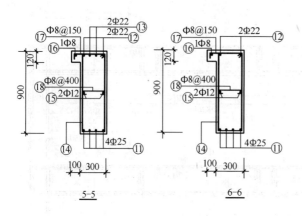

柱 钢 筋 表					
编号	钢筋简图	规格	长度	根数	重量
①	6570	Φ25	6570	8	203
②	6570	Φ20	6570	16	259
③	141,350,550	Φ8		160	
④	550	Φ8		160	
⑤	208,250,350	Φ8		160	
⑥	2970,250	Φ25	3220	8	99
⑦	2970,250	Φ20	3220	16	127
总重					

梁 钢 筋 表					
编号	钢筋简图	规格	长度	根数	重量
⑧	220,10900,220	Φ22	11340	4	135
⑨	380,10980,380	Φ22	11740	2	70
⑩	380,3070	Φ25	3450	4	53
⑪	250,10900,250	Φ25	11400	4	176
⑫	1570,10980,1570	Φ22	14120	2	84
⑬	1570,3070	Φ22	4640	4	55
⑭	250,825	Φ8		166	
⑮	10200	Φ12	10350	4	37
⑯	10440	Φ8	10440	2	8
⑰	95,350	Φ8	495	132	26
⑱	250	Φ8	350	50	7
总重					

主材汇总表				
钢筋(kg)	Φ8		Φ20	386
	Φ12	36	Φ22	345
			Φ25	530
	总重		总重	
混凝土	柱		梁	

注：本工程钢筋表仅供参考。

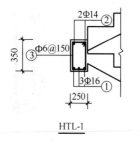

HTL-1

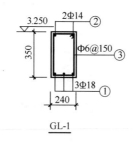

GL-1

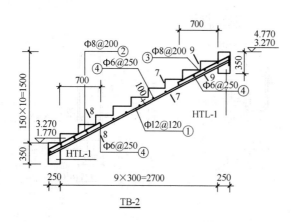

TB-2

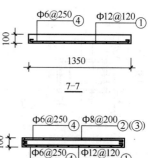

7-7

8-8(9-9)

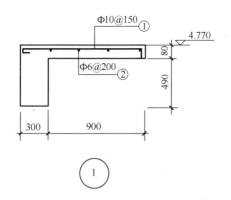

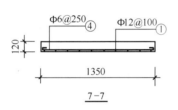

7-7

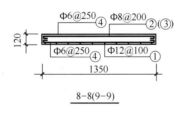

8-8(9-9)

柱 钢 筋 表

编号	钢筋简图	规格	长度	根数	重量
①	6570	Φ25	6570	32	
②	350 550 (190)	Φ8		168	
③	550	Φ8		168	
④	350	Φ8			
⑤	2070 250	Φ25	2320	16	
⑥	2970 250	Φ25	3220	16	
总重					

梁 钢 筋 表

编号	钢筋简图	规格	长度	根数	重量
⑦	250 10900 250	Φ25	11400	4	176
⑧	250 10900 250	Φ22	11400	8	272
⑨	380 10980 380	Φ25	11740	2	90
⑩	380 3070	Φ25	3450	4	53
⑪	380 2520	Φ25	2900	4	45
⑫	1620 10980 1620	Φ25	14220	2	110
⑬	1620 3070	Φ25	4690	4	72
⑭	2370 2520	Φ25	4890	4	75
⑮	250 825	Φ8	2390	166	157
⑯	10200	Φ12	10350	4	37
⑰	250	Φ8	350	50	7
⑱	280 400 946	Φ14	2860	8	28
总重					1121

主材汇总表

钢筋(kg)	Φ8		Φ14	
	Φ12		Φ22	272
			Φ25	
	总重		总重	
混凝土	柱		梁	

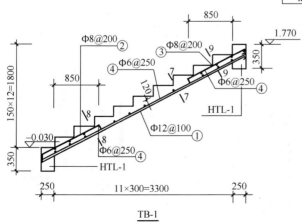

TB-1

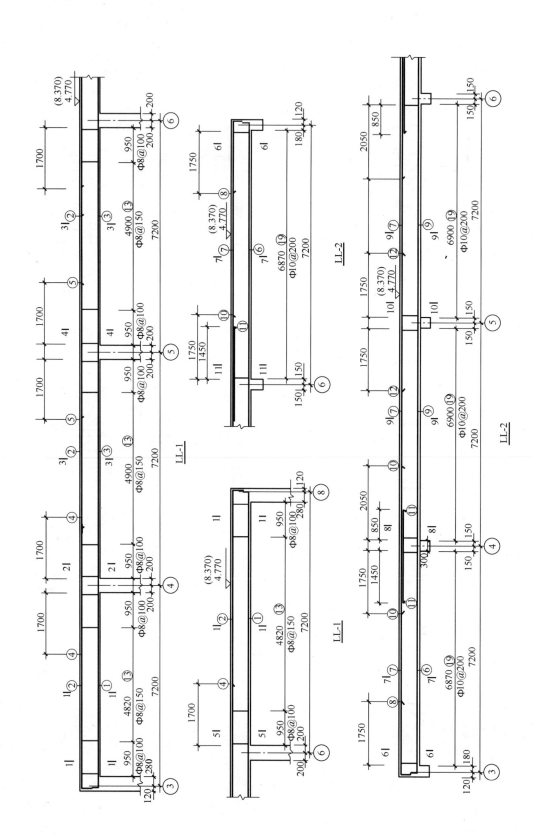

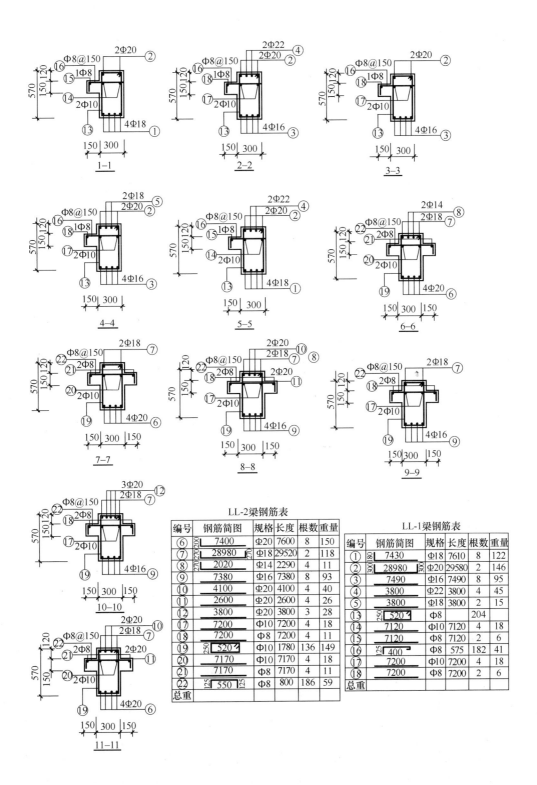

14.2 营业用房工程量计算

营业用房工程量计算见基数计算表、工程量计算表及钢筋计算表。

基 数 计 算 表

工程名称：营业用房

序号	基数名称	代号	墙高(m)	墙厚(m)	单位	数量	计 算 表
1	主楼外墙长	$L_{中主}$		0.24	m	79.20	$L_{中主}=(7.20×4+10.80)×2=79.20\mathrm{m}$（含柱）
2	附楼外墙长	$L_{中附}$		0.24	m	34.68	$L_{中附}=(5.97+11.37)×2=34.68\mathrm{m}$
3	主楼底层内墙净长	$L_{内主底}$		0.24	m	25.92	$L_{内主底}=\overset{⑤轴}{10.80-0.48×2}+\overset{⑦轴柱}{10.80-0.12×2}+\overset{ⒸⒷ轴}{(3.0-0.24)×2}$ $=20.4+5.52$ $=25.92\mathrm{m}$
4	主楼楼层内墙净长	$L_{内主楼}$		0.24	m	53.76	$L_{内主楼}=\overset{④、⑤、⑥轴}{(9.0-0.48-0.12)×3}+\overset{Ⓔ轴}{7.20×4-0.24}$ $=8.40×3+28.56$ $=53.76\mathrm{m}$
5	附楼内墙净长	$L_{内附}$		0.24	m	6.42	$L_{内附}=\overset{Ⓖ轴}{(3.90-0.24)}+\overset{②轴}{(3.0-0.24)}=6.42\mathrm{m}$
6	外墙外边周长	$L_{外}$			m	95.04	$L_{外}=(7.20×4+0.27+3.90+0.24$ $+10.8+0.27+3.0+0.24)×2$ $=47.52×2=95.04\mathrm{m}$
7	底层建筑面积	$S_{底}$			m²	370.83	$S_{底}=(32.97+0.24)×(10.80+0.27+3.0+0.24)$ $-(7.20×3)×(3.0+0.12+0.27-0.12)$ $-(10.80+0.12-2.7-0.12)$ $×(3.9+0.24+0.03)$ $=33.21×14.31-21.60×3.27-8.10×4.17$ $=475.24-70.63-33.78$ $=370.83\mathrm{m}^2$
8	全部建筑面积	S			m²	741.66	$S=S_{底}×2(层)$ $=370.83×2=741.66\mathrm{m}^2$

门窗明细表

工程名称：

序号	门窗(孔洞)名称	代号	框扇断面(cm²) 框	框扇断面(cm²) 扇	洞口尺寸(mm) 宽	洞口尺寸(mm) 高	樘数	面积(m²) 每樘	面积(m²) 小计	所在部位 $L_{中主}$	所在部位 $L_{中附}$	所在部位 $L_{内主底}$	所在部位 $L_{内主楼}$	所在部位 $L_{内附}$
1	全玻地弹门	M1			2000	2100	2	4.20	8.40	8.40				
2	铝合金卷帘门	M1a			6800	4200+600	2	28.56 (32.64)	57.12 (65.28)	57.12				
3	铝合金卷帘门	M2			6800	3800+600	1	25.84 (29.92)	25.84 (29.92)	25.84				
4	铝合金卷帘门	M3			3880	3800+600	1	14.74 (17.07)	14.74 (17.07)	14.74				
5	单扇胶合板门	M4			900	2100	7	1.89	13.23	1.89		3.78		7.56
6	单扇胶合板门	M5			1000	2100	10	2.10	21.00	4.20			16.80	
7	双扇胶合板门	M6			1800	2100	1	3.78	3.78					3.78
	门小计								144.11	112.19		3.78	16.80	11.34
8	全玻固定窗	M1			6800 (-2000×2100)	4200	2	24.36	48.72	48.72				
9	全玻固定窗	M2			6800	3800	1	25.84	25.84	25.84				
10	全玻固定窗	M3			3880	3800	1	14.74	14.74	14.74				
11	铝合金推拉窗	C1			6800	2000	2	13.60	27.20	27.20				
12	铝合金推拉窗	C1a			6720	2000	1	13.44	13.44	13.44				
13	铝合金推拉窗	C2			3000	2000	1	6.00	6.00	6.00				
14	铝合金推拉窗	C3			1800	2000	11	3.60	39.60	21.6	3.60		14.40	
15	铝合金推拉窗	C3a			1800 (900×900×1/2)	2000	2	3.20	6.40	6.40				
16	铝合金推拉窗	C4			1500	2000	4	3.00	12.00	6.00	6.00			
17	铝合金推拉窗	C5			1200	2000	1	2.40	2.40	2.40				
18	铝合金推拉窗	C6			1200	1000	9	1.20	10.80	6.00	4.80			
19	自动柜员机窗口				1200	900	1	1.08	1.08	1.08				
	窗小计								208.22	179.42	14.40		14.40	
	合计								352.33	291.61	14.40	3.78	31.20	11.34

工 程 量 计 算 表

工程名称：营业用房

序号	定额编号	分项工程名称	单位	工程量	计 算 式
1	1-48	人工平整场地	m²	576.91	$S = S_底 + L_外 \times 2 + 16$ $= 370.83 + 95.04 \times 2 + 16$ $= 576.91 m^2$
2	1-17	人工挖地坑	m³	246.79	工作面 $C = 0.30m$，$H = 1.50 + 0.10 - 0.15 = 1.45m$ $V = (3.10 + 2 \times 0.30) \times (4.0 + 2 \times 0.30) \times 1.45 \times 10$ 个 $= 3.70 \times 4.60 \times 1.45 \times 10$ $= 24.679 \times 10$ $= 246.79 m^3$

3	1-8	人工挖地槽	m³	126.74	工作面 $C = 0.30m$
					地槽长：
					     ③⑤⑧轴 ⑦轴 Ⓐ⑥轴
					1-1 剖面：$[10.80 - (2.08 + 0.4) \times 2] \times 3 + 10.80 + [3.0$
					     Ⓑ⑥轴
					 $-(1.53 + 0.40)] \times 2 + [3.0 - (0.70 + 0.3)] \times 2$
					$= 17.52 + 10.8 + 2.14 + 4.0 = 34.46m$
					2-2 剖面：
					 ①轴 Ⓗ轴 Ⓓ轴 Ⓖ
					$5.97 + 11.37 + 3.90 + 0.27 - \dfrac{0.7 + 0.3}{2} + 3.9 - \dfrac{0.9 + 0.6}{2} - (1.37 + 0.40)$
					$+ 7.20 + 0.27 - (1.53 + 0.40 + 1.45 + 0.40)$
					   ②④轴
					$+ \left[3.0 - \dfrac{0.9 + 0.6}{2} - (1.72 + 0.40)\right] \times 2$
					$= 5.97 + 11.37 + 3.90 + 0.27 + 0.50 + 3.90 - 0.75 - 1.77 + 7.20$
					$+ 0.27 - 3.78 + 0.26$
					$= 26.34m$
					基础梁地槽长：
					   Ⓐ⑥轴
					$7.20 - (1.53 + 0.4) - (1.45 + 0.40) + [7.20 - (1.45 + 0.40) \times 2] \times 2$
					$+ 4.20 - (1.45 + 0.40) - \dfrac{0.7 + 0.6}{2}$
					   重复部分Ⓕ、③～④轴
					$\times 2 - (7.20 - 1.53 - 0.40 - 1.45 - 0.40)$
					$= (7.20 - 1.93 - 1.85 + 7.0 + 4.20 - 1.85 - 0.65) \times 2 - 3.42$
					$= 24.24 - 3.42$
					$= 20.82m$
					地槽深 $H = 1.50 - 0.15 = 1.35m$
					         砖胎模
					基础梁地槽深 $H = 0.80 - 0.15 + 0.08 = 0.73m$
					$V_{1-1} = 34.46 \times (0.70 + 2 \times 0.30) \times 1.35$
					$= 34.46 \times 1.30 \times 1.35$
					$= 60.48 m^3$
					$V_{2-2} = 26.34 \times (0.90 + 2 \times 0.30) \times 1.35$
					$= 26.34 \times 1.50 \times 1.35$
					$= 53.34 m^3$
					$V_{梁槽} = 20.82 \times (0.25 + 2 \times 0.30) \times 0.73$
					$= 20.82 \times 0.85 \times 0.73$
					$= 12.92 m^3$
					小计：$60.48 + 53.34 + 12.92 = 126.74 m^3$

续表

序号	定额编号	分项工程名称	单位	工程量	计 算 式
4	8-16	C10 混凝土基础垫层	m³	23.46	(1) 地坑垫层 $10@(2.90+0.20)\times(3.80+0.20)\times0.10$ $=10@1.24$ $=12.40m^3$ (2) 地槽垫层 垫层长： 1-1 剖面：③⑧⑤轴　　⑦轴　　ⒷⒸ轴 　　　　$(10.80-2.08)\times3+(10.80+0.35\times2)+(3.0-0.7)\times2$ 　　　　$=26.16+10.80+0.70+4.60$ 　　　　$=42.26m$ 2-2 剖面：①轴　　Ⓓ轴　　Ⓗ轴　　Ⓖ轴 　　$5.97+(3.90+0.27-\frac{0.7}{2})+11.37+(11.37-2.90-\frac{0.9}{2}-1.45)$ 　　　　　　　②④轴 　　　　$+(3.0-\frac{0.9}{2}-1.72)\times2$ 　　$=5.97+3.82+11.37+6.57+0.83$ 　　$=28.56m$ $V_{1-1}=42.26\times0.70\times0.20=5.92m^3$ $V_{2-2}=28.56\times0.90\times0.20=5.14m^3$ 小计：$12.40+5.92+5.14=23.46m^3$
5	4-1	M5 水泥砂浆砌砖基础	m³	29.22	砖基础长： 1-1 剖面在独立基础上： ③⑤⑧轴　　　　　Ⓐ Ⓕ轴 $(2.08-0.48)\times2\times3$ 道 $+(1.53-0.28)\times2$ 道 $=12.10m$ 1-1 剖面有垫层： ③⑤⑧轴　　　　　⑦轴　　　　Ⓐ Ⓕ轴 $(10.8-0.48\times2)\times3$ 道 $+10.80+(3.0-0.28)\times2$ 道 　　　Ⓑ Ⓒ轴　　　　　　　独立基础上 $+(3.0-0.24)\times2$ 道 $-$ 　12.10 　$=39.18m$ 2-2 剖面在独立基础上： ③④、Ⓖ-Ⓗ　　Ⓖ　　③、Ⓓ-Ⓕ $(1.72-0.12)\times2+(1.90+1.45)+(2.08+0.12)=8.75m$ 2-2 剖面有垫层： ①轴　　Ⓗ轴　　Ⓓ轴　　Ⓖ轴　　③轴 $5.97+11.37+3.90+(11.37-0.12)+(5.97-0.12-0.24)+$ 　④轴　　在独立基础上 $3.0-$ 　8.75 　$=32.35m$ 砖基础高： 1-1 剖面 {有垫层：$1.30-0.24=1.06m$ 2-2 剖面 {无垫层平均高：$(0.80+1.10)\times\frac{1}{2}-0.24=0.71m$（圈梁） $V_{1-1有垫}=39.18\times[1.06\times0.24+0.007875\times(6-1)]$ 　　　　$=11.51m^3$ $V_{1-1无垫}=12.10\times0.71\times0.24=2.06m^3$ $V_{2-2有垫}=32.35\times[1.06\times0.24+0.007875\times(20-4)]$ 　　　　$=10.27m^3$ $V_{2-2无垫}=8.75\times0.71\times0.24=1.49m^3$ 基础梁上砖基础： 　基础梁长： 　$V=54.04\times0.30\times0.24=3.89m^3$ 小计：$11.51+2.06+10.27+1.49+3.89=29.22m^3$
6	5-408	现浇 C20 混凝土地圈梁	m³	5.32	基础长 1-1 剖面：$(12.10+39.18)\times0.24\times0.24=2.95m^3$ 　　　　基础长 2-2 剖面：$(8.75+32.35)\times0.24\times0.24=2.37m^3$ 小计：$2.95+2.37=5.32m^3$

续表

序号	定额编号	分项工程名称	单位	工程量	计 算 式
7	5-396	现浇C20混凝土独立基础	m³	40.16	$10@1.90\times3.80\times0.40+(1.90\times3.80+0.50\times0.70)\times\frac{1}{2}\times0.30$ $=10@2.888+1.136$ $=10@4.016$ $=40.16\text{m}^3$
8	8-16	C10混凝土独立基础垫层	m³	8.40	$10@2.10\times4.00\times0.10$ $=10@0.84$ $=8.40\text{m}^3$
9	5-405	现浇C20混凝土基础梁	m³	6.76	两端 $(7.20-0.28-0.20)\times4$ 根 $=26.88$m 基础梁长：中间 $(7.20-0.40)\times4$ 根 $=27.20$m 54.08m $V=54.08\times0.25\times0.50=6.76\text{m}^3$
10	5-401	现浇C30混凝土框架柱	m³	22.00	KJ-1 2@(8.37+0.80)×0.60×0.40×2根 （9.17） $=2@4.402$ $=8.80\text{m}^3$ KJ-2 3@9.17×0.60×0.40×2根 $=3@4.402$ $=13.20\text{m}^3$ 小计：$8.80+13.20=22.00\text{m}^3$
11	5-406	现浇C30混凝土框架梁	m³	26.94	KJ-1 2@(10.80−0.48×2)×(0.90×0.30+0.12×0.10)×2根 $=2@9.84\times0.282\times2$ $=2@5.50=11.00\text{m}^3$ KJ-2 3@(10.80−0.96)×0.30×0.90×2根 $=3@5.314=15.94\text{m}^3$ 小计：$11.00+15.94=26.94\text{m}^3$
12	5-406	现浇C30混凝土连续梁	m³	43.99	LL-1：$(7.20-0.40)\times2=13.60$m（挑檐板长） 基础梁长 $V=[54.08\times0.30\times0.57+(54.08-13.60)\times0.15\times0.15]$ $\times2$层$+13.60\times0.15\times0.15$ $=(9.25+0.91)\times2+0.31$ $=20.32+0.31=20.63\text{m}^2$ LL-2： $V=54.08\times(0.57\times0.30+0.15\times0.15\times2)\times2$层 $=23.36\text{m}^3$ 小计：$20.63+23.36=43.99\text{m}^3$
13	5-403	现浇C20混凝土构造柱	m³	1.34	构造柱高（地圈梁至压顶）：$8.40+0.84+0.06=9.30$m $V=(0.24\times0.24+0.24\times0.03\times2)\times9.30\times2$根 $=1.34\text{m}^3$

续表

序号	定额编号	分项工程名称	单位	工程量	计 算 式
14	5-409	现浇C20混凝土过梁	m^3	1.00	代号　　过梁长　　　　断面尺寸　　数量 GL4124　1.20+0.50=1.70m　240×150　4 GL4153　1.50+0.50=2.00m　240×180　2 GL4104　1.00+0.50=1.50m　240×120　2 GL4180　1.80+0.50=2.30m　240×240　1 GL4183　1.80+0.50=2.30m　240×240　1 GL-1　　3.0+0.24=2.76　　240×350　1 CL4124:4@0.15×0.24×1.70=4@0.0612=0.245m^3 CL4153:2@0.18×0.24×2.0=2@0.0864=0.173m^3 CL4104:2@0.12×0.24×1.50=2@0.0432=0.086m^3 CL4180:1@0.24×0.24×2.30=0.132m^3 CL4183:1@0.24×0.24×2.30=0.132m^3 GL-1　1@0.35×0.24×2.76=0.232m^3 小计:1.00m^3
15	5-419	现浇C20混凝土平板	m^3	7.56	3.9×5.97×0.10×3块=6.99m^3　　　　　┐7.56m^3 反边:(3.9+5.97)×2×2块×0.12×0.12=0.57m^3　┘
16	5-423	现浇C20混凝土挑檐板	m^2	13.68	(7.20+0.40)×2×0.9=13.68m^2
17	5-421	现浇C20混凝土楼梯	m^2	13.96	第1跑:(3.30+0.25×2)×1.35=5.13m^2　　　　┐13.96m^2 第2、3跑:(2.70+0.25×2)×(3.0-0.24)=8.83m^2　┘
18	5-432	现浇C15混凝土压顶	m^3	2.05	$L_{中主}$　　$L_{中附}$ (79.20+34.68)×0.30×0.06=2.05m^3
19	5-431	现浇C15混凝土台阶	m^3	0.67	(7.20×2+0.2×2)×0.30×0.15=4.44×0.15=0.67m^3
20	5-82	现浇地圈梁模板	m^2	10.01	基础长 (12.10+8.75)×0.24×2面=10.01m^2
21	5-17	现浇独立基础模板	m^2	53.60 14.20	(2.90+3.80)×2×0.40×10个=53.60m^2 (2.90+0.2+3.80+0.2)×2×0.10×10个=14.2m^2
22	5-69	现浇基础梁模板	m^2	54.08	长 侧模:54.08×0.50×2边=54.08m^2 底模用砖胎模
23	5-58	现浇框架柱模板	m^2	183.40	9.17×(0.60+0.40)×2×5榀×2根=183.40m^2
24	5-73	现浇框架梁模板	m^2	210.58	├—9.84—┤ 侧模:(10.8-0.48×2)×0.90×2边×5榀×2根=177.12m^2 　　　　　　　　　　　　　　　　挑出 底模:9.84×0.30×5榀×2根+9.84×0.1×4根=33.46m^2 小计:210.58m^2

续表

序号	定额编号	分项工程名称	单位	工程量	计 算 式
25	5-67	框架柱支撑超高1.32m	m²	111.87	$183.40 \times \frac{9.17-3.60}{9.17} = 183.40 \times 0.61^* = 111.87 m^2$
26	5-85	框架梁支撑超高0.42m	m²	105.29	$210.58 m^2 \times \frac{1}{2} = 105.29 m^2$
27	5-73	现浇连续梁模板	m²	358.13	梁长 侧模：$54.08 \times 2 \times 0.57 \times 2$ 面$\times 2$ 层$=246.60$ 底模：$54.08 \times (0.30+0.15) \times 2$ 层$-13.60 \times 0.15 = 46.63$ ⎤ $358.13 m^2$ $54.08 \times (0.30+0.15 \times 2) \times 2$ 层$=64.90$ ⎦
28	5-85	连续梁支撑超高0.75m	m²	182.13	$246.60 \times \frac{1}{2} + (46.63+13.60 \times 0.15) \times \frac{1}{2} + 13.60 \times 0.15 + 64.90$ $\times \frac{1}{2} = 182.13 m^2$
29	5-58	现浇构造柱模板	m²	7.81	侧模周长　　　　　　　　　高 $[(0.24+0.06) \times 2 + 0.06 \times 2] \times 9.30 \times 2$ 根$= 7.81 m^2$
30	5-77	现浇过梁模板	m²	12.22	侧模：$(0.15 \times 1.70 \times 4$ 根$+0.18 \times 2.0 \times 2$ 根$+0.12 \times 1.50 \times 2$ 根 $+0.24 \times 2.30 \times 1$ 根$+0.24 \times 2.30 \times 1$ 根$+0.35 \times 2.76 \times 1$ 根$) \times 2$ 边$= 8.34 m^2$ 底模：$0.24 \times (1.20 \times 4+1.50 \times 1.0 \times 2+1.80 \times 1+1.80 \times 1+$ $2.76 \times 1) = 3.88 m^2$ 小计：$8.34+3.88=12.22 m^2$
31	5-108	现浇平板模板	m²	56.05	$3.90 \times 5.97 \times 2$ 块$=46.57 m^2$ ⎤ $56.05 m^2$ 侧模：$(3.90+5.97) \times 2 \times 2$ 块$\times 0.12 \times 2$ 边$=9.48 m^2$ ⎦
32	5-121	现浇挑檐板模板	m²	7.59	侧模：$(7.60+0.9 \times 2) \times 0.08 = 0.75 m^2$ ⎤ $7.59 m^2$ 底模：$7.60 \times 0.90 = 6.84 m^2$ ⎦
33	5-119	现浇楼梯模板	m²	13.96	同序号
34	5-131代	现浇压顶模板	m	113.88	$79.20+34.68=113.88 m$
35	5-123	现浇台阶模板	m²	4.44	同序号
36	5-453	预应力C25混凝土空心板制作	m³	36.68	注：查某地区标准图；a—缩短30mm 　　代　号　　数量(块)　　计算式(每块体积×块数) 　　KB335-3a　　126　　$0.115 \times \frac{3.0}{3.3} \times 126 = 13.17 m^3$ 　　KB336-3a　　30　　$0.140 \times \frac{3.0}{3.3} \times 30 = 3.82 m^3$ 　　KB305-3　　3　　$0.105 \times 3 = 0.32 m^3$ 　　KB306-3　　4　　$0.127 \times 4 = 0.51 m^3$ 　　KBW335-2a　　126　　$0.115 \times \frac{3.0}{3.3} \times 126 = 13.17 m^3$ 　　KBW336-2a　　30　　$0.140 \times \frac{3.0}{3.3} \times 30 = 3.82 m^3$ 　　KBW305-2　　9　　$0.105 \times 9 = 0.95 m^3$ 　　KBW306-2　　3　　$0.127 \times 3 = 0.38 m^3$ 　　体积小计　　　　$36.14 m^3$（净）

续表

序号	定额编号	分项工程名称	单位	工程量	计 算 式
					空心板制作工程量=36.14×1.015*=36.68m³
37	6-8	空心板运输	m³	36.61	36.14×1.013*=36.61m³
38	6-330	空心板安装	m³	36.32	36.14×1.005*=36.32m³
39	5-529	空心板接头灌浆	m³	36.14	36.14m³
40	5-441	预制C20混凝土过梁	m³	1.44	底层:C6 5@1.70×0.20×0.24=0.41 C5 1@1.70×0.20×0.24=0.08 C4 2@2.0×0.20×0.24=0.19 M5 2@1.50×0.20×0.18=0.11 M4 3@1.40×0.20×0.15=0.12 柜员机口 1@1.70×0.20×0.24=0.08 二层:M5 8@1.50×0.20×0.18=0.43 } 1.42m³×1.015*=1.44m³
41	5-150	预制过梁模板	m³	1.42	1.42m³
42	6-37	过梁运输	m³	1.44	1.42×1.013*=1.44m³
43	6-177	过梁安装	m³	1.43	1.42×1.005*=1.43m³
44	5-532	过梁接头灌浆	m²	1.42	
45	7-65	单扇胶合板门框制作	m²	34.23	13.23+21.00=34.23m²(见门窗明细表)
46	7-66	单扇胶合板门框安装	m²	34.23	34.23m²
47	7-67	单扇胶合板门扇制作	m²	34.23	34.23m²
48	7-68	单扇胶合板门扇安装	m²	34.23	34.23m²
49	7-69	双扇胶合板门框制作	m²	3.78	3.78m²(见门窗明细表)
50	7-70	双扇胶合板门框安装	m²	3.78	3.78m²
51	7-71	双扇胶合板门扇制作	m²	3.78	3.78m²
52	7-72	双扇胶合板门扇安装	m²	3.78	3.78m²
53	7-287	全玻地弹门安装	m²	8.40	见门窗明细表
54	7-294	铝合金卷帘门安装	m²	112.27	见门窗明细表:65.28+29.92+17.07=112.27m²
55	7-290	全玻固定窗安装	m²	89.30	48.72+25.84+14.74=89.30m²
56	7-289	铝合金推拉窗安装	m²	117.84	27.20+13.44+6.0+39.60+6.40+12.0+2.40+10.80 =117.84m²
57	3-20	现浇框架柱、梁、连续梁、满堂脚手架	m²		主楼两层: (7.20×4+0.20)×(10.80+0.20)×2层=638.00m²
58	3-6	双排外脚手架	m²	898.13	$L_{外}$ 高 95.04×(9.30+0.15)=898.13m²

续表

序号	定额编号	分项工程名称	单位	工程量	计 算 式
59	3-15	里脚手架	m²	453.72	$L_{内主底}$　高 25.92×(4.80−0.12+0.15)=125.19m² $L_{内主楼}$　高 53.76×(8.40−0.12−4.80)=187.08m² $L_{内附}$　高 6.42×(8.40−0.08×2层+0.15)=53.86m² ②轴Ⓓ～Ⓕ　　Ⓖ、③～④　高 [(2.70+0.27)+(7.20+0.27)]×(8.40−0.08×2层+0.15) =87.59m² 小计:125.19+187.08+53.86+87.59=453.72m²
60	1-46	人工地槽、地坑回坑土	m³	324.18	挖方体积　　　　　垫层　砖基础　砖基础高出地面体积 (246.79+126.74)−23.46−29.22+(12.10+39.18+8.75 +32.35)×0.24×0.1 =373.53−23.46−29.22+3.33 =324.18m³
61	6-91	胶合板门运输	m²	38.01	34.23+3.78=38.01m²
62	11-413	胶合板门调和漆三遍	m²	38.01	34.23+3.78=38.01m²
63	4-35	M5混砂浆砌加气混凝土砌块墙	m³	88.32	底层: ③⑤⑧轴　　　　　　高 (10.80−0.48×2)×3×(4.77−0.9)=114.24m² ⑦轴　(10.80−0.12)×(4.77−0.12)=49.66m² Ⓑ轴　(3.0−0.24)×(4.77−0.57)=11.59m² Ⓒ轴　(3.0−0.24)×(4.77−0.12)=12.83m² Ⓐ轴⑦～⑧ (3.0−0.28)×(4.77−0.9)=10.53m² Ⓐ轴⑥～⑦、③～④ [(4.20−0.20−0.12)+(7.20−0.20−0.28)]×0.24=4.24m² Ⓕ轴(7.20×4−0.28×2−0.4×3)×(4.77−0.57)=113.57m² 二层: ⑧轴 (10.80−0.48×2)×(8.37−0.9−4.77)=26.57m² ③轴 (9.0−0.48)×(8.73−0.90−4.77)=23.00m² 　　　　　　┌─2.70─┐ ④⑤⑥轴 (9.0−0.48−0.12)×(8.37−4.77−0.90)×3=68.04m² Ⓐ轴 (7.20×4−0.28×2−0.4×3)×(8.37−4.77−0.57)=81.93m² Ⓔ轴 (7.20×4−0.12)×(8.37−4.77−0.12)=99.81m² Ⓕ轴 (7.20×3−0.28−0.20−0.40×2)×(8.37−4.77−0.57)=61.57m² 墙面积小计:677.58m² 应扣除的门窗、洞口面积: 卷帘门:57.12+25.84+14.74=97.70m² M4;3@1.89=5.67m²　C5 1@2.40=2.40m² M5;10@2.10=21.00m²　C6 5@1.20=6.00m² 柜员机窗口:1.08m² C1　2@13.60=27.20m² C1a　1@13.44=13.44m² C2　1@6.0=6.00m² C3　10@3.60=36.00m² C3a　2@3.20=6.40m²　门窗洞口小计:228.89m² C4　2@3.00=6.00m² 砌块墙体积=(墙面积−门窗及洞口面积)×墙厚−过梁 　　　　=(677.58−228.89)×0.20−1.42 　　　　=448.69×0.20−1.42 　　　　=88.32m³

续表

序号	定额编号	分项工程名称	单位	工程量	计 算 式
64	4-10	M5混合砂浆砌灰砂砖墙	m³	95.07	附楼： $34.68 \times (8.40+0.9-0.06)\overset{L_{中附}}{} + 6.42 \times (8.40-0.10 \times 2)\overset{L_{内附}}{}$ $=320.44+52.64$ $=373.08 \text{m}^2$ 主楼女儿墙： $79.20 \times (0.90-0.06)\overset{L_{中主}}{} = 66.53 \text{m}^2$ 墙面积小计：$373.08+66.53=439.61\text{m}^2$ 门窗、洞口面积： M4:4@1.89=7.56m² M6:1@3.78=3.78m² C4:2@3.0=6.0m² C6:4@1.20=4.80m² C3:1@3.60=3.60m² 梯间洞口：$2.76 \times 2.90=8.00\text{m}^2$ 门窗、洞口小计：33.74m² 砖墙体积=$(439.61-33.74) \times 0.24 - 1.0 - 1.34$ (门窗 过梁 构造柱) $=405.87 \times 0.24-2.34$ $=95.07\text{m}^3$
65	8-18	屋面1:3水泥砂浆找平层	m²	343.18	主楼：$(7.20 \times 4-0.24)\overset{28.56}{} \times (10.80-0.24)\overset{10.56}{} = 301.59\text{m}^2$ 附楼：$(7.20+0.27) \times (3.0-0.24)+(3.9-0.24) \times (5.97-0.24)$ $=41.59\text{m}^2$ 小计：$301.59+41.59=343.18\text{m}^2$
66	11-25	1:2水泥砂浆抹女儿墙内侧	m²	94.05	$(79.20-0.96+34.68-0.96)\overset{L_{中主}\ L_{中附}}{} \times 0.84=94.05\text{m}^2$
67	10-202	屋面1:6水泥蛭石找坡层最薄处60mm	m³	36.61	平均厚=$(10.80-0.24-0.50 \times 2) \times \frac{1}{2} \times 2\% \times \frac{1}{2}+0.06$ $=0.057+0.06=0.12\text{m}$ 面积： 主楼屋面：$(28.56-0.5 \times 2) \times (10.56-0.5 \times 2)=263.47\text{m}^2$ 附楼屋面：41.59m² 找坡层体积=$(263.47+41.59) \times 0.12=36.61\text{m}^3$
68	9-41	SBC120聚乙烯丙纶防水卷材屋面防水层	m²	441.68	平屋面：343.18m² 女儿墙侧面：94.05m² 排水沟侧面：$(7.20 \times 4-0.24-0.50 \times 2+10.80-0.24-0.5 \times 2)$ $\times 2 \times 0.06=4.45\text{m}^2$ 小计：$343.18+94.05+4.45=441.68\text{m}^2$
69	9-66	φ110塑料雨水管	m	25.20	8.40×3根$=25.20\text{m}$
70	9-63	铸铁排水口	个	3	
71	9-70	塑料水斗	个	3	
72	7-361代	屋面检修孔木盖板800×800×30	m²	0.64	$0.80 \times 0.80=0.64\text{m}^2$
73	7-254代	屋面木盖板包铁皮	m²	0.81	按展开面积计算： $[0.8+(0.03+0.02) \times 2] \times [0.8+(0.03+0.02) \times 2]=0.81\text{m}^2$
74	4-60	M5混合砂浆砌固定窗砖座台	m³	1.02	$[(7.20-0.30-0.20)\overset{M2}{}+(4.20-0.20-0.10)\overset{M3}{}] \times 0.4 \times 0.24=1.02\text{m}^3$ (高 厚)

续表

序号	定额编号	分项工程名称	单位	工程量	计 算 式
75	8-57	花岗石地面面层	m²	311.76	营业厅：$(7.20+7.20-0.20)×(10.80-0.10+0.10)+(7.20+4.20-0.20)×(10.80-0.10+0.10)$ $=153.36+120.96$ $=274.32m²$ 台阶处：$(7.2×2+0.40)×(0.90-0.30)=8.88m²$ 值班：$(3.60-0.20)×(3.0-0.20)=9.52m²$ 门卫：$(4.20-0.20)×(3.0-0.20)=11.20m²$ 柜员机室：$(3.0-0.20)×(3.0-0.20)=7.84m²$ 小计：$274.32+9.52+11.20+7.84+8.88=311.76m²$
76	8-72	地砖楼地面	m²	332.75	地面(楼梯间)：$(7.20+0.27-0.12+0.12)×(3.0-0.24)=20.62m²$ 楼面：办公室$(7.20-0.20)×(9.0-0.20)×4$间$=246.40m²$ 走廊$(7.20×4+0.27-0.12-0.10)×(1.80-0.20)=46.16m²$ 卫生间$(5.97-0.24×2)×(3.90-0.24)×2$层$=40.19m²$ 小计：$332.75m²$
77	8-16	C10混凝土地面垫层	m³	19.94	序号：311.76 序号：20.62 $]×0.06=332.38×0.06=19.94m³$
78	1-46	室内回填土	m³	21.60	面层 垫层 $332.38×(0.15-0.025-0.06)$ $=332.38×0.065=21.60m³$
79	1-49	人工运土	m³	27.75	$V=$挖方量$-$回填量 $=(246.79+126.74)-(324.18+21.60)$ $=373.53-345.78$ $=27.75m³$
80	11-290	混合砂浆抹天棚面	m²	826.78	花岗岩地面 地砖地面 $311.76\ +\ 332.75\ =644.51m²$ 梁侧面： 营业厅内框架梁$(10.8-0.40×2)×0.90×2$面$×2$根$=36.00m²$ 营业厅内连续梁$(7.20-0.28-0.20)×2$根$×2$段 $×(0.57-0.12)×2$面$=24.19m²$ $[(7.2-0.28-0.20)+(4.2-0.2-0.12)]×2$根$×2$面$×$高$0.45=19.08m²$ $\}43.27m²$ 门卫内梁$(3.0-0.10-0.28)×0.45×2$面$=2.36m²$ 办公室内梁$(7.2-0.40)×0.45×2$道$×2$面$×4$回$=48.96m²$ 走廊内梁$(1.80-0.20)×0.9×2$面$×4$道$=11.52m²$ 楼梯天棚面： 休息平台$(3.12+0.27-0.12)×(3.0-0.24)×2$层$+(1.50+0.3×2-0.12)×(3.0-0.24)=9.03×2+5.46=23.52m²$ 梯段斜面$(3.3×1.35+2.7×2×1.35)×1.17*=13.74m²$ 台口梁侧面：$2.76×0.35×3$根$=2.90m²$ 小计：$826.78m²$

81	11-40	混合砂浆抹砌块内墙面	m²	994.08	营业厅：
					               墙厚 Ⓐ轴内边 柱侧
					$[(7.20+7.20+10.80-\ 0.20×2-\ 0.40\ )×2+\ 0.40×2]$
					        高 M2 M1 C6 M5
					$×(4.80-0.12)-6.8×3.8-6.8×4.2-1.2×1.0×2-1.0×2.1$
					$=49.6×4.68-58.90$
					$=173.23m²$

续表

序号	定额编号	分项工程名称	单位	工程量	计 算 式
81	11-40	混合砂浆抹砌块内墙面	m²	994.08	墙厚　　Ⓕ轴墙厚　Ⓐ轴内边 [(7.20+4.20−0.20+10.80− 0.10 − 0.50)×2+ 柱侧面　　　　　　　M1　　　M3　　　　M4 0.4×2]×(4.8−0.12)−6.8×4.2−3.88×3.80−0.9×2.1− M5 1.0×2.1−1.2×1.0×3 =43.60×4.68−50.89 =153.16m² 自动柜员机室： 　　　　　　　　　　　　　　　　　M4　　取款口 (3.0−0.20+3.0+0.20)×2×(4.8−0.12)−0.9×2.1−1.20×0.90 =11.20×4.68−2.97 =49.45m² 值班、门卫室： [(3.0−0.20+4.20−0.20)×2+(3.60−0.20+3.0−0.20)×2] 　　　　　　　　　　　　　　　M4　　M4　　C5 ×4.68−1.89×3 面−3.0×2−2.40 =(13.6+12.4)×4.68−14.07 =107.61m² 梯间： (7.20+0.27−0.24+3.0−0.24)×2×(8.40−0.12)−1.8 　C3　　　洞口　　　　　C4 ×2.0−(3.0−0.24)×2.9−1.5×2×2 =19.98×8.28−47.60 =147.83m² 办公室： (7.20−0.20+9.0−0.20)×2×(3.6−0.12)×4 间− C3　　C3a　　M5　　C2 3.60×10−3.20×2−2.10×8−6.0 =31.6×3.48×4−65.20 =374.67m² 走廊：　　　　　　　　　　　　　　　　　高 [(7.20×4−0.10+0.10)+(1.80−0.20)]×2×3.48− M5　　　　C3　　　C1　　　C1a　　M6 2.1×8−3.6×4−13.6×2−13.44−3.78 =60.8×3.48−75.62 =135.96m² 小计：1141.91m² { 砌块墙面：994.08m² 　　　　　　　　　　　砖墙面：147.83m²
82	11-36	混合砂浆抹砖墙面	m²	147.83	
83	11-168	卫生间贴瓷砖墙面	m²	146.80	[(3.0−0.24+3.9−0.24)×2+(2.97−0.24+3.9−0.24)×2] 　　　　　　　　　　高　　　　　　M4　　　　　　C6 ×(3.60+3.0−0.12×2)−1.89×3 面×2 层−1.20×2×2 层 =25.62×6.36−16.14 =146.80m²
84	11-627	顶棚面、内墙面仿瓷涂料	m²	1968.46	顶棚　　内墙 826.55＋1141.91＝1968.46m²

续表

序号	定额编号	分项工程名称	单位	工程量	计 算 式
85	11-136	花岗岩贴固定窗座台	m²	12.54	内侧：$[(7.20-0.10+0.20)+(4.20-0.1+0.20)]\times$ 高 $0.40=11.60\times0.40=4.64m^2$ 窗台：$[(7.20-0.50-0.20)+(4.20-0.1-0.20)]$ 宽 $\times(0.24-0.03)$ 窗厚 $=10.40\times0.21=2.18m^2$ 长 高 外侧：$10.40\times(0.40+0.15)=5.72m^2$ 小计：$12.54m^2$
86	8-80	瓷砖踢脚线	m	286.50	墙厚 营业厅：$(10.80-0.50-0.10)\times2+7.20\times2-0.10-0.10-$ M5 柱侧面 $1.0+0.4\times2+(10.80-0.50-0.10)\times2+7.20+4.20-0.10\times2-$ M5 柱侧面 M4 门框侧面 $1.0+0.4\times2-0.9+0.10\times2$ $=34.40+30.7=65.10m$ M4 柜员机房：$3.0-0.2+3.0+0.2-0.9=4.70m$ 门卫、值班：$(3.0-0.2)\times4+(4.2-0.20)\times2+(3.6-0.20)\times2-$ M4 M4 门框侧面 $0.9\times3+$ 0.10 $\times2=23.50m$ 梯间地面：$3.0-0.24+(7.20+0.27-0.12+0.12)\times2=17.70m$ 柱侧面 走廊：$(7.20\times4-0.10+0.27-0.12+1.8-0.20)\times2+$ 0.60 M5 M5 门框侧面 $+0.40\times5$ 面 $-1.0\times8+$ $0.1\times2\times8$ $=60.9+2.60-8+1.60=57.10m$ M5 办公室：$[(7.20-0.20+9.0-0.20)\times2-1.00\times2]\times4$ 间 $=29.6\times4=118.40m$ 小计：$65.10+4.70+23.5+17.70+57.10+118.40=286.50m$
87	8-78	楼梯瓷砖面	m²	13.96	序号：$13.96m^2$
88	11-174	外墙贴面砖	m²	635.19	正立面： 附楼$(3.90+0.24)\times(9.30+0.15)=39.12m^2$ 主楼$(7.20\times4+0.20)\times(9.30-4.80+0.60)=145.86m^2$ C3 C3a 柜员机窗 扣减：$3.60\times8+3.20\times2+1.20\times0.9=36.28(-)$ 扣招牌处 $(7.20\times2+0.40)\times(1.0+0.60)=23.68(-)$ 背立面： $(7.20\times4+0.10+0.27-0.12+3.90)\times(9.30+0.15)=313.65m^2$

续表

序号	定额编号	分项工程名称	单位	工程量	计 算 式
88	11-174	外墙贴面砖	m²	635.19	扣减：$\underset{C1}{27.20}+\underset{C1a}{13.44}+\underset{C4}{3.0\times3}+\underset{C6}{1.2\times5}+\underset{M5}{2.1\times2}=59.84(一)$ 增加窗洞侧面：C1 $(6.8+2.0)\times2\times2\times0.10=3.52$ 　　　　　　　C1a $(6.72+2.0)\times2\times0.10=1.74$ 　　　　　　　C4 $(1.5+2.0)\times2\times3\times0.1=2.10$ 〕10.60m² 　　　　　　　C6 $(1.2+1.0)\times2\times5\times0.10=2.20$ 　　　　　　　M5 $(1.0+2.1\times2)\times2\times0.10=1.04$ Ⓐ～Ⓗ立面 $(10.80+0.27+3.0+0.10+0.12)\times(9.30+0.15)=135.04$m² 扣减：$\underset{C2}{6.0}+\underset{C4}{3.0}+\underset{C5}{2.40}+\underset{C3}{3.6}+\underset{M4}{1.89}=16.89$m²(一) 扣梯间洞口：$(3.0-0.24)\times2.9=8.0$m²(一) 增加门窗侧面： 　　　　C2　　　C4　　　C5 $[(3.0+2.0)\times2+(1.5+2.0)\times2+(1.2+2.0)\times2+$ 　C3　　　　M4　宽 $(1.8+2.0)\times2+0.9\times2.1\times2]\times0.1=3.61$m² Ⓗ～Ⓐ立面 $(10.8+0.27+3.0+0.10+0.12)\times9.45=135.04$m² 　　C6 扣减：$1.2\times4=4.8$m²(一) 增加窗侧面：$(1.2+1.0)\times2\times10\times0.10=1.76$m² 小计：$39.12+145.86-36.28-23.68+313.65-59.84+10.60+$ $135.04-16.89-8.0+3.61+135.04-4.80+1.76=635.19$m²
89	11-128	柱面贴花岗石	m²	22.10	贴柱面位置示意： ③轴 ⎸500　　　④⑤⑥轴 500⎸500 　　400　　　　　　　　400 柱高：③轴 $4.80+0.15=4.95$m 　　　④⑤⑥轴 $4.80-0.60=4.20$m 面积： $S_③=4.95\times(0.40+0.50)=4.46$m² $S_{④⑤⑥}=4.20\times(0.50\times2+0.40)\times3$根$=17.64$m² 小计：22.10m²
90	11-180	窗套、装饰线侧面贴瓷砖	m²	22.16	窗侧面 窗套展开宽：$0.06+0.06+0.06+0.20-0.10=0.28$m 　　　　　　　　　　C3　　　　　　　C3a 窗套长：$(1.8+2.0)\times2\times8+[(1.8+2.0)\times2-0.9\times2+0.9\times1.414^*]$ 　　　　　　　柜员机口 $\times2+(1.20+0.9)\times2=79.15$m $S=79.15\times0.28=22.16$m³
91	8-43	C15混凝土散水	m²	49.80	$L_外$　　　　台阶 $S=[(95.04+0.60\times4)-(7.2\times2+0.4)]\times0.60$ 　$=(97.80-14.80)\times0.60$ 　$=49.80$m²
92	9-143	沥青砂浆散水伸缩缝	m	90.44	墙脚缝：$95.04-14.80=80.24$m 分格缝：$(95.04\div6.0+1)\times0.6=16.84\times0.6=17\times0.6=10.20$m 小计：90.44m

续表

序号	定额编号	分项工程名称	单位	工程量	计 算 式
93	11-30	1:2水泥砂浆抹女儿墙压顶	m²	46.69	抹灰示意：300, 50, 60, $L_{中主}$ $L_{中附}$ $S=(79.20+34.68)\times(0.30+0.06+0.05)$ $=113.88\times0.41=46.69m^2$
94	13-16	建筑物垂直运输	m²	741.66	建筑面积
95	9-136	变形缝油浸麻丝(平面)	m	18.84	墙面：$(9.30+0.15)\times2$道$=18.9m$
96	9-137	变形缝油浸麻丝(立面)	m	18.90	屋面：$(7.20+0.27+0.12-0.12)+(2.70+0.27+0.12-0.12)$ $=10.44m$ ⎤ 37.74m 楼面：$7.20+1.80-0.10-0.50=8.40m$ ⎦ 其中：平面18.84m，立面18.90m
97	9-142	变形缝油管嵌缝	m	37.74	同上37.74m
98	9-154	墙面铁皮盖伸缩缝	m	18.9	18.9m
99	9-153	屋面变形缝盖铁皮	m	10.44	10.44m
100	9-151	楼面变形缝木盖板	m	8.40	8.40m
101	9-74	卫生间APP改性沥青卷材防水层(四周卷高300)	m²	55.56	$[(3.9-0.24)\times(3.0-0.24)+(3.9-0.24+3.0-0.24)$ $\times2\times0.3]\times2$层$=13.95\times2=27.90m^2$ ⎡—3.66—⎤ ⎡—2.73—⎤ $[(3.9-0.24)\times(2.97-0.24)+(3.9-0.24$ $+2.97-0.24)\times2\times0.3]\times2$层$=13.83\times2=27.66m^2$ 小计：55.56m²
102	8-149	不锈钢管楼梯栏杆	m	11.94	斜长系数：$\sqrt{\dfrac{3.0^2+1.8^2}{3.0^2}}=\dfrac{3.5}{3.0}=1.17^*$ 栏杆斜长：$3.0\times3\times1.17^*=10.53m$ 水平安全栏杆：$1.35+0.06=1.41m$ 小计：11.94m
103	8-150	不锈钢管栏杆弯头	个	2	2个
		现浇构件钢筋示例			
104	5-294	现浇构件钢筋制安Φ6.5	t	0.067	现浇楼板：0.067t
105	5-295	现浇构件圆钢筋制安Φ8	t	1.321	现浇楼板：0.302t，现浇构架1.019t
106	5-296	现浇构件圆钢筋制安Φ10	t	0.107	现浇楼板：0.107t
107	5-297	现浇构件圆钢筋制安Φ12	t	0.073	现浇框架：0.073t
108	5-312	现浇构件螺纹钢筋制安Φ20	t	0.773	现浇框架：0.773t
109	5-313	现浇构件螺纹钢筋制安Φ22	t	0.692	现浇框架：0.692t
110	5-314	现浇构件螺纹钢筋制安Φ25	t	1.063	现浇框架：1.063t

钢筋混凝土构件钢筋计算表

工程名称：

序号	构件名称	件数—代号	形状尺寸 (mm)	直径	根数	长度(m) 每根	长度(m) 共长	分规格 直径	分规格 长度	分规格 单件重	合计重
1	现浇C20混凝土楼板	3块	① ⌐‾‾3880‾‾⌐	Φ8	11	3.98	43.78	Φ6.5	86.02	22.37	67.11
			② ⌐‾‾2950‾‾⌐	Φ8	23	3.05	70.15	Φ8	254.87	100.67	302.01
			③ 80⌐‾‾850‾‾⌐80	Φ8	106	1.01	107.06	Φ10	57.66	35.58	106.74
			④ 80⌐‾‾1700‾‾⌐80	Φ10	31	1.86	57.66				
			⑤ ⌐‾‾2980‾‾⌐	Φ8	11	3.08	33.88				
			负筋分布筋 3880×3×2 5930×3×2 3880×7	Φ6.5			86.02				
2	现浇C30混凝土框架	2-KJ-1	① ──6570──	Φ25	8	6.57	52.56	Φ8	1290.47	509.74	1019.48
			② ──6570──	Φ20	16	6.57	105.12	Φ12	41.20	36.59	73.18
			③ 358▭(190) 558	Φ8	160	2.02	323.20	Φ20	156.64	386.27	772.54
			④ 141▭(190) 558	Φ8	160	1.588	254.08	Φ22	116.04	345.80	691.60
			⑤ 208▭(190) 358	Φ8	160	1.322	211.52	Φ25	138.08	531.61	1063.22
			⑥ ⌐‾‾2970‾‾⌐250	Φ25	8	3.22	25.76				

续表

序号	构件名称	件数—代号	形状尺寸 (mm)		直径	根数	长度(m)		分规格		合计重
							每根	共长	直径	长度	单件重
2	现浇C30混凝土框架 注：其他构件钢筋工程量计算略	2-KJ-1	⑦ 2970⌐250	⑧ 220⌐10990⌐220	Φ20	16	3.22	51.52			
			⑨ 380⌐10990⌐380	⑩ 380⌐3070	Φ22	4	11.43	45.72			
					Φ22	2	11.75	23.50			
			⑪ 250⌐10990⌐250	⑫ 1570⌐10990⌐1570	Φ25	4	3.45	13.80			
					Φ25	4	11.49	45.96			
			⑬ 1570⌐3070	⑭ 258⌐858 (190)	Φ22	2	14.13	28.26			
					Φ22	4	4.64	18.56			
			⑮ 10200	⑯ 10440	Φ8	166	2.422	402.05			
					Φ12	4	10.30	41.20			
			⑰ 350⌐95	⑱ 258	Φ8	2	10.44	20.88			
					Φ8	132	0.495	65.34			
					Φ8	50	0.268	13.40			

15

工程量计算实例三

15.1 车库施工图

车库施工图包括建施 2 张、结施 4 张、水施 1 张。

15.2 清单工程量计算

车库工程的建筑工程、装饰装修工程、给水排水安装工程的清单工程量计算见工程量计算表，表中 1～18 栏为建筑工程部分，19～32 栏为装饰装修工程部分，33～36 栏为给水排水安装工程部分。

15.3 工程量清单编制

本车库工程的工程量清单是根据招标文件、《建设工程工程量清单计价规范》GB 50500—2008，车库工程施工图编制的。

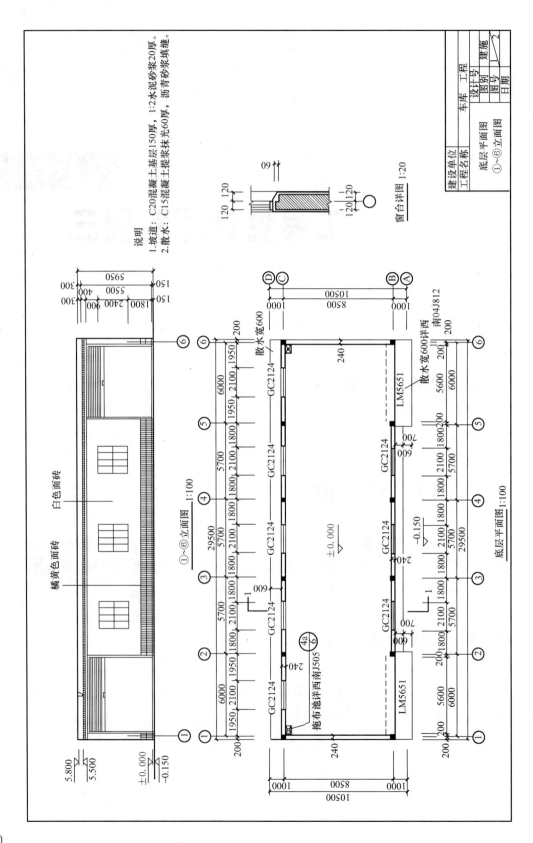

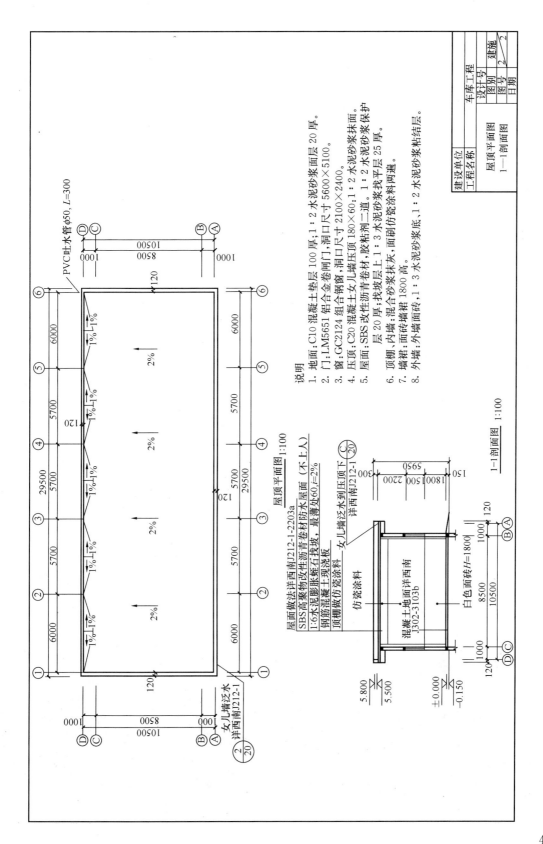

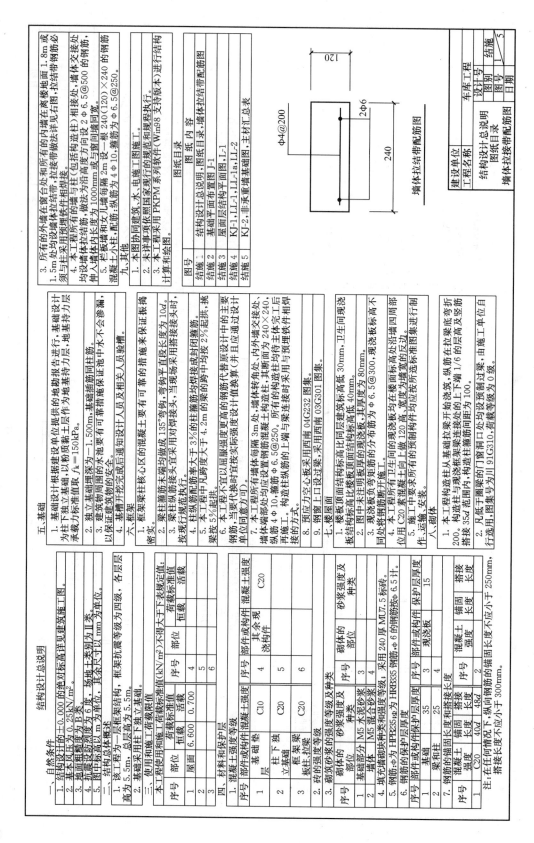

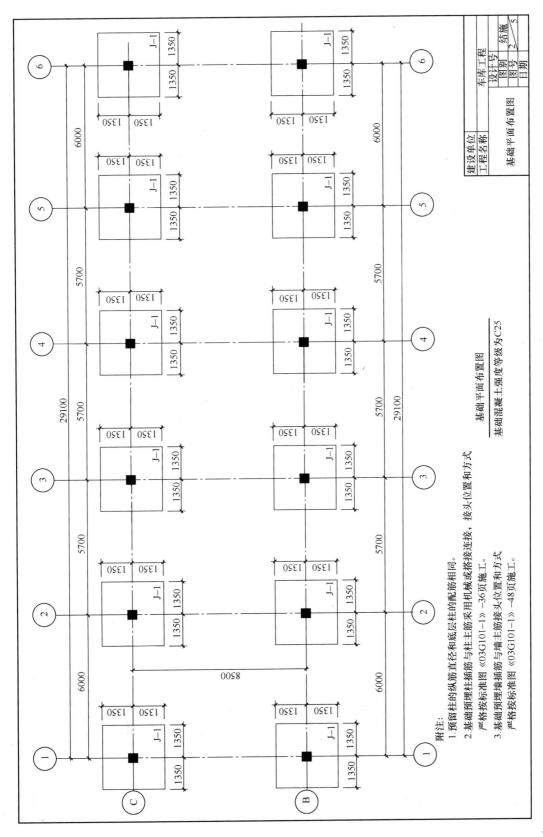

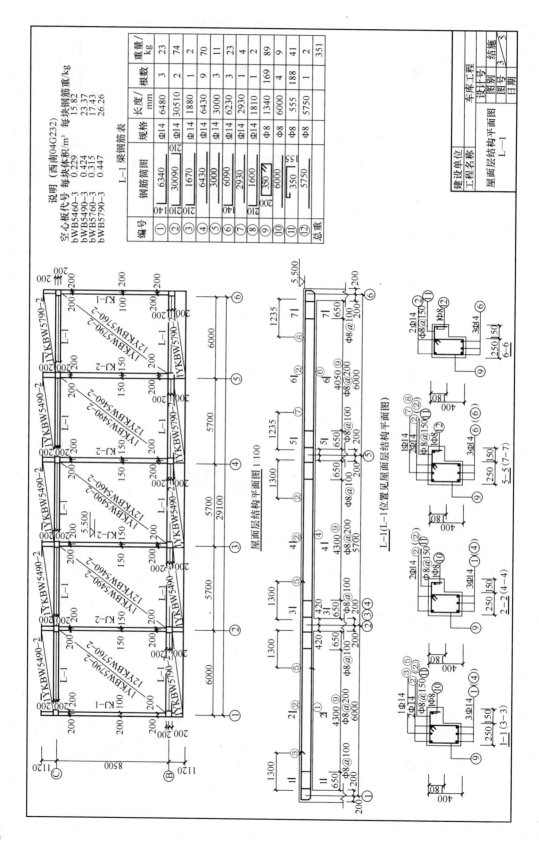

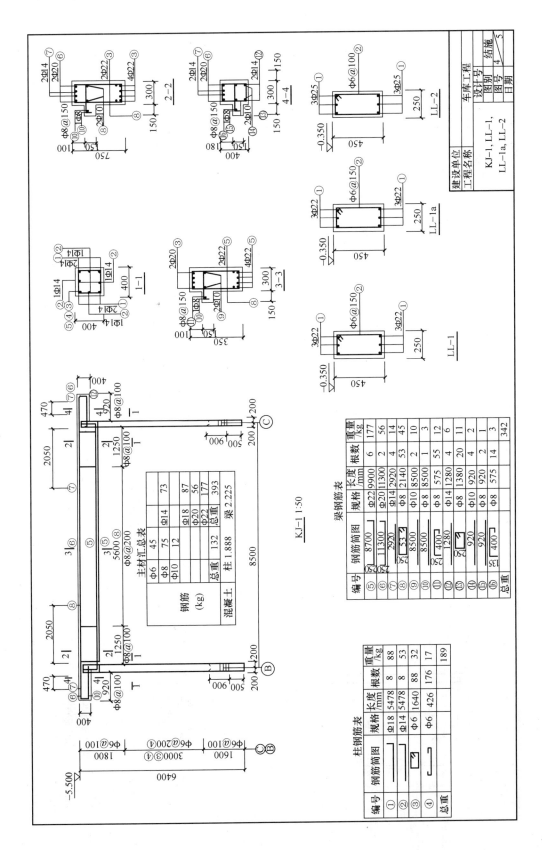

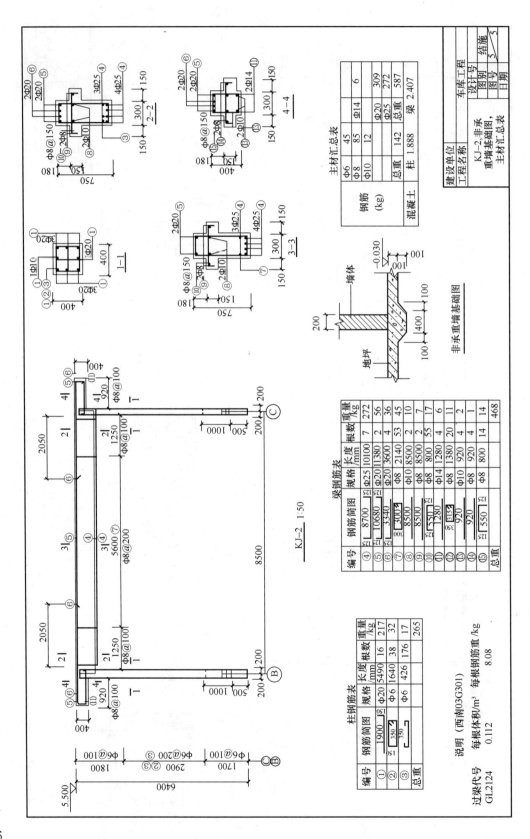

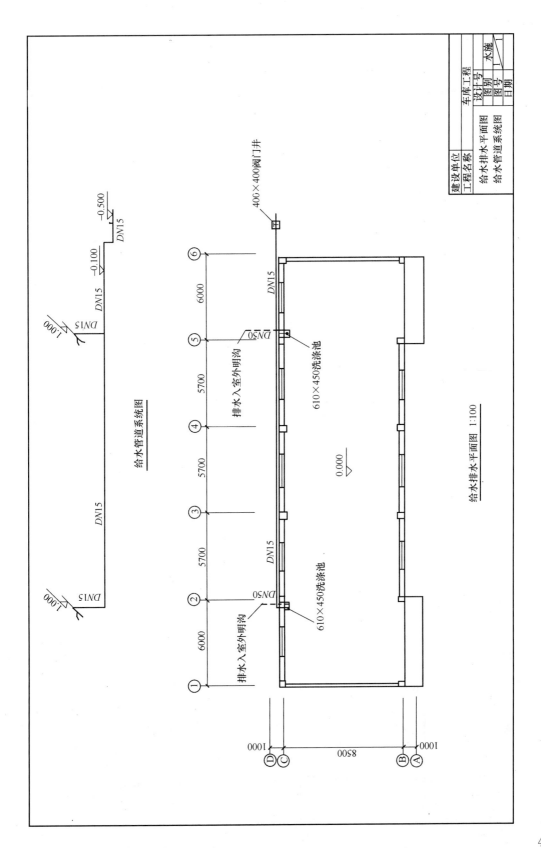

工程量计算表

工程名称 车库工程

序号	定额编号	分项工程名称	单位	工程量	计 算 式
1	010101001001	平整场地 1. 土的类别：Ⅱ类土 2. 弃土运距：无 3. 取土运距：无	m²	262.55	$S=29.50\times(8.50+0.20\times2)=262.55$
2	010101003001	挖基础土方（地坑） 1. 土的类别：Ⅱ类土 2. 基础类型：独立基础 3. 垫层宽度：2900×2900 4. 挖土深度：1.45m 5. 弃土运距：1km	m³	146.33	$V=2.90\times2.90\times1.45\times12(个)$ $=146.33$
3	010101003002	挖基础土方（地槽） 1. 土的类别：Ⅱ类土 2. 基础类型：基础梁 3. 垫层底宽：0.25m 4. 挖土深度：0.95m、1.15m 5. 弃土运距：1km	m³	10.15	$V=$槽长×垫层宽×挖土深 LL-1 $2@[6.00-(1.35+0.10)\times2]\times0.25\times0.95$ $=2@3.10\times0.25\times0.95=2@0.736=1.47$ LL-1a $2@3.10\times0.25\times0.95=1.47$ $6@[5.70-(1.35+0.10)\times2]\times0.25\times0.95$ $=6@(5.70-2.90)\times0.25\times0.95$ $=6@2.80\times0.25\times0.95=6@0.665=3.99$ LL-2 $2@(8.50-2.90)\times0.25\times1.15$ $=2@5.60\times0.25\times1.15$ $=2@1.61=3.22$ 小计：$1.47+1.47+3.99+3.22=10.15$
4	010401006001	基础垫层 1. 混凝土强度等级：C10 2. 混凝土拌合料要求：按规范	m³	10.09	$V=12@[(1.35+0.10)\times2]^2\times0.10$ $=12@0.841$ $=10.09$
5	010401002001	独立基础 1. 混凝土强度等级：C20 2. 拌合料要求：按规范	m³	44.71	$V=12@\{(1.35\times2)^2\times0.40+[(1.35\times2)^2+(0.40+0.05\times2)^2]\times\frac{1}{2}\times0.30\}$ $=12@(2.916+0.810)$ $=12@3.726=44.71$

续表

序号	定额编号	分项工程名称	单位	工程量	计 算 式
6	010403001001	基础梁 1. 梁底标高：-0.80m；-1.00m 2. 梁截面：250×450；250×650 3. 混凝土强度等级：C20 4. 拌合料要求：按规范	m³	8.73	LL-1 $V=2@0.25×0.45×(6.0-0.4)$ $=2@0.63$ $=1.26$ LL-1a $V=2@0.63$(同LL-1)=1.26 $V=6@0.25×0.45×(5.70-0.40)$ $=6@0.596$ $=3.58$ LL-2 $2@0.25×0.65×(8.50-0.40)$ $=2@1.316$ $=2.63$ 小计：8.73
7	010301001001	砖基础 1. 砖品种、规格、强度等级：MU7.5页岩标准砖 2. 基础类型：带形 3. 基础深度：0.35m 4. 砂浆：M2.5水泥砂浆	m³	5.91	①、⑥轴 $V=2@(8.50-0.40)×0.35×0.24$ $=2@0.68=1.36$ Ⓑ、Ⓓ轴 $V=2@(29.50-0.40×6)×0.35×0.24$ $=2@2.276=4.55$ 小计：5.91
8	010103001001	基础土方回填 1. 土质要求：粉质黏土 2. 密实度要求：密实 3. 夯填：分层夯填 4. 运土距离：1km	m³	88.36	$V=$挖方体积-垫层、基础、基础梁、柱等体积 $=(146.33+10.15)-\{10.09+44.71+8.73+0.4×0.4×(0.80-0.15)(柱)×12(根)+[8.50+29.50-0.40×8(根)]×2×0.20×0.24(砖基础)\}$ $=156.48-68.12$ $=88.36$
9	010402001001	矩形柱 1. 柱高度：6.30m 2. 柱截面尺寸：400×400 3. 混凝土强度等级：C20 4. 拌合料要求：按规范	m³	6.05	KJ-1、KJ-2 $V=6@0.4×0.4×6.30$ $=6@1.008$ $=6.05$

续表

序号	定额编号	分项工程名称	单位	工程量	计 算 式
10	010403003001	异形梁 1. 梁底标高：4.75m、5.10m 2. 梁截面：300×750 　　　　　300×400 3. 混凝土强度等级：C20 4. 拌合料要求：按规范	m³	14.50	KJ-1 $V=2@(0.30\times0.40+0.15\times0.15)\times0.92\times2+(0.30\times0.75+0.15\times0.15)\times(8.50-0.40)$ $=2@2.272=4.54$ KJ-2 $V=4@(0.30\times0.40+0.15\times0.15\times2)\times0.92\times2+(0.30\times0.75+0.15\times0.15\times2)\times8.10$ $=4@2.491=9.96$ 小计：$4.54+9.96=14.50$
11	010403002001	矩形梁 1. 梁底标高：5.10m 2. 梁截面：250×400 3. 混凝土强度等级：C20 4. 拌合料要求：按规范	m³	6.88	L-1 $V=2@(29.10-0.40\times5)\times(0.25\times0.40+0.15\times0.18)$ $=2@27.10\times0.127$ $=2@3.442$ $=6.88$
12	010407001001	女儿墙压顶 1. 构件类型：现浇 2. 构件规格：断面180×60 3. 混凝土强度等级：C20 4. 拌合料要求：按规范	m³	0.86	$V=长\times宽\times厚$ $=(29.50+10.50)\times2\times0.18\times0.06$ $=80.0\times0.18\times0.06$ $=0.86$
13	010410003001	过梁 1. 单件体积：0.112m³ 2. 安装高度：4.20m标高 3. 混凝土强度等级：C20	m³	0.90	$V=8@0.112=0.90$　GL4211（西南03G301）
14	010302004001	填充墙 1. 砖品种、规格、强度等级：MU7.5 页岩标准砖 2. 墙体厚度：0.24m 3. 砂浆：M2.5 混合砂浆	m³	60.53	①、⑥轴 $V=2@8.10\times(5.50-0.75)\times0.24$ $=18.47$ Ⓑ、Ⓒ轴 $V=[(29.50-0.40\times6)\times(5.50-0.40)\times2(道)-97.44(门窗)]\times0.24$ $-0.90(过梁)$ $=42.96-0.90=42.06$ 小计：60.53

续表

序号	定额编号	分项工程名称	单位	工程量	计 算 式
15	010302001001	实心砖墙（女儿墙） 1. 砖品种、规格、强度等级：MU7.5 页岩标准砖 2. 墙体类型：女儿墙 3. 墙体厚度：0.115m 4. 墙体高度：0.24m 5. 砂浆：M2.5 混合砂浆	m³	2.21	$V=(29.50+10.50)\times 2\times(0.30-0.06)$ $\times 0.115$ $=80.0\times 0.24\times 0.115$ $=2.21$
16	010412003001	空心板 1. 构件尺寸：长×宽×厚 5400×600×180 5400×900×180 5700×600×180 5700×900×180 2. 安装高度：5.50m 标高 3. 混凝土强度等级：C30	m³	24.822	西南 04G232 图集 bWB5460-3　36@0.299=10.764 bWB5490-3　9@0.424=3.816 bWB5760-3　24@0.315=7.560 bWB5790-3　6@0.447=2.682 小计：24.822
17	010416005001	先张法预应力钢筋 钢筋种类、规格： 冷轧带肋 CRB650 级 ϕ^r5	t	1.356	西南 04G232 图集 bWB5460-3(kg)　36@15.82=569.52 bWB5490-3(kg)　9@23.37=210.33 bWB5760-3(kg)　24@17.43=418.32 bWB5790-3(kg)　6@26.26=157.56 小计(kg)：1355.73
18	010702004001	屋面排水管 排水管品种、规格： ϕ50PVC 管 0.30m/个	m	1.80	$l=6@0.30=1.80$
19	010702001001	屋面卷材防水 1. 卷材品种：SBS 改性沥青卷材 2. 防水层做法：卷材一层，胶粘剂二道，1:3 水泥砂浆找平 25 厚 3. 防护材料种类：1:2.5 水泥砂浆 20 厚	m²	326.31	$S=$屋面面积+女儿墙弯起面积 $=10.50\times(29.50-0.12\times 2)+$ $(10.50+29.26)\times 2\times(0.30-0.06)$ $=307.23+79.52\times 0.24$ $=326.31$
20	010803001001	保温隔热屋面 1. 保温隔热材料：1:6 水泥蛭石 2. 厚度：$i=2\%$，最薄处 60	m³	307.23	平均厚(m)：$10.50\times 2\%\times\frac{1}{2}+0.06=$ 0.165 $S=10.50\times(29.50-0.12\times 2)$ $=307.23$

续表

序号	定额编号	分项工程名称	单位	工程量	计 算 式
21	010407002001	散水 1. 面层材料、厚度：C15 混凝土 60 厚 2. 填塞材料：沥青砂浆	m²	27.72	$S = [29.50 \times 2 - (6.0 + 0.20 \times 2) \times 2] \times 0.60 = (59.0 - 6.40 \times 2) \times 0.60$ $= 27.72$
22	010407002002	坡道 1. 垫层材料、厚度：C20 混凝土 150 厚 2. 面层材料、厚度：1：2 水泥砂浆 20 厚 3. 填塞材料：沥青砂浆	m²	8.32	$S = (6.0 + 0.20 \times 2) \times (0.60 + 0.70)$ $= 6.40 \times 1.30$ $= 8.32$
23	010103001002	室内回填土 1. 土质要求：粉质黏土 2. 密实度要求：密实 3. 夯填：分层夯填 4. 运土距离：1km	m³	7.33	$V =$ 地面净面积 $\times$ (室内外地坪高差-面层、垫层厚) $= (8.50 + 0.40 - 0.24 \times 2) \times (29.50 - 0.24 \times 2) \times (0.15 - 0.02 - 0.10)$ $= 8.42 \times 29.02 \times 0.03$ $= 7.33$
24	020403001001	金属卷闸门 1. 门材质、框外围尺寸：铝合金 5600×5100 2. 启动装置：电动	m²	57.12	$S = 2 @ 5.60 \times 5.10$ $= 2 @ 28.56$ $= 57.12$
25	020406005001	金属组合窗 1. 窗类型：组合式 2. 窗材质、外围尺寸钢窗 2100×2400 3. 油漆品种、遍数：防锈漆一遍，调合漆二遍	m²	40.32	$S = 8 @ 2.10 \times 2.40$ $= 8 @ 5.04$ $= 40.32$
26	020101001001	水泥砂浆地面 1. 垫层材料、厚度：C10 混凝土 100 厚 2. 面层厚度、配合比：20 厚，1：2 水泥砂浆	m²	244.35	$S = (8.50 + 0.40 - 0.24 \times 2) \times (29.50 - 0.24 \times 2)$ $= 8.42 \times 29.02$ $= 244.35$
27	020204003001	块料墙面（墙裙） 1. 墙体类型：标准墙 2. 底层厚度、砂浆配合比：20 厚，1：2.5 水泥砂浆 3. 粘结层厚度、材料种类：10 厚，1：2 水泥砂浆 4. 面层材料品种、规格、品牌、颜色：浅色面砖 300×450，丰收牌	m²	128.52	$S = [(10.50 + 29.50 - 0.24 \times 2) \times 2 - 5.60 \times 2(门) + 0.16 \times 20(柱侧面)] \times 1.80 = (79.04 - 11.20 + 3.20) \times 1.80$ $= 71.40 \times 1.80$ $= 128.52$

续表

序号	定额编号	分项工程名称	单位	工程量	计 算 式
28	020204003001	块料墙面(外墙面) 1. 墙体类型：标砖墙 2. 底层厚、砂浆配合比：20厚1：2.5水泥砂浆 3. 粘结层厚、材料种类：10厚1：2水泥砂浆 4. 面层材料品种、规格、品牌、颜色：橘黄色、白色面砖145×45，丰收牌	m²	371.95	$S=L_{外}\times高-门窗面积+门窗侧壁$ $=76.80\times(5.50+0.15+0.30)-97.44+$ $(5.60+5.10\times2)\times0.12\times2+(2.10+$ $2.40)\times2\times0.12\times8$ $=76.80\times5.95-97.44+3.79+8.64$ $=371.95$
29	020301001001	顶棚抹灰 1. 基层类型：预制混凝土板 2. 抹灰厚、材料种类：17厚1：0.5：2.5混合砂浆	m²	342.17	室内顶棚面：244.35(同地面) 室内梁侧面：$S=(8.50+0.40-0.24)\times$ $(0.75-0.18)\times2(面)\times$ $4(根)$ $=8.66\times0.57\times2\times4$ $=39.49$ 室外顶棚：$S=29.50\times(1.0-0.20+$ $0.12)\times2(边)+0.22\times$ $0.92\times2(梁侧)$ $=54.28+4.05=58.33$ 小计：342.17
30	020201001001	内墙面抹灰 1. 墙体种类：标砖墙 2. 厚度、砂浆配合比：20厚1：0.5：2.5混合砂浆	m²	222.84	$S=长\times高-门窗面积+柱侧面-墙裙$ $=(10.50+29.50-0.24\times2)\times5.50$ $-97.44+(0.40-0.24)\times2\times5.50\times$ $8(根)-128.52(墙裙)$ $=79.04\times5.50-97.44+0.16\times2\times$ $5.50\times8-128.52$ $=222.84$
31	020507001001	顶棚、墙面刷涂料 1. 基层类型：混合砂浆 2. 腻子种类：石膏腻子 3. 刮腻子要求：二遍 4. 涂料品种、遍数：仿瓷涂料二遍	m²	565.01	$S=顶棚抹灰面积+内墙面抹灰面积$ $=342.17+222.84$ $=565.01$

续表

序号	定额编号	分项工程名称	单位	工程量	计 算 式
32	020109004001	女儿墙压顶抹灰 1. 部位：女儿墙压顶 2. 厚度、配合比：20厚1∶2水泥砂浆	m³	24.00	$S=$长×展开宽 $=(10.50+29.50)\times2\times(0.18+0.06+0.06)=80.0\times0.30=24.00$
33	030801006001	塑料给水管 1. 安装部位：室内 2. 输送介质：给水 3. 材质：PE管 4. 型号、规格：DN15 5. 连接方式：热熔	m	28.70	水平：$6.0+5.7\times3+0.5\times3+1.5$(室外)$=26.10$ 立管：$0.50-0.10+(1.0+0.10)\times2=2.60$ ⎬ 28.70
34	030801006002	塑料排水管 1. 安装部位：室外 2. 输送介质：排水 3. 材质：PVC管 4. 型号、规格：DN50 5. 连接方式：粘结	m	2.0	$1.0\times2=2.0$
35	030803001001	螺纹阀门 1. 类型：截止阀 2. 材质：铁 3. 型号、规格：DN15	个	1	
36	030804005001	洗涤盆 1. 材质：瓷 2. 组装形式：冷水、铁支架 3. 型号：610×450 4. 开关：塑料DN15	组	2	

16

工业厂房施工图

建筑设计总说明一

一、设计依据：
1. 根据所签订的建设工程设计合同，业主提供规划部门划定的红线图、立项批复、设计委托。
2. 建筑规划部门审批的规划方案设计及建筑方案设计、初步设计。
3. 根据国家颁布的下列规范：
《机械工厂建筑设计规范》   JBJ 7—96
《建筑设计防火规范》   GBJ 50016—2006
《屋面工程技术规范》   GB 50345—2004
《屋面工程质量验收规范》   GB 50207—2002
《建筑地面设计规范》   GB 50037—96

二、总则：
1. 本工程施工图及选用的标准图应严格遵守国家颁发的建筑工程各类现行施工验收规范，并按设计图纸及本专业设计说明中应与结构、给水排水电气等各专业设计图纸及总说明密切配合施工。
2. 本专业设计图纸及说明中应与结构、给水排水电气等各专业设计图纸见总图。

三、本工程室内地坪标高±0.000相当于绝对高程见总图。
4. 本工程标高以"米"为单位，尺寸以"毫米"为单位。

三、工程概况（见表一）

四、墙体构造：
1. 承重墙砌体均采用砂浆的强度等级要求详见结构图。
2. 本工程外墙1.2m以下均采用240mm厚页岩实心砖，1.2m以上采用基板厚度为0.5mm厚镀锌彩色涂层压型钢板，其板型为YX28-205-820，压型钢板的制作及安装要求满足01J925-1图集的有关规定。

五、屋面构造：
1. 防水卷材选用热熔型4mm厚性沥青防水卷材（自带砂面保护层），参99（03）J201-1-W1K（无找坡层）。
2. 天沟纵坡为1：6 炉渣混凝土找坡（1%），最薄处30mm厚。屋面找平层设分隔缝，其间距为4.0m×6.0m 做法详99（03）J201-1第37页①②。

3. 屋面排水系统见水施图。
4. 屋面施工应严格按照《屋面工程质量验收规范》（GB 50207—2002）的各项规定执行。
5. 屋面应设置避雷设施，详见电气专业。

六、建筑物防雷：
七、建筑物防雷
1. 除设备基础外的地面做法参见 01J304-8页①节点 D=120。
2. 踢脚：水泥砂浆踢脚150高，做法参见 01J304-120页①节点。

八、内墙粉刷：
1. 内墙做法：1200m以下内墙（包括柱、吊车梁、屋架及屋面板）：乳白色有机涂料，做法参见西南 04J515-4 页-N04 节点。
2. 内墙涂料二道（包括柱、吊车梁、屋架及屋面板）。

九、外墙粉刷：
1. 外墙1为浅灰色压型钢板，位置见立面图。
2. 外墙2为蓝灰色压型钢板，位置见立面图。
3. 外墙3为浅灰色右面砖，位置见立面图，做法参见西南 04J516-68 页 5407 节点。

十、油漆工程：
1. 结构部分的涂装详结构图，其余金属制品均刷红丹油性防锈漆两道打底，刷浅绿色油性调合漆面漆两道（钢吊车梁及走道板的栏杆及节点时应同刷按标准图上的构件及节点时应为黄相同的标志漆）。
2. 所有金属件外端设漆罩草面需刷底漆前先除油去锈。

十一、室外散水
沿建筑物外端设散水坡，宽度为900mm，做法详西南 04J812-4-①节点。

十二、本设计采用外墙设说明施工。

十三、图中未尽事宜应遵守国家现行规范和规程。

十四、本工程图示未说明或未详集的部分，均在设计施工交底或现场配合施工解决。

工程项目	太白设备制造有限责任公司	HT:66666J-1		
子项名称	生产车间	图别	张次	张数
		建施	1	10
建筑设计总说明—			年06月	

建筑设计总说明二

表（一） 工程概况

建筑名称	太白设备制造有限责任公司生产车间
建设单位	太白设备制造有限责任公司
建设地址	太白市开发区交汇处
总建筑面积	按实际情况确定
建筑类别	工业建筑
建筑层数	一层
建筑高度	14.000m
建筑工程等级	中型
屋面防水等级	Ⅲ级
设计使用年限	50年 彩钢等易损部位为25年
抗震设防烈度	6度
建筑结构形式	钢筋混凝土排架结构
生产火灾危险性分类	戊类
建筑耐火等级	二级
建筑跨度	1×18m
柱距	6m
行车 吊车台数及起重量	18m跨：台 16 双梁桥式起重机 18m跨：台 10t 单梁吊（地面控制）
轨顶标高	9.000m
物距	16.5m
工作制	A5

表（二） 图纸目录

序号	图号	图纸名称
1	建施1	建筑设计总说明一
2	建施2	建筑设计总说明二
3	建施3	一层平面图
4	建施4	屋顶平面图
5	建施5	①~⑪立面图
6	建施6	⑪~①立面图
7	建施7	Ⓒ~Ⓓ立面图
8	建施8	Ⓓ~Ⓒ立面图
9	建施9	1-1剖面图
10	建施10	窗立面分格示意图

表（三） 通用图集目录

序号	标准图集名称	标准图集编号	备注
1	平屋面建筑构造	99(03)J201-1	国标
2	彩色涂层钢板门窗	川 02J604/704	地标
3	西南地区建筑标准设计通用图	西南J112~812合订本	西南标
4	铝合金、彩钢、不锈钢夹芯板大门	03J611-4	国标
5	钢梯	02J401、02(03)J401	国标
6	楼地面建筑构造	01J304	国标
7	压型钢板、夹芯板墙体及屋面建筑构造	01J925-1	国标

表（四） 门窗表

名称	设计编号	标准图编号		门窗洞口尺寸		数量
				宽度	高度	
平开门	M5460	03J611-4	PM-5460	5400	6000	13×3000=39000
平开门	M8476	03J611-4	PM-8476	8400	7600	15×3000=45000
平开门	M1827	92SJ704(一)		1800	2700	31×3000=93000
组合彩色涂层钢窗	ZC-1	参川02J 604 704			3600	30×3000=90000
	ZC-11				3600	5×3000=15000
	ZC-2				1200	7×3000=21000
	ZC-3				3600	
	ZC-4				1200	
	ZC-5				1200	
	C-1				3600	
	C-2			4800	3600	

备注：
1. 窗的组合形式见建施5，上悬窗设置手扳开关器，走道板以下的上悬窗采用厂家订做配套的手动开启式。
2. 门窗在订货施工前，必须仔细核对门窗洞口尺寸及数量方可订货施工；所有门窗应由有资质单位负责，并进行设计计算及对洞口尺寸复核后加工安装。
3. 门窗玻璃厚度应满足《建筑玻璃应用技术规程》JGJ 113—97，窗型材截面及壁厚，窗抗风压性能分级及检测方法》选用、玻璃选用白色浮法玻璃，5mm厚。
4. 窗玻璃按厚度，应根据《建筑结构荷载规范》及《建筑外

工程项目	太白设备制造有限责任公司	HT:666666J-1		
子项名称	生产车间	图别	张次	张数
建筑设计总说明二		建施	2	10
				年06月

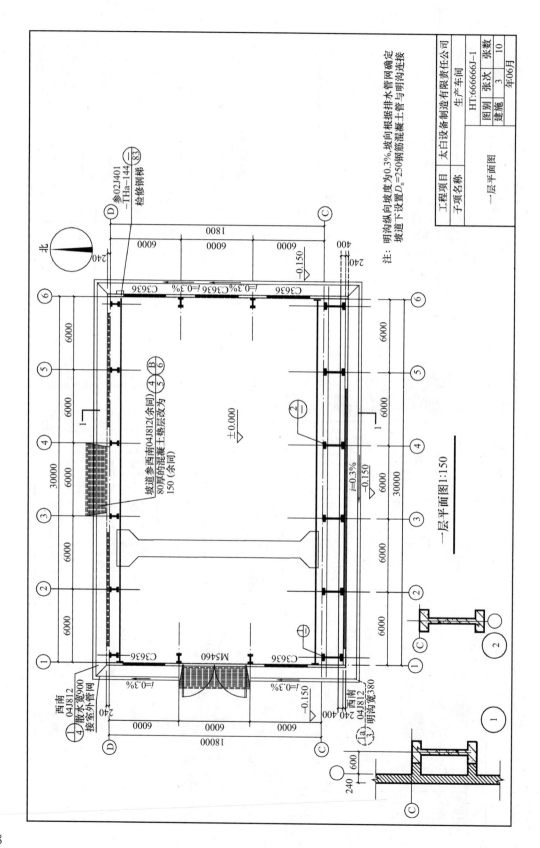

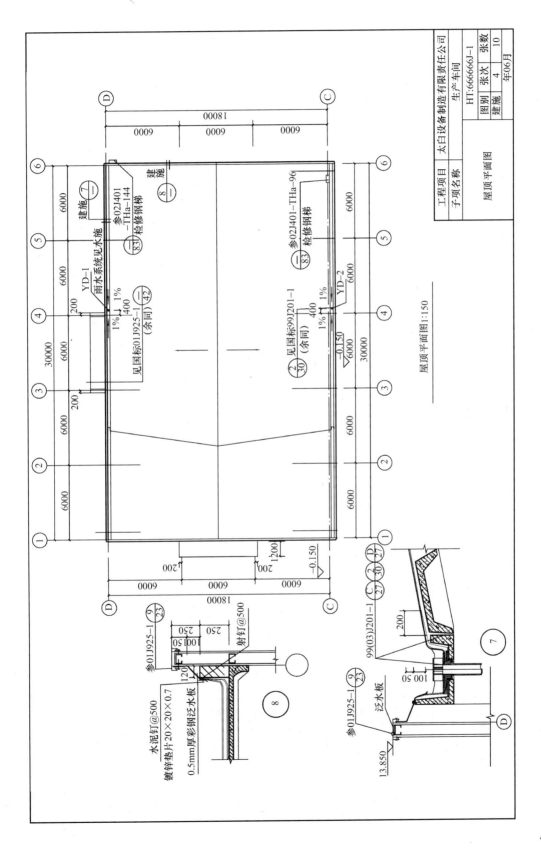

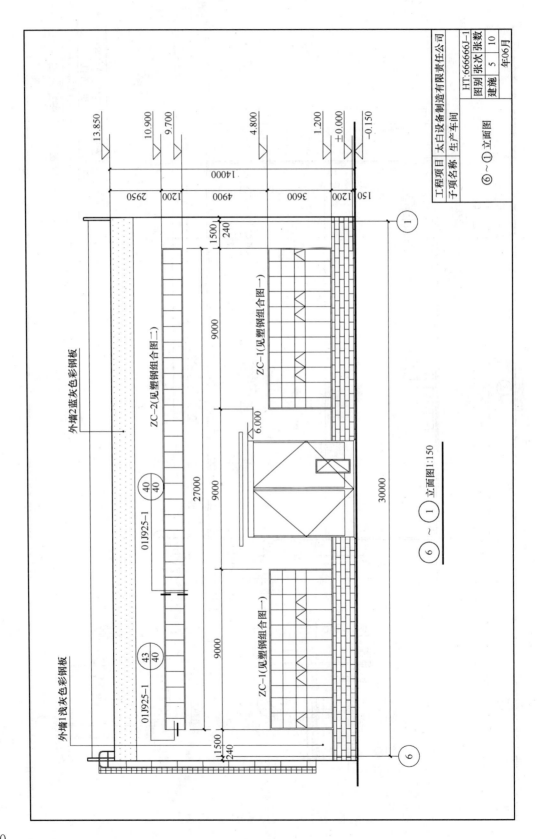

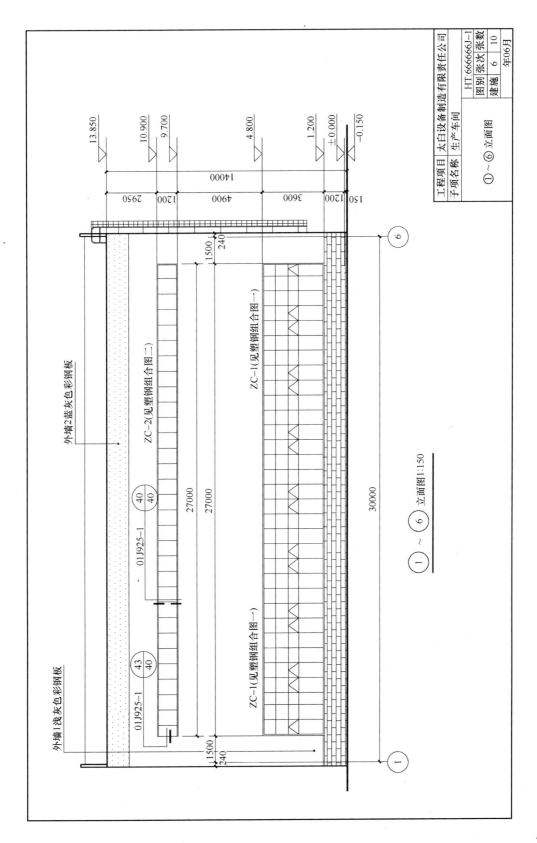

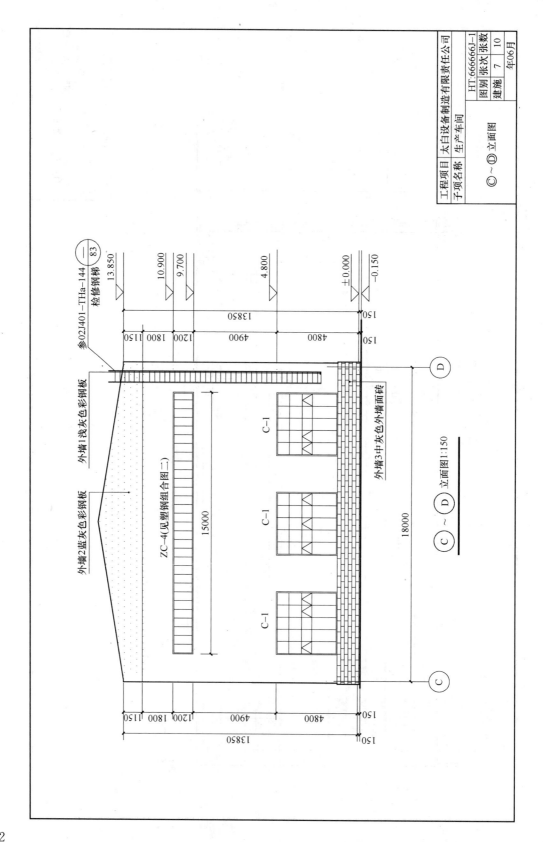

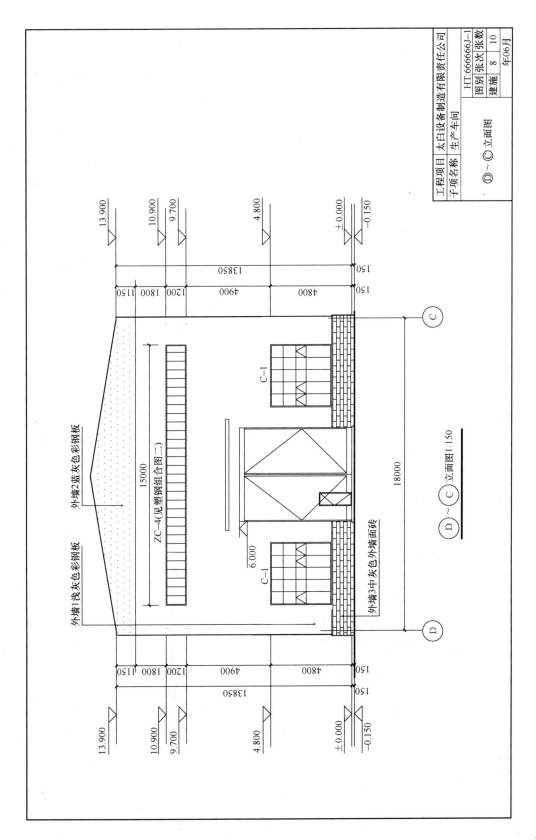

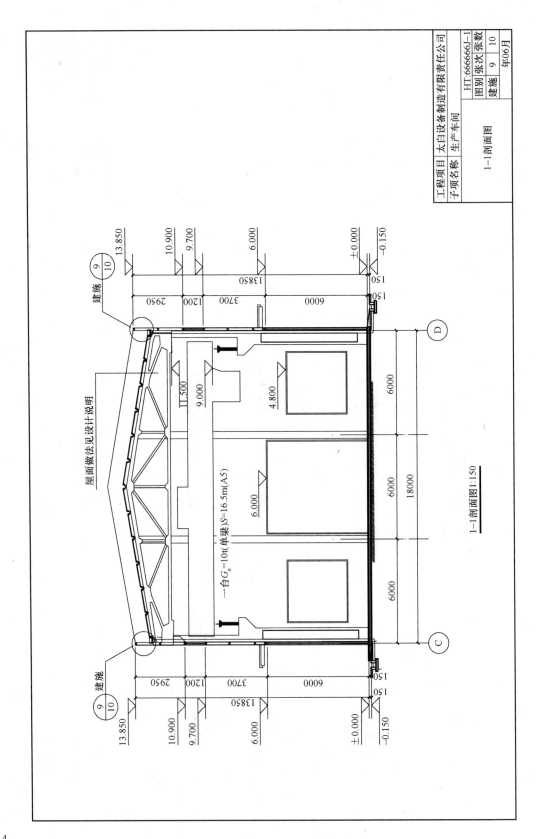

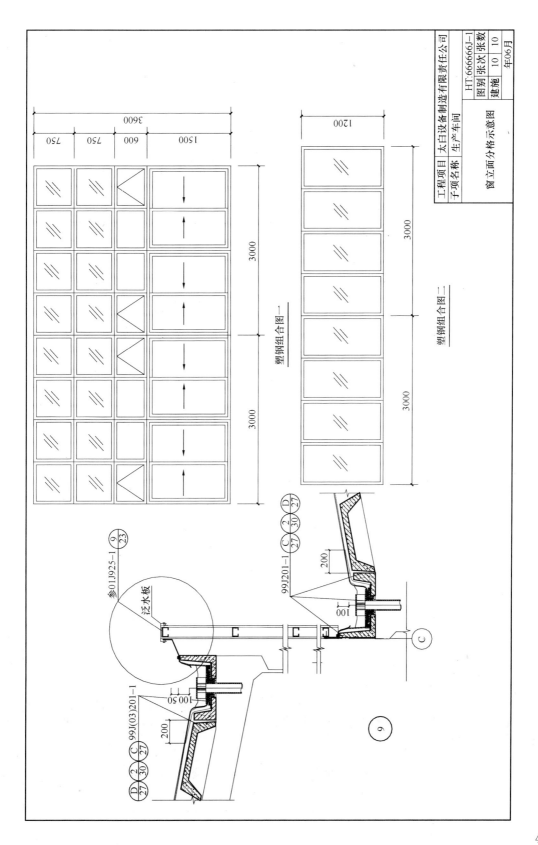

结构设计总说明一

一、总则：
1. 本工程施工时应**严**格遵守国家颁发的建筑工程各类现行施工图纸验收（技术）规范，并应与建筑、给水排水、电气、动力等专业现有关图纸密切配合。
2. 本工程为钢筋混凝土排架结构，ⓒⓓ跨度18m 设1台10t单梁吊。
3. 本工程建筑结构安全等级为二级，设计使用年限为50年。
4. 本工程标高以米为单位，尺寸以毫米为单位。
5. 本工程±0.000标高同建施图。
6. 本工程结构设计采用中国建筑科学研究院编制PKPM计算程序。
7. 本说明未尽事宜应遵行国家现行规范和规程。
8. 本说明与结构设计总说明另有关交待有设计图纸为准。

二、设计依据：
1. 本工程结构可靠度设计主要遵循规范如下：

《建筑结构可靠度设计统一标准》	GB 50068-2001
《厂房建筑模数协调标准》	GBJ 6-86
《建筑结构荷载规范》	GB 50009-2001
《混凝土结构设计规范》	GB 50010-2002
《建筑抗震设计规范》	GB 50011-2001
《建筑地基基础设计规范》	GB 50007-2002
《砌体结构设计规范》	GB 50003-2001
《钢结构设计规范》	GB 50017-2003
《建筑结构制图标准》	GB/T 50105-2001
《混凝土结构工程施工质量验收规范》	GB 50204-2002
《建筑地基基础工程施工质量验收规范》	GB 50202-2002

2. 本工程的混凝土结构的环境类别：上部室内结构环境类别为一类；地下及围护结构为二a类。
3. 本工程的抗震设防类别为丙类，抗震设防烈度为6度，设计地震加速度为0.05g，设计地震分组为第一组，地面粗糙度类别为B类。
4. 荷载：1）基本风压：$W_0=0.30kN/m^2$
   2）基本雪压：$S_0=0.1kN/m^2$
   3）屋面活荷载：$0.50kN/m^2$（本工程屋面为不上人屋面）。
   4）起重机荷载及相关参数：（吊车参数数据以厂业主提供的河南省中原起重机械总厂样本设计）。

轴线号	工作制	台数（台）	起重量（t）	跨度（m）	高度（mm）
ⓒ～ⓓ	A5单梁吊车	1	10	16.5	≤1100
		大车轨道中心线至起重机外端尺寸（mm）		重量(t)	轮压(kN)
		≤130		总重	P_{max}
				4.323	60.2

P P
3000
3500
Q=10t单梁吊

三、材料选用：
设计中选用的各种建筑材料必须有出厂合格证明并应符合国家及主管部门颁发的产品标准，主体结构所用的建材均应经标准试验部门抽检合格后方可使用。
1. 钢筋采用HRB400(Φ)，HRB335(Φ)，HPB235(Φ)，吊环采用未经冷加工的HPB235或Q235，钢筋的强度标准值应有不小于95%的保证率。
2. 钢板、型钢、冷弯C型钢均采用Q235B级钢；预埋件锚筋采用HRB335（**严**禁冷加工），螺栓采用普通C级螺栓。
3. 焊条采用E43X型。
4. 砌体：±0.000以下采用MU10页岩标砖，±0.000以上采用MU10页岩标砖，M5水泥砂浆砌筑；M5混合砂浆砌筑。

工程项目	太白设备制造有限责任公司	图别	结施	张次	1	张数	23
子项名称	生产车间						
结构设计总说明一			HT.666666J-1				年06月

结构设计总说明二

6. 预埋件应先放入柱钢筋骨架内就位，然后再把预埋件作附近的箍筋，严禁将箍筋割断插入柱钢筋骨架内的做法。
7. 柱子的制作拆除应遵守《混凝土结构工程施工质量验收规范》GB 50204—2002的有关规定外，还须遵守以下规定：
   1) 柱的混凝土强度等级必须达到设计要求。
   2) 当采用平卧、重叠法制作时，其重叠层数不得超过三层，并应验算其上层柱的底模强度，待下层柱的混凝土强度等级达到 5N/mm² 后方可浇筑其上层柱混凝土，两层之间应有隔离剂。
8. 柱子在安装时，其混凝土强度等级必须达到设计的混凝土强度等级的100%。
9. 柱子的起吊方法、采用原地翻身起吊，其技术要求见结施13。
10. 柱子插入杯口部分的表面应凿毛，柱子与杯口之间的空隙，采用C30混凝土充其密实。
11. 所有钢构件及外露铁件构成的底除锈，除锈等级达到St2级，刷红丹油性防锈漆一遍，浅绿色调合漆二遍，涂层干膜总厚度为125μm。
12. 预埋件直锚筋与钢板的T形（穿孔塞焊除外）宜采用压力埋弧焊。
13. 本工程砌体施工质量等级为B级。

六、本设计采用的标准图见表（一），选用标准图的构件及节点时应同时按照标准图说明施工。

七、未经技术鉴定或设计许可，不得改变结构的用途和使用环境。

八、本吊车的相关参数应符合本说明（二、4）的要求，建设单位在订购吊车时，其吊车的相关参数须经设计复核认可后方可订货。否则需经设计同意以此为准。

柱箍筋 拉筋弯头大样

（图一）

结构设计总说明二

三、混凝土强度等级：

序号	部位或构件	混凝土强度
1	基础垫层	C10
2	柱下杯型基础 基础梁	C25
3	排架柱、抗风柱	C30

四、地基基础：

1. 本工程地基基础设计等级为丙级，其他说明详见基础施工图。
2. 基础回填土用素土分层夯实，其压实系数不小于0.94。

五、施工制作及其他：

1. 纵向钢筋混凝土保护层厚度见下表

序号	部位或构件	保护层厚度（mm）
1	基础	40
2	排架柱、抗风柱	30
3	基础梁	30

2. 纵向钢筋锚固长度见下表

钢筋种类	抗震锚固长度	混凝土强度等级		
		C20	C25	C30
HPB235	l_{aE} 四级抗震等级	31d	27d	24d
HRB335	l_{aE} 四级抗震等级	39d	34d	30d
HRB400	l_{aE} 四级抗震等级	46d	40d	36d

3. 纵向钢筋搭接长度百分比率

纵向钢筋搭接接头面积百分率	≤25	50	100
纵向受拉钢筋的搭接长度	$1.2l_{aE}$	$1.4l_{aE}$	$1.6l_{aE}$
纵向受压钢筋的搭接长度	$0.85l_{aE}$	$1.0l_{aE}$	$1.13l_{aE}$

注：
- 受拉钢筋的连接接头不应优先采用机械连接，排架柱同一连接区段内纵向钢筋接头百分率不得大于50%。
- 钢筋的连接接头不应大于300mm，受压钢筋连接长度不应小于200mm。
- 矩形截面柱的箍筋末端应做成不小于135°弯钩，弯钩平直部分长度不应小于箍筋直径的10倍（图一），工形截面柱的焊接封闭箍筋及拉筋形式见（图二）（柱子）（图一）、以此长度以此长度以此为准。

工程项目	太白设备制造有限责任公司	HT.666661-1
子项名称	太白厂生产车间	图别 张次 张数
		结施 2 23
结构设计总说明二		年06月

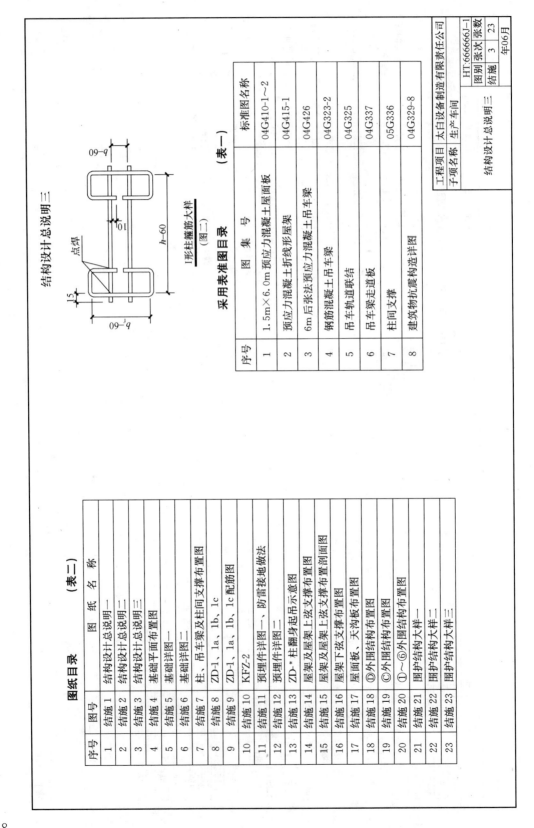

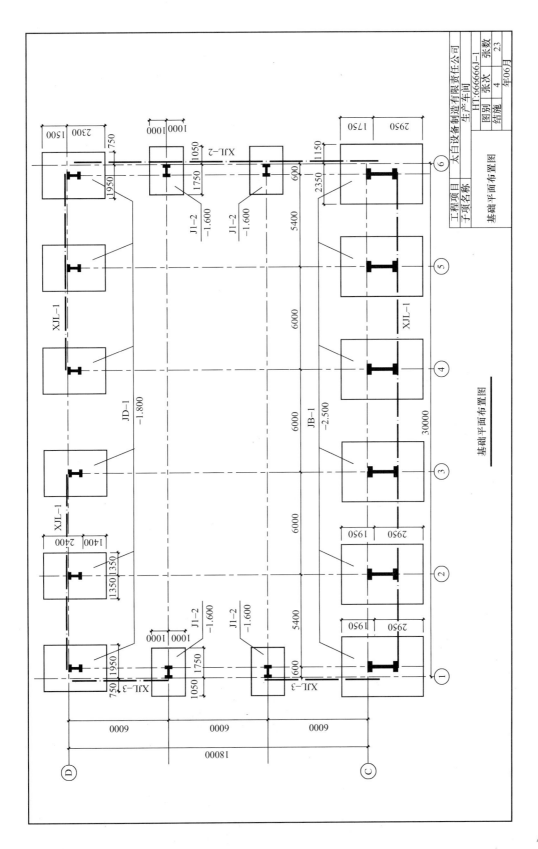

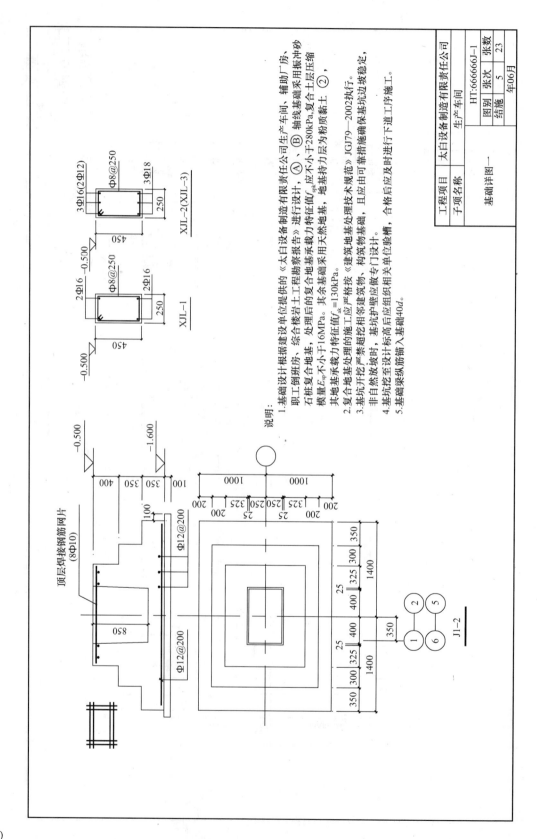

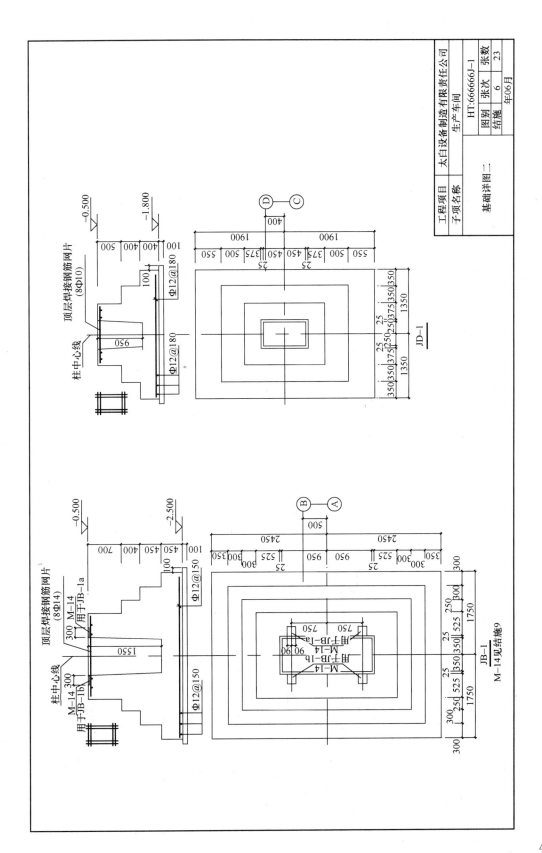

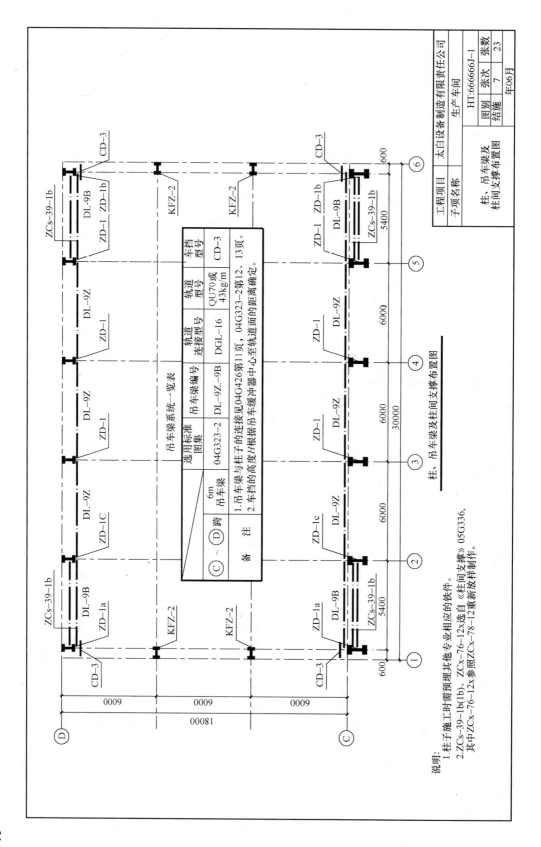

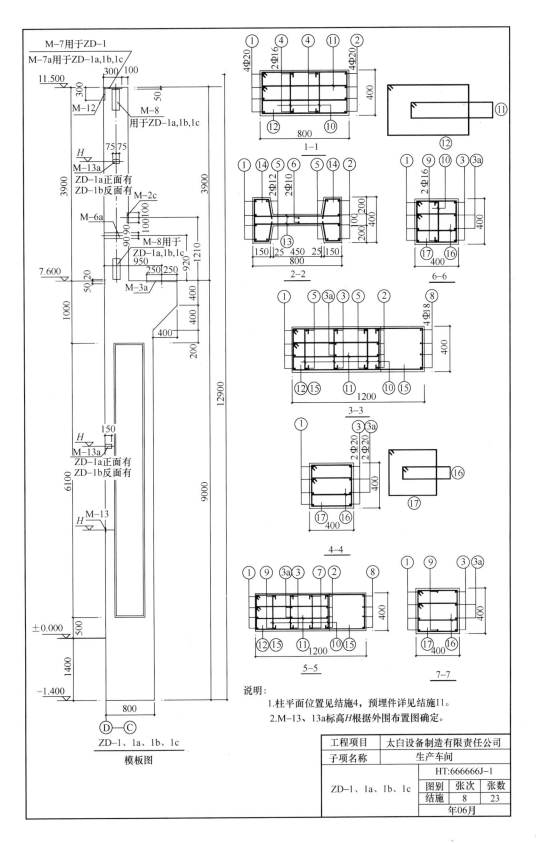

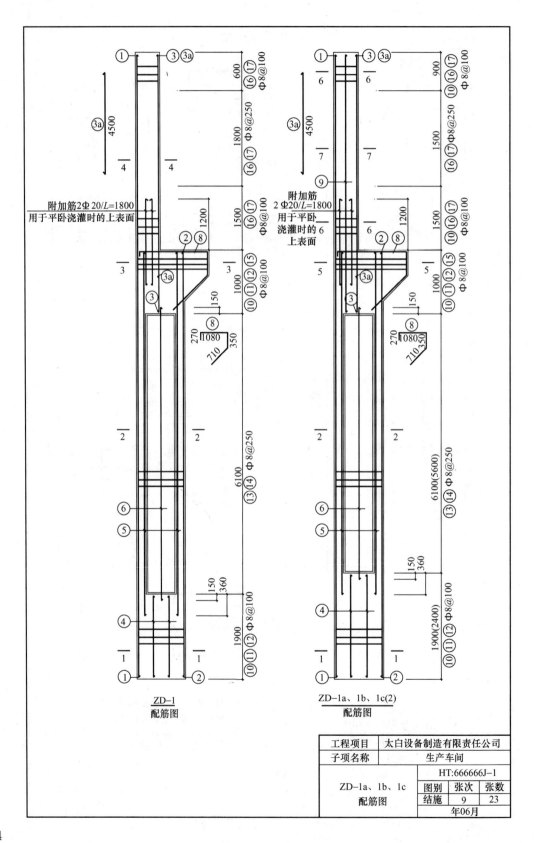

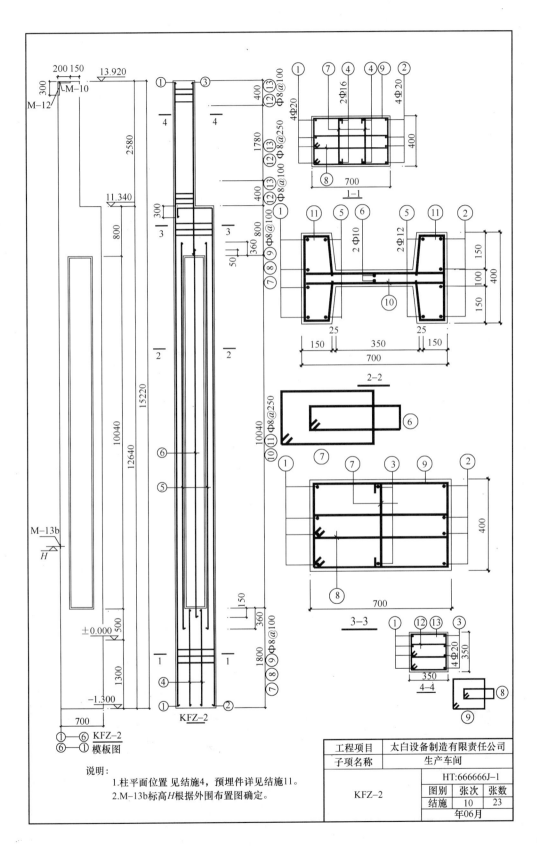

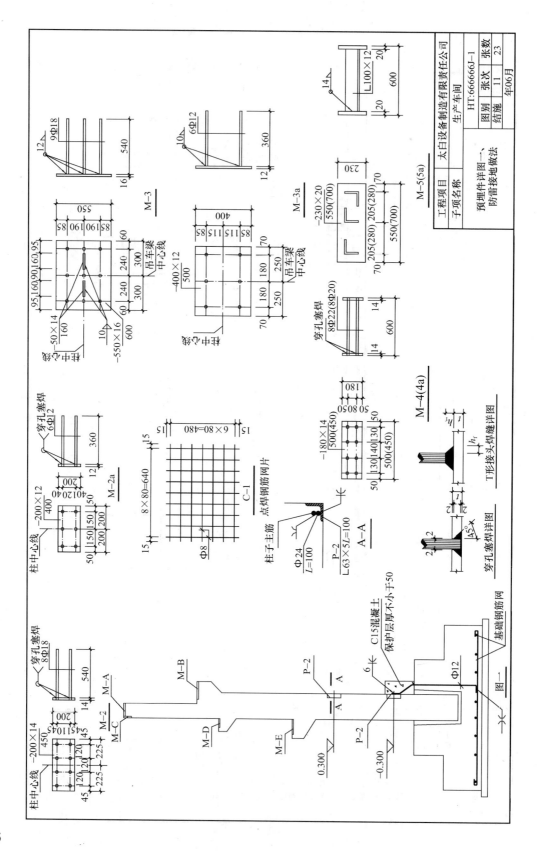

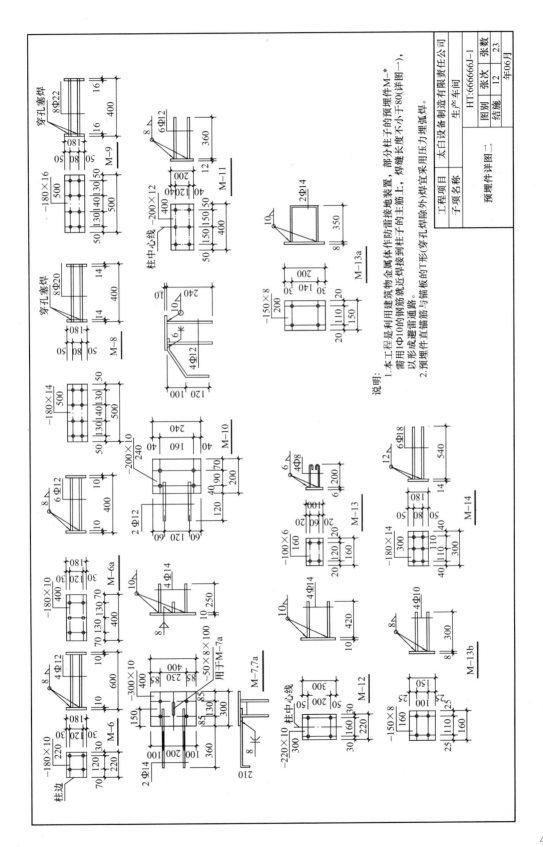

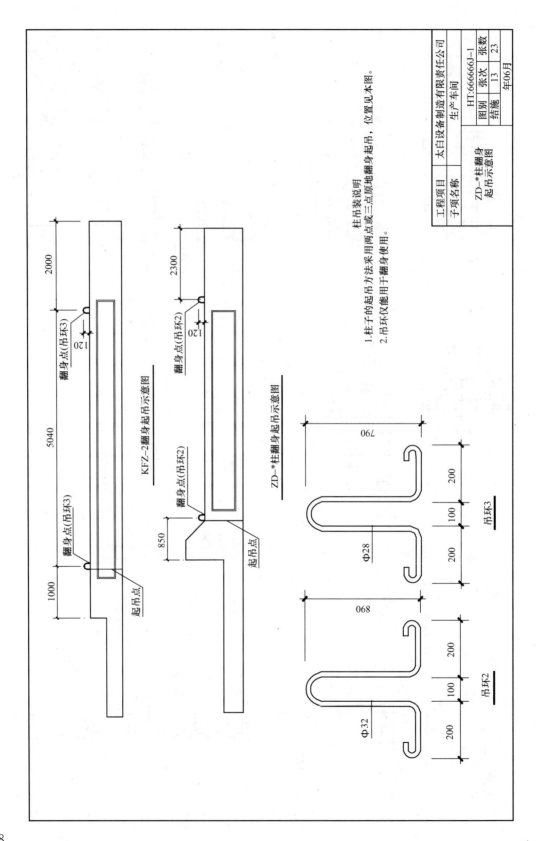

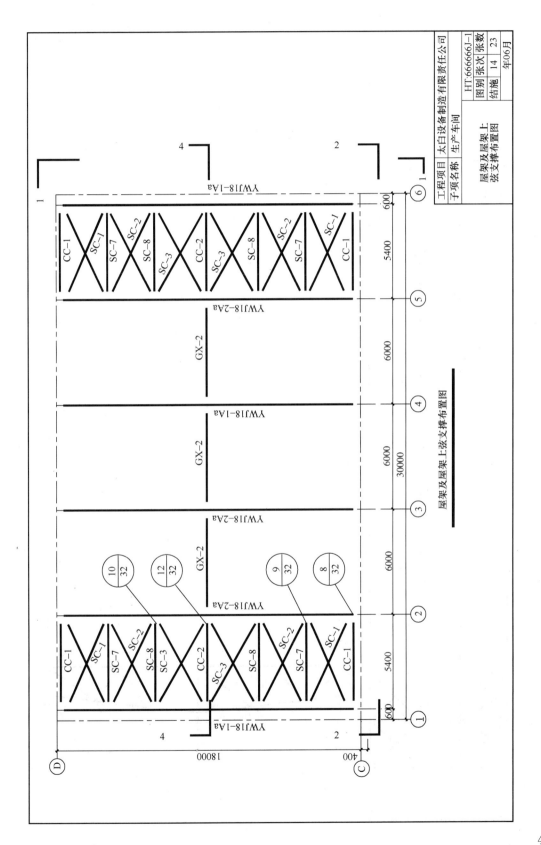

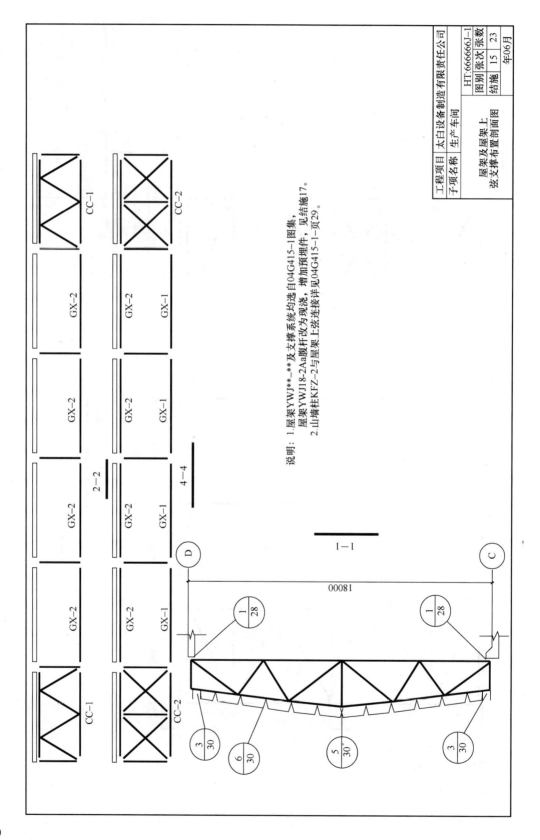

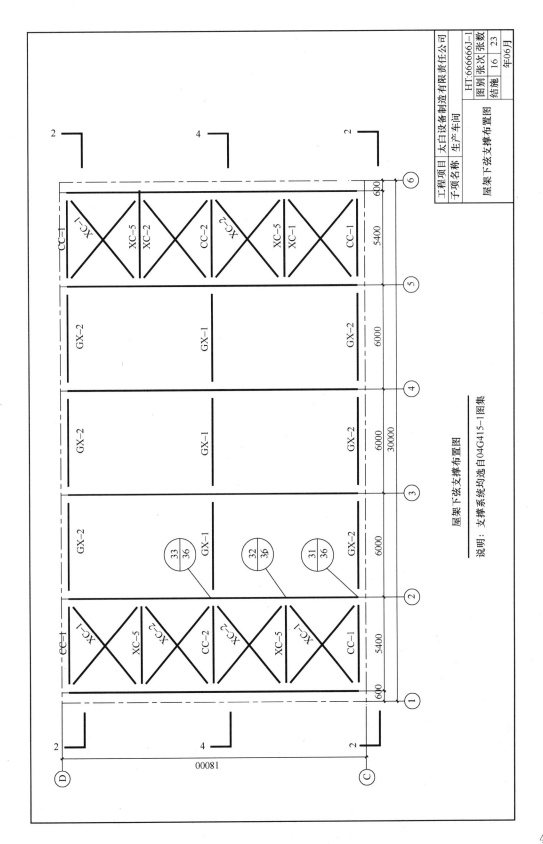

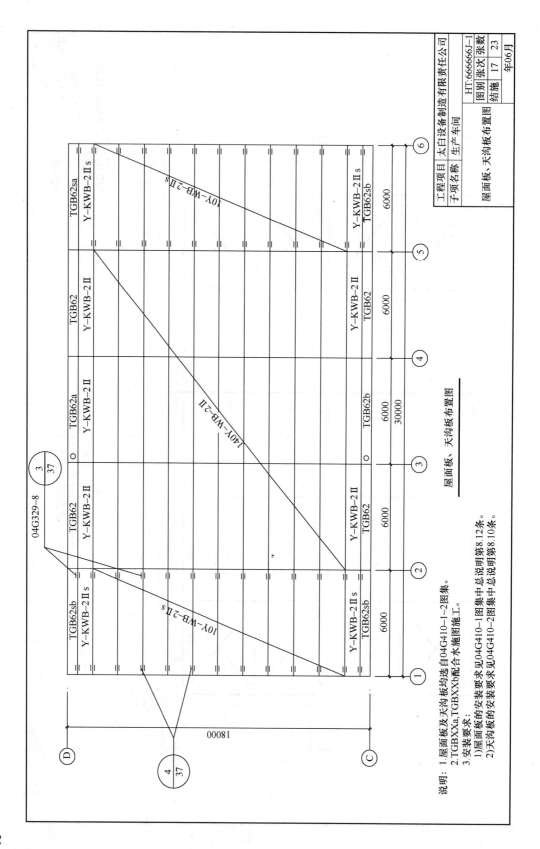

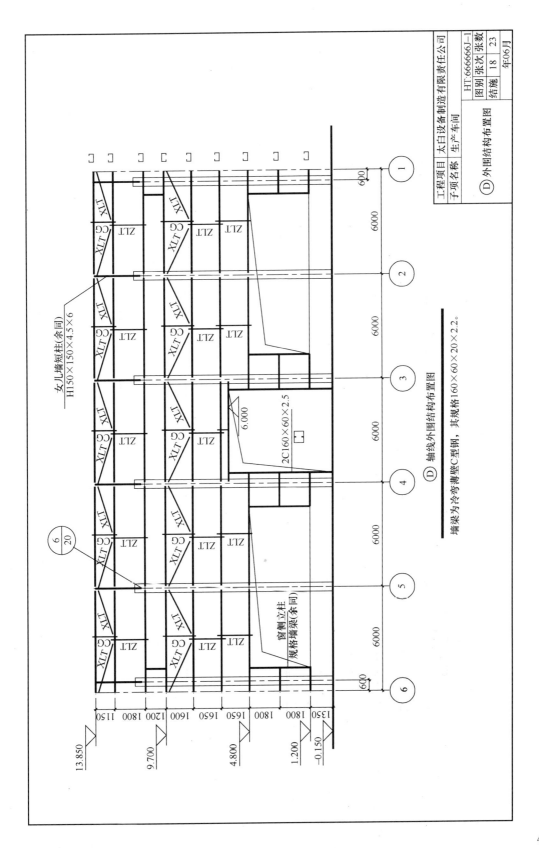

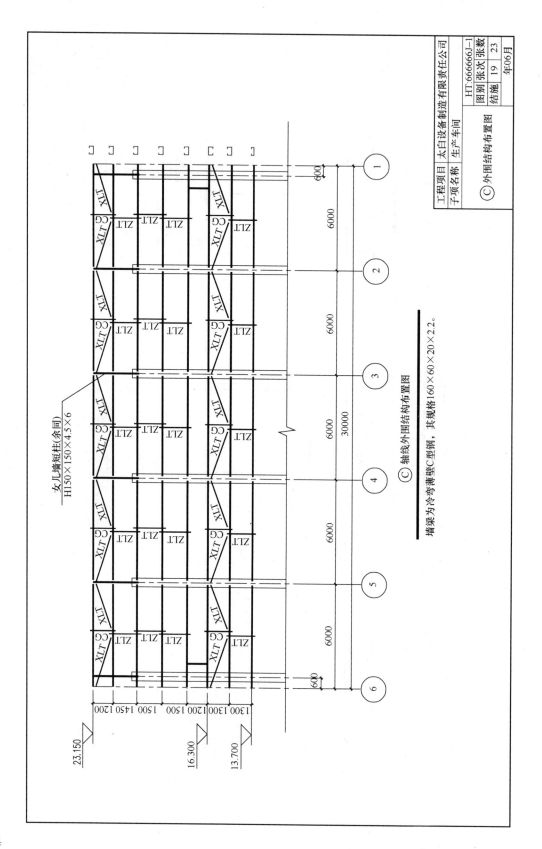

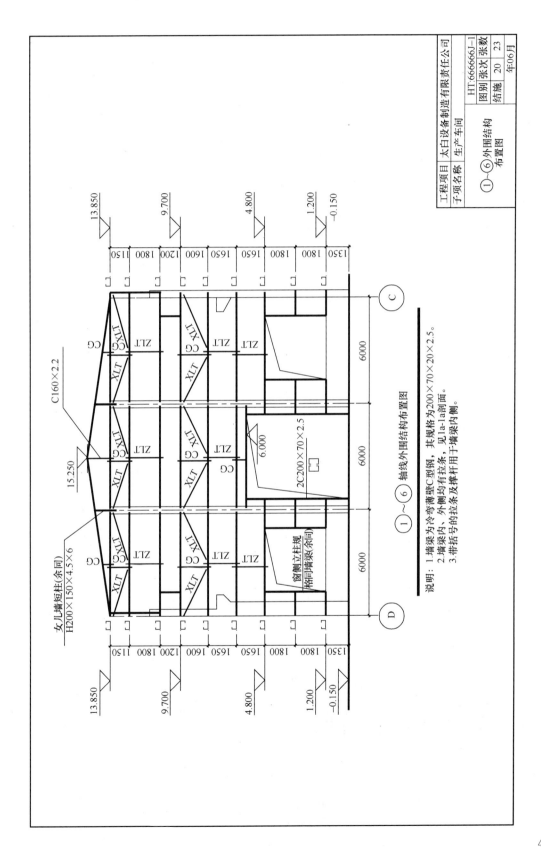

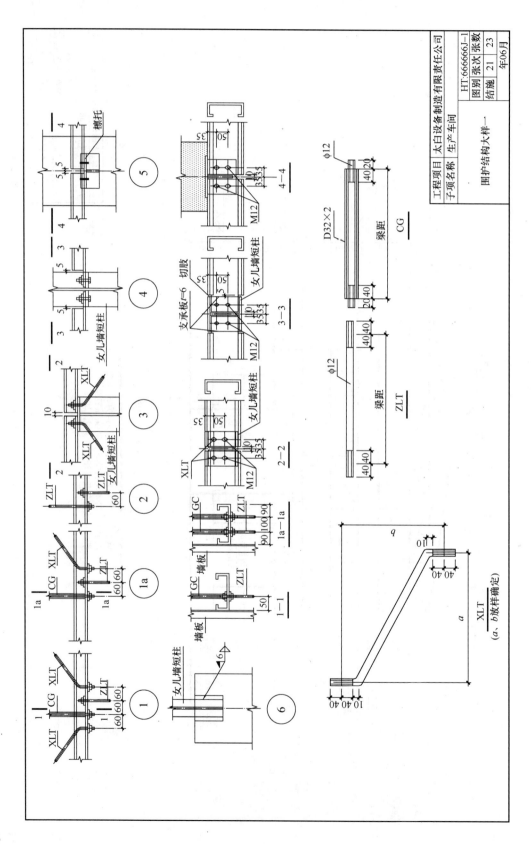

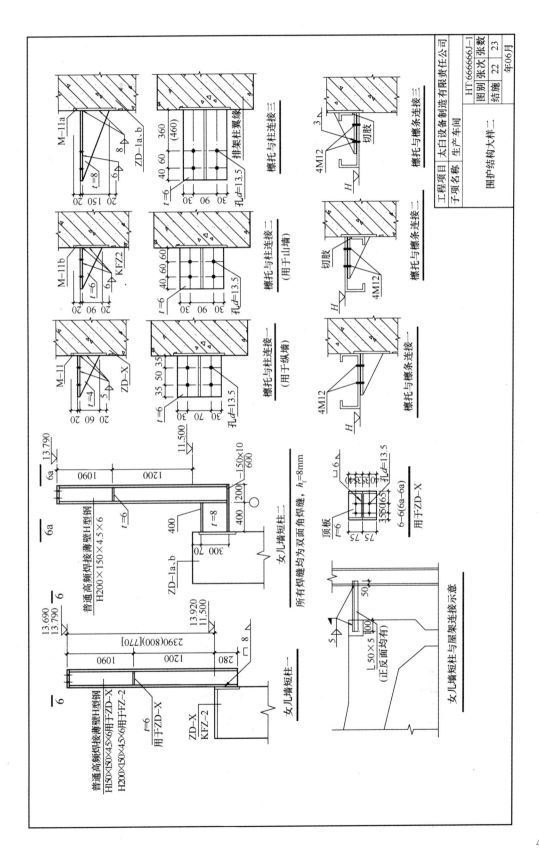

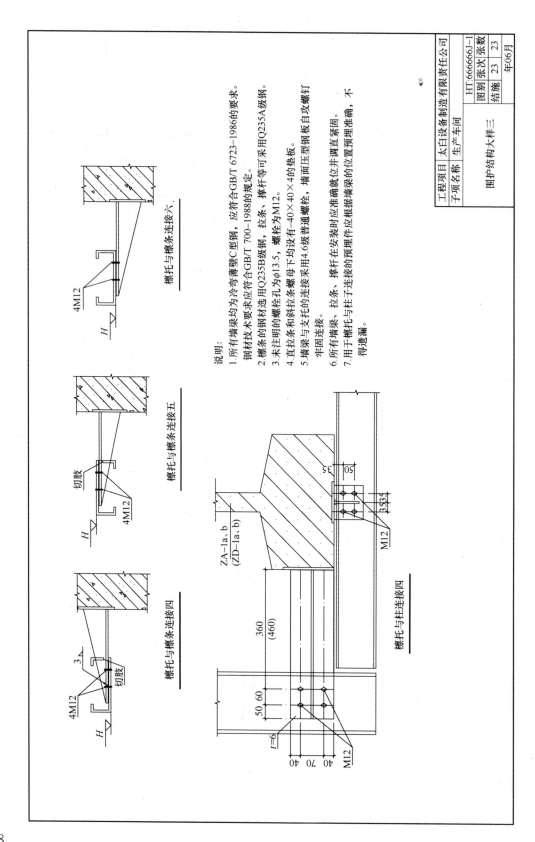

参 考 文 献

[1] 杨树清．建筑施工工艺．北京：高等教育出版社，2003．
[2] 黄正东．建筑工程基础．重庆：重庆大学出版社，2006．
[3] 宋岩丽．建筑与装饰材料．北京：中国建筑工业出版社，2006．
[4] 丁宪良．建筑施工工艺．北京：中国建筑工业出版社，2008．
[5] 高远．建筑构造与识图．第二版．北京：中国建筑工业出版社，2008．
[6] 袁建新．建筑工程预算与工程造价控制．第二版．北京：中国建筑工业出版社，2008．
[7] 袁建新．建筑工程预算．第四版．北京：中国建筑工业出版社，2010．
[8] 袁建新．工程量清单计价．第三版．北京：中国建筑工业出版社，2010．